郑亚慧 冯传勇 等 编著

U0185226

高原湖泊测量关键技术研究

Research on Key Techniques of Plateau Lake Survey

长江出版社
CHANGJIANG PRESS

图书在版编目（CIP）数据

高原湖泊测量关键技术研究 / 郑亚慧等编著.
—武汉：长江出版社，2020.9
ISBN 978-7-5492-7184-9

Ⅰ.①高… Ⅱ.①郑… Ⅲ.①高原－湖泊－水利工程测量－
研究 Ⅳ.①TV213.3②TV221

中国版本图书馆 CIP 数据核字(2020)第 173542 号

高原湖泊测量关键技术研究　　　　　　　　　　　　　　　　郑亚慧等 编著
责任编辑：郭利娜 胡箐
装帧设计：王聪
出版发行：长江出版社
地　　址：武汉市解放大道 1863 号　　　　　　　　　　　邮　　编：430010
网　　址：http://www.cjpress.com.cn
电　　话：(027)82926557(总编室)
　　　　　(027)82926806(市场营销部)
经　　销：各地新华书店
印　　刷：武汉精一佳印刷有限公司
规　　格：787mm×1092mm　　　　1/16　　　21.5 印张　　　550 千字
版　　次：2020 年 9 月第 1 版　　　　　　　　　　2021 年 4 月第 1 次印刷
ISBN 978-7-5492-7184-9
定　　价：108.00 元

前　言

　　青藏高原是我国最大的高原,约占全国国土面积的 1/4;青藏高原被山脉分隔成许多盆地和宽谷,形成众多湖泊,约占全国湖泊总面积的 45%。这些高原湖泊,是亚洲很多大江大河的发源地,水力资源极为丰富,其水质和生态环境是下游生态环境质量的前沿防线,是构建我国西部生态安全屏障的重要组成部分。随着经济社会的快速发展、大规模的水利工程建设,以及气候变化等影响,我国江河湖泊的自然资源、水土资源开发利用、水利基础设施建设和运行等状况已发生了重大变化,现有的国情基础地理信息已难以满足我国当前水利改革发展的需求,更难以满足现代水利科学管理和水安全保障的需要。

　　高原湖泊大多地处高寒、高海拔、自然环境恶劣、交通不便的偏远地区,这些湖泊存在着水体深度大、含矿度高、地貌复杂等特点,且分布广、面积大,常规技术与方法难以实施,故开展系统、科学的测量工作仍是世界公认的难题,致使众多高原湖泊缺失基础国情信息,已无法满足湖泊生态环境保护、科学研究等工作需要。为系统获取高原重要湖泊的水深、周长、面积、容积及地貌形态等基础数据,自 2011 年起,由国务院全国水利普查领导小组和水利部统一安排,长江水利委员会水文局(以下简称"长江委水文局")会同地方水文单位,开展技术创新,克服高寒、高海拔等诸多作业困难,完成了对纳木错、青海湖的测量,相关成果得到了水利主管部门和有关专家的充分肯定。2013 年以后,又先后完成了扎日南木错、羊卓雍错、塔若错、当惹雍错、色林错、格仁错、普莫雍错等 7 个高原湖泊的容积测量工作,填补了高原湖区地理国情空白,充实了我国西部重要湖泊基础国情信息资料,有效满足了生态环境保护、水资源管理、湖泊开发治理、防汛抗旱减灾以及科学研究需要,对促进当地经济社会发展等具有十分重大而深远的意义。

　　目前,内陆河湖测量已形成较为完善的技术体系,测量技术较为成熟。但由于高原湖泊所处特殊的地理位置以及湖泊本身存在的大水深、水体多特质等特点,精确获取高寒湖泊地理信息仍存在诸多技术困难。为顺利开展高原湖泊测量工作,长江委水文局依托内陆河湖测量技术,结合高原湖泊特点,创新应用了超长距离空间基准传递方法,解决了高原湖区缺乏 2000 国家大地坐标引据成果且高程引据控制稀少的难题;建立了高寒水体高分辨率声速传播曲线模型,研发了高精度测深校准仪、专用测深系统固定装置等多个测深辅助设备,解决了高原湖区精密测深技术难题;为满足湖泊数据处理需要,先后开发了河道测量数据处理系统等多套数据处理软件,有效提高了内业处理工作效率,进一步保证了成果的准确性、可靠性和规范性。

本书是第一本有关高原湖泊测量的专著,全面总结了长江委水文局十余年来开展高原湖泊测量的创新成果和经验教训,阐述了有关高原湖泊测量关键性理论基础,提炼了高原湖泊测量的技术特点及研究成果,同时也分析了存在的技术问题,并提出解决途径。全书共分 7 章。第 1 章为概述,介绍了高原湖泊的概况、工作开展的背景、意义以及测量工作的组织和实施;第 2 章介绍了在高原湖泊测量中有关质量管理体系的创新及运用;第 3 章至第 7 章分别介绍了高原湖泊精密测深、平面控制基准构建、高程基准构建、多源空间信息获取、严密湖容量算等关键测量技术。

本书第 1 章由郑亚慧、全小龙撰写,第 2 章由郑亚慧、周儒夫撰写,第 3 章由冯传勇撰写,第 4 章由戴永洪撰写,第 5 章由张振军撰写,第 6 章由聂金华、李腾、张黎明撰写,第 7 章由聂金华撰写。全书由郑亚慧主持编写,冯传勇组稿、统稿,陈松生审定。封面及封底插图由长江委水文三峡局张伟革提供。本书参阅了大量的相关文献以及长江委水文局在内陆水体边界测量有关方面的研究成果,在此谨致谢意。

承蒙长江委水文三峡局谭良教授级高级工程师、河海大学杨彪副教授对本书进行了审阅,并提出宝贵意见,特此致谢!

本书涉及内容较多,加之编写时间仓促,难免存在疏漏和谬误之处,恳请广大读者和专家批评指正。

编　者
2020 年 8 月于武汉

目　录

第1章　概　述

1.1　高原湖泊概况

　　青藏高原上的湖泊总面积约为 3.68 万 km²,约占全国湖泊总面积的 45%,湖泊率为 2%,它是地球上海拔最高、数量最多和面积最大的高原内陆湖区,也是我国湖泊分布密度最大的两个稠密湖区之一。区内湖泊大多发育在一些与山脉平行的大小不等的山间盆地或纵型河谷之中,一些大中型湖泊是在构造断裂基础上发育形成的,故往往是沿构造方向呈带状排列,都属构造湖类型。这类湖泊的深度一般都比较大,且湖岸陡峻。区内尚有一些中小型湖泊分布在山岭的峡谷地区,属冰川湖或堰塞湖类型,区内湖泊又集中分布在藏北高原和柴达木盆地干旱、闭流的高原腹地,故又多为内陆湖泊,且是内陆河流的尾闾和汇水中心。湖泊亦以咸水湖和盐湖为主。青藏高原气候寒冷、干燥,湖水补给不丰而蒸发量大,使得大多数以高山冰雪融水为补给水源的湖泊,即使是面积较大的湖泊亦出现了明显的干化和湖面退缩现象。许多地质历史时期的大型湖泊已被分解为若干子湖,有的已演化成盐湖或干盐湖。我们从现代卫星影像上所看到的在湖泊周围呈同心状分布的图形即是古湖岸线的遗迹。它说明了近代青藏高原上的湖泊仍在萎缩和咸化中。据调查,区内有 20%～30% 的湖泊已发展到盐湖和干盐湖阶段。

　　高原湖泊身居高山腹地,大部分湖泊为内流湖,主要分布在西藏自治区的北部和南部的内流区域。这些内流湖是地质史上的造山运动在底层断裂处积水形成的,属于断层湖。外流湖主要分布在西藏自治区东南部和南部地区以及青海南部地区。这些湖泊的形成原因:一是由于泥石流、山体崩塌使河道堵塞形成的堰塞湖;二是由于冰川的作用形成的冰蚀湖、冰积湖。

1.1.1　纳木错

　　纳木错藏语意为"天湖",素以海拔高、湖面大、景色瑰丽而著称(图 1.1-1)。纳木错湖面海拔 4718m,位于藏北高原的东南部,西藏自治区拉萨市当雄县和那曲市班戈县境内,距拉萨市城区 210km,距当雄县 60km。

　　纳木错南边和东边是高峻雄伟的念青唐古拉山脉,西边和北边是起伏较小的藏北高原丘陵,整个区域形成了一个封闭性良好的内流区。纳木错属半湿润半干旱过渡地带,光、热、水资源充足,雨、旱季节分明。每年 6—10 月为雨季;11 月至次年 5 月为旱季,多年平均降水量为 410mm。多风是纳木错流域及其附近地区气候的显著特点,一日之中大风常常出现在下午和傍晚,纳木错水面上风力尤为猛烈;纳木错的主导风向为西南风。纳木错由于地处藏北高原,每年冰封期长达 5 个月(完全封冻时间近 3 个月)。湖体完全封冻后冰面厚达 2m 以上,不但人畜可行走而且可行驶汽车。10—11 月天气晴朗,适合工作;6—9 月为雨季;12 月至次年 5 月天气寒冷干燥,不适合进入青藏高原。

图 1.1-1　纳木错

　　纳木错沿湖有简易车路,不下雨时交通条件基本能满足工作需要。湖区无船。湖滨区只有局部区域有手机通信信号,通信条件较差。纳木错自然保护区,是以保护野生动物及其湖泊、沼泽湿地生态系统为主的自治区级自然保护区,它是世界上海拔最高的大型湖泊。湖中生物多样性资源丰富,其中鱼类资源包括纳木错裸鲤和异尾高原鳅两种。湖滨湿地是迁徙水禽的重要停歇地和繁殖地。

1.1.2　青海湖

　　青海湖又名库库诺尔、错鄂博,古称西海,位于青藏高原东北部、青海省东部,行政隶属于青海省海北州和海南州,跨海晏、刚察、共和 3 县。其流域面积约 2.9 万 km²。青海湖呈椭圆形,周长约 360km,东西长约 109km,南北宽约 65km,为中国第一大咸水湖。湖中有沙岛、海心山、鸟岛、海西山和三块石 5 个岛屿。沙岛面积最大,面积近 10.0km²;次为海心山,形状为菱形,面积 0.94km²。湖东面有 4 个子湖,由北而南分别是尕海、新尕海、海晏湾和耳海。

　　青海湖属构造断陷湖,湖盆边缘多以断裂与周围山脉相接。距今 20 万～200 万年前成湖,初期原是一个大淡水湖泊,与黄河水系相通,为外流湖。至 13 万年前,由于新构造运动,周围山地强烈隆起,从上新世末,湖东部的日月山、野牛山迅速上升隆起,使原来注入黄河的倒淌河被堵塞,改由东向西流入青海湖。由于外泄通道堵塞,青海湖遂演变成闭塞湖,并由淡水湖逐渐变成咸水湖。

青海湖流域是一个封闭的内陆流域,属秦祁昆仑地槽褶皱区,湖的四周被 4 座巍巍高山所环抱:南傍青海南山,东靠日月山,西临阿木尼尼库山,北依大通山。流域北面是大通河流域,东面是湟水谷地,南面是共和盆地,西面是柴达木盆地。整个流域近似织梭形,周围地形西北高,东南低,呈北西西—南东东走向,全流域地势由西北向东南倾斜,四周山岭大部分在海拔 4000m 以上,北部大通山西段岗格尔肖合力海拔 5291m,是流域的最高点。青海湖位于流域东南部,为流域的最低点。流域内地貌类型复杂多样,由滨湖平原、冲积平原、低山、中山、沙地等组成,以滨湖平原为主。青海湖年均气温为 $-1.4 \sim 1.0$℃,基本呈南高北低态势。湖区南北两岸年均气温相差约 1.3℃。湖区气温年变化呈一峰一谷型,7 月为峰,1 月为谷。春秋季节,尤其是 3 月、4 月和 11 月,气温变化幅度明显大于其他月份,秋季降温远比春季增温剧烈,具有内陆气候的特点。青海湖的降水主要来源于东南方,受副热带高压与高原热低压及高原季风的作用。湖区降水的时空分布除具有内陆气候特点外,还受到"湖泊气候效应"的影响,具有自身的一些特征。湖区年平均降水量为 $300 \sim 550$mm。青海湖流域地处内陆高原,全年晴多雨少,日照充分,年日照时数 $2430 \sim 3330$h,年日照百分率为 $56\% \sim 76\%$。

青海湖流域河网呈不对称分布,西北部河网发育,径流量大;东南部河网稀疏,多为季节性河流,径流量亦小。流入青海湖流域面积 50km² 以上的河流有 33 条,主要有布哈河、沙柳河、哈尔盖河、泉吉河和黑马河等,其中以布哈河为最大,集水面积 14337km²。河流主要依赖于流域内的降水和冰雪融水直接补给,占年径流总量的 90% 以上,其特点是各河流水量年内、年际变化主要受降水和冰雪融水的控制,河流径流量年内及年际变化大而明显,与降水量和冰雪融水量呈同步变化,动态极不稳定。

青海湖鸟禽有 163 种,分属 14 目 35 科,总数在 10 万只以上。湖中盛产全国五大名鱼之一——青海裸鲤(俗称湟鱼)和硬刺条鳅、隆头条鳅。青海湖由于良好的自然条件,自古以来就是游牧民族聚居的地方,而且它又与青海省经济发达、人口密集的湟水地区毗邻。因此,青海湖流域居住着藏、汉、回、撒拉和蒙古等 10 多个民族,且以藏族为主,占总人口的75% 以上。大多数藏族和蒙古族以牧业为生,回族和汉族则广泛分布在青海湖区周围。

1.1.3 羊卓雍错

羊卓雍错(图 1.1-2)简称羊湖,藏语意为"碧玉湖""天鹅池",与纳木错、玛旁雍错并称西藏三大圣湖。羊卓雍错主体位于西藏自治区山南市浪卡子县,东南局部地区属拉萨市贡嘎县。羊湖湖形复杂、支汊较多,呈枝状分布,北窄南宽,湖面海拔 4435m,长 74km,平均宽8.6km,最大宽 33km,湖岸线长 518km,水域面积 575km²。

羊卓雍错地处喜马拉雅山北坡雨影地区,属于半干旱带,年均降水量350mm,年均水面蒸发量1250mm,年均气温2.6℃。湖水主要来自冰雪融水及泉水,流入羊卓雍错的河流主要分布在湖南岸、东南岸、西岸。羊卓雍错湖水矿化度1.7g/L,属于微咸水湖。羊湖是高原堰塞湖,大约亿年前因冰川泥石流堵塞河道而形成。它的形状很不规则,分汊多,湖岸曲折蜿蜒,并附有空姆错、珍错和巴纠错等3个子湖。

羊卓雍错历史上曾为外流湖,并与各子湖连为一体,湖水由墨曲流入雅鲁藏布江,后来由于湖水退缩成为内流湖并分出若干子湖。湖中山地突冗,分布有多个小岛。

图1.1-2 羊卓雍错

羊卓雍错周边人口分布是西藏自治区相对密集的地区,大部分区域生活与交通较为便利、少部分区域生活与交通不便。区道307线从318国道延伸过来,翻过甘巴拉山口,绕湖区西北岸边,至浪卡子县城,湖区无船。湖区通信信号不完全覆盖,通信条件差。羊卓雍错西部有宁金抗沙(乃钦康桑)峰等三大雪峰,主峰高7206m,是后藏地区最重要的神山,也是西藏传统四大神山之一。另外,世界上海拔最高的抽水蓄能电站——羊湖水电站即坐落于此。随着改革开放和经济社会的发展,圣湖旅游开发渐趋完善。但羊湖水电站的建成投产与气候变暖的综合影响,使得多年来湖面呈不断下降的趋势,湖面萎缩明显。原先的湖中岛屿,有的已经与湖岸连成一体而蜕变为半岛;有的局部水域因水面下降而与羊湖主体水域剥离形成子湖。

1.1.4 扎日南木错

扎日南木错(图1.1-3)位于西藏自治区阿里地区措勤县境内,距离措勤县城12km,没有明显的公路到达,是西藏第三大湖。湖面海拔4613m,湖水面积1023km²,东西长近54km,南北宽约26km。湖泊形态不规则,南北两岸较窄,东西两岸地势开阔。

扎日南木错属高原寒带季风干旱气候区,年均降水量 189.6mm,年均风速 4.4m/s,空气稀薄,干旱少雨。年均气温-2℃以下,昼夜温差大。太阳辐射强,多风沙、寒流,无绝对无霜期。雪灾、风灾、旱灾等自然灾害频繁。冬季漫长、寒冷。土壤为高山草原草甸土和荒漠草原土,多为岩屑、碎石、冰积物和残积物,且分布不连续。

扎日南木错流域面积 1.64 万 km²,湖水主要靠冰雪融水补给。另有 8 条河流注入湖内,最大的是措勤藏布,是封闭已久的内陆湖。湖水矿化度 13.10g/L,属咸水湖;湖水蔚蓝,透明度好,但水生生物少,只在湖体西北部措勤藏布汇入湖处的浅水区生长茂密的水草和藻类。湖区南部湖水退缩后残留了 3 个小湖。东岸湖积平原宽达 20km,沼泽发育;北岸和西岸残留有 10 道古湖岸线,最高一级高出湖面近百米;东南部湖滨地带发育有三级阶地。

图 1.1-3　扎日南木错

扎日南木错所在的措勤县位于拉萨到狮泉河公路的中间点,有那曲市区道 206 穿县城而过。从措勤县城沿措勤藏布下游宽敞的河谷向东可直抵扎日南木错湖边,湖区周围有一些便道,路况较差,湖区无船。湖区通信信号不完全覆盖,通信条件差。扎日南木错地处藏北高寒草原地带,气候寒冷、干旱,为国家级著名湿地,是良好的牧场,盛产珍贵的紫绒山羊。

1.1.5　塔若错

塔若错(图 1.1-4)位于西藏自治区日喀则市仲巴县境内,地处冈底斯山北麓,仲巴县北部,距仲巴县城 145km。湖面海拔 4566m,湖水面积 486.6km²,东西长 38km,南北宽 17km。

塔若错属高原亚寒带半干旱气候区,气候干燥、寒冷、风沙大、日照充足。年温差较大,无霜期短。年均气温 0～2℃,年均降水量 200mm。湖水主要依靠冰雪融水径流补给,有布多藏布等 19 条入湖河流。湖水属碳酸盐亚型淡水湖,矿化度 0.77g/L。

图 1.1-4　塔若错

国道 219 线贯穿仲巴县东西,连接着西藏自治区日喀则市和新疆维吾尔自治区喀什地区。湖区周围无等级公路经过,只有连接隆嘎尔乡至霍尔巴乡的乡道从湖区西南岸边经过,可通至国道 219 线上,湖区无船。湖区通信信号不完全覆盖,通信条件差。塔若错湖区周围生态保护较好,基本处于原始状态。

1.1.6　当惹雍错

当惹雍错(图 1.1-5)位于西藏自治区那曲市尼玛县境内,距离尼玛县城 72km。湖面海拔 4535m,湖水面积 816km²,呈北东方向延伸,长 70km,宽 15～20km,是西藏自治区第四大湖。

当惹雍错地处藏北羌塘高原,属高原亚寒带半干旱季风性气候区,空气稀薄,多风雪,年均气温－4℃,年均降水量 150mm。湖水 pH 值 9.12,矿化度 9.862g/L,属硫酸盐型咸水湖。当惹雍错系发育在近南北向断裂湖盆内的构造湖,三面环山,西岸和东岸为近南北向高达 5500～6000m 的山地,唯南岸达尔果山东侧有一缺口。达尔果山一列七峰,山体黝黑,顶覆白雪,形状酷似 7 座整齐排列的金字塔。

当惹雍错水源主要靠冰雪融水补给,南部有发源于冈底斯山的达果藏布汇入。历史时期当惹雍错北与当穷错、南与许如错相连,长可达 190km。后由于气温升高而变干,湖水退缩,当穷错、许如错与当惹雍错分离。当惹雍错东南岸和北岸湖积平原广布,湖相阶地发育,多达 20 级以上。阶地地面平缓,宽几十米到几百米,最宽达几千米。

当惹雍错所在的尼玛县城有区道 301 线穿境而过,为砂石路面,等外公路,四季能基本通车。当惹雍错的东岸有区道 205 线经过,全线基本为自然路,能保持季节性通车,湖区无船。湖区通信信号不完全覆盖,通信条件差。当惹雍错是西藏最古老的雍仲本教徒崇拜的最大的圣湖,它和位于南岸的达尔果一起被雍仲本教徒奉为神的圣地。湖边的玉本寺是一座建于悬崖山洞的寺庙,据说为本教最古老的寺庙。当惹雍错所在的尼玛县是国家级羌塘自然保护区的重要组成部分,野生动物资源丰富而珍贵,藏羚羊、藏野驴、野牦牛、雪豹、黑颈鹤、棕熊、雪鸡、藏原羚、岩羊、盘羊、斑头雁、灰鸭、黄鸭等国家一、二级保护动物达 20 余种。

图 1.1-5 当惹雍错

1.1.7 色林错

色林错(图 1.1-6)地处西藏自治区那曲市冈底斯山北麓,班戈、申扎、双湖县境内,申扎县以北,班戈县以西,距班戈县城约 80km。湖面海拔 4530m,湖泊东西长约 72km,南北平均宽约 22.8km,其中东部最宽达 40km,湖水面积 2391km²,流域面积 4.55 万 km²,是西藏自治区第一大湖,也是我国第二大咸水湖。

色林错是青藏高原形成过程中产生的一个构造湖,湖心区水深在 30m 以上,透明度 7～8m,矿化度 18.3～18.8g/L。湖区为半干旱草原地带,气候复杂多变,年均气温 -3～-0.6℃,最热月均气温 9.4℃;年均降水量约 290mm,6—9 月降水量占全年的 90%,夏季多冰雹。历史时期,色林错面积曾达 1 万 km²,后因气温升高而变干,湖泊退缩,湖周湖相台地和湖积平原广泛分布。在湖积平原上砂砾堤发育显著,南岸最明显,多达几十条,最长者可达 40km。湖泊形态不规则,西侧多半岛和峡湾。

色林错流域内有众多的河流和湖泊互相连接,组成一个封闭的内陆湖泊群,主要湖泊除色林错外,还有格仁错、吴如错、错鄂、仁错贡玛、恰规错、孜桂错等 23 个小湖,主要入湖河流有扎加藏布、扎根藏布、波曲藏布等。扎加藏布全长 409km,是西藏最长的内流河,发源于唐古拉山,于色林错北岸入湖。扎根藏布发源于格仁错东部的甲岗雪山,于色林错西岸入湖。波曲藏布发源于巴布日雪山,于色林错东岸入湖。

图 1.1-6　色林错

色林错地处藏北高原,湖区交通不便,仅有一条区道 301 从色林错湖北岸经过,湖区无船。湖区通信信号不完全覆盖,通信条件差。色林错湖区属野生动物类型自然保护区,保护区总面积 2.03 万 km^2,其中核心区面积 $0.81km^2$,缓冲区面积 $1.12km^2$,实验区面积 $0.1km^2$。色林错黑颈鹤自然保护区成立于 1993 年,2003 晋升为国家级自然保护区,是世界上黑颈鹤最主要的繁殖地,在高原高寒草原生态系统中是珍稀濒危生物物种最多的地区。色林错湖区也是传统的牧区,主要放养牦牛、绵羊等,湖内产短尾高原鱼。

1.1.8　格仁错

格仁错又名加仁错(图 1.1-7),跨申扎、尼玛两县,位于冈底斯山北坡断陷盆地内。湖面海拔约 4650m,面积约 $485km^2$。湖泊形状呈西北—东南走向的长条状,长 60.2km,最大宽 13.2km,平均宽 7.93km。湖区属羌塘高寒草原半干旱气候,年均气温约 0.0℃,年均降水量 200~300mm。湖水主要依赖于东南岸入湖的申扎藏布、西南岸入湖的巴汝藏布补给;出流经西北部加虾藏布注入孜桂错。

图 1.1-7　格仁错

申扎至尼玛的县乡级公路沿湖南侧通过,并连接黑阿公路。格仁错是林错流域内陆吞吐湖。湖水清澈甘甜,湖滨水草茂盛,是良好的牧场和鸟类栖息地。

1.1.9　普莫雍错

普莫雍错(图 1.1-8)湖面面积约 292.25km²,湖面海拔约 5009.1m,距离拉萨市约 210km,位于山南地区浪卡子县和洛扎县交界处,喜马拉雅山主山脊北坡,是世界最高的一个大型淡水湖和毗邻的沼泽地。水源来自南面山区库拉岗日雪山(山峰 7600m)的融雪,出水向东流经一条短河进入羊卓雍错。周围地区系以帕米尔蒿草为优势种的高原草甸。湖泊东西长度约 31.98km,南北最大宽度约 14.57km,县乡公路直通加曲左岸普玛江塘乡政府驻地。

图 1.1-8　普莫雍错

1.2　高原湖泊测量

1.2.1　目的与意义

我国高原湖泊众多,地处偏远,人迹罕至,交通条件不便,自然环境恶劣,导致大多数湖泊未开展过系统科学的测量工作,湖泊基本情况不清,尚属历史资料空白,不能满足湖泊开发治理、生态环境保护、水资源管理、科学研究等工作的需要。分期、分批地选择具有代表性的大型重要湖泊开展系统测量工作,具有重要的理论意义与现实意义。在水利部的统一组织和部署下,长江委水文局会同地方水文部门,克服了高原缺氧、环境恶劣、天气多变、交通不便、生活物资匮乏、后勤保障困难、安全风险高等多种困难,至 2019 年先后完成了纳木错、青海湖、扎日南木错、羊卓雍错、塔若错、当惹雍错、色林错、格仁错、普莫雍错等 9 个高原湖泊的测量工作,共计施测 1∶10000、1∶50000 等两种比例尺水下地形 12510km²,成果形式包括地形图、湖容量算曲线模型、湖容量算报告等,圆满完成了测量任务,测量成果通过了水利部门组织的专家审查。通过系统测量,准确获取了湖泊水深、面积和容积等基础数据,测湖成果对高原湖泊的开发治理、生态环境保护、科学研究等工作具有重要意义。

(1)填补国情资料空白的需要

水深、面积、容积以及湖区地形等是湖泊的基本属性,属于重要的基础国情信息。我国高原地区分布着大量的著名湖泊,由于各种原因,绝大多数没有开展过系统的测量工作,湖泊基本情况不清,历史资料空白。选择部分具有代表性的重要湖泊按照统一的技术路线和测量方法,系统开展测量工作,将取得宝贵的系统实测资料,掌握湖泊湖泊水深、面积、容积以及水量等基本特征数据,对于填补历史资料空白,完善国家基础地理信息资料,满足湖泊治理、保护和经济社会发展的需要,具有重大而深远的意义。

(2)满足生态环境保护的需要

湖泊作为生态环境系统的重要组成部分,对维系我国高原地区生态环境具有十分重要的地位。为保护高原生态环境,我国高原地区实施一系列生态环境保护的重大措施,开展高原地区部分重要湖泊测量工作,掌握湖泊的基本情况,为高原地区水资源开发管理和生态环境保护等提供科学依据,具有重大意义。

(3)满足高原地区水利工作的需要

湖泊是水资源的重要载体,是水利工作的重要对象。随着高原地区经济社会的不断发展和新时期水利工作的不断推进,加强高原地区湖泊防汛抗旱和水资源开发管理等工作日益迫切。开展高原重要湖泊测量工作,掌握湖泊基本情况,获取湖泊水深、容积、水量变化等基本资料,为做好高原地区湖泊防汛抗旱、水资源开发管理等工作提供科学的基础信息,具有重要的意义。

(4)满足湖泊开发治理的需要

随着经济社会的不断发展,高原地区湖泊开发治理工作将不断得到加强。近年来高原地区一些重要湖泊综合治理规划相继启动编制并实施,需对相关湖泊的水深、面积、容积以及水量变化等情况进行准确的量测,全面了解掌握湖泊形态特征、水资源量等基础数据,为政府有关部门科学决策提供重要的基础信息。

(5)满足高原湖泊研究的需要

由于特殊的地理位置和气候环境,我国高原地区湖泊具有多样的自然景观河、丰富的水生生物资源,属于独特的高原高寒生态系统,是开展高原生物科学与环境科学研究的理想场所。同时,我国高原湖泊多处大陆腹地,湖泊水量补给大部分靠冰川融水,对全球气候变化十分敏感。开展高原重要湖泊测量工作,掌握湖泊形态特征和水量变化情况,对研究全球气候变化、生物多样性及其保护、高原内陆湖泊的生态环境特点及其演变规律、高原环境演变机制等重大问题具有十分重要的意义。

1.2.2 测量内容

开展高原湖泊测量工作,主要目的是为了获取准确的湖泊水深、面积、容积以及水量等数据,全面掌握湖区地形分布情况,形成湖泊地形分布图、水深面积曲线、水深容积曲线等测量成果,填补历史资料空白,为高原地区重要湖泊的生态环境保护、开发治理、水资源开发管理、防汛抗旱和湖泊研究等提供科学依据。高原湖泊测量主要工作内容包括湖区现场勘察及资料收集、前期准备、外业测量、内业资料整理、湖泊容积计算、湖泊测量报告编写及成果验收等,高原湖泊测量成果主要包括 1∶10000、1∶50000 水下地形图及相关湖容曲线等。

1.2.3 技术与工作难点

1.2.3.1 大水深、多特质环境下湖底高程难以精确获取

(1)高原湖泊水体厚度大、水温跃层明显,给水深测量带来极大挑战

高原湖泊平均深度在 100m 以上,由于水体缺乏较好的流动条件,水体存在着明显的水温跃层,从后期实测数据来看,湖泊水体温差可达 15℃以上,水温跃层明显;多数湖泊为咸水湖,矿物质含量较高,基于上述因素,湖泊中不同时间、不同地点、不同水深条件下声速差异较大,是影响测深精度的重要因素。

(2)特殊的湖区作业环境需要定制测量平台并研发一系列辅助设备以满足工作需要

高原湖泊面积广阔、风浪大,同时水中矿物质含量较高对船体、发动机以及仪器入水传感器都有很强的腐蚀性。由于高原湖泊本身无航运、渔业等,湖区本身无可利用船只,同时考虑到湖区风浪、水质特性等因素,需要专门定制符合要求的测量船只作为工作平台;湖区面积广阔、部分湖泊受月球引力潮汐作用明显,常规的水位观测手段和水位监测装置无法满足要求;历史资料欠缺的深水条件下亟待研发适宜的高精度测深校准装置以满足测前、测后的测深仪深度校准需要;常规的水质及悬沙取样设备难以适应与内地河流、湖泊存在较大特性差异的高原湖区。

1.2.3.2 历史资料缺乏、首级控制无法利用常规手段建立

(1)本项目首次系统开展高原湖区测量工作,可供利用的历史资料几乎为零

由于高原湖区特殊的地理位置和恶劣的自然环境,到目前为止,高原湖泊尚未开展过系统性测量工作,对高原湖泊缺乏整体、正确的认知,可供参考的历史资料如历史地形图等几乎为零,湖泊的概略深度资料、矿物质含量数据等都无从考据,因此工作计划安排、仪器选型、技术方案制定等都需要事先派技术人员到工作现场进行更加详细的查勘、调查。尽管如此,在后期的测量工作中依然需要不断探索、改进,给项目团队带来了更高的挑战。

(2)测区缺乏 2000 国家大地引据成果,首级控制无法利用常规手段建立

根据国家有关测绘基准的统一要求,同时为保证湖岸与湖床的基准统一、方便今后成果使用,本次高原湖泊国情信息收集工作采用 2000 国家坐标系作为控制基准,但工作开展期

间高原湖区尚未开展 2000 国家基准建立工作,无法通过常规手段对周边高等级控制成果开展静态网或边角网联测的方式建立测区首级平面控制;高原湖区面积广阔,湖区周边地形复杂,多为雪山、峡谷,一般地区可采用几何水准的方式建立首级高程控制,在这里难以进行。

1.2.3.3 特殊的高寒环境对作业人员综合素质提出了更严苛的要求

高原湖区平均海拔在 4500m 以上,空气稀薄,含氧率非常低,近乎处于生命禁区。测量人员高原反应强烈,长时间低热头疼、呼吸困难、行走吃力、晚上不能入睡、白天全身乏力,工作期间需长时间忍受强紫外线的辐射伤害;基础交通条件较差,工作区域人迹罕至,生活补给等存在较大困难;因而参与作业人员必须具有强健的体魄、良好的团队协作精神、坚强的意志品质、强烈的工作使命感和高度的责任心,同时应具备良好的专业技能及丰富的测量工作经验,从而应对特殊环境中随时遇到的各种难题。

1.2.3.4 作业环境恶劣,需要更有效的后勤补给、安全管理、质量保证措施

高原湖泊为全球气候变化敏感、生态系统脆弱的地区,海拔高、人迹罕至、交通不便、生活物资极度匮乏。高原湖泊测量工作的开展必须制定严密、可行的安全管理、后勤保障措施,保障作业工作的有序推进及工作人员的生命健康安全。作业区通信条件较差,测量工作中沟通联络需专门架设高频电台;高原湖区四季变化明显,昼夜温差巨大,适宜工作时间受限,每年真正工作时长最多 3 个月,必须对前期踏勘准备、工作开展等做出周密安排,在测量期间提高功效,杜绝因质量缺陷等造成工期拖延,以保证按计划顺利完成相关工作;高原湖泊测量工作由长江委水文局与地方水文部门联合完成,其间需要多个单位、多个部门及不同专业技术人员联合作战,单位覆盖面广、作业人员多,有效控制整个测量过程中每一个关键环节难度极大,必须提出适宜具体工作环境的质量管理措施以保证工程质量。

1.2.4 工作组织与技术创新

1.2.4.1 总体布局

高原湖泊测量工作涉及范围广、测量湖泊数量多,工作任务重,在水利部统一领导和部署下,由水利部具体组织实施,具体测量工作由长江委水文局和地方水文部门共同承担完成。

原水利部水文局负责高原湖泊测量工作的组织协调,统一部署和统筹安排测量工作任务,调配测量设备和技术力量,对测量过程和工作进度进行检查和监督,对测量成果进行审查和验收等。长江委水文局负责制定湖泊测量技术方案,协同地方水文部门开展湖泊实地查勘工作,开展测量人员技术培训,会同单位技术人员协同完成湖泊测量工作,承担测量数据计算整理和成果报告编制工作等。地方水文部门全程参与湖泊测量工作,全面负责综合协调、后勤保障、物资供应、安全措施等工作。

考虑到高原湖泊测量工作任务的艰巨性和当地协调工作的复杂性,以及后勤保障和安全保障的重要性,湖泊测量工作成立了指挥部,由地方水文部门、长江委水文局以及当地人

民政府有关领导担任指挥长,下设安全生产部、技术部、后勤保障部、协调宣传部等,明确各自工作职责,确保测量各项工作的有效和有序开展。

高原湖泊测量工作是一项专业性强、技术要求高的业务工作,负责测量工作的技术人员业务素质和专业水平直接决定测量成果的精度和质量。同时考虑到高原湖泊测量工作的艰巨性,实施本项测量工作的专业技术人员除了要求专业知识扎实、实践操作熟练外,还需要思想作风优良、服从组织统一指挥、身体素质好,并且具备相关资历。测量技术人员队伍以长期从事测量工作、具有丰富工作经验的专业技术人员为主。后勤保障人员队伍由地方水文部门富有责任心、组织协调能力强的人员组成。

1.2.4.2 合作实施

在对测区的交通、气候、湖区水文、通信情况等基础条件查勘以及收集历史测绘资料(主要是控制成果、地形图)的基础上,地方水文部门、长江委水文局共同制定实施方案与编制专业技术设计书,经原水利部水文局批准后按实施方案实施。图 1.2-1 为高原湖泊测量工作实施的主要流程。

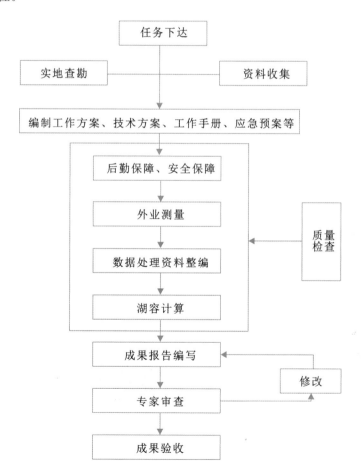

图 1.2-1　高原湖泊测量工作实施的主要流程图

（1）前期准备

地方水文部门和长江委水文局联合对测区的交通、通信、食宿、气候条件、控制情况和水文站网情况，以及测区历史测绘和图件等方面内容进行了详细现场查勘。由于高原湖泊所处特殊的地理环境，大部分湖泊附近没有宾馆可供利用，如羊卓雍错、扎日南木错、塔若错测量时搭建帐篷解决住宿问题和自建食堂解决生活问题；当惹雍错湖北面有私人简易旅馆可住宿，测量时自建食堂解决生活问题；色林错测量时通过搭帐篷解决住宿问题，自建食堂解决生活问题。

在查勘的基础上，地方水文部门和长江委水文局经过充分讨论形成实施方案，并报送原水利部水文局审批后实施。在实施方案进一步细化的基础上，形成了专业技术设计书，设计书对高原湖泊测量工作的组织领导、技术路线、具体实施、进度、质量等进行了规范和明确（图 1.2-2）。

（2）外业实施

高原湖泊测量工作按实施方案进行湖泊控制网测量、水准测量、水位测量、水边测量、水深测量。

1）控制网测量

因湖区无 CGCS2000 坐标系成果，各湖测量初期全部进行了控制网测量，除纳木错外都采用与 IGS 连续跟踪站进行联算的方法获得测区控制点国家 2000 坐标系成果。

2）水准测量

湖区周围控制点稀少，无 1985 国家高程基准成果，利用 EGM2008 地球重力场模型，采用 GNSS 高程拟合技术得到控制网点高程，采用水准测量对高程成果进行检校，除色林错外全部进行了水准测量，色林错采用 RTK 对高程成果进行检校。图 1.2-3 为测量人员在高原开展水准测量。

图 1.2-2　查勘现场

图 1.2-3　水准测量工作现场

3）水位测量

根据湖的面积大小不同，布置自记水位站或临时水尺，保证能控制住测湖期间的全部水位。

4）水边测量

因湖区水涯线复杂，采用了激光测距技术实测了全部湖区水边。青海湖、塔若错、当惹雍错、色林错采用高分一号测湖时期的影像数据成果，对激光测距所测水边进行了全部检测。快速准确地获取了测量时期的湖泊边岸界限，成功地解决了湖区复杂区域的水涯线测量困难，并保证了测量精度。

5）水深测量

高原湖泊存在水温分层问题，如测量期间当惹雍错湖区水体底表层的水温最大差值达 10℃左右；色林错水温最大差值达 15℃左右。用声速剖面技术对所测水深全部进行改正。

6）过程控制

测量队严控了引用数据和启用数据，坚持了一置入、二校核和纸质记录。及时整理了测量资料，严格按要求进行了数据的备份、测量资料和数据分批移交，开展测量资料互检和比对。技术部质控人员与测量队质量检查员随队作业，并采用不定期巡查方式控制关键性节点测量方法、测量技术和成果质量。

（3）内业工作

高原湖泊测量工作按照"随测、随算、随整理、随分析"原则，内业整理与外业测量同步进行。在测湖期间，完成了观测记录整理，各种测量数据的处理、校核，控制网平差与报告编制、水准平差等工作。图 1.2-4 为本项目内业处理人员正在进行资料集中整理。

（4）高原湖泊测量工作成果检查与验收

1）基础资料引用

根据地方水文部门和长江委水文局所测湖泊水下地形图、近湖岸陆上地形图，结合测绘部门提供的 1∶50000 航测岸上地形图套绘而成湖泊地形图。地图产品基本规格为 2000 国家大地坐标系，6°带高斯—克吕格投影，1985 国家高程基准；图件格式为 AutoCAD dwg 格式。

2）容积计算方法

高原湖泊测量工作中湖泊容积使用 GeoHydrology 软件之数字高程模型法（DEM 地形法）量算。格网宽度 d 取 $n/1000$（n 为地形图比例尺分母，$n=50000$，即取 $d=50m$）。湖泊的量算区域为湖区测量范围内封闭的等高线以下范围；在该高程范围下按 5m 的高程间距分别量算各高程对应的湖容积和湖区水面面积。图 1.2-5 为本项目内业资料整理人员正在进行湖泊容积量算。

3）成果检查与验收

每个湖测量完成后，均组织了审查会。审查会重点审查了湖泊测量工作完成的规范性、完整性和测量技术路线与方法、引据成果的利用、原始资料记录、控制测量精度以及水深数据改正方法、地形图编绘、容积量算成果软件和方法、技术报告编写等内容。

图 1.2-4　内业数据处理　　　　　　　　图 1.2-5　湖泊容积量算

1.2.4.3　工作组织创新

（1）管理创新

组织管理模式创新主要体现在以下三个方面。

一是严密组织分工。具有 ISO 质量管理体系认证资质和甲级测绘资质的流域水文机构长江委水文局负责湖泊测量工作，确保质量；与地方部门配合密切的地方水文部门负责后勤保障和安全生产，促进了多部门协作，有利于安全应急预案落实；多单位联合项目总指挥部（前线指挥部）及其下属分部，职责明确，分工负责，各项措施落实到位，确保了项目的有效实施。具体组织管理架构见图 1.2-6。

二是充分整合和利用资源。充分利用了原水利部水文局资源优势，有效整合了流域水文机构长江委水文局的技术、设备优势和先进测绘管理经验，与地方水文部门形成测绘技术、测量设备、测绘管理技术互补与相互促进。

三是实行"三级检查、一级验收"制度和质检人员现场跟踪检查制度。加强质量检查管理措施，有效保证了关键技术的落实，实现了设计质量。

（2）安全保障措施创新

相比于内地测量，高原湖泊测量安全风险更大、更多，这也促使长江委水文局高度重视安全保障措施的创新。一是为测量人员购买了商业保险和防护用品，并在海拔相对较低的拉萨进行了适应期调整，同时进行测前准备，以提高测量人员在高原地区的适应能力，充分体现以人为本的管理理念。二是安装高频及中继站，组建测量移动指挥部，解决了大部分测区手机无信号及高频不通等难题，使测船能随时与指挥部保持高频通信，多次及时组织排除了船舶突发故障，消除了安全隐患。三是每天安排至少一名技术部负责人或安全督导员随船作业，与测量负责人、安全员集体研究决定水上作业时间，处理突发安全事件，确保测船、测量人员及测量仪器安全。

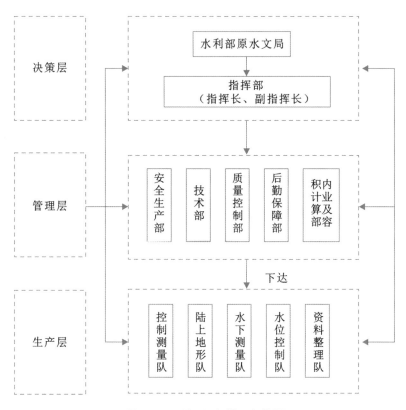

图 1.2-6 项目组织管理架构图

各湖泊测量安全生产工作由各指挥部总指挥长负总责。安全生产部具体实施与监督,采取措施包括:安全生产部设安全督导员2人,对测量队跟踪督导。控制测量队设兼职安全员1名,负责安全生产制度的落实及各组安全工作的督促检查;加强安全知识培训工作。进湖测量前,在进行技术培训的同时进行安全培训。培训内容包括安全知识、消防知识、医疗急救知识、测绘人员野外作业条例、水上作业人员工作制度等,并开展了水上应急事故救援演练,以加强对工作人员、测量船舶的安全管理和教育,提高测湖人员素质和安全防范意识;在满足测量工作需要的前提下,船舶须有符合国家规定的、经船舶检验机构检验的合格证。指挥部必须为测量作业船舶配备足以保证船舶安全的合格驾驶员和救生员。测船驾驶员应有符合国家相应要求从业资格证书;测船需配备足够的救生衣、救生圈和堵漏设备,救生衣和救生圈必须符合国家安全标准。工作人员必须身穿鲜艳衣服(红色或橘红色)和救生衣上船作业,便于突发事件时目标搜救。戴眼镜的工作人员必须佩戴眼镜安全绳,以防眼镜滑落;水下地形测量采用双船作业方式,相互瞭望和支援。基地配置一条大功率冲锋舟以备应急救援;测量船只水上测量作业时必须每小时与现场指挥部联系一次,报告现场测量和安全状态,超过规定时间未与指挥部联系时,指挥部应立即驰援;船舶离泊时所有缆绳及时收妥,以免发生螺旋桨绞缠事故。测量过程中应采用合理的航速,并确保外挂测深仪探头在舷外有效坚固;测量过程中及测量定位完成后测船应及时显示测量相关信息,测船在近岸浅水区掉头时要留有足够的旋回余地,以防车叶损坏或测深仪触损;如突遇 5 级及以上的大风浪,测船要立即中止施测,并尽快返航以保证人员及仪器测船安全;发生险情时,作业组应及时组织自救并将险情及时上报指挥部。重大险情还应及时拨打 110、120 救助电话,寻求当地政府救助;严格执行施测成果、地形图等相关资料的涉密规定及制度,保障资料安全。

(3)主要设备的选型创新

高原湖泊测量,其仪器设备将经受各种不利因素的制约,如高海拔、低气压、低气温、大水深、大湖宽、无通信信号等,对仪器设备提出了更高的要求。

根据高原湖泊测量的特点,立足于成熟的先进仪器设备、先进的技术手段,以收集高原湖泊国情信息资料。经过调研和大量的仪器设备技术指标分析,确定在高原湖泊测量工作中使用以下主要仪器设备:

1)免棱镜全站仪及移动三维激光扫描系统

选用成熟的无人立尺测量技术配以高精度的激光全站仪。全站仪是一种集光、机、电为一体的高技术测量仪器,是集水平角、垂直角、距离(斜距、平距)、高差测量功能于一体的测绘仪器。因其一次安置仪器就可完成该测站上全部测量工作,称之为全站仪。可安全地监测到湖泊的自记水位计的水尺零点及水位,可安全地监测到人无法到达的湖泊水边,也可对湖泊岸上地形进行测量。

移动三维激光扫描系统(图 1.2-7),主要用于扫描岸上地形,检测国家基本国情信息资料 1∶50000 地形图,该系统主要由激光雷达、GNSS 系统、姿态方位参考系统和数码相机四部分构成,并与多波束测深系统一体化集成,三维激光扫描系统安装在船头甲板上,利用固定件将承重平台固定在甲板上。

2)GNSS 及星站差分 GNSS

GNSS 的全称是全球导航卫星系统(Global Navigation Satellite System)。它泛指所有的卫星导航系统,包括全球的、区域的和增强的。在高原湖泊测量工作中,因为高原湖泊位于自然环境恶劣的无人区,基本国情信息资料处于空白,没有国家级的高级控制点,按项目要求要布设高原湖泊区域控制网,在控制网站点上采用 GNSS 连续观测 4h,然后将观测数据与 IGS 连续跟踪站 URUM(乌鲁木齐)、LHAZ(拉萨)、POL2(比什凯克,吉尔吉斯斯坦)、KIT3(基塔布,乌兹别克斯坦)、ULAB(乌兰巴托)等站数据进行联算,得到精准的控制点坐标。星站差分 GNSS 系统(图 1.2-8)很好解决了高原湖泊测区无网络信号且 RTK 信号超出可控范围难以到达湖心的问题,用于高原湖泊水上平面定位。

(4)单波束、多波束超声测深仪及声速剖面仪

在高原湖泊测量工作中,采用超声测深仪可直接进行高原湖泊测深,直接把仪器放在水面下,以探头向下发射接收的方式测量水深,具有操作安全、测量速度快等优点。

图 1.2-7 移动三维激光扫描系统

图 1.2-8 星站差分 GNSS 系统

1)多波束超声测深仪

多波束测深系统也称声呐阵列测深系统,能对测区进行全范围无遗漏扫测。目前,多波束测深系统不仅实现了测深数据自动化和在外业准实时自动绘制出测区水下彩色等深图,而且还可以利用多波束声信号进行侧扫成像,提供直观的测时水下地貌特征,因此又形象地叫它为"水下 CT"。多波束超声测深仪由安装在水下的发射换能器向水中发射沿航迹方向很窄而垂直航迹方向很宽的扇形波束,用包含多个阵列组成的接收换能器对不同方向的回波信号进行接收,形成多达 200 多个可窄到 1°的接收波束,称为多波束。每个波束照射海底形成的脚印(相对于换能器的位置 (x,y,z))被精确测量。换能器的位置通过量取安装在船上的 GNNS 天线到换能器之间的偏移量进行测量。测量船由于风、浪、水流产生的姿态(横摇、纵摇、涌浪)对多波束测深精度影响可以通过安装在船上或者换能器附近的姿态传感器进行补偿。

2)声速剖面仪

用声速剖面仪对测区的声速剖面采集数据,用此数据进行单波束、多波束声线弯曲改正,测量期间当惹雍错湖区水体底表层的水温最大差值达 9.67℃(2015 年 7 月 3 日);色林错水温最大差值达 15.99℃(2015 年 8 月 6 日)。通过每天对测区的声速剖面采集,确认了高原湖泊存在水温跃层,有声线弯曲。当惹雍错水深改正量平均为 4.90m。

(5)手持激光测距仪

手持激光测距仪是迄今为止功能最为强大的手持测量工具,集罗盘和磁倾仪于一体的设计使用户可以在野外实时获取距离、方位角和垂直角数据,其坚固、密闭结构可适应任何恶劣环境,超长测距功能使测量人员在危险和难以到达的地区更为安全作业。该仪器在测量时不需要反射棱镜,因而选择在高原湖泊国情信息获取中应用。采用手持激光测距仪主要是准确获得了高原湖泊水涯线的平面位置,测点高程使用湖区水位高程。

(6)电子水准仪

电子水准仪又称数字水准仪,是以自动安平水准仪为基础,在望远镜光路中增加了分光

19

镜和读数器(CCD Line),并采用条码标尺和图像处理电子系统而构成的光机电测一体化的水准测量仪器,选择在高原湖泊国情信息获取中应用,主要是测水尺零点,检测湖区控制点的 GNNS 拟合高程。

(7)水位自记仪

选择高精度自容式小型水下深度仪,在高原湖泊国情信息获取中能方便地安装于水尺板上的水下部分或其他水下固定物上,压力传感器为绝对压力传感器,精度为满量程的±0.05%,固态存储器可存储 3000 万组数据,能保证测量期间数据万无一失。

其他高原湖泊测量工作常用的器具有测深杆、冲锋舟、主测船、卷尺、手持 GNNS、手持 ADV、对讲机、甚高频电台及中继站、照明设备、发电设备、帐篷和床及床用品、冰箱及炊具、吊车、交通车、数码相机、笔记本电脑、打印机等,高原湖泊测量工作开展时可灵活选用。

(8)测深平台

测深平台以水文监测船(图 1.2-9)为主,浅水测量、水边测量、应急抢险等采用冲锋舟监测艇。与冲锋舟监测艇(图 1.2-10)相比,水文监测船具有更安全、更耐寒、更抗浪等重要优势。尤其在大面积、高风浪湖区,兼顾在高海拔、低气压、低气温环境下船速骤降等问题,选择两条水文监测船并行作业尤为重要。水文监测船为双机、双桨、双舵、汽油外挂机为动力驱动的纵流消波船型,具有良好的耐波性和适航性、首尾浪小、振动、噪音低、抗风浪、抗拍击能力强、耗油少、功能齐、宽敞舒适、外形线条流畅等特点。船体及上层建筑均采用纤维增强塑料(玻璃钢)制造。

图 1.2-9　水文监测船

图 1.2-10　冲锋舟监测艇

1.2.4.4　关键技术应用

高原湖区历史资料匮乏,国家高等级控制点稀少,常规手段难以建立与国家统一的三维基准,湖泊水体存在着大水深、矿物质含量高等问题,同时受限于严苛的作业环境,因此在本项工作开展之前,高原湖泊测量一直缺乏成熟、有效、成套的技术方法。针对高原湖泊测量存在的技术问题,探寻技术流程的关键节点,重点突破空间基准传递、大水深多特质环境下精密测深、专用测量平台及其配套辅助设备等成套技术方法,开发了高原湖泊地理信息整编系统,实现海量数据的标准化获取、水深自动校正、融合分析及精度评定等目标,从而构建了青藏高原湖泊地理信息精细感知技术体系。总体思路见图 1.2-11。

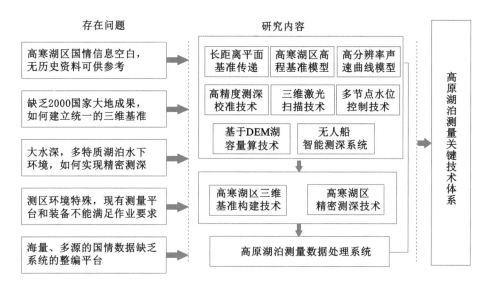

图 1.2-11 总体思路

(1)揭示了高寒水体高分辨率声速传播规律,解决了温场、盐场、流场等多因素影响下不同深度层声速难以精确控制的难题

声速改正的准确性是影响水下测深精度的重要因素。在内河水体流动性较好的河流、浅水湖泊等水域,几乎不存在水温跃层,可直接量取表面温度,采用经验公式获取表面声速,以此作为标准声速进行水深计算。在深水湖泊、大型水库内,尤其在青藏高原湖泊,平均深度超过 100m,矿物质含量高,水体缺乏交换条件,存在明显的水温跃层(湖体最大温差近 20℃),对声速影响巨大。项目组基于高原湖区多特质水体环境,对声速在温场、盐场、流场中的传播特性进行耦合研究,通过大量数据研究及现场实测验证,构建了适用于高原湖泊测深声速传播模型:

$$C = 1449.2 + 4.6T - 0.055T^2 + 0.000297T^3 + (1.34 - 0.01T)(S - 35) + 0.017D$$

图 1.2-12 是当惹雍错声速变化曲线图。该声速曲线模型已被水利部颁发的《水道观测规范》(SL 257—2017)所采纳。

(2)平面控制基准的构建及 Trimble RTX 测量技术应用

高原湖泊多位于自然环境恶劣的无人区,国家高等级控制点稀少。为建立湖区统一的高等级平面控制基准,在湖区布设控制网点连续观测 4h 的基础上,将观测数据与世界跟踪站 URUM(乌鲁木齐)、LHAZ(拉萨)、POL2(比什凯克、吉尔吉斯斯坦)、KIT3(基塔布、乌兹别克斯坦)、ULAB(乌兰巴托)等网点数据联算,得到精准的控制点坐标,解决了高原湖泊测区高等级首级控制难以建立的难题。

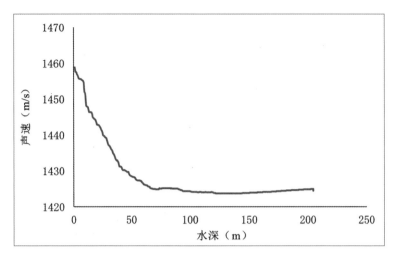

图 1.2-12　当惹雍错声速变化曲线图

应用 Trimble RTX 技术，解决了湖泊广域范围 RTK 信号难以覆盖的问题。Trimble RTX 的工作原理是全球跟踪站将网络 GNSS 观测值实时发送给控制中心，控制中心进行精密卫星轨道、钟差和大气建模，得到 RTX 精密定位改正数，然后通过卫星或网络方式播发改正数至用户。RTX 可以提供全球厘米级实时精密定位服务，实现单机高精度定位，无需连接物理基站或 CORS 网络，是真正的全星座 GNSS（含北斗、GPS、GLONASS、QZSS 和 Galileo）定位服务。Trimble RTX 技术与传统的差分 GNSS 相比，无需建立陆地基准站，单机作业便能大范围应用，具有稳定、高效、高精度的优势。

（3）提出了基于多源数据格网融合的高原湖区高程基准模型构建方法

高原湖区内高等级控制点稀少，且因海拔较高、地形复杂、条件恶劣，应用几何水准引测几乎无法实现。采用多源数据融合的方式构建区域数字高程基准模型，即应用 GNSS 高程测量技术，融合几何水准测量或高程导线测量数据，以及 EGM2008 地球重力场模型，通过格网拟合的方式，进行似大地水准面精化，形成最终的区域数字高程基准模型，在高程控制点分布均匀的湖泊，该项技术亦可用于高程检测。图 1.2-13 为区域数字高程基准模型构建流程，表 1.2-1 为该方法实地检测精度统计。

（4）多源遥感融合的水陆一体化空间信息获取技术

1）利用高分一号遥感影像解决湖区复杂水涯线测绘难题

部分湖泊周围沼泽密布、芦苇丛生或湖岸陡峭，测量人员难以到达，导致水涯线数据无法采集。充分利用测量期间的高分一号遥感影像数据，经几何纠正、坐标系配准、辐射校正、自动或人工解译，可高效快捷地提取完整的湖泊水涯线，降低了测量人员的安全风险，保证了成果的可靠性和精度。

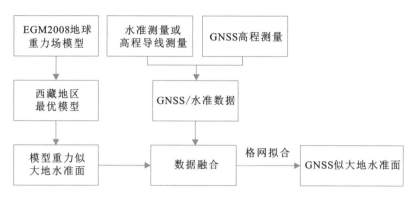

图 1.2-13　区域数字高程基准模型构建流程

表 1.2-1　　　　　　　　　拟合高程与原有高程控制成果对比表

点名	拟合高程(m)	原有高程控制成果(m)	较差(m)
班申 10	＊＊70.1360	＊＊70.30	−0.1640
节冲	＊＊91.7173	＊＊91.60	0.1173
狮安Ⅲ1	＊＊82.7671	＊＊82.80	−0.0329
狮安Ⅲ5	＊＊01.0675	＊＊01.20	−0.1325
Ⅰ洞安 78	＊＊66.0319	＊＊65.82	0.2119

2)水陆一体化扫测应用

在当惹雍错测量中,将三维激光扫描设备和多波束测深系统集成应用,同步获取水下和近岸陆上点云数据,取得了较好的应用效果,测量精度满足相关规范要求。如图 1.2-14 所示,左侧蓝色点高为单波束测深数据,红色为多波束测深数据,图形右侧黑色空心圆点高为岸上等高线,红色实心圆点为三维激光扫测点高。

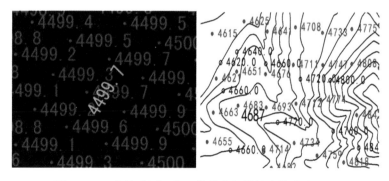

图 1.2-14　多波束测深和三维激光扫描技术集成地形图

(5)应用无人船测量技术解决浅滩水域水下地形测量难题

部分湖泊测量中应用了无人船测量技术。格仁错周边有部分湿地国家级自然保护区和浅滩,这些特殊水域水深较浅,绝大多数不超过 0.8m,普通测量船难以开展工作,若采用人工测量的方式则存在较大的安全风险。为此,测量组以无人船为载体,集成测深仪、GNSS 定位模块和无线数据传输模块等,高效获取了困难水域的水下地形数据。该技术具有高度无人化、自动化和智能化,在能够保证测深精度的前提下,解决了浅滩水域作业难题,提高了水下测量效率,同时也保障了测量人员的人身安全。

第 2 章　高原湖泊测量质量管理体系的构建及应用

高原湖泊测量工作能够顺利完成,得益于组织管理上的创新。原水利部水文局提供的支持是项目实施的前提,长江委水文局长期以来积累的技术实力是基础,地方水文部门充分利用属地优势提供的安全、后勤和协调配合是保障。专门针对高原湖泊测量项目创新构建的网格化质量管理体系也为今后开展其他大型测量项目提供了借鉴。

2.1　高原湖泊测量质量管理面临的困难

我国高原湖泊地处高海拔、高风寒、强紫外线、大风浪等恶劣自然环境之中,交通极为不便,生活物资极度匮乏。一直以来,在该地区开展湖泊测量工作难度巨大、技术要求极高,同时存在很大的安全风险,因此我国绝大部分高原湖泊地理国情基础资料严重缺乏,已难以满足湖区生态环境保护、水资源管理、科学研究及综合治理与开发等工作需要。

在第一次全国水利普查工作的基础上,为系统、准确地获得部分高原湖泊的水深、容积和水下地形等国家基础地理信息,填补和完善历史资料的不足,开展部分具有代表性的重要湖泊的综合性测量工作意义十分重大。由于高原湖泊测量工作涉及面广、参与单位和部门多、测量精度要求高、工作难度大,要确保测绘成果质量,任务艰巨,在质量管理上也面临诸多严峻挑战。

2.1.1　影响高原湖泊测量质量的因素

高原湖泊所处自然地理环境极度恶劣,而影响测量质量的因素或潜在质量隐患较内陆地区更复杂,质量管理与质量过程控制难度更大。首先,参与人员的工作质量直接影响湖泊测量成果质量;其次,新技术、新方法运用可能对成果质量带来不确定性影响;再者,在恶劣自然环境中,质量过程控制难免会处于真空失控状态等。

(1)参与人员的责任心与综合业务素质

面对恶劣的野外工作环境,作业人员难以适应高原反应,极易出现头疼、呼吸困难、全身乏力等症状,加之天气随时可能发生异常变化、观测设备及交通设施出现故障、预定技术方案实时作出调整等一系列不可预知情况,因而参与作业人员必须具有强健的体魄、良好的团队协作精神、坚强的意志品质、强烈的工作使命感和责任心,同时应具备良好的专业技能及丰富的测量工作经验、独立解决生产中随时遇到的技术难题。参与作业人员的意志品质和综合业务素质成为影响成果质量的最主要因素,否则不仅工作无法顺利完成,而且质量更加得不到保障。

(2)测量专用设备的适宜选用

对于任意一种测量仪器设备或辅助设施,适用性是指一定的适宜的外部环境因素(如气温、气压、盐度、风力、风浪等),如果超出其适用性,不但测量仪器设备和辅助设施容易造成损坏,而且必将影响使用效果和观测结果。如用于水下测量的测船(辅助设备),船体大则抗风浪能力强,平稳度高,对测深吃水影响较小,但长途运输及上下水较为困难,也容易造成测船损坏。必须根据高原湖泊的地理气象特征,合理选用大小适宜的测船,既确保安全运输与安全生产,又保障成果质量。发动机是为水下测量提供长时间连续电源不可缺少的装备,但一般的发动机在咸水湖泊及缺氧环境下不能正常工作,需要改造。用于测量的仪器设备,如部分单频测深仪受功率限制或波速角过大,在水深超过 100m 或水下有浮泥、植被等影响时,测深误差会远超过相关规范限差要求,使测量成果与实际不符,但因为是仪器测量产生的系统误差,无法通过后续检查发现。综上所述,在测量工作中必须结合高原湖泊边界特性的实际情况选择适宜的专用仪器设备和辅助设施。

(3)新技术、新产品及新方法的合理使用

在高原湖泊测量中,由于部分常规技术手段和作业方法无法开展测量工作,必须引进新的仪器设备、自行研制新的测验产品、编制新的应用软件,或者采用新的测量方法、观测手段等,以便着力解决高原湖泊测量中遇到的各种技术瓶颈。那么,新技术、新产品、新方法是否有效可行,验证资料是否充分恰当,测量成果是否准确可靠,这些也将直接影响湖泊测量成果质量。新技术、新产品及新方法的使用,是高原湖泊测量质量管理的重点和难点,也是确保高原湖泊国情基础地理信息可靠正确的关键环节。

(4)质量过程控制的及时性与有效性

高原湖泊测量工作任务极其艰巨,需要多个单位、多个部门及不同专业技术人员联合作战。本次任务是在原水利部水文局的统一指挥下,由地方水文单位负责后勤保障,长江委水文局具体负责湖泊测量,并联合成立了前线项目部。前线项目部下设技术部、内业及容积计算部、质控部、安全生产部、后勤保障部等,单位覆盖面广,作业人员多,有效控制整个测量过程中每一个关键环节难度极大,尤其在极端的自然环境下难以确保质量管理不存在盲区,难以保障各个关键环节实时处于有效、可控范围。

2.1.2 现有质量管理体系运行状况

产品质量已成为一个单位立足的根本和发展的保证,产品质量的优劣也决定了一个单位的发展前途。没有质量就没有市场,没有质量就没有效益,没有质量就没有发展。提高产品质量不仅对单位发展至关重要,而且将对社会产生深远影响,因此,无论是事业单位还是企业,都越来越重视质量管理。目前,在质量管理的发展过程中,质量管理思路已经发生了质的转变,从产品质量由"检验"到"预防",由"堵"到"疏",再到生产的"全面质量管理",如多数单位所执行的 ISO 9001 质量管理体系。在法制日趋完善和市场经济激烈竞争条件下,对生产过程中的精细化管理与高质量发展要求越来越高,人们普遍对质量更加重视。

2.1.2.1　TQM 全面质量管理

全面质量管理是指在全社会推动下,单位中所有部门、所有组织、所有人员都以产品质量为核心,把专业技术、管理技术、数理统计技术集合在一起,建立起一套科学、严密、高效的质量保证体系,控制生产过程中影响产品质量的因素,以优质的工作、最经济的办法提供满足用户需要的产品的全部活动。全面质量管理以质量为中心、全员参与为基础,顾客满意和本组织所有成员及社会受益为目的,谋求达到单位或组织良性可持续发展。在全面质量管理中,质量这个概念与全部管理目标的实现有关,其核心内容体现在:

(1)确立"以人为本"的质量管理体系

首要必须强化全员质量意识。人是管理和技术的主体,全员质量意识是否强化、全员素质能否提高,决定着企业经营战略和质量管理体系的创建与实现。必须统一思想认识,营造"人人关心产品质量""人人参与质量管理"的良好氛围,组织及个人逐步形成自我监督、自我约束、自我完善、自我提高的良性机制,参与人员都能够对自己负责的产品每个环节的质量问题进行自查,创造一种"质量无小事""质量人人无例外"单位产品质量文化。

(2)强化"领导质量责任制"的重要意义

质量管理是全单位、全方位、全过程的,单位主要领导对质量工作的重视程度是全面质量管理能否顺利推行并取得实效的关键。抓质量关键在于单位的主要领导、各个部门的负责人、各个班组的班组长。在质量管理工作中,明确主要领导是质量工作第一责任人,层层建立严格的质量责任制,确保主要领导抓质量的思想到位、工作到位、责任到位。主要领导更应以身作则,带头把质量管理的职能分解落实到各个环节和岗位,从而保证技术管理、生产管理、设备管理、综合管理等各部门都能够以质量为中心,按质量目标的总体部署协调工作,实现上下联动、左右通力合作,形成抓质量的"一盘棋"。强调单位内部建立和完善有利于产品质量提高的运行机制,将职工待遇直接与工作质量、产品质量挂钩;对在质量工作中做出显著成绩和突出贡献的集体与个人给予重奖;对出现质量问题,造成恶劣影响和损失的予以必要的处罚。同时,实行"质量否决权"制度,促使层层一把手头脑里时刻绷紧"质量第一"这根弦,工作中从难从严抓质量,做到守岗有责,任何质量问题来不得丝毫的疏忽大意。

(3)提高全员素质是保障产品质量的根本途径

人是社会生产诸因素中最活跃的因素,人对产品质量的影响是决定性的,产品制造的每一道工序都离不开人的作用,所以产品质量保障离不开全员综合素质的提高。加强全员树立正确的人生观、价值观、事业观的教育,加强全员业务学习和实践能力,做到知行合一,不断提高全员综合业务素质,发扬一丝不苟的工作态度和精益求精的工作作风,大力推动单位精神文明建设;激发参与人员工作的积极性和创造性,增强单位荣辱与共的责任感和使命感,是保障产品质量的思想基础和力量源泉。

(4)加强质量过程控制是关键环节

由于产品及工艺的不同,在生产工序中需要控制的质量特性也不同。在工艺流程中的质量要求,应落实工序质量管理措施,严格实行"工序管理制度"。操作者对自己生产的产品质量负责。坚持首件生产检验、自检和专检相结合的检验制度,未经首件生产检验或检验不合格的产品不得流转到下一道工序,有效地保证产品工序质量。

2.1.2.2 ISO 9000 质量管理体系建立及运行

ISO 9000 标准是国际标准化组织(ISO)于 1987 年颁布的在全世界范围内通用的关于质量管理和质量保证方面的系列标准。ISO 9000 用于证实组织具有提供满足顾客要求和适用法规要求的产品的能力,目的在于增进顾客满意度。

凡是通过 ISO 认证的企事业单位,在各项管理系统整合上已达到了国际标准,表明企事业单位能持续稳定地向顾客提供预期和满意的合格产品。站在消费者的角度,单位以顾客为中心,能满足顾客需求,达到顾客满意,不诱导消费者。ISO 的原则是以顾客为关注焦点,突出领导作用,要求全员参与,执行过程方法和管理的系统方法,力求持续改进和基于事实的决策方法,符合互利的供方关系。

长江委水文局,于 2003 年 7 月获得 ISO 9000 质量管理体系认证证书,并成为全国水文系统首家质量管理体系认证单位。以下属单位长江委水文局荆江水文水资源勘测局(以下简称"荆江局")为例,通过 ISO 标准 PDCA(策划、实施、检查、改进)过程管理方法,将不同的管理部门、生产单位、质量管理员和参与作业人员按职责和岗位进行任务分解,并用规章制度、作业流程等方式固定下来,将资源合理分配并融入各产品生产过程控制的各个环节中,实现全员可参与、质量可控制、记录可追溯。荆江局质量管理制度体系文件构架如图 2.1-1。

显然,质量管理制度已将单位质量目标与年终考核相融合,内部审核与单位绩效考核指标相融合,单位工作总结与生产资料复审、评审结果相融合,个人绩效考核与个人工作质量相融合,管理制度体现了把顾客是否满意与服务质量作为评价质量管理水平与工作绩效的重要指标。质量管理制度体系从大处起到了规范单位管理、约束职工行为、提高生产效率、增强单位执行力和竞争力的作用。但实现水文、测绘、水质等产品生产,须结合各个产品生产的特点和工艺,建立起产品的实现流程,即将各产品生产的标准操作步骤和要求以统一的格式描述出来,用来指导和规范日常的具体工作。

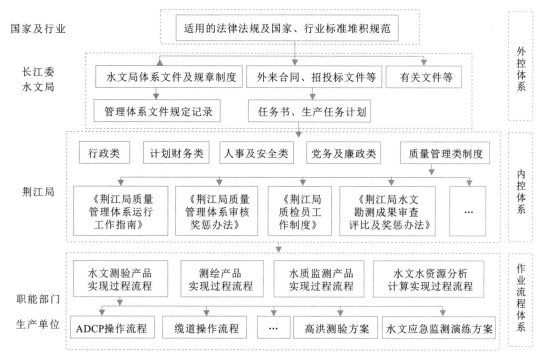

图 2.1-1　荆江局质量管理制度体系文件构架

ISO 9000 质量体系文件要求细化的作业流程为作业人员提供了水文产品生产的具体操作程序、步骤和实现方法，是水文产品实现过程控制工序管理的基本要求，达到安全、高效、省力的作业效果。优化的作业流程，不会因时间、地点、人员变动或新职工参与而出现产品质量差异，实现统一生产模式，从而有效保障成果质量及规格的一致性。可见，制定合理、可行、高效的操作流程，是实现水文生产科学化、规范化的重要方式和体现，是 ISO 标准融入水文产品从源头控制的有效方法和手段。

专职质管员加强生产过程的控制与检查，及时在作业现场对作业人员及成果资料进行指导、检查、验证、整改验证，有力地保障水文产品过程实时处于受控状态，真正实现 ISO 9000 质量管理体系的"过程控制"，并通过不同层次对体系进行审核或检查，对发现的问题及时反馈给决策层、管理层及参与者，不断修正和改进，使整个质量体系保持稳定状态，形成动态持续改进实时管理的闭环控制系统。

从前面论述内容可以看出，TQM 与 ISO 9000 都是以顾客满意为目标。全面质量管理是在最经济的水平上，并充分考虑满足顾客要求的前提下进行市场研究、设计、制造和售后服务，把企业各部门的研制质量、维持质量和提高质量的活动构成一体的一种有效体系。ISO 9000 质量管理体系是一个组织以质量为中心，以全员参与为基础，目的在于通过让顾客满意和本组织所有成员及社会受益而达到长期成功的管理途径。因此，全员参与使企事业的产品（服务）质量提高，达到顾客满意是两者的共同目标。TQM 与 ISO 9000 都强调不断进行质量改进。

从全面质量管理的 PDCA 循环的工作程序可以看出,质量是处于一个螺旋上升的过程,每经过一个质量环的过程,产品质量就提高一次。因此,全面质量管理在强调做好各项工作的基础上,不断地谋求质量改进。可见,TQM 与 ISO 9000 都注重通过过程质量改进来不断改进产品和服务质量。

面对测区特殊的自然和人文环境,在任务的执行过程中,在技术设计、质量关键环节控制、工序流程、实施进度等方面存在众多不确定性,需要随时随地调整技术方案、改变行动计划等,现有的 TQM 管理或 ISO 9000 运行模式都难以一贯执行。

2.1.2.3　高原湖泊测量对观测精度的要求

①高原湖泊测量一般按 1∶50000、1∶10000 测图比例尺实施,但多数湖泊水域面积大,其湖泊长度、宽度远超出常规测量技术边界范围,给水下测量工作带来极度困难。表 2.1-1 为部分重要高原湖泊水域范围。

表 2.1-1　　　　　　　　　　　　　部分重要高原湖泊水域范围

湖泊		最大湖长(km)	最大湖宽(km)	水面面积(km²)
青海湖		109	65	4294
纳木错		79	42	2020
羊卓雍错	羊卓雍错	/	/	553.30
	珍错	13.4	6.2	37.21
	空母错	12.5	5.1	34.07
	巴纠错	12.5	7.3	25.64
扎日南木错		50.79	27.35	995.70
塔若错		37.84	16.92	487.36
当惹雍错		70.35	19.69	782.21
色林错		93.18	70.5	2418.49

②地形测量断面间距及测点间距要求满足 2.1-2 的规定。

表 2.1-2　　　　　　　陆上地形测量测点、水下测量断面间距及测点间距要求

测图比例尺	岸上(m)	水下(m)	
	地形点间距	断面间距	测点间距
1∶10000	80～150	200～250	60～100
1∶25000	200～300	300～500	150～250
1∶50000	320～480	750～850	230～400

③水深测量精度规定。

水深测量允许极限误差要求满足表 2.1-3 的规定。

表 2.1-3　　　　　　　　　　　　水深测量允许极限误差规定

水深范围(m)	水深测量极限误差(m)	水深范围(m)	水深测量极限误差(m)
0～10	±0.12	50	±0.2
20	±0.15	≥50	±0.004H
30	±0.16		

注:表中 H 为水深;表中数值为进行了全部测深改正后的中误差;水深测量极限误差,特别困难地区可放宽 0.2～0.3 倍。

④地形图精度要求。

地形图精度执行表 2.1-4 的规定。

表 2.1-4　　　　　　　　　　　　地形图精度

地形类别	地物点平面位置允许中误差(图上)(mm)	高程注记点允许中误差(m)	等高线高程允许中误差(m)	
			岸上	水下
山地	±0.75	±h/3	±h/2	±1h

注: h 为基本等高距;水下地形点平面位置测量允许中误差按表 2.1-4 放宽 1 倍;隐蔽困难地区图幅等高线高程允许中误差可放宽 0.5 倍;水下地形等高线高程允许中误差可放宽 1 倍。

⑤水边线测量精度要求。

水边线须与水下地形测量同时推进,水边测点间距一般不超过表 2.1-2 中的断面间距要求,且在地形变化转折处应适当加密,能真实反映河岸形态,测量精度不低于同比例尺陆上地形测点精度要求。

在缺乏基准控制、人迹罕至的偏远高山区、湖泊水域面积辽阔、湖水水深超过 200m,且湖泊周边区域多为沼泽或浅滩、作业环境极度恶劣(高海拔、强紫外线、湖面大风大浪)条件下,完全达到日常测量任务精度要求,依靠常规的测绘技术手段和测量方法是无法实现的,需要采用新的测绘技术手段。

2.1.2.4　高原湖泊测量对质量管理提出的新要求

由于高原湖泊测量所处测区自然环境异常恶劣,参与单位和作业人员涉及面广,实际工作中常处于多头管理,遇特殊紧急情况时,上传下达可越级执行或现场人员当机立断先执行后汇报,这些都给现有的工作管理、质量管理制度(体系)提出了严峻的挑战;与此同时,在质量管理中,原有技术方案可能不适应特殊的环境,随时可能进行调整与变更,如按质量管理程序则需要逐级审查审批后方可实施,但由于有限测量时间与测量时机的限制,必须简化流程和手续;在质量控制中,由于部分常规的测量技术手段和测量方法不适宜高原湖泊测量,必须采用新的测量仪器、新的测量技术和测量方法,研制新型测验产品、编制新的数据处理软件,这些均给有效质量过程控制带来不确定因素。因此,对于高原湖泊测绘工作,无论在质量管理还是在质量控制过程中,都面临着新的问题和困难,需要创新质量管理模式以满足高原湖泊测量质量管理。

2.2 高原湖泊测量质量管理体系的构建

2.2.1 耦合式管理

2.2.1.1 基本概念

耦合通常是指两个或两个以上的元件、网络或实体的输入与输出之间存在紧密配合与相互影响,并通过相互作用从一侧向另一侧传输能量的现象,也就是指两个或两个以上的实体相互依赖于对方的一个量度。就软件工程而言,对象之间的耦合度就是对象之间的依赖性,对象之间的耦合越高,维护成本越高。因此,对象的设计应使类和构件之间的耦合最小。耦合性是程序结构中各个模块之间相互关联的度量,它取决于各个模块之间的接口的复杂程度、调用模块的方式以及何种信息通过接口。

与之相类似,高原湖泊测量耦合式管理,是指在特殊的自然环境和人文背景下,通过上下级、跨省市、多单位之间的强强联合,充分发挥各自领域管理和技术优势,精心选派具备政治觉悟高、意志品质坚韧、体魄强健、综合业务素质高的技术骨干人员,组成联合团队。联合团队的每一个成员既能在组织管理中团结协作配合,又能在实际生产中反应迅速、应对灵活、独立工作或作业;组织者既是协助者,有时又是生产者,质检员既是教练员,有时又是运动员的一种特定组织管理模式。

2.2.1.2 组织管理模式

具体而言,整个项目任务由水利部统一领导和部署,水利部水文局负责管理,流域机构和地方水文部门具体承担。根据年度工作任务,流域机构和地方水文部门分工协作。流域机构主要负责制定湖泊容积测量技术方案,协同地方水文部门开展湖泊实地查勘、测量人员技术培训,承担外业测量、数据计算整理及成果报告编制工作;地方水文部门全程参与组织实施湖泊测量工作,具体负责综合协调、后勤保障与安全管理,充分发挥流域机构和地方水文部门各自的优势和特长,实现业主优势互补、工作密切合作。

在高原湖泊测量实施前,由地方水文部门和流域机构联合成立湖泊测量指挥部(包括 1 名指挥长、3 名副指挥长及 1~2 名现场指挥助理)负责统一指挥和协调。指挥部设在地方水文单位内,总指挥由地方水文部门主要负责同志担任,副总指挥由流域机构水文单位分管负责人及直接参与一线的单位负责同志担任。指挥部下设安全生产部、技术部、质量控制部、后勤保障部、内业及容积计算部(各部部长 1 名,副部长 2~3 名),以及各作业队(各队队长

1 名,副队长 2～3 名)。具体组织机构管理架构见图 2.2-1。

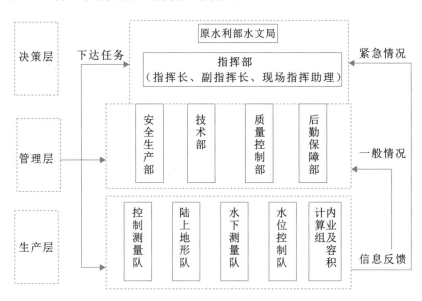

图 2.2-1　具体组织机构管理架构图

组织机构管理分为三个层次:决策层,全面负责项目的组织领导、统筹、调度与决策工作;管理层,负责项目实施的管理与监督工作;生产层,具体完成各项内外业、资料整理及自查互检工作。各层之间通过任务书、明文制度、上级领导指示、会议精神等多种形式加强分工协作,保障工作机制高效运行。在特殊情况下,决策层直接进入管理层,管理层又直接进入生产层,以应对各种特殊自然和人文环境。

与一般程序化管理模式不同的是,在组织管理上,生产层可将需求信息直接反馈给决策层,以应对突发事件,及时化解矛盾和困难,确保安全。

2.2.1.3　耦合式管理质量目标

高原湖泊测量在坚持安全生产的基础上,保证测量成果质量,并将"科学管理,技术领先,全员参与,精益求精,质量至上,产品合格率达 100%,优良率超过 85%"作为项目管理的质量目标。

质量目标明确后,指挥部将质量目标分解落实到各职能部门及各级参与人员。具体负责实施的各职能部门及负责人,根据本部门质量分目标及时编制实施计划或实施方案,在活动计划书或措施计划表中,详细列出实现该质量目标存在的问题、当前的状况、采取的措施、要达到的目标、完成时间、具体负责人等,使实现质量目标的步骤一目了然,确保分目标按时保质逐一实现。同时,参与人员明确自己的岗位目标,知道努力的方向,明白应该干什么,什么时候干,怎样去干,干到什么程度,充分调动了各参与人员的积极性,确保各项细小质量目标圆满完成。

2.2.2 网格化质量管理

2.2.2.1 网格化质量管理的概念

网格化质量管理,通常指依托统一的城市管理及数字化平台,将城市管理辖区按照一定的标准划分成单元网格。城市网格化质量管理是一种管理模式的革命和创新。城市网格化依托统一的城市管理及数字化平台,将城市管理辖区按照一定的标准划分成若干单元网格。通过加强对单元网格部件和事件巡查,建立一种监督和处置互相分离的管理形式。对于政府而言,主要优势在于政府能够自主发现,及时处理产生的问题,加强城市管理能力和处理速度,将问题解决在居民投诉之前。

所谓高原湖泊测量网格化质量管理,是指在项目指挥部框架内,由技术部和质量控制部联合搭建技术管理平台,技术部负责对项目总体技术方案的编制及对不适宜特殊环境下的技术手段、作业方法及时提出改进措施或构建新的测量技术体系,提供有力的技术支撑;质量检查部根据高原湖泊的测量特点,对影响测绘产品的各环节划分若干单元网格,在各单元网格内的质量控制形成小的闭合环(作业队负责质量控制),在闭合环内按作业流程、进度分成若干节点(作业小组负责质量控制);同时,质量检查部负责对各单元网格的输入、输出加以指导、监督及检查,确保整个测绘生产过程实时处于受控状态,使获取湖泊国情地理信息真实、可靠、完整,能有效地防止特殊环境下质量控制处于真空或失控状态。

2.2.2.2 单元网格点选取与控制

单元网格点主要设定为参与人员、仪器设备(含软件)、测量环境因素和工作进度等方面,前三种因素对测绘成果质量产生影响,后一种对工作完成产生直接影响,四者之间也存在密切关联。

(1)参与人员

参与人员以能克服高寒自然环境和具备较强测绘工作能力、创新能力为评判标准,兼顾学历与经历、职称与工龄、业绩与培训等。对选派参与人员重点加强对安全及高寒地区防护教育培训,加强参与人员业务知识、行业规范及任务书、专业技术设计书等学习,提高作业人员解决实际问题的能力以及对测量成果资料可靠性综合分析判断能力,经培训合格后持证上岗。

(2)仪器设备

选用仪器设备主要以先进适用、满足测区特殊环境使用为原则,节点主要以其年检(在有效期内使用)和使用前的检校、比测结果是否满足相关规范测量精度要求为准。投入测量仪器主要包括双频接收机(Trimble R10,可接收多星 GNSS 信号)、星站(Navcom SF-3040G GNSS)、全站仪(Topcon GPT-7502)、水准仪(Topcon AT-G6)、测深仪(Echotrac MKⅢ双频测深仪,可测定大水深以及探测浮泥层厚度)、激光测距仪(Bushnell)、声速剖面仪(HY1200,可测定水温梯度)、温盐计、多波束测深仪(SeaBat8101)、水位计(RBRsolo)和三维激光扫描设备(Riegl VZ2000)等;投入主要设备包括测量船(长 4.8~12.8m,根据气象条件而定）、高频电台；投入的软件主要有 GNSS 控制网平差软件（GAMIT 软件、GLOBK 软件）、Hypack 软件、数字化绘图软件（清华山维 EPS 2012 软件）、湖泊容积软件（GeoHydrology2.0 软件）等；对特殊测量环境中不适用的仪器设备进行改进或研制，重点加强比测或测试，直到满足相关规范及任务测量精度要求。

（3）测量环境因素

各测量环境因素对湖泊测量质量造成影响较大，主要因素有高海拔、温差大、气压小、高盐度、大风浪等。例如，高海拔对 GNSS 测定高程会产生较大误差，应对措施主要有测定测区转换参数、测量中控制参考站与流动站的距离、采用基于 EGM2008 地球重力场模型的 GNSS 高程拟合等；大风浪对水深测量影响大，尤其是大水深产生测量误差更大，应对措施主要是采用大型测船增加稳定性并控制船速、增加姿态仪等传感器进行数据改算等。

（4）工作进度

工作进度的时间节点分为前期准备、现场查勘、方案编制、外业测量、资料整理及成果验收等，其中外业测量又可分为控制测量、陆上测量、水下测量等。由于高原湖泊地区封冻期较长，有效作业时间短（最佳作业时间只有每年的 6—8 月），加之地处偏远交通不便，往返一趟需要投入大量的时间、人力和物力，控制时间节点是高原湖泊测量需要考虑的重要因素。有效控制时间节点的方法就是制定严密的实施方案，兼顾安全、质量及效率，投入充足的人力、物力资源和提供高效可行的技术支持。

2.2.2.3　网线或单元网格的构成与控制

（1）网线或单元网格的构成

网线或单元网格主要由参与人员、仪器设备、测量环境因素及工作进度等四者间相互关联构成。网线可由参与人员与仪器设备、参与人员与测量环境因素、仪器设备与测量环境因素、参与人员与工作进度任意两者组成。单元网格可由参与人员、仪器设备、测量环境因素及工作进度等构成，其相互关系如图 2.2-2 所示。

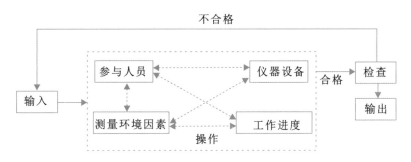

图 2.2-2　网线或单元网格构成图

（2）网线或单元网格的控制

在每条网线或单元网格中，均可由输入、操作、检查、输出 4 个环节形成闭合环。每个环节都有作业人员自检、作业小组互查、质检人员合理性检查;各原始资料及成果检查均保留必要的可追溯记录文件。例如,作业人员从事水下测量时,首先于现场测定温度、盐度(环境因素),对 GNSS、数字测深仪(仪器设备)输入相关参数,经过平面定位及测深比测满足限差后,方可开始水下测量,并按仪器操作要求实时监控水下测量情况,保障仪器设备及软件正常获取三维数据;质检人员在现场确认各个节点有效,对不符合技术规定达不到测量精度的成果,责令作业人员补测或重测。

2.2.3 网格化质量管理控制

与 ISO 9000 质量管理体系相比,高原湖泊网格化质量管理体系突出了项目在特殊测量环境下,有效应对生产过程中易发突发质量事故的质量管理,以及采用新仪器或新技术取代常规测绘手段的质量管理模式。

网格化质量控制可分为项目总体质量控制和质量过程控制两部分,由项目技术部制定具体控制流程,由质量控制部委派质检员现场跟踪检查督办落实,两部联合组成技术专家组进行技术指导,及时解决生产中遇到的各类技术难题及组织技术攻关。

2.2.3.1 网格化总体质量控制流程

高原湖泊测量网格化总体质量控制流程见图 2.2-3。

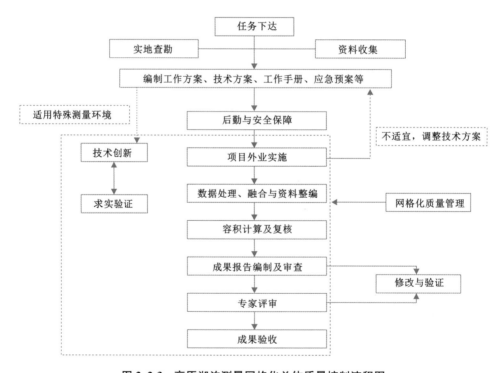

图 2.2-3 高原湖泊测量网格化总体质量控制流程图

从图 2.2-3 可知,在水利部下达项目任务后,立即成立项目指挥部,及时跨部门组织技术人员进行现场查勘、收集已有基础资料（高等级基本控制点、水文气象资料、1：50000 地形图等）、编制项目专业技术设计书、安全工作手册和应急预案，并报水利部水文局批准。在此基础上，完成测量仪器及测船的选型与调配、测量外业基地选建、简易泊船码头建设等前期准备工作，并做好相关技术培训、后勤保障和安全保障等工作。

外业测量工作主要包括进驻工地、仪器设备调试、控制网布设及测量、临时水位站（水尺）设测与观测、水下地形测量、陆上及岸边线测量等。作业顺序严格按照"先控制测量，后碎步测量"的原则，只有在基本控制完成后，其他测量工作方才同步开展。在外业测量中，由于面临不同湖区环境和测量条件，技术方案需要调整或采用新的仪器设备或测量技术手段。

内业处理包括测量数据的处理与加工，利用测量期间的影像提取岸边线数据，岸上已有地形资料的接边套绘，不同来源数据的深度融合、地形图绘制，容积计算与复核、成果整理等。

项目按照"三级检查、两级验收"的网格化质量管理。一级检查主要由作业队队级质检员按预先确定网格点，并对网格点的准入、量测进行监督检查；二级检查主要是技术部和质量控制部在一级检查的基础上，对不同网格线过程（输入、操作、输出）的合理检查与验证；三级检查由指挥部所在质量检查机构和专职检查人员对产品质量实行全面、最终检查。一级验收由水利部水文局组织验收。各级质量检查均形成质量检查记录，以便于作业队整改及检查人员验证。

2.2.3.2 网格化质量过程控制流程

网格化质量过程控制流程见图 2.2-4。

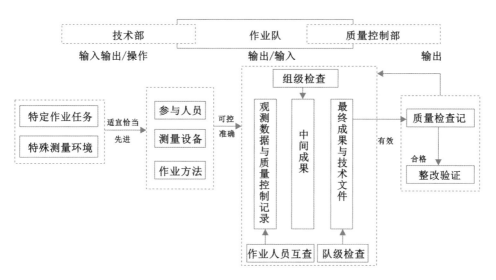

图 2.2-4 高原湖泊测量网格化质量过程控制流程图

从图 2.2-4 可以看出，技术部、质量控制部和各作业组之间是相互关联的，均按照网线、单元质量网格的输入、输出流程进行控制。技术部侧重在关键技术、新技术运用上,质量控制部侧重对关键数据(包括控制点复核、水位控制测量、水下数据采集及水下检测线校对、内业计算与分析方法等)合理性检查和分析,运用新技术取得测量成果的比对与验证,如采用基于 EGM2008 重力场模型的高程拟合技术,有效解决了湖区高程控制点引测的难题;采用星站差分技术,有效解决 GNSS RTK 基站控制范围小、电台信号可传输距离近的问题,使 GNSS RTK 在湖心区仍能正常进行水下测量工作。

2.2.4 网格化质量管理体系的适宜性分析

首先,为适应高原湖泊测量建立的网格化质量管理体系,应根据项目所处的客观条件而设立(恶劣的自然环境使已有质量管理与质量过程控制难以实施,质量管理应随内外部环境的改变做相应的调整或改进),必须顾及因采用新技术、新工艺、新设备引起的资源与手段的更新,在质量管理方法和质量控制手段上加以改进和完善,以实现既定的质量目标。

其次,建立的网格化质量管理体系应能有效覆盖项目指挥部全部质量活动过程和控制过程,满足质量管理体系的要求、过程展开和全面受控。同时项目指挥部专门设置了技术部和质量控制部,使质量管理体系结构合理,过程控制满足质量管理的需要,具有充分满足客观条件不断变化要求的能力。

最后,建立的网格化质量管理体系,项目技术部可将有关信息与设定的质量目标、作业组目标、参与人员岗位职责进行对比,判断质量管理体系过程是否达到预定目标,以便持续改进。

2.3 网格化质量管理体系在当惹雍错测量中的应用

2.3.1 项目运行管理

(1)岗位责任制

本项目的机构设置和工作流程一一相对应,机构的各职能管理部门都有明确的岗位职责。总指挥全面负责测量工作的组织、管理、指挥和协调工作,审查测量工作方案,检查安全生产工作,督促测量工作进度,批准最终检查验收成果及资料。

技术部主持项目实施方案的编写、评审,负责协调处理重大技术质量问题并签发处理文件,对技术上有分歧的问题作出决策,对质检组的工作进行检查和监督,全面执行合同中规定的义务,并对最终成果负责,审查技术总结等技术文件,同时对项目提供专业理论及技术支撑,对技术上有分歧的问题作出咨询。

质量控制部具体负责测量技术方案的审查,制定测量质量控制措施,测量仪器装备及人员资格认定,测量现场质检和测量成果检查,协助原水利部水文局组织的测量成果验收。

后勤保障组负责测量装备运输及营地建设,负责工作人员食宿安排、生活物资采购、车辆安排及维护等后勤保障工作。协调与当地环保、渔政、气象等政府有关部门关系,保障各部门之间高效运转,负责湖泊测量工作的宣传报道。

各专业小组根据项目具体分工要求,按专业技术设计书及前线项目部负责人提出的任务、技术要求、时间进度要求,制定小组的实施细则,并按工作流程(接口)与其他组长及时沟通,接受质量控制部的监督和检查;在工作过程中,如发现由于客观情况变化难以执行时,及时向技术部请示,获准后实时调整,同时对本组成果进行自查,并及时纠正自查或质量控制部检查中发现的问题。

(2)工序管理

任何成果的质量都必须依靠每个参与人员的生产作业过程,因此要求每个作业人员都必须明确本项目的工序内容、质量标准、应提交的资料内容和时间,切实做到进度和质量落实到个人。每道工序结束后都有质检人员进行质量检查,当检查的产品合格后方可流入下道工序。分项目工序完成后,经质检组进行检查验收,验收合格的产品才准许上交资料室。

(3)文件管理

按照网格化质量管理体系有关程序的规定,对全部输入文件、输出文件和管理性文件进行编制、审核、批准、发放、更改、标识和处置等的有效管理,以保证全部文件的有效性。

(4)三环节管理

质量管理实行事先指导、中间检查、产品验收的三环节管理。

为保障网格化质量体系工作职责明确,各项措施落实到位,还配套了相关管理制度,主要包括精神文明建设制度、奖惩制度、信息反馈制度、安全生产制度、安全紧急预案、仪器使用保管制度等。

2.3.2　网格化质量管理

2.3.2.1　单元格点控制

(1)人力资源控制

参加人员均为各单位选派的具备良好职业道德及敬业精神,具有丰富的项目管理经验的管理人员,由从事多年测绘及水文工作、精通业务、工作能力及创新能力强的技术人员和其他业务工作人员组成。

(2)主要仪器设备控制

配备测绘仪器及设备均为目前测绘行业先进的测量仪器及运行可靠的水文综合测量软件、绘图软件和容积量算软件。

每种仪器在使用前标明其校准状态的标志(合格或准用)或经批准的识别记录(仪器设备编号、校准单位、校准人员、送检人、校准周期和校准日期等);同时必须进行检校,保障仪器设备处于正常工作状态,如水准仪每天检校一次 i 角,限差必须小于 20″,作业开始后的 7

个工作日内,若 i 角较为稳定,以后每隔 15 天检校一次;测深仪应在测区内选取不同水深的地段,用声速剖面仪测定声速并对测深仪进行相应参数设置,再与比对板之间的测深作对比,每次比对误差应小于 0.1m。

(3)时间节点的控制

工作过程主要分为前期工作、准备阶段、外业观测、内业资料整理和成果检查与验收 5 个阶段。前期工作及准备阶段放在湖区解冻时期 4—6 月完成,外业观测放在年内最佳观测时期 6—7 月举行;外业 30 天内完成内业资料的整理,形成初级产品提交内部质检,60 天内完成质检、评审并向研究单位提交测量报告和最终成果,具体完成内容及时间节点见表 2.3-1。

表 2.3-1 当惹雍错容积测量时间节点控制

阶段	日期	主要工作内容
前期工作、准备阶段	2015 年 4—6 月	现场查勘(表 2.3-3)、技术方案论证、实施方案编制(表 2.3-4)、资源配置与准备、地方协调、测区资料收集、技术培训等
外业观测	2015 年 6—7 月	生活营地建设,测量人员、测船与器材进出测湖现场,控制网布设、测量与平差、水准测量与平差、水位站布设、水下地形测量、陆上地形测量、测量数据初步整理,过程检查等
内业整理	2015 年 10—11 月	水深数据处理、水位数据处理、水下地形图编制、水域与陆域地形图套绘、湖泊容积和面积计算、技术报告和工作报告编写、勘测局检查初级成果、整改形成初级产品等
成果检查与验收	2015 年 11 月	长江委水文局会议审查,经整改形成产品,原水利部水文局组织验收

为确保本项目进度按期完成,具体措施主要包括制定翔实的实施方案、周密的工作安排、投入充足的精干测绘技术队伍、投入充足的高效仪器设备、科学合理的现场调度、预留适当的机动时间等(图 2.3-1、图 2.3-2)。

图 2.3-1 湖区实地勘察和资料收集

图 2.3-2 实施方案讨论

2.3.2.2　单元网格质量控制

以当惹雍错测量,简要介绍单元网格质量控制过程。

（1）网格线过程控制

测量引用数据和启用数据应用时坚持一置入、二校核和纸质记录复核。在外业观测时,对测前环境因素(气温、气压、风力,水体温度、盐度等)外业观测记录簿、测深记录纸上填写清楚和完整;对需要参数设置和测前仪器检校、校核已知点、水深比测等数据全部保留记录,并现场计算比对结果,只有各项限差满足要求时,方可开始作业。在作业过程中或作业结束时,对采集的数据还须有复核,如陆上地形测量采用作业人员相互间的重点检校或与已知点检查,水下测量采用布置水下检测线进行校核。整个作业过程有队级质检员跟踪检查。对原始观测数据当天进行了备份,避免了数据掉失;同时作业期间作业组还及时进行了测量资料的合理性检查和比对,保证了资料的可靠性和完整性。

（2）单元网格质量检查

技术部和质量控制部人员不定期与测量队质量检查员随队作业,并对关键性节点的测量方法、测量技术等进行技术指导与监督检查。如 2015 年 6 月 22 日至 7 月 1 日,技术部检查了控制网布置、控制测量方法的合理性、有效性及其控制网平差方法、引用数据的正确性;检查了临时水位站布置、观测方法与观测精度;6 月 25 日至 7 月 3 日,验测了湖区水涯线测量精度,并认可了测量队对沼泽区湖区水涯线的测量方法(图 2.3-3)。在外业测量后期,检查测量数据资料完整性,并抽查 30% 以上的控制测量、水位观测、水深测量及导航数据,经数据检查和比对合格后,才放行测量队离开作业区。各道工序控制记录规范、完整,使获取的数据真实可靠完整,不留任何遗留问题进入到下一个单元网格。

（3）工作检查与质量管理控制

在极其艰难的工作环境中,原水利部水文局多次向前方测湖指挥部发去慰问信,极大地鼓舞了测量队员的士气,坚定了测量队员克服一切困难的信心。同时,相关领导多次到作业现场指导工作,及时解决项目生产及参与作业人员遇到的各种困难和问题,在资源、技术等各方面,举全局之力给予支持,为保障成果质量和项目按期完成起到重要作用(图 2.3-4)。

（4）持续改进的质量控制

2015 年 10—11 月,项目各作业组质检员对当惹雍错测量成果进行了严格的组级检查,并提出了书面整改意见,内业整理人员全面对成果进行了认真整改。组级质控完成后,项目指挥部质检部对当惹雍错测量成果进行了项目内部检验,并形成项目检验意见书。内业整理人员按照检验意见书对测量成果进行了再次整改,经验证全部合格,可提交成果审查。

（5）成果质量最终审查

2015 年 11 月 18 日,长江委水文局在宜昌市组织召开了当惹雍错测量成果审查会。会议重点审查了工作完成的规范性、完整性和测量技术路线与方法、引据成果的利用、过程检查意见的处理、控制测量精度以及水深数据改正方法、地形图编绘、精度复查、容积量算成果复核、技术报告编写等内容,与会代表一致认为通过承担单位精心组织、严格管理、优化技术路线,合理配置优势资源,加强质量控制,解决关键技术难点,圆满完成了项目任务,同时还积累了宝贵的高原湖泊观测经验,为下一步其他高原湖泊的观测提供了有益的借鉴与工作基础。同年 11 月 20 日,原水利部水文局对当惹雍错测量成果组织验收。

图 2.3-3　质检员跟踪检查　　　　图 2.3-4　相关领导到测量现场工作指导

2.3.2.3　项目成果对比分析

高原湖泊测量选用的测绘仪器合格有效和汇集的优秀技术骨干是保障测绘成果质量的基础,采取测区勘察,建立湖区控制网(包括水位站网),使用星站差分技术的一体化水下测量系统测绘湖区数字化地形图,并以测绘的数字化地形图为基础,构建 DEM 模型,计算湖泊容积的技术路线正确,工艺流程合理,测量技术先进。在项目实施过程中,实现全过程 ISO 9001 标准受控运行,确保了成果质量优良。

(1)湖泊湖面高程分析

图 2.3-5 为部分高原湖泊实测水位柱状图。从图 2.3-5 上可以看出,青海湖、纳木错、羊卓雍错、扎日南木错、塔若错、色林错、当惹雍错均在青藏高原上,除青海湖只有 3193.5m 外,海拔都在 4400m 以上。

(2)湖泊容积、面积对比

部分高原湖泊容积和水面面积对比见图 2.3-6。从图 2.3-6 中可以看出,青海湖面积最大,为 4293.7km²,是我国最大的湖泊,但其容积并不算最大,说明该湖泊水深并不算最深;面积最小的湖泊是塔若错,面积为 487.36km²,只有青海湖的 11%。青海湖面积是纳木错的 1 倍多,但湖泊容积只有它的 1/3,扎日南木错和当惹雍错面积差不多,但湖泊容积只有它的 1/3,塔若错和羊卓雍错面积差不多,但湖泊容积只有它的 1/3,说明其水深相差较大。以上 7 个湖泊的平均容积是 575.00 亿 m²,平均水域面积是 1650.11km²。

(3)水深对比分析

部分高原湖泊测量的水深对比见图 2.3-7。从图 2.3-7 中可以看出,当惹雍错的平均水深和最大水深都是最大的,分别为 103.4m 和 219.2m;平均水深最小的是青海湖,只有

18.3m。水深相差较大,湖泊深度不具有区域特征。

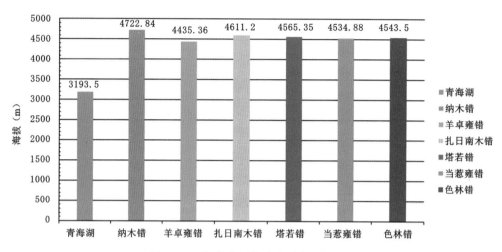

图 2.3-5　部分高原湖泊实测水位柱状图

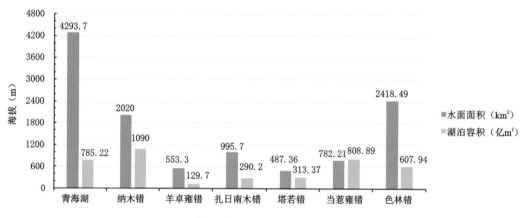

图 2.3-6　部分高原湖泊容积和水面面积对比图

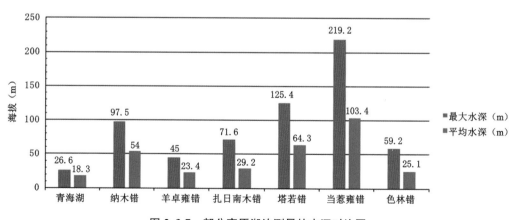

图 2.3-7　部分高原湖泊测量的水深对比图

2.4　小结

　　高原湖泊测量工作,是在原水利部水文局的统一组织和部署下,在参与人员所在单位的全力支持和鼓舞下,在项目总指挥部的精心管理和协调下,历经多年,克服了重重艰难险阻,通过不断的技术创新,及时解决了生产工作中遇到的各种技术难题,最终系统地、准确地掌握了部分高原湖泊的水深、面积、容积、水下地形分布及湖泊水量等基本国情信息,填补了历史资料的空白,完善了高原湖泊基础地理国情信息。

　　在高原湖泊测量工作中,项目指挥部始终坚持质量就是生命,在测量环境极其艰苦的条件下,通过网格化质量管理,在关键点、关键环节中始终重视生产过程控制,牢固树立质量第一的意识,建立严格的质量控制体系,坚持全过程质量控制、全员质量控制和分级分类质量控制",优质高效地完成了高原湖泊测量,也为今后相关湖泊测量工作提供了质量控制参考和质量标杆。

　　总而言之,高原湖泊的成功测量在管理上可用"六个一"来总结,即"一套健全的领导机制、一种科学的技术方案、一支高素质的精干测量队伍、一套先进的技术装备和方法、一套行之有效的质量管理模式、一套有力的后勤和安全保障",对其他大型测量项目也具有一定的借鉴意义,对推动湖泊测绘技术进步和发展起到了积极作用。

第 3 章　大水深精密测量技术研究

高原湖泊水体具有以下几个主要特点：一是水深较大，平均深度 100m 以上，当惹雍错湖泊最深处达 200 余米；二是高原湖泊存在明显温跃层，水体最大温差可达 10℃ 以上；三是由湖泊成因不同造成了不同湖泊矿物质含量差异较大。以上三个水体特点给精密测深带来了巨大的挑战，同时由于湖体通常面积广阔，海量测深数据的处理和校对工作量巨大；湖泊形状各异，来水条件不同，部分湖泊采用常规的水位验潮方法难以把控湖面边界高程曲面。综上，亟待开展多项大水深精密测深技术研究，以解决上述技术难题，从而保障成果精度，提高工作效率。

3.1　测深原理

3.1.1　基本原理

水下地形测量的发展与其测深手段的不断完善是紧密相关的。在回声测深技术问世之前，水深测量只能依靠测深锤、测深杆等原始方法进行（图 3.1-1）。这种原始测深方法精度很低，且费工费时，属于"点状"测量。

（a）测深锤　　　　　　　　　　　　　　　　（b）测深杆

图 3.1-1　原始测深方法

20 世纪初，利用声波在水中传播速度较快且基本稳定的特性，发明了回声测深仪，简称测深仪（图 3.1-2），主要通过水声换能器垂直向水下发射声波并接收水底回波，根据发射声波与接收回波的时间差来确定被测点的水深。在测量船只上安装平面定位仪器和测深仪器,当测船在水上按计划测线航行时,由船上的平面定位仪器记录测船航行的平面位置,船上的测深仪可记录一条连续的水深线(即地形断面),平面位置与水深测量数据通过时间精确配准,统一测点的平面位置和高程数据,从而获得一系列具有平面位置及高程信息的三维水下地形数据,即水下地形。利用上述单波束回声测深仪进行水下地形测量,属于"线状"测量。目前,该方法即单波束水深测量仍是内陆水体测量的主要方法之一。

20世纪70年代,出现了多波束测深系统和条带式测深系统(图3.1-3)。它能一次给出与航线相垂直的平面内几十个甚至上百个测深点的水深值,或者一条一定宽度的全覆盖的水深条带。因此,它能精确地、快速地测出沿航线一定宽度内水下目标的大小、形状和高低变化,属于"面状"测量。多波束测深系统在海洋测量、港口码头测量等领域用途广泛,在内河航道整治、清淤测量、大比例尺水下地形测量中也有较多应用。

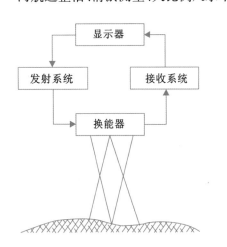

图 3.1-2　单波束水深测量原理图

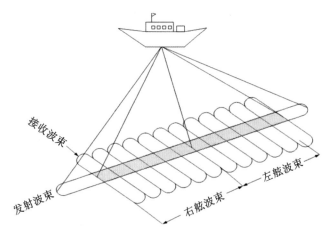

图 3.1-3　多波束测量原理图

水深测量是湖泊水下地形测量的关键性技术,水深测量的精度直接决定了成果质量。

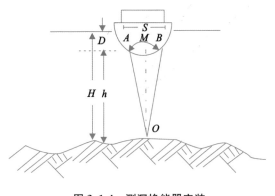

图 3.1-4　测深换能器安装

目前使用的测深方法基本为回声测深法。如图3.1-4所示,回声仪换能器向水下发射超声波,声波在水中传播至河底并发生反射,反射声波又经水体传播至接收换能器,被接收换能器接收。若超声波在水中(换能器至水底)的传播速度 C 为已知恒速,并测得超声波往返间隔时间 Δt,则可计算换能器至水底测点水深 h。

水深值:

$$H = D + h \qquad (3.1\text{-}1)$$

式中:h——换能器到水底的垂直距离;

　　D——换能器到水面的垂直距离。

$$h = MO = \sqrt{(AO)^2 - (AM)^2} = \sqrt{\left(\frac{1}{2}C \times \Delta t\right)^2 - \left(\frac{1}{2}S\right)^2} \qquad (3.1\text{-}2)$$

若使 $S \rightarrow O$,则:

$$h = \sqrt{\left(\frac{1}{2}C \times t\right)^2} = \frac{1}{2}C \times t \qquad (3.1\text{-}3)$$

在实际生产中,由于不能准确获得水中传播速度 C 的变化值,并且受到换能器基线 S 不为零的影响,水深测量存在一定误差。

3.1.2　声波及声速

超声波频率高、抗干扰性好,因此被水声仪器广泛使用。《海道测量规范》(GB 12327—1998)中采用的超声波在水中传播速度计算公式:

$$C = 1450 + 4.06T - 0.0366T^2 + 1.137(\sigma - 35) + \cdots \qquad (3.1\text{-}4)$$

国际威尔逊计算公式:

$$C = 1449.2 + 4.623T - 0.0546T^2 + 1.191(\sigma - 35) + \cdots \qquad (3.1\text{-}5)$$

《水道观测规范》(SL 257—2017),在近海或潮汐河段或水体深度超过 150m 时给定的计算公式:

$$C = 1449.2 + 4.6T - 0.055T^2 + 0.00029T^3 + (1.34 - 0.01T)(S - 35) + 0.017D$$
$$(3.1\text{-}6)$$

非潮汐河段或水深不超过 150m 的河段,给定的计算公式:

$$C = 1410 + 4.21T - 0.037T^2 + 1.14S \qquad (3.1\text{-}7)$$

式中:T——水的温度;

　　S——含盐度;

　　D——水深。

在式(3.1-4)、式(3.1-5)的省略项中还含有水静压力的因素。水深的变化将引起静压力和温度的变化,从而引起声速变化,但两者的影响几乎可以相互抵消,所以在这几个因素中,水温的变化对声速的影响最大,需要进行"补偿",其次在含盐度较大水域,盐度因素也应予以考虑。

3.1.3　测深仪

测深仪是回声测深仪的简称,也称"回声仪",一般由激发器、换能器、放大器、显示界面和记录仪所组成。激发器是一个产生脉冲震荡电流的电路装置,以一定的时间间隔发射触脉冲,输出脉冲震荡电流信号给发射换能器。

换能器又分为收、发换能器两部分,声波的发射和接收由换能器来实现。将激发器输出的脉冲震荡电流信号转换成电磁能,并将电磁能转换成声能的装置叫发射换能器;将接收的声能转换成电信号的装置叫接收换能器。放大器主要将接收换能器收到的微弱信号加以放大。

显示界面和记录仪用于记录声波脉冲发射和接收的时间间隔 t,并通过端口将数据存储在计算机上。测深仪测深精度除受水温、含盐度等影响外,还受水流速度、反射界面、反射位置和仪器性能的影响。反射界面因素主要是不同河床质结构层面反射声波的能力不同。反射位置因素包括测船稳定度、测深仪换能器安装的铅垂度、发散角、床面地形坡度、测船移动速度、测深信号与定位系统的同步度等。仪器性能因素包括仪器发射超声波的功率、频率、发散角、仪器感应回波的灵敏度、仪器内部本身的设计与制造工艺及其稳定性等。

(1)单波束测深仪

单波束测深仪仅按深度指示形式可划分为数字显示式和模拟记录式两种。数字显示式具有深度直读、声光报瓣等功能,体积小耗电省。模拟记录式从早期电子管圆盘记录使用湿式记录纸到使用干式电火花纸,发展到今天使用无污染热敏纸,目前在专业测量单位使用广泛。当前测深仪生产将计算机技术和微处理器技术应用到仪器中,水底自动门跟踪技术和脉宽选择技术的结合,自动增益控制和时间增益控制进一步完善,实现了高质量的回波信号采集、传输及信号处理仪器的小型化、智能化、数字化趋于成熟。总体来说,测深仪主要经历了模拟、模拟与数字结合及全数字化三个阶段。

国外的测深仪研究和生产起步较早,主要的测深仪器有加拿大 Knudsen Series Echosounders 的 Sounder1600 系列、Chirp3200 系列、320M 系列、320B 系列单频测深仪,Kongsberg Maritime 的 EM3000 系列、EM2000 系列、EM710 系列,Sperry 的 Marine es5100、Hydro 的 Broadband Multi-beam 回声测深仪等。

目前,国内对测深仪的研究也很普遍,有很多厂家生产,型号也多种多样。主要包括无锡海鹰的 SDH－13 系列测深仪、HY1600 系列测深仪(图 3.1-5),Bathv 系列测深仪,上海地海仪器有限公司的 HT100 便携式数字化测深仪、Hydro Trac 精密单频测深仪等。

(2)多波束测深系统

多波束测深系统,又称多波束测深仪、条带测深仪或多波束测深声呐等,最初的设计构想就是为了提高海底地形测量效率。与传统的单波束测深系统每次测量只能获得测量船垂直下方一个海底测量深度值相比,多波束探测能获得一个条带覆盖区域内多个测量点的海底深度值,实现了从"点—线"测量到"线—面"测量的跨越,其技术进步的意义十分突出。

与单波束回声测深仪相比,多波束测深系统具有测量范围大、测量速度快、精度和效率高的优点,它把测深技术从点、线扩展到面,并进一步发展到立体测深和自动成图,特别适合进行大面积的海底地形探测。这种多波束测深系统使海底探测经历了一个革命性的变化,深刻地改变了海洋学领域的调查研究方式及最终成果的质量。有些国家自其问世之后,已经计划把所有的重要海区都重新测量一遍。正因为多波束条带测深仪与其他测深方法相比具有很多无可比拟的优点,仅仅 20 多年的时间,世界各国便开发出了多种型号的多波束测深系列产品。20 世纪 60 年代初开始相继研制了几种类型的多波束测深系统,最大工作深度 200～12000m,横向覆盖宽度可达深度的 3 倍以上。多波束测深系统与综合卫星定位系统配合,由计算机实时处理标绘等深线图,是 20 世纪 70 年代末以来海道测量工作的一个突破。

多波束测深系统自 20 世纪 70 年代问世以来,就一直以系统庞大、结构复杂和技术含量高著称,世界上主要有美国、加拿大、德国、挪威等国家在生产,如 Reson7125SV2、R2Soninc2024(图 3.1-6)和 KM EM2040 等。

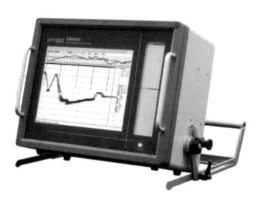

图 3.1-5　无锡海鹰 HY1600 系列测深仪　　图 3.1-6　多波束测深系统 R2Soninc2024

3.2　水深数据采集及处理

3.2.1　数据采集

3.2.1.1　测前准备

(1)工序准备

准备阶段为收到中标通知书、任务书或专业技术文件后的外业进场准备阶段,其主要工作重点如下:根据投标文件内容、任务书、设计技术要求、相关规范要求等编写勘察实施计划(勘察工作大纲,下同),并经业主或主管单位认可。准备技术文件、规程、规范、各类记录表格等;按照勘察实施计划的要求进行人员组织,召开动员大会并分层次、分岗位进行技术交底和工作分工,明确测量进度要求;准备现场勘探所需的测量设备、通信设备、办公设备及交通工具;测量船舶准备:落实租赁具备运营、安检、保险及专项使用等相关证件、符合安全要求的测量船舶;临时设施筹建:落实后勤基地、补给物资停放点、设立临时现场办公室等;

开工手续准备：到与本项目相关管理部门办理施工及维护手续、施工作业许可证、船舶航行通告等许可文件；在现场进行安全、环境交底。加强安全意识和安全技术教育，强调安全操作规程、应急预案和安全技术措施，提出安全生产的具体要求；进场调试、检验：人员及设备进场，仪器设备的安装调试，并对测量控制点等基础资料进行检验。

（2）测线布设

在水深测量作业中，合理地采集水深数据是确保高质量测图不可或缺的环节。为了高效合理采集水深数据，测量前的测线、测点合理布设和测船的作业方式安排是两个关键点。

湖泊测量主测线布设主要采取平行测线和扇形测线两种方式。主测线的布设要综合考虑测区的几何形状、最大长度和宽度、风力风向、流速流向等因素。主测线方向一般与等深线垂直。港湾地区的测深线方向应垂直于港湾或水道的轴线。在沿岸测量中，主测线一般呈辐射状布置，在锯齿形岸线处应与岸线总方向成45°。水底平坦开阔的水域，主测线方向可视工作方便选择。平行布置的主测线间隔一般不超过图上2cm。探测航行障碍物时，应适当缩小测深线间隔或放大测图比例尺。比如在高原湖泊塔若错测量中，主测线采取平行测线方式布设。以塔若错为例，该湖东西向长约38.1km，南北向宽最大约17.2km。沿南北向布置主测线49条、测线间距800m、测点间距400m（图3.2-1）。

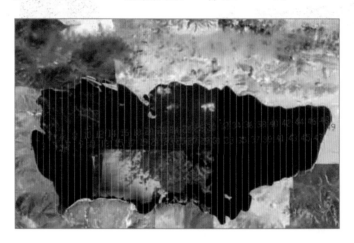

图3.2-1 塔若错水深测量主测线布设示意图

湖泊水下地形测量中应沿主测线方向布置测深点。测深点间距一般不超过图上1cm。地形变化大或近岸水域以及陡坎处应加密测点布置。水下地形测量时，为评定水深测量成果的精度，测区内应适当布设检查线。检查线的方向应与主测线垂直。检查线的总长度与测量方法有关，单波束测量时，检查线的总长度应不小于主测线总长度的5%；多波束测量时，检查线的总长度不小于主测线总长度的2%。测深检查线与主测深线相交处，不同作业组相邻测段或同一作业组不同时期相邻测深段的重复测深线的重合点处，图上1mm范围内主测线与检测线水深比对较差一般不大于$0.015H$（H表示水深），水深小于20m时较差一般不大于 0.3m。

（3）吃水测定

一般水下地形测量作业之前,应精确测定换能器吃水深度。真正的水深应为瞬时水面至水底的深度,而测量的水深是换能器发射位置至水底的水深值。测深仪换能器一般位于水面下一定位置,因而应进行吃水改正。换能器吃水深度分为静吃水深度（载体处于静止状态时换能器的入水深度）和动吃水深度（载体处于运动状态时换能器的入水深度）变化值两种情况。

动吃水测定方法包括 GNSS 法、水准法和浮标法。

1）GNSS 法

在安装测深仪换能器处装一台 GNSS。测船静止不动时,用 RTK 测量一组高程数据。测船以高、中、低航速航行时,分别测量一定数量的 RTK 测量数据。测船运动与静止时 GNSS 观测的高程之差值,作为相应船速下的测船动态吃水值。该值加上静吃水,即为测船在该航速下的动吃水。

2）水准法

选择一个河底平坦、底质较坚硬的区域,水深为船吃水的 7 倍左右,该区域能保证测船不同航速航行;岸上选择适当位置架设 1 台水准仪,在船上换能器的位置处竖立水准尺,要调整水准仪架设高度以保证观测到水准尺,并具有上下 1m 左右的动态范围;在测量区域设立一个测点,测点处设置浮标,其缆绳要尽量缩短。当测船靠近浮标时停下,岸上用水准仪观测水准尺并记录读数;然后测船以测量时的各种速度通过浮标一侧（与原停靠点尽可能一致）,水准仪照准船上标尺读数,两次读数应去掉水位的影响,再取两者差值,即为船体在换能器所处位置的下沉值。某种船速应按上述方法观测 3 次以上,然后取平均值。该值加上静吃水,即为测船在该航速下的动吃水。

3）浮标法

区域条件同上,在测定区域设置浮标,船停于浮标旁,用测深仪精确测定水深,然后测船以测量时的各种速度通过浮标同一相对位置（船在停止状态下的测深位置）时,再测量水深。换能器安装在距船艏 1/3～1/2 处时,处理方法同上。当换能器处于船尾一端时,动吃水为静吃水和所测得的船尾下沉值之和。若换能器处于船首时,航行时船首上抬,动吃水为静吃水减去所测得的船艏升值之差。

表 3.2-1 为在塔若错测量时,两种不同型号测船分别以快速、中速、慢速航行时与测船静止时测量的动态吃水数据。

一般船舶静止时,其静吃水深是固定值。不同船只以不同航速运动,其吃水深度是不同的;用于水深测量的测船应先进行动吃水深度试验,以便在实际测量时能较准确地给出动吃水深度改正数。

表 3.2-1　　　　　　　　　　不同测船在不同速度下动吃水深度试验统计表

测船	统计项目	快速航行		中速航行		慢速航行	
		速度（m/s）	吃水（m）	速度（m/s）	吃水（m）	速度（m/s）	吃水（m）
风云2号	平均	5.65	0.042	4.31	0.029	1.63	0.013
	最大	5.81	0.100	4.45	0.100	1.76	0.070
	最小	5.08	−0.010	3.102	−0.020	1.52	−0.060
水文026轮	平均	4.63	0.024	4.01	0.024	1.73	0.032
	最大	4.79	0.060	4.08	0.047	1.89	0.045
	最小	4.06	0.010	3.97	0.007	1.66	0.002

3.2.1.2　平面定位

近代以回声测深原理发展起来的测深技术，其平面定位在内河水下测量中主要经历了经纬仪交会法、全站仪跟踪法、GNSS 定位法。当前 GNSS 测量法是平面定位最主要的测量手段，GNSS 测量又包括 RTK（Real Time Kinematic）技术、PPK（Post Processing Kinematic）技术、CORS 技术、星站差分（广域差分）技术等。高原湖泊测量 GNSS 定位技术主要采用载波相位差分 RTK 技术、CORS 技术和星站差分技术等。

水域宽广的高原湖泊测量，若采用单基准站 RTK 测量技术，流动台受数据链传输半径（一般不超过 15km）影响，在湖心区无法有效收到来自基准站的数据。若建立 CORS 基站测量系统，存在投入过大、耗费时间长、信号不能有效覆盖全湖区的缺点。针对高原湖泊的这种特殊性给测量带来的困难，采用星站差分 GNSS 定位技术可以较好解决。星站差分 GNSS 技术与 RTK、CORS 技术相比，具有全球性、全天候、连续性和实用性的特点，无需架设本地基准站，单机作业范围广，工作效率高，并能获得优于分米级的实时定位精度。

目前，应用比较广泛的星站差分系统主要有 Navcom 公司的 StarFire 系统、Fugro 公司的 OminiSTAR 系统以及 Subcea7 公司的 Veripos 系统。高原湖泊羊卓雍错、扎日南木错、塔若错等湖泊测量，均采用星站差分 GNSS 技术，在 Hypack 数据采集软件里置入测区 WGS84 坐标和 CGCS2000 国家大地坐标转换三参数，实现了高精度的水域地形点平面定位，有效解决了 GNSS 信号不能覆盖全湖区的难题和提高了作业效率。当采用此种作业方法时，宜采用测区内 E 级及以上等级的 GNSS 控制点，作为 GNSS 导航定位参数的率定或校核点，部分困难区域可采用不低于图根点等级的控制点架设基准台，也可采用测区已有的三参数，但在测量前需对采用的三参数在不低于图根点精度的已知点上进行精度比测，把三参数设入 GNSS 导航软件并采集一定的数据，比测的定位精度应满足误差小于 0.5m，若误差超限，则需要在高等级的已知点上重新测定新的三参数，比测数据同时作为资料提交。

3.2.1.3　水深测量

高原湖泊水深测量以单波束数字测深仪为主,局部浅水区或水草茂密地区,可采用测杆或测锤进行,极浅区域(不存在作业风险地带)采用人工持 RTK 以陆上测量的方式直接获取地面高程。

高原湖泊测量主要采用专门为测湖打造的玻璃钢测船,抗风浪稳定性能较好(图 3.2-2);部分浅水区域采用皮划艇施测(图 3.2-3)。测深仪换能器采用侧舷安装,固定在右侧前 1/3 位置处,相对起伏较小,同时能避开尾流及船机噪音干扰。GNSS 天线置于换能器顶端,消除了定位中心与测深中心的偏差。在历次测湖过程中采用了统一规格的换能器不锈钢杆,即天线至换能器底部的值为统一值,最大限度地消除了换能器吃水量测误差。

每天测量开始前,选择在水下地形平坦的区域,对各测船测深仪相互进行比对。比对采用检查板,选择水面平静、流速较小处,在 20m 深度范围内进行校核,并在测深纸上做好记录。在测量过程中定期地对测深仪进行声速、转速、电压等项目检验,每隔半小时将电脑中的记录水深与测深纸模拟信号记录的水深进行比对,以确保水深测量数据的准确、可靠。

声速对水深测量精度影响很大,为了获得精确的声速,声速剖面的间距一般不超过 5km,尽量挑选较大水深处以获得最大幅度的声速剖面,在测量结束后再到当日最深处获取声速剖面数据,数据处理时将声速剖面输入导航软件中进行剖面修正。当上下层声速变化不大时,可以用平均声速进行现场改正。每天外业工作结束,测船负责人对当天所有测量数据进行质量检查,发现问题查找原因,对于不能恢复的数据需要及时进行重测,确保数据准确可靠。在撤离现场前,现场负责人再次全面检查所有数据,确保无漏测。

图 3.2-2　高原湖泊测量采用的玻璃钢测船

图 3.2-3　高原湖泊测量采用皮划艇施测浅水区域

3.2.1.4　水位控制

(1)湖泊水位变化特点

不同水文特性的湖泊,其水面形态各异。有支流入汇的湖泊水面不是水平的,湖泊容积包括水平面以下的静容积和实际水面线与水平面之间的楔形体容积,两部分容积都参与了湖泊调蓄的整个过程。吞吐型湖泊水面沿水流方向存在比降,水面为向出口倾斜的斜面,其在洪水时期,还存在水面附加比降,倾斜更为明显。河网地区湖泊,水流纵横交错,汊道众多,岸线漫长,河道收、放现象突出,水流流向散乱不定、流态紊乱多变且互相干扰顶托。因此,河网地区湖泊水面不是平面,也不是一个规则的倾斜面,而是一个横向、纵向均可能存在扭曲的不规则曲面。水量循环较少的湖泊,水面比降较小,相对于湖泊静容积而言,由水面倾斜产生的楔形体体积可以忽略。

湖泊水位年际变化与气候变迁、地质运动、人类活动等因素有关。由于高原湖泊降水较少、蒸发量大,部分湖泊水位总体呈逐年下降的趋势。如羊卓雍错 1974—2005 年近 30 年总趋势是呈不显著的下降趋势,水位下降的同时湖泊面积减小,其主要原因是湖泊地势平缓且蒸发量大,南部冰川萎缩,径流补给萎缩。1959—2004 年青海湖由于入湖流量、湖面年降水量呈现减少趋势,水位持续下降,但近年来在全球气候变暖情形下,区域夏季降水强度和降水量的同时增加,湖泊水位持续回升。东部平原湖泊径流主要由降水补给,水位年际变化主要取决于气候条件,尽管每年来水条件不同,湖泊水位也不同,但总体上无明显的趋势性变化,湖泊平均水位围绕均值在一定范围内波动。

(2)水位观测方法

获取水底高程,一般应首先获得水面高程数据和水深数据。水位是湖泊测量的重要资料,也是湖泊容积和面积量算的依据。在湖泊水下地形测量中,一般都需要观测水位,以水位作为水下地形点高程的起算依据。少数湖泊采用 RTK 三维水道测量方法即三维水深测量方法直接获取水底高程,该方法同样需要观测湖面水位来进行可靠性验证。

内陆湖泊水位观测方法依测量条件确定。测区附近有水文观测站的,可以直接利用水文站观测成果;对水文站未控制的区域可通过水尺或临时水尺进行人工观测读取水尺观测,也可通过仪器直接进行水面高程测量的方法获得水位。

西部高原湖泊,由于缺少控制水文站,需要采用临时水尺水位或通过仪器直接进行水面高程测量,部分湖泊根据需要设立了临时水文站,并安装水位自记仪器,进行水位自记观测。

1)临时水尺或水位站观测水位

当通过布设临时水尺进行水位控制观测时,水尺的密度以能够完全控制湖区水位变化为原则,一般应符合下列条件:水尺的布设应能控制测区的水位变化;水尺应避开回水区,不直接受风流、急流冲击影响,同时考虑不受船只碰撞影响,能在测量期间牢固保存;湖泊应在四周设立水尺,上、下游水尺最大距离不应大于 10km;湖面超过 3km 时应考虑横比降影响,并分区进行推算;水尺的设定范围应高于高水位且低于低水位;水尺零点高程应采用五等水准或与其同等精度的其他方法观测,水尺零点应经常校核,水尺倾斜时应立即校正,并校核水尺零点高程,自记水位零点也应及时校正;当上下游水尺断面水位差小于 0.2m 时,比降水位应精确到 0.05m;观测时间和观测次数要适应一日内水位变化的过程,要满足湖泊测量的要求。水位观测频次一般按表 3.2-2 的规定测量。

表 3. 2-2 　　　　　　　　　　　　　水位观测频次

水位变化特征	观测频次
$\Delta H < 0.1\text{m}$	测深开始及结束时各 1 次
$0.1\text{m} \leqslant \Delta H \leqslant 0.2\text{m}$	测深开始、中间、结束各 1 次
$\Delta H > 0.2\text{m}$	每 1h 进行 1 次

在高原湖泊扎日南木错测量中,为了有效控制湖区的水位变化,测量队分别在湖区的西北边、北边、东南边布设了 3 处临时水尺水位站:ZK01P1、ZK02P1 和 ZK04P1。图 3.2-4 为测量人员正在布设临时水尺。

图 3. 2-4　高原湖泊测量临时水尺布设

其中,ZK02P1 处还布设了一个压阻式水位自计仪,数据采样间隔 0.5h。开展水域测量前期、测量中期和结束时进行了比测,ZK02P1 处自记水位与人工观测水位较差均不超过 1cm,说明自记水位数据准确可靠(表 3.2-3)。高原紫外线特别强烈,用自记水位代替人工观测水位,不仅可以避免人工观测水位时紫外线对人的伤害,还能减少人力投入。

表 3. 2-3 　　　　　　　　自记水位与人工观测水位比较　　　　　　　　　(单位:m)

日期 (年-月-日)	时:分	水位站名	自记水位	人工观测水位	误差
2013-07-30	09:30	ZK02P1	4611.06	4611.06	0.00
2013-08-04	18:00	ZK02P1	4611.09	4611.08	0.01
2013-08-07	18:00	ZK02P1	4611.11	4611.10	0.01
2013-08-11	08:30	ZK02P1	4611.11	4611.10	0.01
2013-08-15	18:00	ZK02P1	4611.11	4611.10	0.01

2)直接测定水面高程

通过仪器直接测量水面高程时,一般应符合下列规定:水位观测宜采用五等及以上几何水准或与其相当的光电测距三角高程、经纬仪视距法接测。

水准仪测量时,按五等水准方法接测。线长在 1km 以内,其高程往返闭合差应不大于 3cm;超过 1km 按闭合差 $\pm 30\sqrt{L}$ 计算。

经纬仪测量时,采用正倒镜观测两个不同水面桩或变动仪器高 0.2m 以上观测两个测回;经纬仪测量水位最大视距:平原地区不应大于 250m,垂直角应小于 10°;山区不应大于 300m,垂直角应小于 15°;测回间高差较差:平原地区不超过 5cm,山区不应大于 10cm,最后取平均值作为水位。

全站仪测量时,棱镜杆采用三脚架固定,选择上、下游不超过 2m 的水面点,以正倒镜各观测一测回,进行落尺点差错和观测误差检校;最大视距:平原地区应不大于 1000m,山区应不大于 1200m;垂直角:平原地区应小于 5°,山区应小于 15°;测回间高差较差同经纬仪要求。当使用光电测距三角高程接测水位,水边距引据点较远,可采用《三、四等导线测量规范》(CH/T 2007—2001)中的相关要求引测。

GNSS RTK 测量时,采用单基站 RTK 测量,参考站至少应架设在 E 级平面、四等及以上水准控制点上。测前 RTK 内部设置高程收敛精度应不大于 3cm,同时必须至少检校 1 个已知点,平面坐标较差不应大于 7cm,高程较差应不大于 5cm,方可开始测量。流动站应采用三脚架固定,每次观测历元数应不少于 120 个,采集间隔 2~5s,共观测 3 个测回。测回间平面坐标位置差不应大于 4cm,高程较差应不大于 4cm,取平均值作为测时水位。测回间流动站应重新初始化,采用单基站 RTK,流动站与基准站的距离应小于 5km。

3)其他水位测量方法

由于高原湖泊具有湖面广阔、交通不便等特殊性,在上述常规方法难以开展工作的情况下,还可以采用水面传递高程、RTK 技术、PPK 技术、中继站通信技术等方法接测。PPK 技术是基于快速静态 GNSS 星型网的测量方式,成果是在室内经基线解算、平差完成。测量基本不受距离的限制,作业半径大,方式灵活,效率高,定位精度高。例如,在青海湖测量中,在青海湖海心山设有水位站,但海心山距最近的陆地鸟岛有 25km。受数据链传输半径影响,采用单基站 RTK 技术引测海心山水尺零点存在通信困难,测量组通过采用中继站通信技术,成功解决了上述难题。测量组通过在基准站与流动站之间设置一套中继数据传输设备转发基准站的差分信号,成功扩大了 RTK 基准站差分信号的覆盖范围,从而获取了海心山水位站的高程数据。这种方法有它的局限性,单基站长距离传递,高程精度无法精确控制,在非必要特殊情况下一般不采用这种方法。

3.2.1.5 检查线布设

对大面积水域水深测量来说,通过布设测深检查线来检验测深质量是必不可少的检测手段。测深检查线可采用纵断面法以及重合横断面法布置,在高原湖泊测量中主要采用了纵断面法即垂直测深线的方式进行。

当采用纵断面法时,测深检查线与主测深线相交处不同作业组相邻测段或同一作业组不同时期相邻测段的重复测深线的重合点处,图上 1mm 范围内水深比对较差符合表 3.2-4 的要求。

表 3.2-4　　　　　　　　　　　主测线与检测线水深比对较差要求

水深 H(m)	深度比对较差(m)
$H \leqslant 20$	$\leqslant 0.4$
$H > 20$	$\leqslant 0.02H$

采用重合横断面法时,则选择部分断面进行重复测量,每天早晚分别重复施测一个断面,每天检查线总长度应不少于当天所测水下总长度的 5%。通过重复断面的面积对比统计精度,面积误差应不超过 2%。精度统计见表 3.2-5。

表 3.2-5　　　　　　　　　　　检查断面精度统计表

平面系统:_____坐标系,中央子午线:_____°E,_____°分带。

日期	断面坐标(m)				应用水位 (m)	测量面积 (m²)	检查面积 (m²)	面积差 (m²)	误差 (%)
	X	Y	X	Y					

3.2.2　数据处理

3.2.2.1　回声数据校正

回声测深技术其声波在水中的传播速度,随水的温度、盐度和水中压强而变化,所以在使用回声测深仪之前,应对仪器进行率定,计算值要加以校正。

回声测深仪的显示、记录方式有多种不同类型。近代测深仪除用放电或热敏纸记录器记录外,还有数字显示及存储,甚至可以采用和计算机结合起来而自动绘制水下地形图等多种不同方式。其中,热敏纸记录模拟信号、计算机控制同步记录定位和测深数据是常见的生产模式。

3.2.2.2　水位改正

采用回声测深仪进行水体底部测量时,测深仪测得的深度是由瞬时水面起算的,水面受水位或潮位的影响不断变化,同一地点在不同水位时测得的水深是不一致的,因此要想得到水体底部的测点高程必须对该点的水深测量值进行水位改正,进而得到水下地形点高程,水下地形点的高程是由水面高程(水位)减去相应水深间接求取的。

影响水下地形点高程精度的两大因素分别是水深和水位。在水深测量误差一定时,水下地形测点高程精度主要取决于水位。影响水位的因素主要可分为两类:一类是水位观测误差;另一类是测点水位推算误差。在不考虑水位观测误差的情况下,推算水位的准确与否是影响水下地形测量资料精度的关键。

（1）水位改算模型

小型封闭水域或水面比降较小的天然河流的局部区域,水面高度近乎相同,水面比降几乎可以忽略,这种情况的测点水位可以采用单站水位改正模式即采用一个水位值来计算。

$$G = Z - h \tag{3.2-1}$$

式中:G——河底高程;

Z——地形点对应的水面高程,即瞬时水位;

h——水下测量点的瞬时深度。

天然河道,在不考虑横比降的情况下可采用双站线性改正模式。两站间的测点水位改正,首先根据水尺涨落数据,将两站水尺进行时间内插,将两站水尺换算到与待推算的水下地形点的测量时刻,然后按照距离(注意不是直线距离,而是按照河道主泓计算的曲线距离)进行空间内插。

在考虑横比降的情况下,可以采用两步内插法或三角形单元面积加权法进行水位改正;大型水库、湖泊地区可采用距离加权法进行潮位改算。这类水域一般面积广阔,比降情况不易掌握。一般这种情况下水尺布置在水域的四周,设 A_1、A_2、A_3、A_4 4 个水尺在某时刻观测的水位为 Z_1、Z_2、Z_3、Z_4,则 P 点的水位可由 P 点至 4 个已知水尺距离的倒数加权求得,设 P 点至上述 4 点的距离分别为 S_1、S_2、S_3、S_4,则 P 点的水位为 $Z_P = (Z_1/S_1 + Z_2/S_2 + Z_3/S_1 + Z_4/S_4)/(1/S_1 + 1/S_2 + 1/S_3 + 1/S_4)$。

（2）采用 Hypack 软件进行水位改算

Hypack 软件是一种功能齐全的水下地形数据采集与处理软件。该软件的单波束编辑器提供了中心线法和三点法水位改正工具。

1）中心线法

该方法是将水位站和水下测点分别投影到河道中心线,再根据水下测点投影点到水位站投影点之间的距离来插补水位改正值,进而求得水下地形测点高程。Hypack 软件在进行水位改正时,根据已布设的河道中心线,各水位站沿河道纵向至中心线起点的距离,按时间与距离加权平均的方法计算出水下断面各测点的实时水位。

图 3.2-5 为某测量河段水位站布设及水位推算示意图。在上下游同岸布置了 3 个临时水位站 P_1、P_2、P_3,以中心线法,使用临时水位站 P_1、P_2 的观测水位,某时刻 t 测点线性插补的应用水位 Z_t 按式(3.2-2)推求。

$$Z_t = Z2_t + (Z1_t - Z2_t) \times \frac{d}{D} \tag{3.2-2}$$

式中：Z_t——断面 t 时刻测点推算水位(m)；

$Z1_t$、$Z2_t$——断面上、下游水位站 t 时刻水位(m)；

d——断面至下游水位站间沿深泓线方向距离(m)；

D——断面上、下游水位站间沿深泓线方向距离(m)。

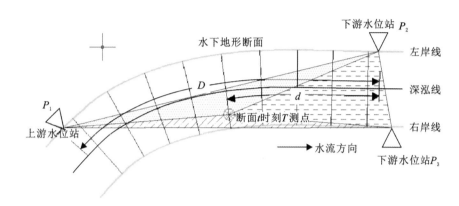

图 3.2-5　某测量河段水位站布设及水位推算示意图

2)三点法

该方法是在 3 个水位站围绕的测区，Hypack 程序由 3 个水位站位置坐标建立一个三角水位面，按照三角形面积加权法原理进行水位改正的，复杂的三角计算在计算机程序的帮助下变得简单。

在河段局部存在横比降的情况下，使用临时水位站 P_1、P_2、P_3 的观测水位，t 时刻 T 测点由三点法推算的应用水位 Z_t 按式(3.2-3)推求。

$$Z_t = (a_1 Z_{P1} + a_2 Z_{P2} + a_3 Z_{P3})/a \qquad (3.2-3)$$

式中：Z_t、Z_{P_1}、Z_{P_2}、Z_{P_3}——t 时刻 T、P_1、P_2、P_3 处的水位(m)；

a、a_1、a_2、a_3——$\Delta P_1 P_2 P_3$、$\Delta T P_2 P_3$、$\Delta T P_1 P_2$、$\Delta T P_1 P_3$ 的面积(m^2)。

3)具体推算过程

使用 Hypack 软件中心线法推算水位前，需要准备的文件包括：每个水位站观测数据生成的 TID 文件、量测每个水位站沿中心线的距离、仅由中心线点构成的 LNW 文件。在单波束编辑器界面下选择"工具—水位推算—中心线法"。通过文件选择对话框在 LNW 文件区域中选择测区的中心线文件；将鼠标置于表中第一有效单元格的位置上，单击鼠标，通过出现的文件选择对话框选择水位站 TID 水位数据文件；对应输入水位站沿中心线的距离；测区所有水位站数据输入完毕后，点击水位推算，程序将会把推算的每个测点的水位加入已编辑的文件中。在使用 Hypack 软件三点法推算水位时，仅需要准备好 3 个水位站的坐标及 3 个水位站的 TID 水位文件即可。

传统的中心线法水位推算是以断面为推算单位，是以假定某一断面施测期间水位不变的情况下,以断面推算水位代替该断面所有测点水位进行测点高程改算。严格来说,仅考虑了断面到水位站的距离,忽略了水位在施测某一断面期间时间上的变化,当水位随时间变化较大或某一断面施测时间较长时,可能造成部分测点高程失真。Hypack 软件以测点为推算单位,兼顾了上下游水位的时空变化和测点空间位置,理论上推求的测点应用水位更为准确。

3.2.3 测深精度影响因素分析

影响测深精度的因素很多,主要有测量仪器及仪器载体、水流条件、河床边界和气象条件等。首先不同的测深仪由于功率、声波频率等不同,对不同底质河床的测深效果相差很大;水体存在水温分层,它对测深精度有着同样不可忽视的影响,尤其在流动性较差、大水深条件的高原湖泊,其测量时间通常是一年来温差变化最大的时节,温跃层改正对测深精度的影响更大;在水深测量过程中,受测区水流、风浪等外界因素影响,测船会出现左右、前后摇摆及升沉变化(即测船姿态变化),这种变化对测量精度产生的影响会随水深的增大而增大;当测船的横摇角 Roll 和纵摇角 Pitch 大于波束角宽度时,不仅产生深度误差,同时还会产生测深点的位置误差,通常船的横摇和纵摇对波束较宽的测深仪影响较小,测船的起伏 Heave 对深度测量产生直接的影响,而且船的横摇和纵摇也会使测船产生诱导起伏(或称感生起伏)。在低速测量过程中,测船动态吃水较小,过快的船速会导致动态吃水明显增大,测船移动会产生测点测深误差和位置偏移误差,在测量条件一定(波束角和水底倾斜角)的情况下,船速较高会产生较大的误差,为提高测量精度和测深效果,应限制测量船速。在其他测量条件相同时,不同船型会对应不同的测量船姿,测深系统中的姿态传感器可大大降低或消除船姿对测深及平面定位的影响,但当船姿相差较大时,可导致实时采集的姿态数据不能完全消除测船姿态的影响,则此时不同船型会存在一定的测量误差。综上,国内外对水深测量影响因素研究和实践表明,水体水温、水体密度、床面组成及倾角等是影响水深测量的主要环境因子。

如前面所述,测深的误差来源众多,包括定位的误差、测深仪自身的测距误差、测量介质引起的声速效应误差、测船姿态引起的测量误差等。其中定位误差目前可忽略,测深仪自身的测距误差也远小于其他因素的影响。这里可以认为对测量深度的主要因素包括传播介质、测船等相关效应,有声速、姿态和船只静、动吃水的影响,具体分析如下:

3.2.3.1 声速效应对测深的影响

声速效应直接影响到回声测深仪测量的深度部分,根据回声测深原理,深度等于介质中声波传输速度与传播时间一半的乘积,而声波在水体中的传播速度并非是一个固定值,它与测时环境相关,与水体的温度、盐度、密度以及声波频率相关,可以根据测区水域的温度和盐度进行改正,通常公式计算某温度、盐度下的声速。

为了确定不同环境下声速测量的最优公式,很多文献上均对此进行了深入的研究。《水运工程测量规范》(JTS 131—2012)和《海道测量规范》(GB 12327—1998)也推荐了各自的公式用以计算不同条件下单层的水中声速。

《水运工程测量规范》(JTS 131—2012)中规定:每次作业前应在测区内有代表性的水域测定声速剖面,单个声速剖面的控制范围不宜大于 5km,声速剖面测量时间间隔应小于 6h,声速变化大于 2m/s 时应重新测定声速剖面。

3.2.3.2　测船姿态变化产生的测深误差

姿态影响是指测船受到风、浪、流的作用而导致的测量误差,无论是横摇、纵摇、艏摇,其作用机理都是导致测深仪中心波束倾斜而产生复杂的误差变化。它是一个既影响平面定位又影响深度测量的复杂过程。

传统水深测量的深度测量面是以瞬时平静的水面起算深度的,需要经过该瞬时平静的水面高度改正。因此,测船由于受到涌浪和风浪的作用产生起伏使测深仪换能器的零起点偏离了瞬时平静的水面,需要进行改正。RTK 三维水道测量的原理与传统水深测量的原理有着本质的不同,它是通过确定瞬时 GNSS 天线的大地高及其至水面的距离,再通过相应的基准差改正来获得水深,因此只要 GNSS 天线相位中心高度和瞬时深度同步一致测量时,则不受测船的起伏限制。也就是说,RTK 三维水道测量不需要进行垂直起伏改正。所以传统的水深测量需要进行涌浪等引起的船只起伏修正,如涌浪滤波,而 RTK 三维水道测量则不需要进行该项修正。波浪对测深的影响是通过对船姿态的改变来产生作用的,因此,波浪对测深的影响可分为测船纵摇、横摇、升沉等几个方面。

(1)测船横摇产生的测深误差

设 α 为测船横摇角,左舷下倾时取正值,θ 为换能器半波束角,s 为记录深度,d 为真实深度。

很明显,如果 $|\alpha| \leqslant \theta$,$\alpha$ 角造成的测深信号的偏移仍在波束角范围之内,所测得的深度可以认为是没有附加误差的,否则认为发射的测深信号偏离了垂直方向而产生了附加误差。

在一般情况下,测深线是沿水底地形变化梯度方向布设的,所以沿测深线垂直方向(即测船的横摇方向)可以认为是平面,此时产生的附加深度误差 $\Delta \mathrm{droll}$ 可以估计为:

$$\Delta \mathrm{droll} = s\big[\cos(\alpha - \theta) - 1\big] \tag{3.2-4}$$

从式(3.2-4)可以看出,由横摇 α 产生的附加深度误差 $\Delta \mathrm{droll}$ 与测量水深值 H 成正比。在建立了严密的船体坐标系并实时测量了船体姿态的条件下,可以对定位中心做出正确的改算。

(2)测船纵摇产生的测深误差

测船纵摇产生的测深误差比较复杂,若水底是平坦的,则产生的误差与横摇产生的误差类似。显然,纵摇不产生偏离测深线的位移,但使水深点在测线上前后摆动。如果不进行改正,即使水底是光滑的平面,但记录的图像可能不是一个平面。不过在浅水区,假定 $H \leqslant 50$,$\theta = 3.5°$,当纵摇角 $\beta \leqslant 6°$ 时,引起的水深误差 $\leqslant 5cm$,可以不予考虑。

(3)测船升沉对测深值的影响

测量的时候,换能器固定安装在船体的下方,与测船形成刚体连接,因此,测船的升沉的变化值就直接反映在水深值里。

测船升沉对测深值的影响的大小和测深仪换能器与测船的相对关系有关。通过理论分析,当测深仪换能器与测船的重心重合时,测船姿态和升沉的变化对测深值的影响最小,而且有利于通过传感器或者其他方式对其做出改正。

目前,对升沉的改正一般有以下三种方式。

1)传感器法

通过高精度的涌浪传感器(其原理一般为加速度计)直接测定船体的升沉,当传感器与测深仪换能器位置一致时,传感器测得的数值即为水深值的改正值。

2)RTK 高程分量法

利用高精度的 GNSS 高程测量分量进行升沉改正。

3)水深数据平滑滤波法

在大多数情况下,船体没有安装传感器或者没有厘米级高精度的 GNSS 高程分量,这时可以将短时间内测船移动的距离看做是一个光滑变化的曲线,通过手动或者计算机自动处理消除锯齿状的起伏(虽然这种锯齿状的起伏不光是由船体升沉引起来的,但在短时间内主要是由测船升沉变化引起来的)。

3.2.3.3 换能器动态吃水对测深值的影响

动态吃水是水中运动载体的一种客观现象。一般情况下,动态吃水采用如下定义:因船只航速变化引起船体沉浮而使换能器吃水产生的动态变化。

动态吃水值测定的方法很多,目前规范上和实际生产采用的主要有水准仪定点观测法、水准仪固定断面法以及 RTK 定位法,其中 RTK 定位法最为简便实用。

理论上对动态吃水进行计算的方法很多,目前仍以霍密尔公式最接近实际。根据霍密尔公式,船只在航行状态下的动态吃水 ΔH 可由下式确定:

$$\Delta H = K V^2 \sqrt{\frac{Hs}{H}} \tag{3.2-5}$$

式中:ΔH——船只的动态吃水;

K——船型系数;

V——航速(m/s);

H——测区平均水深(m);

Hs——静态吃水(m)。

由式(3.2-5)可知,动态吃水改正数 ΔH 与船的结构、航速、平均水深及静态吃水值有关。根据实际工作中的经验,采用合适的测船非常重要,既不能太小也不能太大,太小了稳定性不够,太大了动态吃水较大。测量时的船速亦需要控制,不可盲目追求高速。同时在大型项目或者多年连续性观测项目中,应统一固定船型,避免造成系统误差。

3.2.3.4　时延改正及其影响

时延反映的是 RTK 定位与测深的不同步现象。为将 RTK 三维归位到换能器,为测深提供瞬时平面和垂直基准,并最终实现波束在水下的归位计算,就必须消除时延的影响。

若船速为 8 节(约 4m/s),导航时延确定误差为 0.2s,则导航时延误差引起的最大平面位置偏差为 0.8m。实际工作中发现,导航时延是一个较难以确定的量,其既与定位系统的更新率密切相关,也受到数据采集软件和硬件的影响。当采用"RTK 三维水道测量技术"的时候,时延既影响定位,同时也使姿态测量与水深测量不同步,从而带来复杂的测量误差。

通过理论研究发现,时延对平面定位的影响最为显著,其影响与船速成正比。因此,在实际作业中,一方面应根据试验精确计算时延;另一方面应尽量减小船速,保持测船的稳定性,将时延确定误差的影响减小到最小。

3.3　单波束测深系统声速改正技术

水下地形测量是通过测定江河、湖泊、水库、港湾等水域水下点的平面位置和高程,从而绘制水下地形图或构建 DEM 模型等。水下地形测量成果服务于水利工程建设、河湖普查、河道整治、容积测量、冲淤分析等,在河湖治理规划、防洪减灾等领域都发挥着重要作用。目前,水下地形测量主要采用 GNSS 获取平面位置,配合水下测深仪器同步采集水深,其中水下测量仪器主要分为多波束测深系统和单波束测深系统两种。无论是多波束测深还是单波束测深,影响其测深精度的因素主要包括换能器吃水、声速改正、水位改正、测深仪器本身系统差等。其中,声速改正是影响测深精度的重要因素之一,尤其在缺乏水体交换条件的深水条件下,水温变化的梯度通常较大,在静止的深水湖泊或水库中,这个特点愈发明显。在我国西藏地区,深水湖泊水底和水面的温度可能相差 10℃ 以上,引起声速的梯度变化可超过 30m/s。因此,探讨如何进行测深的声速改正对于保证水下地形测量成果质量具有十分重要的意义。

3.3.1　水下声速获取方法

声波在不同密度的介质中的传播速度是不一样的,而水的密度随着含盐度和水温的变化而变化。一般在水深测量中,水下声速的获取方法包括直接法和间接法两种。

3.3.1.1　直接法

直接法是指通过测量声速在某一固定距离上的传播时间或相位,从而直接获得水体中声音传播的速度。具体的测量方法包括脉冲时间法、干涉法和脉冲循环法等。在实际生产中,通常采用声速剖面仪来获取水下声速,目前常用的声速剖面仪有加拿大 AML 公司的 SV−PLUS V2、海鹰 HY1500 系列(图 3.3-1)等。该型号声速剖面仪采用脉冲循环法声速测量原理,发射的声音信号被固定已知距离内的反射板发射,接收机在接收到发射信号以后,触发下一次反射,如此周而复始,通过测量发射的重复周期或频率即可获得水体声速。当采用声速剖面仪获取声速时,由于不同的位置、不同的水深处水体密度也不相同,在实际生产中无法做到实时、实地进行声速剖面测量,获取声速数据,通常选取一天测量中测区水深最大区域进行声速剖面测量,或者在测区周围测量几个代表性的声速剖面,并记录剖面点平面位置,控制住整个测区,以此作为测区声速改正的依据。

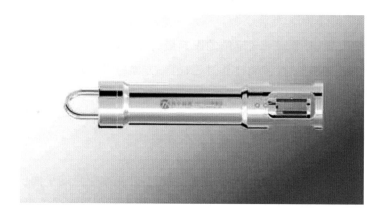

图 3.3-1　海鹰 HY1500 系列声速剖面仪

采用直接法时,一般根据声速剖面仪观测的各水层声速按式(3.3-1)计算垂线平均声速。

$$C_m = \frac{\sum\limits_{j}^{j-1} \left(\dfrac{C_j + C_{j+1}}{2} \right) d_{j,j+1}}{\sum\limits_{j=1}^{N-1} d_{j,j+1}} \qquad (3.3\text{-}1)$$

式中:C_j——按厚度 d 选取的声速剖面仪测得的相应深度的声速;

$d_{j,j+1}$——各水层的厚度;

N——声速剖面仪测得的声速剖面选取的声速总个数。

3.3.1.2　间接法

间接法是利用水中的温度、盐度和压力等参数,通过经验公式来计算。影响声音在水体中传播速度的因素很多,无法单纯由一套理论公式计算准确获得声速值,但大量水下声速实验表明,水体中声速主要受温度、盐度和气压影响,温度变化 1℃,声速值变化约 4.5m/s;盐度每变化 1‰,声速值变化约 1.3m/s;深度每变化 1m,声速值约变化 0.016m/s。自 20 世纪 50 年代起,一些学者先后提出了适合不同水体的声速经验模型,其中被普遍认可的有 Chen-Millero-Li 声速算法、Dell Grosso 声速算法、W. D. Wilson 声速算法等。

目前,国内指导水下地形测量的规范主要包括《海道测量规范》(GB 12327—1998)、《水运工程测量规范》(JTS 131—2012)、《水道观测规范》(SL 257—2017)等。其中,《海道测量规范》(GB 12327—1998)为国家标准,其应用范围主要为各种比例尺的海道地形测量,用于获取海底地貌、底质情况,为航海图的编绘提供数据,以保证海船的航行安全;《水运工程测量规范》(JTS 131—2012)为交通部颁发的规范,适用于港口、航道、通航建筑物和修造船、水工建筑物等工程的测量;《水道观测规范》(SL 257—2017)为水利部于 2017 年颁发的规范,主要适用于河流、湖泊、水库、人工河渠、受潮汐影响的河道及近海水域的水道观测。根据《水道观测规范》(SL 257—2017),采用间接法时,一般在非潮汐河段(或水深小于 150m 水体)按式(3.3-2)计算声速:

$$C = 1410 + 4.21T - 0.037T^2 + 1.14S \tag{3.3-2}$$

在潮汐河段、近海水域(或水深超过 150m 的水体)声速按式(3.3-3)计算:

$$C = 1449.2 + 4.6T - 0.055T^2 + 0.000297T^3 + (1.34 - 0.01T)(S - 35) + 0.017D \tag{3.3-3}$$

式中:C——水中声速(m/s);

　　　T——水温(℃);

　　　S——含盐度(‰);

　　　D——深度(m)。

式(3.3-2)为计算某一水层声速时采用的公式。若计算从水面至某一深度(水底)的平均声速 C,式(3.3-2)中的 T、S、D 应以其平均值 T_n、S_n、D_n 代入计算,即得到计算平均声速的近似公式:

$$T_n = \sum_{i=1}^{n} d_i \quad T_j \Big/ \sum_{i=1}^{n} d_i \tag{3.3-4}$$

$$S_n = \sum_{i=1}^{n} d_i \quad S_j \Big/ \sum_{i=1}^{n} d_i \tag{3.3-5}$$

$$D_n = D/2 \tag{3.3-6}$$

式中:d_i——各水层厚度(m);

　　　T_i——各水层的温度(℃);

　　　S_i——各水层的含盐度(‰)。

3.3.2 声速改正

3.3.2.1 长江中下游地区

长江中下游地区水体流动性较好,最大水深一般在 40m 以内(局部水域如中游牛关矶段水深达 90m),在 2016 年 12 月 7 日开展的长江水下地形测量中,在武汉河段某处同步进行水面表层水温观测及声速剖面测量,表层水温 15.8℃。表 3.3-1 为声速剖面仪测量数据。

表 3.3-1   **长江武汉河段某处声速剖面仪测量数据**

水深(m)	声速(m/s)	水深(m)	声速(m/s)	水深(m)	声速(m/s)
1.45	1468.56	6.18	1468.68	10.86	1468.74
1.99	1468.62	6.71	1468.68	11.38	1468.75
2.5	1468.61	7.23	1468.68	11.91	1468.77
3.02	1468.62	7.74	1468.69	12.43	1468.77
3.54	1468.63	8.26	1468.71	12.94	1468.81
4.07	1468.65	8.78	1468.73	13.46	1468.82
4.59	1468.66	9.29	1468.73	13.108	1468.83
5.11	1468.68	9.81	1468.74	14.49	1468.85
5.62	1468.67	10.34	1468.75	15.42	1468.84

以上数据表明,在水体流动性较好的水域,如具有代表性的长江中下游地区,声速变化区间在 1m/s 内,将表面水温代入式(3.3-2)中计算声速得 1467.3m/s,该计算值与声速剖面仪所测数据吻合较好,同时说明在流动水体如长江中下游水道测深环境下,采用间接法计算表面声速作为测深声速改正数据能够较好地满足水下地形测量精度要求。

3.3.2.2 高原湖区

当惹雍错位于西藏自治区那曲地区尼玛县境内,距离尼玛县城约 72km,该湖平均含盐度 9.4g/L,平均水位 4534.88m,最大水深 219.2m,平均水深 103.4m,水面面积约为 780km²。在测量过程中采用加拿大 AML 公司的 SV-PLUS V2 声速剖面仪在每日测深结束后,选取本日测量区域最深处同步进行声速剖面和分层水温测量。图 3.3-2、图 3.3-3 分别为该湖某日水温变化曲线图、声速分布曲线图。

从图 3.3-2 可以看出,当惹雍错存在明显的水温跃层,单纯观测水面温度,采用单一经验公式计算表面声速,作为最终水深值声速改正的依据将会产生较大偏差,该方法无法准确获得目标深度;图 3.3-3 为采用声速剖面仪实测的随深度变化的声速曲线,深度 0~70m 声速变化明显,70m 之后声速变化趋缓,此变化规律与图 3.3-2 中水温变化趋势是相同的。

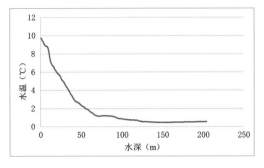

图 3.3-2　水温变化曲线图

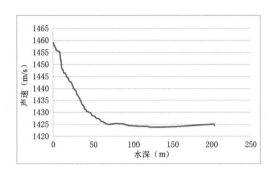

图 3.3-3　声速分布曲线图

利用本次观测中的水温数据,采用式(3.3-2)计算对应深度的声速值,与声速剖面仪实际测量的声速值相比较,发现采用公式间接法计算声速值要比实测声速值偏大,具体差值规律见表 3.3-2。

表 3.3-2　　　　　　　　　　　公式法计算声速与实测声速成果对比

深度(m)	间接法与实测差值(m/s)	深度(m)	间接法与实测差值(m/s)
0~15	3.9	105~120	0.88
15~30	2.5	120~135	1.1
30~45	2.3	135~150	1.15
45~60	1.4	150~165	1.16
60~75	0.18	165~180	1.18
75~90	0.36	180~195	1.32
90~105	0.56	195~205	1.41

表 3.3-2 中两种方法对比结果中最大差值为 3.9m/s,当水深 200m 时,此差值对水深测量值的影响约为 40cm,能够满足水下地形测量精度要求,由此可以看出《水道观测规范》(SL 257—2017)中推荐的声速计算公式具有较为广泛的适用性。

通过上述数据可以得出以下结论:在长江中下游、汉江等内陆河道,由于水体流动性较好,并且一般平均水深不超过 40m,在这种情况下开展水下地形测量,可以采用间接法利用式(3.3-2)计算获得水体声速,即通过量取测区表面水温,采用规范中的经验公式进行计算,以此声速作为测深声速改正依据,从而获取水体深度;在水库、高原湖泊等大水深湖泊中,水体缺乏流动性造成水体表面、中间层及水底温度差异很大,尤其在大水深环境下声速改正值对测深精度影响更是不可忽视。为满足水下地形测量精度需求,应采用直接法即通过声速剖面仪获取水体声速或者对水体水温开展分层观测,利用式(3.3-3)计算获得水体声速;我国内陆水域一般含盐量很小,为 0.002‰左右,对声速影响微小,基本可以忽略不计;江河入海口及近海水域,有一定含盐量,当采用间接法计算声速值时应测定含盐量予以计算。

3.4 随船一体化 RTK 三维水道测量技术

随船一体化RTK三维水道测量系统是基于GNSS与测深系统的集成,辅之以姿态测量和补偿,从而获取高精度的水下点位与高程的观测技术。该系统可以在获取水底平面位置的同时,获得该点的高程数据,不需要水位接测。每个水深点都对应精确的水位值,不需要内插或外推整个区域的水位,可提高水下地形测量的精度,该方法尤其在时空变化波动较大、水体表面呈不规则变化情况下具有较大的推广和适用价值。为保证在高原湖泊测量中成功应用该项技术、保障测量精度,技术人员在此前进行了专项技术研究,并在实地开展了试验性观测,对测量结果进行了较为系统的分析,为该项技术在高原湖泊测量中推广应用奠定了基础。

3.4.1 工作原理研究

3.4.1.1 RTK 三维水道测量工作原理

RTK三维水道测量系统集成了RTK技术和测深系统。RTK通过载波相位差分技术实时动态地获取三维坐标(X,Y,H),且精度可达到厘米级。RTK除了定位精度高、能有效保证更大比例尺测图的精度外,其另一优点为测得第三维坐标(高程)的精度同样可以达到厘米级,精度能够满足水深测量的要求。RTK潮位改正工作原理是利用RTK技术,实时测得流动站GNSS天线高程,通过流动站GNSS实时天线高程代替水面高程进行传递,以求得水底高程,从而实现三维水道测量。RTK潮位改正过程可用图3.4-1表示。

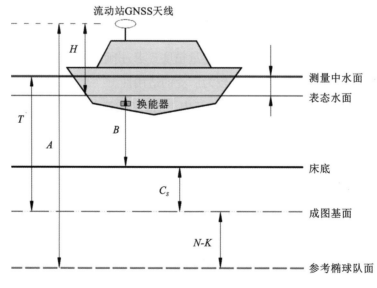

图 3.4-1 RTK 潮位改正工作原理

图中，A 为流动站 GNSS 天线实测高程，高程基面为 WGS84 坐标系下的参考椭球面；T 为水下地形测量过程中实时水面高程，基于成图基面；B 为测深仪输出的水深值，已进行吃水改正；H 为流动站 GNSS 天线至静态水面高；D 为水下地形测量过程中测船动态吃水改正值；C_S 为水下河底高程，基于成图基面；$N-K$ 为 WGS84 参考椭球面与成图基面之间的差值。RTK 潮位改正公式可通过以下公式进行推算：

$$T = A - (N-K) - H + D \tag{3.4-1}$$

$$C_S = T - B - D \tag{3.4-2}$$

根据式（3.4-1）、式（3.4-2）可推算出 RTK 潮位改正公式（水下地形河底高程计算公式）为：

$$C_S = A - (N-K) - H - B \tag{3.4-3}$$

3.4.1.2　RTK 三维水道测量的精度控制及改正计算

（1）影响平面定位精度的因素及控制方法

船体坐标系的改正，由于 GNSS、姿态传感器、测声仪 3 种仪器很难位于同一轴线上，必须建立船体坐标系，并进行改正；影响平面定位精度的其他因素及改正，三维水深测量中平面定位和水深测量是同步关联实施的，两者精度都极其重要。RTK 三维水深测量中影响平面定位的因素包括不同坐标系间坐标转换参数、定位点到 GNSS 差分基准站的距离、卫星工作状态、卫星几何强度等。

其相应的控制方法包括精确求取转换参数并校测、控制流动站到基准台之间的作业距离、避开遮挡和选用稳定的双频 GNSS、尽可能减少失锁或跳变现象的出现、选择 PDOP 值较小的时间段作业。

（2）影响测深精度的因素及改正计算

1）换能器杆安装偏差的影响及改正

换能器杆连接了 RTK 天线和换能器，换能器杆如果安装不垂直，形成的偏角将导致测深仪测量的水深值具有系统性误差，同时 RTK 天线不垂直而使 RTK 测量高程比实际值偏小，也产生系统性误差。这与常规的有验潮测量只存在测深仪测量引起的测深误差比较而言，其误差来源增多。换能器杆倾斜时，测深仪显示水深值 h_2 及 GNSS 天线中心到换能器底部的长度 h_1 与测量真值 b 的关系，见图 3.4-2。

其数学公式如下：

$$b = (h_1 + h_2)\cos B \tag{3.4-4}$$

式中：b——测量真值；

B——倾斜角；

h_1——GNSS 天线中心到换能器底部的长度；

h_2——测深仪显示测量水深。

由式(3.4-4)可知:换能器杆倾斜产生的倾角越大、水深越深、换能器杆越长,则测量的水深值比真值越大。可见,测深时应时刻注意换能器杆的安装情况,保证其垂直方向固定安装,必要时应使用安装架固定。

2)船体姿态对深度的影响

此外,测量船受涌浪影响,产生纵横摇摆,导致换能器杆不能保持垂直状态,这种受倾斜角度的影响同样会产生水深偏差,以船体横摇为例,见图3.4-3。

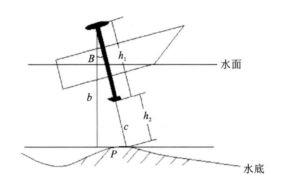

图 3.4-2　换能器杆安装偏差影响测深精度

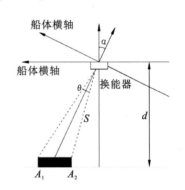

图 3.4-3　船体横摇对深度的影响

设船体在 T 时刻发生横摇角 α,实测深度为 s,测深仪的半波束角为 θ,实际深度为 d,则因横摇产生深度方向的附加误差为:

当 $|\alpha| < \theta$ 时,α 引起测深信号的偏移仍在波束角的范围之内,毋须改正;

当 $|\alpha| > \theta$ 时,则引起附加测深误差 Δd,其表达式如下:

$$\Delta d = s[\cos(\alpha - \theta) - 1] \tag{3.4-5}$$

船体纵摇对深度的影响与船体横摇对深度的影响相同(图3.4-4)。设 β 为船体纵滚角度,则船体纵滚引起的深度方向的改正为:

当 $|\beta| < \theta$ 时,α 引起测深信号的偏移仍在波束角的范围之内,毋须改正;

当 $|\beta| > \theta$ 时,则引起附加测深误差 Δd,其表达式如下:

$$\Delta d = s[\cos(\beta - \theta) - 1] \tag{3.4-6}$$

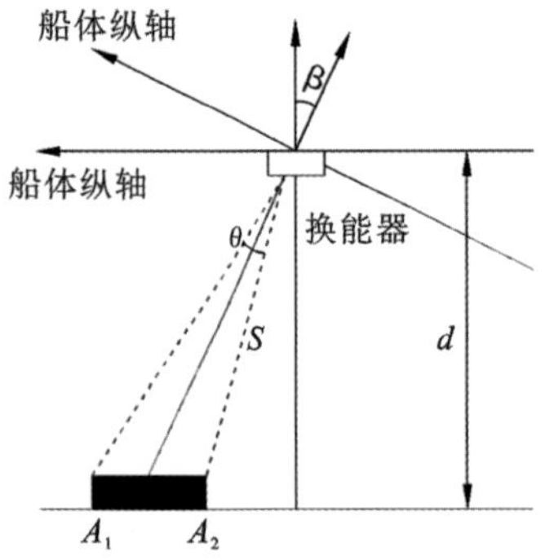

但在常规的水下地形测量中,船体摇摆角度不大且没有安装姿态仪,无法记录姿态参数,一般把这部分误差与换能器杆安装偏差一并考虑分析,并不进行三维姿态改正。外业测量时应在风浪较小的情况下进行。当沿海波高超过0.6m、内河波高超过0.4m时,应停止作业。

3)高程异常值的影响

RTK技术在高程测量中的精度主要取决于仪器本身的精度和高程异常的拟合精度。仪器本身的精度为已知,高程异常求取的精度对RTK测高影响较为明显。高程异

图 3.4-4　船体纵摇对深度的影响

常求取的精度在陆地上和内河较易控制,一般采用多点采集求转换参数的方式实现。

4)其他影响因素

测深仪、水体环境等其他影响因素已在前面列举,此处不再赘述。

3.4.2　观测试验与实施

3.4.2.1　三维水深水下地形测量实施方案

试验按不同的水域、不同的施测方式、不同的基站距离几种方式对比进行,并在此基础上分析其可行性。施测方式采用常规水下地形测量、三维水深水下地形测量 2 种模式进行。试验地点分别选择长江和汉江两处水域。根据 RTK 技术有关规范要求,采用 RTK 三维水深水下地形测量时,在不同水域分别距离基站 1km、2.5km、5km 区域处布设断面,并和常规接测水位的测量方式对比分析。三维水深入水下地形测量实施流程见图 3.4-5。

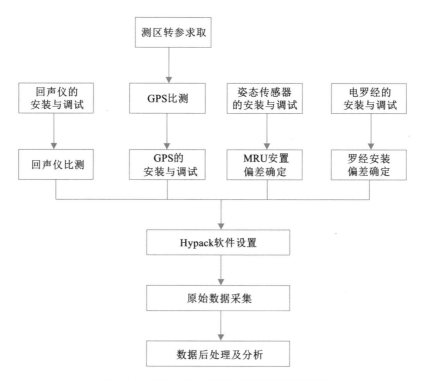

图 3.4-5　三维水深水下地形测量实施流程图

3.4.2.2　实施过程

(1)高程异常值的推算

根据 RTK 潮位改正公式,水下地形河底高程的获得需要知道高程异常值,即测区 WGS84 参考椭球面与成图基面之间的差值。如何求解高程异常值是 RTK 潮位改正首先需要解决的问题。RTK 实时得到的是 WGS84 坐标系中的坐标,其高程为大地高,还需将该大地高转换成基于成图基准面的高程,两者之间的差值就是高程异常 ζ。

WGS84 参考椭球面与成图基面之间的基面差值不是一个恒定量,不同区域的基面差会有较小差别。因此,当测区范围较小,通过计算测区平均基准面差(固定常数)进行基面转换可以满足测量精度要求;测区范围较大或测区地形较为复杂时,固定常数转换不能满足测量精度要求,则应该采用曲面拟合的方式进行基面转换。

2014 年 6 月 27 日,项目组在汉江河口河段进行了试验性观测,利用包含测区范围的 3 个控制点的大地高与几何水准测量得到的正常高解算转换参数,采用高程异常平均值作为转换参数(表 3.4-1)。

表 3.4-1 测区控制点正常高与大地高

点名	85 高程(m)	大地高(m)	高程异常值(m)
HX＊＊	25.5＊＊	11.4＊＊	−14.127
HX＊＊	26.5＊＊	12.4＊＊	−14.174
HX＊＊	25.6＊＊	11.3＊＊	−14.219

经计算高程异常均值为 −14.173m,标准偏差为 ±0.046m。由标准偏差可以看出,测区重力场分布较均匀,高程转换可信。

(2)仪器安装

首先在已知控制点上架设基准站并比测,然后在测船上安装测深仪、GNSS 和运动传感器等仪器设备。然后必须建立船体坐标系,理想的坐标原点应该位于船体的重心上。运动传感器安装在船的中轴线最可能接近船体重心的位置上,测深仪换能器安装在船体的前部接近龙骨处,GNSS 尽量安装在船舶无遮挡的高处,与换能器处于同一铅锤线。使用钢尺量取换能器吃水深及 GNSS 和换能器探头位于船体坐标系原点的相对位置,使用全站仪施测 GNSS 天线相位中心与水面的相对关系。

(3)仪器检校及比测

1)GNSS 定位精度校核

本次水下地形测量的平面定位采用 RTK 方式施测,并在测区内选择一定数量的高级点进行校核,具体检校成果见表 3.4-2。

表 3.4-2 RTK 比测统计表

比测点名	原始成果(m)			检测成果(m)			偏差(m)		
	X	Y	H	X	Y	H	ΔX	ΔY	ΔH
HX＊＊＊	3382＊＊.769	525＊＊.895	25.＊＊＊	3382＊＊.703	525＊＊.900	25.＊＊＊	−0.066	0.005	0.011
HX＊＊＊	3383＊＊.452	523＊＊.603	26.＊＊＊	3383＊＊.403	523＊＊.541	26.＊＊＊	−0.049	−0.062	−.050
汉流＊＊＊	3384＊＊.554	528＊＊.333	26.＊＊＊	3384＊＊.598	528＊＊.322	26.＊＊＊	0.044	−0.011	0.021

2)测深仪比测

试验性观测开展前后,均进行了水深比测。比测地点选择在河床平坦、水面平静的河段。具体比测成果见表 3.4-3。

表 3.4-3   测深仪比测记录表

比测地点	水温(℃)	换能器吃水深(m)	应用声速(m/s)	仪测水深(m)	锤测水深(m)	较差(m)
汉江河口	27.8	0.6	1498	8.47	8.50	−0.03
	27.8	0.6	1498	8.46	8.50	−0.04
	27.8	0.6	1498	8.48	8.50	−0.02

3)测船动态吃水的测定

根据试验结果,将测深仪探头调整在所受影响最小的位置,即在正常航速吃水线与静态吃水线相交的位置。动态吃水测定采用 RTK 法,在安装测深仪探头处安装 GNSS,测船静止时,测出一组高程数据,然后测船以高、中、低不同航速航行时,分别观测一定数量的高程数据,测船运动和静止时,探头处 GNSS 观测的高程差值的均数,作为动态吃水变化值。测量后统计动态吃水的结果见图 3.4-6,船速由 0~10m/s 变化时,吃水变化区间为 0~0.12m,两者基本呈线性关系。

4)数据延时测定

系统性延时对测深的影响,当测船沿正反方向交替施测时,系统性延时将使得正向测深值右移,反向测深值左移,使得整个河床地形形状产生锯齿状交叉错位。显然,偏移位移大小与测船速度成正比。延时的探测方法可以分为两种,即对同一目标探测法和对同一测线探测法。其原理是一样的,都是对同一目标或同一测线进行往返观测,通过比较同一目标或同一测线的水深点位置来得到延时量。本次试验采用同一测线往返测方式进行,测定结果(图 3.4-7)如下:

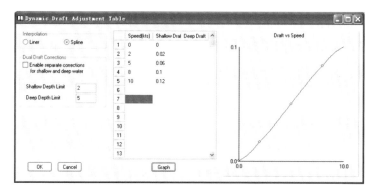
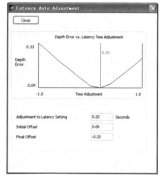

图 3.4-6 测船动态吃水结果示意图   图 3.4-7 数据延时测定结果

3.4.3 数据后处理及分析

本次试验采用简易三维水深的模式进行,因此对水下测点精度的评估采用 RTK 潮位数据代替水下测点数据的方式进行对比分析。RTK 三维水道测量实际测量中,实时采集的水位原始数据是跳跃的,主要是由于测量过程中波浪造成船姿变化引起 GNSS 相位中心与水面差值在不停地变化,以及 GNSS 卫星信号或差分信号传输不稳定造成。以上两种因素叠加,使得 GNSS 原始潮位呈现锯齿形状(图 3.4-8)。

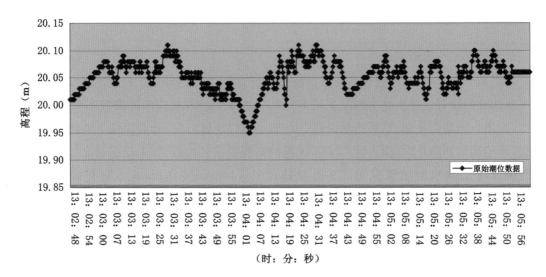

图 3.4-8 RTK 原始潮位数据

在 Hypack 软件中,GNSS 定位高程数据被直接记录为潮位数据,如果测深系统加入了运动传感器,运动传感器对船姿的改正是可以根据需要加入的,但改正数据并不是直接加入潮位数据中,而是直接将改正数加在原始水深数据中。

为了保证潮位数据的合理性,去除 GNSS 信号短时间的不稳定等因素造成的 RTK 潮位数据突变、跳跃,Hypack 软件推荐采用平均潮位数据来消除升沉影响,去除不符合事实的高频潮位变化和个别潮位突变错误,这一功能对于测量过程中出现的短时间的非固定解状况也有一定的改善,潮位平滑功能见图 3.4-9。

Hypack 软件提供的潮位平滑功能,需要通过设置一个时间周期来实现,软件以该周期的平均潮位值来代替此时间段内任意时刻的潮位。平均时间周期的设置需要考虑实际情况,总体来说周期太短不能很好消除高频突变潮位的影响;太长则失去实时数据的意义,容易造成与事实不符。在横断面的测量中,考虑到横断面左右岸水位变化不大,可以把周期设置略长;在纵断面测量中,考虑上下游水位实际变化情况,可以把周期设置短一些。经过数据平滑后,水位由于 GNSS 卫星信号不稳定引起的不合理波动可以得到很好的改善。

图 3.4-9　Hypack 软件中潮位平滑功能

本书体现 RTK 潮位数据的变化采用原始潮位数据、30s 和 60s 两种平滑方式的潮位数据和常规接测水位进行对比分析。

3.4.3.1　RTK 三维水深水下地形测量中 GNSS 信号稳定性分析

2014 年 6 月 27 日全天进行了简易三维水深水下地形测量试验,累计测量时间达 9 个小时以上,采集测点数分别为长江 12009 点、汉江 6116 点。通过查看原始数据,发现其中长江 GNSS 固定解有 12009 点、汉江 GNSS 固定解有 5894 点。其中,汉江 GNSS 信号为非固定解状态的测点均为 HX225 断面,即距离基准站 7km 的断面,究其非固定解的产生原因是距离基站太远,电台信号时有时无。

由此可见,在长江中游辖区由于两岸山区较少,遮挡较少,天空较为开阔,GNSS 的锁定较为简单,基本上随时锁定的卫星数均大于 4 颗,所以影响 GNSS 信号稳定性的关键则转移到电台信号的问题上。通过本次试验发现,所用 PDL 电台在距离基准站 7km 后信号损失较为严重,电台信号断断续续,导致出现单点定位解,所以为保证水下地形施测精度建议 RTK 施测范围控制在 7km 以内。

3.4.3.2　RTK 三维水深潮位数据和常规法接测水位数据对比分析

本次试验安排在汉江河口、长江中游 2 个测区,分别进行距离基站 1km、2.5km、5km 范围的观测试验,具体分析如下:

（1）距基站 1km 区域内的潮位数据对比分析

两个测区潮位对比数据见图 3.4-10、图 3.4-11。从图 3.4-10、图 3.4-11 中可以看出,两个测区常规接测水位值分别为 20.207m 和 20.212m,原始 RTK 潮位数据受波浪、GNSS 信号稳定性等因素的影响呈现锯齿状,图 3.4-10 断面波峰和波谷最大差值为 0.1m,图 3.4-11 断面波峰和波谷最大差值为 0.25m,但经 Hypack 软件潮位平滑后可看出和常规水位接测值基本吻合,差值在 5cm 以内,潮位数据正确可靠。

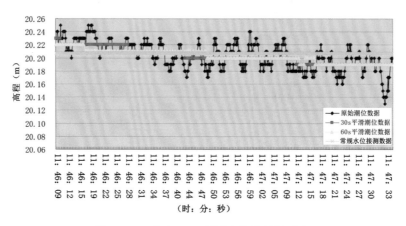

图 3.4-10 汉江 1km 区域内潮位数据对比

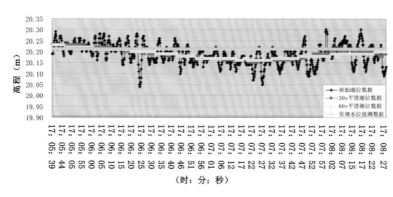

图 3.4-11 长江距离基站 1km 区域内潮位数据对比

(2)距基站 2.5km 断面的潮位数据对比分析

试验在长江中游某处布设了距基站 2.5km 的断面,施测结果见图 3.4-12。

本次试验断面常规接测水位值为 20.137m,原始 RTK 潮位数据受波浪、GNSS 信号稳定性、测船姿态等因素的影响,断面波峰和波谷最大差值达 0.4m,但经 Hypack 软件潮位平滑后可看出和常规水位接测值基本吻合,差值在 6cm 以内,潮位数据正确可靠。

(3)距基站 5km 断面的潮位数据对比分析

试验在汉江河口布设了 1 个断面,距离 RTK 基站 5km,潮位数据见图 3.4-13。测区常规接测水位值为 20.204m,原始 RTK 潮位数据受波浪、GNSS 信号稳定性、测船姿态等因素的影响呈现锯齿状,断面波峰和波谷最大差值达 12cm。从图 3.4-13 中可以看出,两断面经过 30s、60s 潮位平滑后和常规接测水位差为 8cm。可见,与基站距离增大后对潮位精度影响较大。

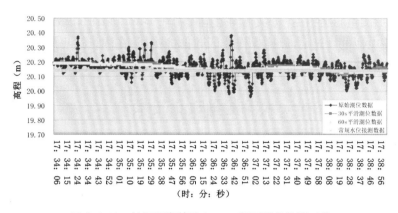

图 3.4-12　长江距离基站 2.5km 断面潮位数据对比

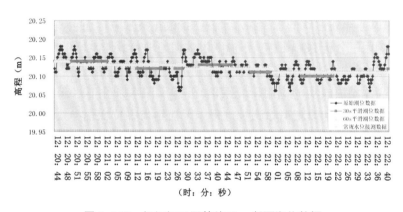

图 3.4-13　汉江河口距基站 5km 断面潮位数据

3.4.4　试验结论及建议

通过具体的试验观测数据分析可知,随船一体化三维水道测量技术能够满足相关规范的精度要求,但为了保证该测量技术施测结果的高精度和可靠性,应注意以下几点:

①高程异常值的推求结果必须满足要求。

当高程转换参数很难满足精度要求时,应重新选择控制点进行计算。控制点的选择应均匀分布于测区,不必追求过密的网形,并预留适当检验点用于验证转换精度,通过多次试算、验证直至满足精度要求。如果采用平面转换模型不可能满足精度要求时,应采用曲面拟合的方式解算转换参数,当满足要求后用拟合的曲面内插的方法实现参数转换。

②正确建立船体坐标系。

船体坐标系必须正确建立,GNSS、测深仪等仪器设备在船体坐标系中的相对位置应正确量取,并准确建立。

③为保证施测结果的可靠性,测前必须进行平面和高程的检校,检查测区高程异常值和船体坐标系的输入及应用结果是否正确,一般可通过控制点比测或水位对比检查。

④为了保证测量过程中 GNSS 信号质量,必须严格控制基准站与流动站间的作业距离,

为保证水下地形测量施测精度,建议施测范围控制在 7km 范围内;基准站电台采用较大发射功率,保证蓄电池电量充足,以确保作业区数据链畅通;在测量过程中需经常注意 GNSS 卫星信号的状况,并随时做好备考表记录;当卫星信号较差时应停止测量。

3.5 基于声线跟踪的大水深测量改正技术

湖泊、水库测深最常用的是单波束测深系统和多波束测深系统,主体部件均是测深仪,是一种主动声呐测量仪器。测深原理是利用声波在水体中传播遇反射物体返回的时间差来测量声波传输距离——水深。水深测量误差主要来源于测深仪、测量环境、测船和定位系统。这种方法在水深较小、测深精度影响因子带来的误差较小时是可行也是可靠的,但在大水深条件下,这种常规测深技术带来的误差是无法满足应用要求的。因此,在深水湖泊水深测量技术领域,基于声线跟踪的水库深水水深测量改正技术应运而生,它包括深水条件下水深测量精度影响因子分析、姿态改正、水温跃层数据处理和最佳声速模型选取等。这些实用的新型技术方案,成功解决了大水深条件下的湖泊测深精度问题。

通过西藏高原湖泊成功的应用研究案例,分析了深水条件下水深测量精度影响因子。一是通过进行姿态测量和改正消除测量过程中因摇晃与方位变化导致的位置误差;二是采用声线跟踪技术对水温跃层数据进行处理,消除因垂向水温跃层带来的水深误差;三是比对现行国际、国内各行业的测量规范规定的声速计算公式,评价不同声速模型对水深精度的影响。在实际水深测量中,存在大量非垂直入射波束,在未加姿态改正或简单的一阶近似(即认为声线在整个水体中按直线传播,采用三角法直接得到床面点的坐标)计算精度难以满足要求。因此,研究高精度的声线跟踪算法是十分重要的。

声线跟踪算法是建立在声速剖面基础上的一种波束脚印(投射点)相对船体坐标系坐标的计算方法。声线跟踪算法通常采用层追加方法,即将声速剖面内相邻两个声速采样点划分为一个层,层内声速变化可假设为常值(零梯度)或常梯度。

3.5.1 声线跟踪技术

(1)基于层内常声速($g=0$)下的声线跟踪

假设波束经历 N 层水体,声速在层内常速 C_i 传播,设层厚度为 Δd_i($\Delta d_i = d_{i+1} - d_i$),则波束在层 i 内的水平位移 y_i 和传播时间 t_i 分别为:

$$y_i = d_i \tan\theta_i = \frac{d_i \sin\theta_i}{\cos\theta_i} = \frac{pC_i d_i}{(1-(pC_i)^2)^{1/2}} \tag{3.5-1}$$

$$t_i = \frac{y_i / \sin\theta_i}{C_i} = \frac{y_i}{pC_i C_i} = \frac{d_i}{C_i (1-(pC_i)^2)^{1/2}} \tag{3.5-2}$$

其中:

$$p = p_i = \frac{\sin\theta_i}{C_i} = \frac{\sin\theta_{i+1}}{C_i} \tag{3.5-3}$$

则波束经历整个水体的水平距离和传播时间为：

$$y = \sum_{i=1}^{n} \frac{pC_i d_i}{(1-(pC_i)^2)^{1/2}} \qquad (3.5\text{-}4)$$

$$t = \sum_{i=1}^{n} \frac{d_i}{C_i(1-(pC_i)^2)^{1/2}} \qquad (3.5\text{-}5)$$

（2）基于层内常梯度（$g \neq 0$）下的声线跟踪

假设波束经历由 N 个不同介质层组成的水柱，声速在各层中以常梯度 g_i 变化。设层 i 上、下界面处的深度分别为 d_i 和 d_{i+1}，声速分别为 C_i 和 C_{i+1}，层厚度为 $\Delta d_i（\Delta d_i = d_{i+1} - d_i）$；波束在层内的实际传播轨迹为一连续的、带有一定曲率半径 R_i 的弧度。曲率半径为：

$$R_i = -\frac{1}{pg_i} \qquad (3.5\text{-}6)$$

层 i 内声线的水平位移 y_i 为：

$$y_i = R_i(\cos\theta_{i+1} - \cos\theta_i) = \frac{\cos\theta_i - \cos\theta_{i+1}}{pg_i} \qquad (3.5\text{-}7)$$

$$\cos\theta_i = (1-(pC_i)^2)^{1/2} \qquad (3.5\text{-}8)$$

波束在该层经历的弧段长度 $S_i = R_i(\theta_i - \theta_{i+1})$，则经历该段的水平位移 y_i 和时间 t_i 为：

$$y_i = \frac{(1-(pC_i)^2)^{1/2} - (1-p^2(C_i+g_i d_i)^2)^{1/2}}{pg_i} \qquad (3.5\text{-}9)$$

$$t_i = \frac{R_i(\theta_i - \theta_{i+1})}{C_{Hi}} = \frac{\theta_{i+1} - \theta_i}{pg_i^2 d_i}\ln\frac{C_{i+1}}{C_i} = \frac{\arcsin(p(C_i+g_i d_i)) - \arcsin(pC_i)}{pg_i^2 d_i}\ln(1+\frac{g_i d_i}{C_i})$$

$$(3.5\text{-}10)$$

3.5.2 声线跟踪技术应用案例

下面以长江委水文局在水布垭库区和三峡库区采集的试验数据为例说明声线跟踪数据处理情况。

3.5.2.1 水布垭库区试验

在存在水温跃层的库区，采用表层声速测深，将会带来较大的误差，测深误差随水深的增加而增大。在上下温差达 19.63℃、水深为 140.70m 的情况下，测深仪测深为 144.9m，误差达 4.2m；采用声速剖面数据，按常值（零梯度）和常梯度声线跟踪两种改正方法，其最大水深差、较差的标准差分别为（0.25m、0.10m）、（0.25m、0.10m），见表 3.5-1。

3.5.2.2 三峡库区试验

利用 2013 年 5 月 8 日至 2013 年 5 月 13 日在三峡库区典型河段的试验数据分析，水体水温存在分层时，经过声线跟踪改正后的断面水深与未经过声线跟踪改正的断面水深有一定差异，导致断面面积同样存在差异，见表 3.5-2。

表 3.5-1

声线跟踪计算表

水温层性质	深度(m)	分层厚度(m)	声速(m/s)	发射声速	水温(℃)	水深MKⅢ	水深差	理论钢绳长	实际绳长	较差(m)	入射角(°)	p	传播时间(s)	水平位移(m)	同层水深改正(m)	水体层厚(m)	应用水深(m)	较差(m)	入射角(°)	p	传播时间(s)	声速梯度(°)	同层水深改正(m)	水体层厚度(m)	应用水深(m)	较差(m)
		声速剖面仪实测成果				水深试验成果(1500m/s) 水深(m)					零梯度声线改正								常梯度声线改正							
温跃层	0.10	0.10	1511.14	1500.00	30.57	0.10	0.10	0.00	0.00	-0.10	0.00	0.00	0.00	0.00	0.00	0.10	0.10	0.10	0.00	0.00	0.00	0.00	0.00	0.10	0.10	0.10
温跃层	5.00	4.90	1494.33	1500.00	23.56	5.00	4.90	5.00	5.00	0.00	0.00	0.00	0.00	0.00	-0.02	4.88	4.98	-0.02	0.00	0.00	0.00	-7.01	-0.02	4.88	4.98	-0.02
温跃层	10.00	5.00	1490.01	1500.00	21.62	10.10	5.10	10.00	10.00	-0.10	0.00	0.00	0.00	0.01	-0.03	5.07	10.05	0.04	0.00	0.00	0.00	-1.94	-0.03	5.07	10.05	0.04
温跃层	15.10		1484.75		20.27																					
温跃层	20.00	10.00	1482.39	1500.00	19.85	20.28	10.18	20.00	20.01	-0.28	0.00	0.00	0.01	0.01	-0.12	10.06	20.11	0.10	0.00	0.00	0.01	-0.42	-0.12	10.06	20.11	0.10
温跃层	24.90		1479.87		18.93																					
渐变层	30.00	10.00	1478.10	1500.00	18.30	30.40	10.12	30.00	30.03	-0.40	0.00	0.00	0.01	0.01	-0.15	9.97	30.08	0.05	0.00	0.00	0.01	-0.63	-0.15	9.97	30.08	0.05
渐变层	35.00		1475.67		17.34																					
温跃层	40.00	10.00	1472.92	1500.00	16.85	40.80	10.40	40.00	40.05	-0.80	0.00	0.00	0.01	0.01	-0.18	10.22	40.30	0.25	0.00	0.00	0.01	-0.49	-0.18	10.22	40.30	0.25
温跃层	45.20		1457.47		12.01																					
渐变层	50.10	10.10	1454.40	1500.00	11.48	51.00	10.20	50.00	50.07	-1.00	0.00	0.00	0.01	0.01	-0.32	9.88	50.18	0.11	0.00	0.00	0.01	-0.53	-0.32	9.88	50.18	0.11
渐变层	55.10		1453.56		11.19																					
滞温层	60.00	9.90	1453.20	1500.00	11.11	61.40	10.40	60.00	60.10	-1.40	0.00	0.00	0.01	0.01	-0.32	10.08	60.26	0.16	0.00	0.00	0.01	-0.08	-0.32	10.08	60.26	0.16
滞温层	65.00		1452.95		11.12																					
滞温层	70.20	10.20	1452.72	1500.00	11.03	71.70	10.30	70.00	70.14	-1.70	0.00	0.00	0.01	0.01	-0.33	9.97	70.23	0.09	0.00	0.00	0.01	-0.09	-0.33	9.97	70.23	0.09
滞温层	75.10		1452.66		11.00																					
滞温层	80.00	9.80	1452.64	1500.00	10.99	82.00	10.30	80.00	80.18	-2.00	0.00	0.00	0.01	0.01	-0.32	9.98	80.21	0.03	0.00	0.00	0.01	-0.01	-0.32	9.98	80.21	0.03
滞温层	85.00		1452.64		10.97																					
滞温层	90.00	10.00	1452.71	1500.00	10.96	92.40	10.40	90.00	90.23	-2.40	0.00	0.00	0.01	0.01	-0.33	10.07	90.28	0.05	0.00	0.00	0.01	-0.01	-0.33	10.07	90.28	0.05
滞温层	94.90		1452.74		10.95																					
滞温层	100.00	10.00	1452.82	1500.00	10.95	102.70	10.30	100.00	100.29	-2.70	0.00	0.00	0.01	0.01	-0.32	9.98	100.26	-0.03	0.00	0.00	0.01	0.00	-0.32	9.98	100.26	-0.03
滞温层	105.00		1452.85		10.94																					
滞温层	110.00	10.00	1452.95	1500.00	10.95	113.10	10.40	110.00	110.35	-3.10	0.00	0.00	0.01	0.01	-0.32	10.08	110.34	-0.01	0.00	0.00	0.01	0.01	-0.32	10.08	110.33	-0.01

续表

水温层性质	声速剖面仪实测成果					水深试验成果(1500m/s)							零梯度声线改正						常梯度声线改正							
	深度(m)	分层厚度(m)	声速(m/s)	发射声速	水温(℃)	水深(m) MKⅢ	水深差	理论钢绳长	实际绳长	较差(m)	入射角(°)	p	传播时间(s)	水平位移(m)	同层水深改正(m)	水体层厚度(m)	应用水深(m)	较差(m)	入射角(°)	p	传播时间(s)	声速梯度(°)	同层水深改正(m)	水体层厚度(m)	应用水深(m)	较差(m)
滞温层	115.10		1453.00	1500.00	10.94																					
	120.00	10.00	1453.08	1500.00	10.94	123.40	10.30	120.00	120.41	-3.40	0.00	0.00	0.01	0.01	-0.32	9.98	120.31	-0.10	3.00	0.00	0.01	0.00	-0.32	9.98	120.31	-0.10
	125.00		1453.18	1500.00	10.95																					
	130.00	10.00	1453.25	1500.00	10.95	133.90	10.40	130.00	130.49	-3.90	0.00	0.00	0.01	0.01	-0.32	10.08	130.39	-0.10	0.00	0.00	0.01	0.00	-0.32	10.08	130.39	-0.10
	135.00		1453.31	1500.00	10.94																					
	140.00	10.00	1453.39	1500.00	10.94	144.20	10.40	140.00	140.56	-4.20	0.00	0.00	0.01	0.01	-0.32	10.08	140.47	-0.09	0.00	0.00	0.01	0.00	-0.32	10.08	140.47	-0.09
	145.00		1453.46	1500.00	10.94																					
统计	算术均值																	0.03								0.04
	最大值																	0.25								0.25
	最小值																	-0.10								-0.10
	离散度																	0.07								0.07
	标准差																	0.10								0.10

表 3.5-2 声线跟踪改正计算断面面积统计表

断面名称	未经过声线跟踪改正的断面面积(m²)	经过声线跟踪改正后的断面面积(m²)	面积差(m²)	相对误差(%)
S39—2	60608	60388	220	0.36
S41	47889	47745	144	0.30
S42	46842	46711	131	0.28
S43	65684	65496	188	0.29
S46	41114	40957	157	0.38
S48	42820	42681	139	0.32
S51	90232	90053	179	0.20
S52	95477	95236	241	0.25
S53	85526	85263	263	0.31
S54	71567	71440	127	0.18
S55	65000	64918	82	0.13
S56	57107	56988	119	0.21
S57	55872	55777	95	0.17
S59—1	79434	79081	353	0.44
S60—1	49786	49701	85	0.17
S61	66270	66086	184	0.28
S63	60449	60342	107	0.18
S64	53381	53242	139	0.26
S66	39766	39680	86	0.22
S68	47485	47387	98	0.21
S69	54522	54400	122	0.22

　　未经过声线跟踪改正的断面面积与经过声线跟踪改正后的断面面积相比,均偏大。最大差值出现在 S59—1 断面,为 353m²,面积差值相对误差为 0.44%。

3.5.2.3 声线跟踪效果

(1)实测声线跟踪与计算声线跟踪

　　2013 年 5 月 8—13 日,三峡库区近坝段的水体存在水温温差,见表 3.5-3。其中 S53 断面的底表层水温差最大值达 6.12℃。

表 3.5-3 实测较大的水温跃层断面 (单位:℃)

测量日期(年-月-日)	断面名称	表层水温	底层水温	底、表层水温差
2013-05-09	S39—2	17.61	13.52	−4.09
2013-05-10	S41	17.90	14.39	−3.51
2013-05-11	S53	18.98	12.87	−6.12

续表

测量日期 (年-月-日)	断面名称	表层水温	底层水温	底、表层水温差
2013-05-11	S59—1	18.52	12.95	−5.57
2013-05-12	S60—1	18.41	13.46	−4.95
2013-05-12	S61	18.40	13.18	−5.22
2013-05-12	S64	18.92	13.85	−5.07
2013-05-13	S66—1	18.63	14.31	−4.32
2013-05-13	S68	18.77	13.99	−4.78

在试验中,采用声速剖面仪测量的沿深度的分层声速、水温数据和单波束测深仪测量的水深数据,分别进行实测声线跟踪改正和计算声线跟踪改正。计算声线跟踪改正即根据水体分层水温数据,运用声速公式分层计算声速,然后根据计算的声速剖面数据、水深数据用声线跟踪模型改正相应的水深数据。

采用两种不同的声速剖面数据,分别以声线跟踪改正模型所获取的每个断面同起点距处的水深比较,计算声线跟踪改正后的水深值比实测声线跟踪改正后的水深值偏大,但比较接近,且随深度增加其差值也增加,最大差值为 0.30m,见表 3.5-4。其中 H_1 表示计算声线跟踪改正后的水深值,H_2 表示实测声线跟踪改正后的水深值。

表 3.5-4　　　　　　　　　实测声线跟踪与计算声线跟踪改正统计

测量日期 (年-月-日)	断面名称	$H_1 - H_2$ 的最大值(m)
2013-05-08	S39—2	0.20
2013-05-10	S41	0.19
2013-05-11	S53	0.17
2013-05-12	S59—1	0.22
2013-05-12	S60—1	0.14
2013-05-12	S61	0.15
2013-05-12	S64	0.30
2013-05-13	S68	0.12

(2)姿态改正与计算声线跟踪

声线跟踪的精确计算除了需要精准的声速剖面(或水温剖面)外,波束(主轴)的入射角测量也是关键因素,通常使用姿态传感器测量(即纵摇、横摇,取值于河床纵、横剖面起伏度与测船航向的关系)。

不考虑波束的入射角,经计算声线跟踪改正后的水深值比测量的水深值偏小,同起点距处水深差的最大值为 1.19m(表 3.5-5)。其中,H_1 为实测的水深值,H_2 为经计算声线跟踪改正后的水深值。$H_1 - H_2$ 随水深增加而增加。

表 3.5-5   无姿态改正下的计算声线跟踪改正计算统计

测量日期 (年-月-日)	断面名称	H_1-H_2 的最大值(m)
2013-05-08	S39—2	0.74
2013-05-10	S41	0.90
2013-05-11	S53	0.67
2013-05-12	S59—1	1.19
2013-05-12	S60—1	0.48
2013-05-12	S61	0.56
2013-05-12	S64	0.58
2013-05-13	S68	0.44

加入姿态改正(即考虑波束的入射角),引用计算数据同前(表 3.5-6)。经计算声线跟踪改正后的水深值比测量的水深值偏小,同起点距处水深差的最大值为 1.30m,H_1-H_2 随水深增加而增加。

表 3.5-6   考虑波束的入射角条件下,计算声线跟踪改正计算统计

测量日期 (年-月-日)	断面名称	H_1-H_2 的最大值(m)
2013-05-08	S39—2	0.83
2013-05-10	S41	0.95
2013-05-11	S53	0.80
2013-05-12	S59—1	1.30
2013-05-12	S60—1	0.65
2013-05-12	S61	0.68
2013-05-12	S64	0.78
2013-05-13	S68	0.42

数据加入综合改正后,声线跟踪改正对水深的改正效果明显,占改正的主要部分;加入姿态改正后,对数据有改正效果,占次要部分。

3.6 无纸化测深技术

传统的回声测深设备记录终端广泛采用的是针式或热敏打印机,直接接收探头发回来的物理信号,通过人工判读来获取河底水深。这样不仅工作成本高,而且容易产生由卡纸或更换打印纸等造成的记录误差和数据丢失,并且不利于数据的长期保存。作为目前流行的热敏打印方式,由于是利用化学物质的热敏反应,其打印出来的图像内容的长时间保存对于光照、温湿度、酸碱度等环境因素均有相应的要求。质量好的热敏打印纸在满足保存条件的

情况下,其保存的时间也非常有限;如果保存条件不合适,一两年甚至更短时间后,当需要重新打开回声纸查找存疑回声图形时,热敏纸上的内容常常已无法分辨。针式打印出来的纸质内容也受到色带油墨质量的影响,存在不能长期保存的问题。大型水下地形测量项目通常会有几十卷甚至更多回声纸需要保存,这无疑给保存单位带来了较大的负担。此外,后期技术人员对测量结果进行查阅和数据校核,将不得不通过手工操作来完成,操作十分不便,工作效率低下。纸质媒介上无论热敏打印还是针式打印,信号处理模块都是通过单片机控制同步电机,来驱动丝杆结构或直接接触式皮带结构,通过移动打印介质,打印出可视纸质回声模拟图像。丝杆作为驱动轴重要的机械部件之一,容易产生热膨胀,丝杠、螺母装配之后又存在着间隙,在负载作用下由于滚珠与滚道型面接触点弹性变形,从而引起螺母轴向位移,产生导程误差。直接接触式皮带结构通过传动带的拉力差来传递载荷,不可避免地出现弹性滑动,而这种滑动将直接导致打印的走位偏差。另外,长时间、高负荷的使用过程中易导致皮带磨损、老化,也会对打印机的传动马达造成严重的负载。以上因素都直接或者间接地导致测深仪测深记录纸出现走位现象,从而造成打印原始测深回波模拟信号图像出现偏差。

随着现代计算机技术、数字信号处理技术、计算机图形图像技术的发展,特别是计算机CPU运算处理速度的提高和内存容量的不断加大,很多测深仪生产厂家在以前采用纸质媒介的基础上陆续推出了采用电子图形模式存储水深模拟信号技术。如 ODEM 的 MKⅢ 双频测深仪、中海达的 HD27 系列以及海鹰加科的 HY1601 等,都采用了电子图形存储水深模拟信号或者纸质、电子图形两者兼采用,实现水深模拟信号的数字化保存。目前,国内外主流测深仪均通过采用一体化嵌入式系统结构,内置嵌入式工控系统,充分利用数字信号处理与计算机图形技术,实现了以数字图形模式储存水深模拟信号,彻底摒弃了传统的机械传动走纸、打印的落后方法,实现了测深无纸化、全数字化。

由于无纸化测深仪测深作业时,不存在由机械传动、机械磨损、纸速及换相等带来的打印误差,测深回波模拟信号被真实无损地记录在计算机电子图形中。基于此,利用高程编程语言,通过对测深仪最前端原始数据进行收集、整合、处理、显示,使得利用计算机来代替目前测深设备所使用的记录终端,实现无纸化数据记录成为可能。利用无纸化数据记录软件,可以在计算机上实现实时记录并显示测深结果、自动绘制水深曲线图和自动存储数据,便于日后自动查阅,同时能够更方便用户通过软件进行数据判读、筛选、内插以及修正,对测深数据能够进行更全方位的把握,在精密水深测量中极具推广和应用价值。

3.6.1　无纸化测深技术原理

测深仪换能器一般采用纵向振动压电陶瓷式收发两用换能器,它将电能调制成一定频率的超声波在水中发射,并接收反射回来的回波信号,再将回波信号重新转换成脉冲并传送给测深仪,供其计算处理。以国产仪器无锡海鹰加科的 HY1601 测深仪为例,HY1601 测深仪是一款单波束数字测深系统,融计算机技术、数字信号处理与计算机图形成像技术于一体,采用一体化嵌入式系统结构,内置嵌入式工控系统,实现了测深仪与计算机平台的有机结合,高度体现了测深仪操作与控制的数字智能化。整套系统全部采用测深软件自动控制测深,智能动态信号检测、识别和锁定跟踪,实时监测和控制测深全过程,保证了测深系统的高等级测深精度和可靠性、测深数据和图像实时显示、存储。同时,可将系统内部数据传输到测量软件,并利用计算机系统的多终端显示技术将图像同步传输到操控台,实现测深与导航双重功能。该数字测深系统的一体化内置计算机系统与便携式测量模式,充分利用了计算机资源,实现全面数字化测深应用,适用于江河、港航和海岸带等各种复杂工况下的水深测量项目。

HY1601 测深仪的工作频率为 208kHz。换能器将电能转换成声能并向水底发射。声能以回波的形式从水底返回,并通过换能器被转换成电能,供给电子信号处理器进行处理、计算后,将结果传送到工控机上并显示出来。测深系统主要由两部分组成:计算机控制显示软件和下位机部分。计算机控制显示软件用于控制下位机工作的参数,及显示下位机采集的水下声图。下位机部分由发射模块、接收模块、DSP(数字信号处理,Digital Signal Processing)模块、电源模块四部分组成。发射、接收模块是测深仪的前端,主要功能是:发射电路产生稳定、高强度的探测声波,接收电路将换能器接收到的微弱水底反射信号进行放大,并过滤其中的噪声,提供给测深仪的 DSP 处理模块进行采样、计算等后续处理。DSP 模块的主要功能是:接收计算机送来的控制参数,控制发射,提供整个系统的同步信号、A/D 采样数据,把测得的水深数据与声图通过 USB 传输到嵌入式工控机中。

无纸化记录的设计思想是:利用 RS232C 串行通信电缆把计算机与回声测深仪的数据端口连接起来,按照串行通信协议把测深数据传送给计算机,由计算机来完成数据的处理。

3.6.2　无纸化测深编程设计

对测深模拟信号转换成水深的校对,一般在野外数据采集工作完成后,室内打印出每一个定标点的水深数据,采用人工比对方法与回声纸逐点进行校对。校对过程需要经过校核与复核两道手续,以及第三道审核才能进入下一道工序,即便如此,亦难免存在水深错误,不但影响了工程进度,更影响成果质量。随着计算机技术的发展及大容量存储器的出现,野外数据采集时,能自动记录每一个接收到的平面与测深信息。Hypack 软件后处理模块可针对其定位导航及数据采集软件中所收集的回声测深数据进行智能后处理,该软件实现了所见即所得,可最大限度地减少人为因素造成的错误,极大地提高了工作效率。

大多数水下地形测量软件只有在需要时才记录某定标点的平面位置与水深,而 Hypack 则记录所有接收到的位置和测深信号,同时记录每一个信号的时间,在某个设定条件下(如到了一定时间或距离),给测深仪发送一个定标信号,并在数据文件中记下定标时间及定标特征码(通过 Fix 标识),这一过程并不影响原始数据的采集,因而数据文件本身是完整的

（图 3.6-1）。又由于很短时间内有多个测深信号,不同的仪器或同一仪器在不同环境下使用,测深信号的数据量不一样。以国产测深仪 HY1600 系列测深仪为例,可采集 5～10 个每秒测深数据,在误码少的情况下,这些测深信号的连线基本上能代表该测量断面的原始地貌。模拟信号转换成数字信号以及定标信号连线见图 3.6-1。

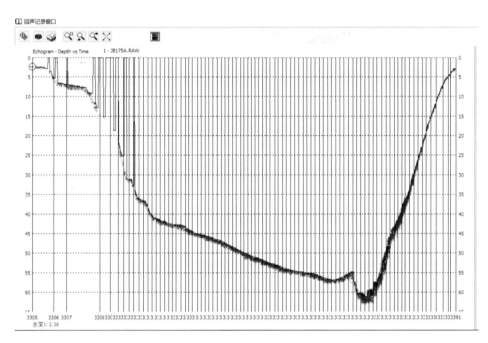

图 3.6-1　模拟信号转换成数字信号以及定标信号连线

以 Hypack 软件为例,程序首先将数据文件中的水深按时间顺序连成"测深信号电子图",然后将每一个定标点的水深也按时间顺序相连,产生一条近似测深断面的连线,将该连线与"测深信号电子图"进行叠加分析,对不相符的地方进行修改取舍,从而达到最佳吻合的效果。由于电子图的直观简捷,替代了多重人工手续,极大提高了内业数据整理的效率,同时电子屏幕可放大便于判读,也充分保障了判读精度。

3.6.3　无纸化测深优缺点比较分析

传统的纸质回声纸因其纸面幅面有限,另外直尺测量误差以及人眼的分辨能力不同,造成不同人校核的结果不同,水越深则水深校核数据偏差越大,这对水下地形测量精度的影响是显而易见的。无纸化测深技术保存的水深电子模拟图像可通过专业软件无级缩放,能清楚分辨水深模拟图像的每个细节,水深数据可由专业软件自动判读,使水深校核误差降至忽略不计。除了在导航软件如 Hypack 中实现模拟信号的数字化外,有些测深仪器的配套软件也实现了该功能,与 Hypack 软件原理类似(图 3.6-2)。

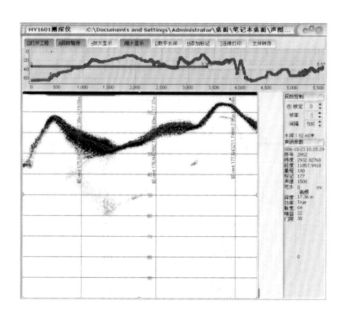

图 3.6-2　HY1601 测深数据放大显示

　　水下特征点插补方法简单方便,其平面位置获取精度可靠。水下地形测量时,一般是预设点距,导航测量软件按点距自动采样,其结果是水下的一些地形特征点因未在点距要求范围而没有采样。根据水下地形测量要求,须对以上特征点进行插补。传统的纸质测深方法只能量取其至估计特征点相对其前后已采样点的位置,然后通过内插法确定特征点的平面位置。当船速匀速时,该方法在插补点平面位置较为准确,但当船速变化较大时,插补点平面精度将不可靠或产生错误。无纸化测深的电子水深模拟图像通过与 GNSS 连续记录数据精确配准,在测深回波模拟信号电子图上,每处水深无论采样与否,都能找到其对应平面位置的数据,在插补水下特征点时,通过专业后处理软件插补特征点的平面位置,水深值可自动估算,且具有较高的平面位置与水深估算精度(图 3.6-3)。

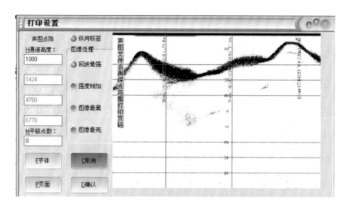

图 3.6-3　电子数据特征点内插

无纸化测深技术相比传统纸质测深在精度、效率等方面具有较高的优势,已逐渐成为水下地形测量中的主要技术方法,并能实现水深测量一体化。但目前国内外大多数无纸化测深仪还未能够与导航软件融合在一起实现测深一体化(图 3.6-1 中接入的为国外厂商 MKⅢ系列测深仪)。目前,无纸化测深技术的主要问题表现在:由于没有统一的设备数据端口输出标准,国内外多数测深仪开发方生成的电子模拟水深图像互不兼容,数据接口不对外开放,必须使用本公司专用导航软件才能获得很好的使用效果,导致使用其他导航软件的测量人员在使用过程中存在诸多不便。只有当厂家开放数据模拟信号数据接口与通信协议,与GNSS 导航软件或第三方数据处理软件无缝集成,才能实现真正意义的全数字化、全自动化、智能化三维水下地形测量,进一步提高水下地形测量的工作效率和成果质量,并实现产品的多样化。

3.7　高原湖泊多站水位控制技术

水位控制是水域测量的基础,亦是水深测量基本内容的三项重要工作之一。对于大面积的水域,由于水域面积宽广,采用传统的沿岸设立水位站进行单站水位改正的测绘方式已经无法满足精度的要求。为了提高高原湖泊测量精度,项目组经多次方案探讨后,最终决定采用多站水位采集和改正方法实现对高原湖泊的水位控制。多站水位控制关键技术主要有两个:一是水位数据采集,包括临时水位站布设、水位数据预处理;二是水位改正,水位改正方法很多,如单站水位改正法、线性内插法、分带分区法、时差法、最小二乘法等。这些方法在海洋测量中都已得到论证和应用。

3.7.1　自记水位采集

(1)临时水位站布设

沿岸临时水位站的布设较为简单,其水位站零点高程可利用附近的高等级水准点通过水准联测的方法求得。由于高原湖区交通不便,为了降低测量人员工作强度,同时确保数据精度,项目组引入水位自记仪,即在岸边设置临时水尺接测水位的同时,在附近水域抛投压力式水位自记仪自动采集水位数据。水位自记仪需抛投到水底,要求水位自记仪在水下固定不动,且安全稳定,对技术和设备有很高的要求,因此通过抛投水位自记仪的方式布设临时水位站较为困难。为攻克这一难题,项目组经过研究分析,决定引入海道地形测量中所用的一种多潮位站海道地形测量潮位控制的水位自记仪固定装置(图 3.7-1)。

在图 3.7-1 中,水位自记仪固定装置包括固定盘 1、中心杆 2、两根加强杆 3,中心杆与加强杆中设有配重,配重可以增加水位自记仪固定装置自重,利于将此装置沉入水底。加强杆之间的夹角大于 10°,并通过连接杆 4 连接,在加强杆与连接杆的连接处设有固定绳套筒 5、固定绳 6,固定绳一端穿过固定绳套筒连接在加强杆上,另一端连接指示浮漂。水位自记仪

7通过连接接头连接在中心杆2上,便于针对不同深度的水深更换不同型号的水位自记仪。浮漂上设有GNSS定位装置,以便于对水位自记仪数据进行位置标定(因为是定点测量,在测量过程中可能因为水底环流,使固定装置偏离原先设定的位置,从而使数据失真,通过设置GNSS定位装置,对水位自记仪采集的数据进行位置标记,从而方便在后期数据分析过程中排除干扰数据)。

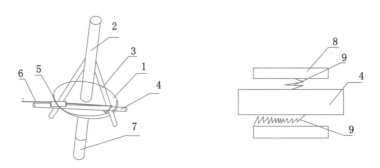

图 3.7-1　水位自记仪固定装置示意图

此外,另有一滑动套筒装置套在加强杆上,并通过横向弹性部件和纵向弹性部件连接,固定绳一端通过滑动套筒连接在加强杆上,另一端连接在指示浮漂上。滑动套筒弹性部件用以缓冲固定装置的作用力,从而减少固定绳(指示浮漂物受水面水流的影响,并通过固定绳对此装置进行传导)对数据的干扰。

该装置实现了通过在水域中央抛射水位自记仪的方式布设临时水位站的可能,且可通过GNSS定位装置,实现精确水位测量,进而实现了对大面积水域水位的有效控制,达到了对大面积多站湖泊水位自动采集的目的。

考虑到水下环境复杂,为确保水位数据安全,一般应在重要的水位站布设2个以上水位自记仪,这样可以保证在单个水位自记仪故障或丢失的情况下,仍然有可用的水位数据。在水下抛投水位自记仪应采用质量较重的材质,并在水流方向上增加锚绳固定,由于水位自记仪固定架抛投后存在沉降现象,应在测量开始前几天抛投,待其稳定后再进行测量作业。

(2)水位自记仪的应用

出于精度和便利等因素考虑,高原湖泊测量采用压力式水位自记仪。压力式水位自记仪是根据电容器的工作原理实现水位数据的自动测量记录,即由电子元件(数值测量及数据转化,记录功能)、特氟纶包裹的测量导线以及底部的铜质平衡物三部分组成,当导电板之间的距离保持不变时,电容值与电容器两个导电板的面积成正比,当水位上升或下降时,电容值发生变化,其数值与水位高低成正比。电子元件测量电容值并记录转化为数字信号。

压力式水位自记仪实际测量记录的是水位变化而引起的压力变化,并通过下式换算为实际水位变化量:

$$Depth = (pres - atmos)/(density * 0.980665) \tag{3.7-1}$$

式中：$Depth$——水深(m)；

　　　$pres$——压力值(dBar)；

　　　$atmos$——大气压(dBar)；

　　　$density$——水密度。

高原湖区大气压明显低于内地大气压,拉萨大气压在秋季只有 488Par,高原湖泊区域一般在 4700m 左右,大气压更低。为测得当地大气压,在水位自记仪抛射前需开启一段时间,测得实时的大气压 $atmos$,这样就可以将水位自记仪测量记录压力信息直接转换为水深变化信息,实现水位数据的自动采集。

(3)水位数据预处理

高原湖泊湖面宽阔,风浪较大,无论人工观测水尺法还是水位自记仪都无法获得准确的水位观测资料。为了消除涌浪因素对水位观测精度的影响,最终采用两种方式解决：

一是开启水位自记仪平滑功能,设置 5～30s 的平滑持续时间,5min 的采样周期,仪器测量该时间内的多个水位值,平滑后作为该采样周期内的水位值(图 3.7-2)。

二是采用小波去噪方法,通过对采集的水位数据做小波分析实现滤除涌浪的目的。由涌浪引起的水位波动是短期波动,而湖区水位变化是缓慢的长期波动,两者的频率相差很大,应用小波去噪法可以方便地分离出涌浪数据和真实水位数据。阳凡林等在《GPS 验潮中波浪的误差分析和消除》中提出使用小波去噪法滤除 GNSS 验潮中的涌浪数据并通过实验获得成功,得出小波

图 3.7-2　水位自记仪平滑参数设置

去噪法用于涌浪处理是可行和可靠的。下面对小波去噪法做一个详细的阐述。

根据涌浪和水位变化的频率不同,假设涌浪是一组具有一定周期的间谐波,其频率远大于水位变化的频率。将原始水位观测数据看做一组信号,对原始水位数据做小波变换将信号逐级剖分成不同的频率空间,再对变换后数据进行阈值处理,就能分离出涌浪造成的高频信号,最后对剔除涌浪信号的水位数据信号重组,这样起到了涌浪处理的效果。下面对小波去噪原理做阐述。

小波变换就是把基本小波函数 $\varphi(t)$ 作位移 τ 后,在不同尺度 a 下与待分析的信号 $f(t)$ 作内积,即

$$WT_f(a,\tau) = \int_{-\infty}^{+\infty} f(t) \overline{\varphi(\frac{t-\tau}{a})} \mathrm{d}t \qquad (a > 0) \qquad (3.7\text{-}2)$$

横线表示共轭。上式是连续一维小波变换,常用的二进离散栅格小波变换为：

$$WT_f(j,k) = \int_{-\infty}^{+\infty} f(t) \overline{2^{-j/2}\varphi(2^{-j}t - k)} \mathrm{d}t \qquad (3.7\text{-}3)$$

离散信号的小波变换，就是采用滤波器组对信号进行多分辨率分析，具体形式为：

$$\begin{cases} c_k^1 = \sum_n h_{0(n-2k)} c_n^0 \\ d_k^1 = \sum_n h_{1(n-2k)} c_n^0 \end{cases} \tag{3.7-4}$$

式中：c_k^1 ——平滑逼近序列；

d_k^1 ——细节信号，也就是离散序列的小波变换；

$h_{0(n-2k)}$ ——由尺度序列线性组合的滤波器组；

$h_{1(n-2k)}$ ——由尺度序列和小波函数序列线性组合的滤波器组。

设原始水位数据采样的时长为 T ，采样个数为 N ，采样频率为 f_s ，则原始采样序列对应的最高频率为：

$$\omega = \frac{N}{2T} = \frac{f_s}{2} \tag{3.7-5}$$

假设涌浪的频率为 f_w ，真实水位变化的频率为 f_t ，则使用小波剖分的层数 n 由下式决定：

$$f_t < \frac{\omega}{2^n} < f_w \tag{3.7-6}$$

根据上式可以计算出真实水位数据和涌浪数据占有的频段，如果使小波变换后的低频系数所占有的最高频率小于涌浪的最低频率，就可以有效地剔除涌浪数据，获得真实水位数据（图 3.7-3）。

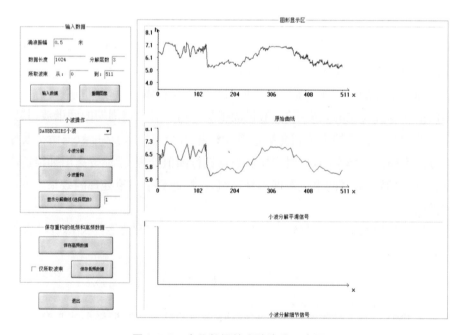

图 3.7-3　水位数据的小波滤波示意图

3.7.2 水位改正模型

水位改正的实质是在瞬时测深值中扣除水面时变影响,将测得的瞬时深度转化为一定基准上与时间无关的"稳态"深度场的数据处理过程(图 3.7-4)。

在实际测量过程中,不可能观测到测区每一点的水位变化,因此,在水位观测过程中采用以点带面的水位改正方法,这在一定区域(水位站有效范围)内符合水位变化规律。通过理论和实际验证表明,在水位站有效范围内,水位站的水位变化可以代表此区域的水位变化且能满足测量精度的要求。

在高精度水深测量中,水位值由一个或多个水位站上的水位观测序列提供,在水深测量工作中,反演出多种水位改正方法,常见的有单站水位改正法、分带分区改正法、线性内插法、时差法、最小二乘法等。当然,每一种方法都有其假设条件。因此,在具体实施高原湖泊水深测量时需要根据实际水位变化情况选择合适的改正方法。

3.7.2.1 单站水位改正法

当测区不大,在某一水位站的有效控制范围内,用该站的水位数据对所测的水深进行水位改正,简称为单站水位改正(图 3.7-5)。

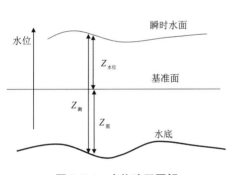

图 3.7-4 水位改正图解

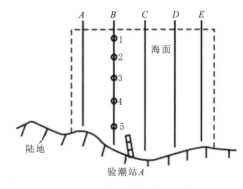

图 3.7-5 单站水位改正示意图

虚线范围为测量区域,A、B、C、D、E 为测深线,1、2、3…为定位点。当整个测量范围的水位变化环境一样时,可以用水位站 A 点的水位改正数作为整个测区的水位改正数。

在该过程中,首先要确定水位站的有效控制范围。水位站的有效控制范围是指在两个水位站断面上,一个水位站按给定水位改正精度的作用距离,它取决于两点间的最大水位差,计算公式为:

$$D_{AX} = \frac{\delta}{\Delta\zeta_{\max}} D_{AB} \tag{3.7-7}$$

式中:δ ——精度指标,根据测量精度要求取 0.1m 或 0.2m;

D_{AB} ——两站之间的距离,根据水位站位置由大地测量反算公式计算;

$\Delta\zeta_{\max}$ ——两站间最大水位差。

当测区处于一个水位站的有效范围内，可用该站的水位资料来进行水位改正（图 3.7-6）。

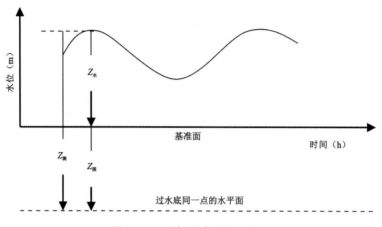

图 3.7-6 图解法水位改正原理

$Z_水$是水位改正数，亦即自基准面至瞬时水面的高度，$Z_测$表示瞬时水深观测值，$Z_图$则为图载水深值。

$$Z_图 = Z_测 - Z_水 \qquad (3.7\text{-}8)$$

由于水位观测资料是一组离散序列，为了求得不同时刻的水位改正数，可使用图解法或解析法。

为求得不同时刻的水位改正数，需绘制水位曲线。如图 3.7-7 和图 3.7-8 所示，横坐标表示时间，纵坐标表示水位改正数。由图 3.7-7 和图 3.7-8 可求得任意时刻的水位改正数。

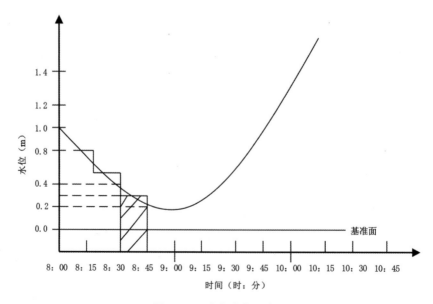

图 3.7-7 水位变化示意图

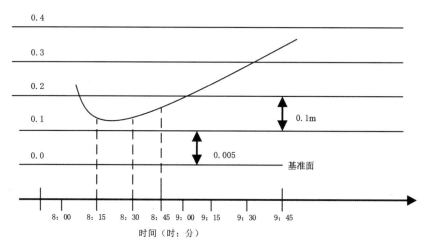

图 3.7-8   水位曲线

解析法是用数学插值方法,根据水位站的整点或半点水位观测资料,内插出任意时刻的水位改正数或求出 0.1m 间隔的水位改正数对应的时间段。

3.7.2.2   分带分区改正法

(1)两站水位分带改正法

如图 3.7-9 所示,当测区位于 A、B 站控制不到的 C、D 区时,水位改正可采用两种方式进行:一是在测区设计时预先计划在 C、D 设站;二是在一定条件下,根据 A、B 站的观测资料内插出 C、D 站的水位数据进行水位改正。前者对提高精度有利,但需要多花人力、物力。后者精度稍低,但可节省人力、物力,此法称为分带改正法。

两站间能否分带的条件是:两站间的潮波传播是均匀的。即两站间的同相潮时和同相潮高的变化与其距离成比例。同相潮时是指两站间的同相潮波点(如波峰、波谷等点)在各处发生的时刻。如果传播均匀,所有同相潮时应该在 A、B 站的同相潮时连线上。如图 3.7-10,由于 A、B 间潮波传播均匀,C 站离 A 站的距离等于 A、B 站距离的 1/3。因此,C 站的同相潮时(如高潮时)等于 $t_A + \Delta t/3$,恰好在连线上。

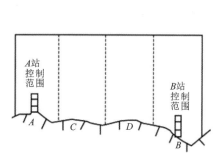

图 3.7-9   测区范围

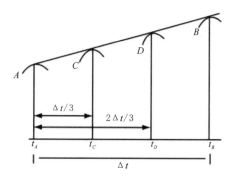

图 3.7-10   潮时计算

同相潮高是指两站间的同相潮波点的高度。如果传播均匀,它们的连线应是一条直线,按距离比例,C、D 的同相潮高应该在 A、B 同时潮高的连线上。这样,C、D 站的内插水位曲线就相当于实地观测的水位曲线。

分带的实质是用内插法求得的水位资料代替实地观测的水位资料。那么,两站间需内插几条水位曲线,在每一带的控制范围内,水位改正数的最大差值不应超过测深精度 δ_Z。如在第一带范围内都用 CC' 高度来改正,则 C 点与本带边界水位相差为 $\delta_Z/2$,这样左右边界处相差 δ_Z,而在两带交界处,用不同带的水位改正数来改正,最大误差也等于 δ_Z。

因此,两站间需分多少带,取决于从基准面起算的相同时刻水面的最大差值 δ_h。求带数的公式为:

$$k = \frac{\delta_h}{\delta_Z} \tag{3.7-9}$$

式中:k——分带数目;

$\quad\quad \delta_Z$——测深精度;

$\quad\quad \delta_h$——A、B 两站相同时刻水面最大水位差(图 3.7-11)。

两站间的水位分带的条件是潮波均匀传播,所以要在 A、B 曲线间内插出合理的曲线,就要处处注意在同相潮波点连线上进行等分内插的问题。

设 A、B 两站间要分 k 带,则应内插出 $k-1$ 条曲线。这就要在 A、B 曲线间所作的若干条同相潮波点连线上进行 k 等分,过对应的等分点连成圆滑曲线。

(2)三站水位分带改正法(又称三角分带法)

分带原则、条件、假设与两站水位分带改正法基本相同,其主要是为了加强潮波传播垂直方向的控制,需要采用三站水位分带改正法。

如图 3.7-12 所示,其基本原理为:先进行两站之间的水位分带,在计算分带时应注意使其闭合。这样在每一带的两端都有一条水位曲线控制。如在 C 带,一端为 C 站的水位曲线,另一端为 A、B 边的第 2 带的水位曲线。若两端水位曲线同一时刻的 δ_h 大于测深精度 δ_Z,则该带还需分区。在图 3.7-12 中,分区数为 3,各区分别为 C_0、C_1 和 C_2。C_1 水位曲线就是由 C 站和 A、B 站的第 2 带的水位曲线内插获得的。

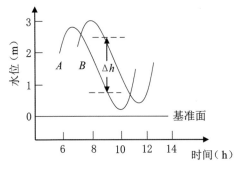

图 3.7-11　最大水位差示意图

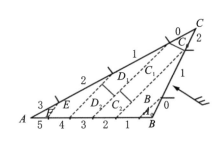

图 3.7-12　三站分带示意图

3.7.2.3 线性内插法

（1）双站线性内插法

如图 3.7-13，当测区位于 A、B 站之间，且超出两站的有效控制范围时，对测区内各点的任意时刻的水位改正方法一般为：一是在海区设计时增加水位站的数量（由于此法浪费人力、物力，不是在特别要求的情况下一般不用此法）；二是在一定条件下，根据 A、B 站的观测资料对控制不到的区域进行线性内插。

两站水位改正数学模型：

$$Z_X = Z_A + \frac{Z_B - Z_A}{S} D \qquad (3.7\text{-}10)$$

（2）二步内插法

线性内插的假设前提是两站之间的瞬时水面为直线（平面）形态。三站或多站水位改正与双站线性内插法类似（图 3.7-14）。

设 A_1、A_2、A_3 三个水位站某时刻的水位分别为 Z_1、Z_2、Z_3，求 P 点的水位。

由 A_1、A_2、A_3 和 P 的坐标，可联解求得 A_2、A_3 与 A_1P 两个直线方程，得 A_4 的坐标，然后在直线 A_2A_3 上以这两点水位按距离内插得到 A_4 的水位；再在直线 A_1A_4 上，以 A_1A_4 的水位线性内插求得测点 P 的水位：

$$Z_P = (Z_4 - Z_1)/S_{A1A4} \times S_{A1P} + Z_1 \qquad (3.7\text{-}11)$$

式中：S_{A1A4}、S_{A1P}、S_{A1A3} 和 S_{A4A3}——A_4 与 A_1、A_1 与 P、A_2 与 A_3 和 A_4 与 A_3 的距离。

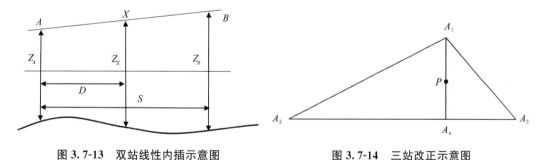

图 3.7-13　双站线性内插示意图　　　　图 3.7-14　三站改正示意图

3.7.2.4 时差法

时差法水位改正是由谢锡君等提出的，是水位分带改正法的合理改进和补充。其所依赖的假设条件与水位分带改正法所依赖的假设条件相同：两验潮站之间的潮波传播均匀，潮高和潮时的变化与距离成比例。

时差法是在上述假设的前提下，运用数字信号处理技术中互相关函数的变化特性，将两个水位站 A、B 的水位视作信号，这样研究 A、B 站的水位曲线问题就转化为研究两信号的波形问题，通过对信号波形的研究求得两信号之间的时差，进而求得两个水位站的潮时差，以及待求点相对于水位站的时差,并通过时间归化,最后求得待求点的水位改正值。

(1)双站潮时差求解

若 A、B 两站在时间段内进行同步观测(水位采样),两站的水位采样值分别为时间相关序列 $X_1,X_2,\cdots X_n$ 和 $Y_1,Y_2,\cdots Y_n$ 依次得到两站的水位变化曲线(图 3.7-15)。

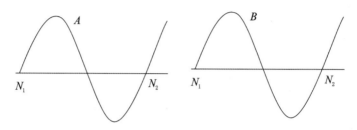

图 3.7-15 两站的水位变化曲线

首先,在进行改正前,探讨两站水位变化曲线的相似程度。从离散数学原理可知,两曲线的相似程度是由一定采样值的相关系数决定。相关系数 R 公式为:

$$\frac{Q}{\frac{1}{N_2-N_1+1}\sum_{n=N_1}^{N_2}X_n^2}=1-R_{xy}^2(N_1,N_2) \tag{3.7-12}$$

$$R_{xy}(N_1,N_2)=\frac{\sum_{n=N_1}^{N_2}X_nY_n}{\sqrt{\sum_{n=N_1}^{N_2}X_n^2\sum_{n=N_1}^{N_2}Y_n^2}} \tag{3.7-13}$$

当 $|R|$ 接近 1 时,两曲线就越相似;当 $|R|$ 接近 0 时,两曲线就不相似。因此,R 的大小是 X_n 与 Y_n 相似程度的度量。一般进行数学计算时,对水位曲线离散化处理。

由于两水位站之间存在或大或小的潮时差,要确定两验潮站水位变化曲线的相似性则还必须对其中一站的水位变化曲线进行延时处理。即研究在时移中 X_n 与 Y_n 的相似性。这里把 Y_n 延时 τ,使其变为 $Y_{n-\tau}$。

X_n 与 $Y_{n-\tau}$ 的相关系数为 $R_{xy}(\tau)$ 是 τ 的函数,又称为 X_n 与 $Y_{n-\tau}$ 的相关函数,τ 为 Y_n 的延时时间。

$$R_{xy}(\tau)=\frac{\sum X_nY_{n-\tau}}{\sqrt{\sum X_n^2\sum Y_{n-\tau}^2}} \tag{3.7-14}$$

其次,针对不同的 τ,$R_{xy}(\tau)$ 也不同;当为 τ 某一个值 τ_0,$R_{xy}(\tau)$ 达到最大值,也就说明 Y_n 延时 τ_0 后,与 X_n 最相似。实际上,τ_0 就是两曲线的相似时差,也就是 A、B 两水位站的潮时差。可以看出,τ_0 的求解过程的一个迭代的计算过程。

同样,对于 3 个水位站的情形,如 A、B、C 3 个水位站,可以利用上述方法,求得它们彼

此的潮时差。若以 A 站为基准,则建立 $xy\tau$ 空间直角坐标系((x,y) 为验潮站的坐标)有:
$A(X_A,Y_A,0)$、$B(X_B,Y_B,\tau_B)$、$C(X_C,Y_C,\tau_C)$。

根据方法的假设条件,3 个水位站中的任意一点 $P(x_p,y_p,\tau_p)$ 必位于上述 A、B、C 三点组成的空间平面上,可以得到任意一点 P 的时间延时 τ_p 为:

$$\tau_p = \frac{\{(X_p-X_A)[(Y_C-Y_A)\tau_B-(Y_B-Y_A)\tau_C]+(Y_p-Y_A)[(X_B-X_A)\tau_C-(X_C-X_A)\tau_B]\}}{[(X_B-X_A)(Y_C-Y_A)-(X_C-X_A)(Y_B-Y_A)]}$$

$$(3.7-15)$$

（2）多站时差法求解

由于上面求得的时间延时 τ_B、τ_C、τ_p,P 均为 A 点为基准,欲求待定点 P 的 t 时刻改正数,则需 t_A、t_B、t_C 将时间改化为与待定点 P 为 t 时刻相对应,转化公式为:

$$t_A = t + \tau_P$$
$$t_B = t + \tau_P - \tau_B \qquad (3.7-16)$$
$$t_C = t + \tau_P - \tau_C$$

根据 t_A、t_B、t_C 可分别求出对应时刻 A、B、C 各站从基准面起算是水位值 ζ_A、ζ_B、ζ_C。计算时,对于定点站用预报值;对于沿岸站用水位差值。最后将各站水位值归算到基准面上的水位值。同样可建立 $xy\zeta$ 空间直角坐标系,三站坐标为: $A(X_A,Y_A,\zeta_A)$、$B(X_B,Y_B,\zeta_B)$、$C(X_C,Y_C,\zeta_C)$。

根据假设条件,3 个水位站中的任意一点 $P(x_p,y_p,\zeta_p)$ 必位于上述 A、B、C 3 点组成的空间平面上,可以得到任意点 P 的 t 时刻的水位改正值 ζ_p 为:

$$\zeta_p = \zeta_A + \{(X_p-X_A)[(Y_C-Y_A)(\zeta_B-\zeta_A)-(Y_B-Y_A)(\zeta_C-\zeta_A)]+(Y_p-Y_A)[(X_B-X_A)$$
$$(\zeta_C-\zeta_A)-(X_C-X_A)(\zeta_B-\zeta_A)]\}/[(X_B-X_A)(Y_C-Y_A)-(X_C-X_A)(Y_B-Y_A)]$$

$$(3.7-17)$$

3.7.2.5　最小二乘法

该法是由刘雁春等提出的,首先对两个已知水位站的水位数据进行最小二乘拟合,确定出比较传递参数 γ_{AB}、δ_{AB}、ε_{AB},即有:

$$T_B(t) = \gamma_{AB} \cdot T_A(t+\delta_{AB}) + \varepsilon_{AB} \qquad (3.7-18)$$

式中: γ_{AB}、δ_{AB}、ε_{AB}——两水位站 A、B 间的潮差比、潮时差和基准面偏差。

假设条件:

$$\gamma_{AX} = 1 + (\gamma_{AB}-1)R_{AX}/R_{AB}$$
$$\delta_{AX} = \delta_{AB} \cdot R_{AX}/R_{AB} \qquad (3.7-19)$$
$$\varepsilon_{AX} = \varepsilon_{AB} \cdot R_{AX}/R_{AB}$$

则 X 点处的瞬时潮位值为:

$$T_{AX}(t) = \gamma_{AX} \cdot T_A(t+\delta_{AX}) + \varepsilon_{AX} \qquad (3.7-20)$$

式中：$T_{AX}(t)$——由水位站 A 推估点 X 处的水位值。

同理，可得由水位站 B 推估点 X 处的水位值为：

$$T_{BX}(t) = \gamma_{BX} \cdot T_B(t + \delta_{BX}) + \varepsilon_{BX} \tag{3.7-21}$$

上式中的 γ_{BX}、δ_{BX}、ε_{BX} 由以下假设求出：

$$
\begin{aligned}
\gamma_{BX} &= 1 + (\gamma_{BA} - 1)R_{BX}/R_{BA} \\
\delta_{BX} &= \delta_{ABA} \cdot R_{BX}/R_{BA} \\
\varepsilon_{BX} &= \varepsilon_{BA} \cdot R_{BX}/R_{BA} \\
R_{AB} &= R_{BA} ; R_{BX} = R_{AB} - R_{AX}
\end{aligned}
\tag{3.7-22}
$$

理论上应有：

$$
\begin{aligned}
\gamma_{AB} &= 1/\gamma_{BA} \\
\delta_{AB} &= -\delta_{BA} \\
\varepsilon_{AB} &= -\varepsilon_{BA} \cdot \gamma_{AB}
\end{aligned}
\tag{3.7-23}
$$

然而，在实际计算中，受数据采样、数据插值以及拟合等误差的影响，上述关系式只能近似满足，并且 $T_{BA}(t)$ 和 $T_{AX}(t)$ 稍有差异，因此，取 $T_{BA}(t)$ 与 $T_{AX}(t)$ 的距离加权均值作为 X 点处水位值 $T_X(t)$，即

$$T_X(t) = \left[\frac{T_{AX}(t)}{R_{AX}} + \frac{T_{BX}(t)}{R_{BX}}\right] \Big/ \left[\frac{1}{R_{AX}} + \frac{1}{R_{BX}}\right] \tag{3.7-24}$$

以上为断面瞬间水面起伏形状的最小二乘拟合内插潮位数学模型。从上述数学模型可以看出，问题的关键是确定两水位站 A、B 之间的潮差比 γ_{AB}、潮时差 δ_{AB} 以及基准面偏差 ε_{AB}。下面详细给出确定方法。如图 3.7-16，设 A、B 两站潮位曲线的离散采样序列为：

$$
\begin{aligned}
T_A(t_0 + n\Delta t_0) \quad &(n = 0, 1, \cdots, N) \\
T_B(t_0 + n\Delta t_0) \quad &(n = 0, 1, \cdots, N)
\end{aligned}
\tag{3.7-25}
$$

式中：t_0——初始时刻；

Δt_0——采样间隔；

N——采样总个数。

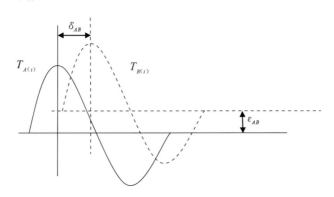

图 3.7-16　水位站水位比较拟合原理示意图

建立两站水位比较拟合误差方程为：

$$\nu_n = \gamma_{AB} T_A(t_0 + n\Delta t_0 + \delta_{AB}) + \varepsilon_{AB} - T_B(t_0 + n\Delta t_0) \quad (n = 0, 1, \cdots, N)$$

$$(3.7\text{-}26)$$

给定初值 γ_0、δ_0 和 ε_0 对上式进行线性化，并写成矩阵形式为：

$$V = AX - L \qquad (3.7\text{-}27)$$

式中：V ——闭合差向量；

A ——设计矩阵。

其行元素为：

$$[T_A(t_0 + n\Delta t_0 + \delta_0), \gamma_0 T'_A(t_0 + n\Delta t_0 + \delta_0), 1] \qquad (n = 0, 1, \cdots, N) \quad (3.7\text{-}28)$$

式中：$T'_A(t_0 + n\Delta t_0 + \delta_0)$ ——T 对 δ 的导数；

X ——未知参数向量，其中 $X = [\Delta\gamma, \Delta\delta, \Delta\varepsilon]^T$；

L ——常数向量，其行元素为：

$$[\gamma_0 T_A(t_0 + n\Delta t_0 + \delta_0) + \varepsilon_0 - T_B(t_0 + n\Delta t_0)] \qquad (n = 0, 1, \cdots, N) \quad (3.7\text{-}29)$$

根据最小二乘准则 $[V^T P V] = \min$ 可得：

$$X = (A^T A)^{-1} A^T L \qquad (3.7\text{-}30)$$

进一步得：

$$\begin{bmatrix} \gamma_{AB} \\ \delta_{AB} \\ \varepsilon_{AB} \end{bmatrix} = \begin{bmatrix} \gamma_0 \\ \delta_0 \\ \varepsilon_0 \end{bmatrix} + \begin{bmatrix} \Delta\gamma \\ \Delta\delta \\ \Delta\varepsilon \end{bmatrix} \qquad (3.7\text{-}31)$$

在实际计算中，需采用迭代法。通常初值取 $\gamma_0 = 0$、$\delta_0 = 0$、$\varepsilon_0 = 0$。在计算设计矩阵 A 时，需采用函数插值技术将离散数据连续化，并采用函数差值技术，在实际计算中一般采用二次样条函数差值。

3.7.3　高原湖泊水位改正

以色林错为例，该湖泊东西最长约 80km，南北最宽处达 66.6km，面积达 2391km²，是西藏第一大湖泊及我国第二大咸水湖。针对高原湖泊湖区面积宽广的特点，为有效监测测量期间湖区的水位变化，测量队分别在湖区布设了 3 处临时水尺水位站，分别命名为 SL01P1、班申 10P1 和 I 洞安 78P1。其中，SL01P1（1#站）和班申 10P1（2#站）处还布设了一个压阻式水位自计仪。3 个临时水位站同步观测水位数据，发现没有很明显的潮汐现象（图3.7-17）。

经分析决定采用两种方法对水深数据进行逐点水位改正：一是 Hypack 软件中心线法（双站线性内插法）采用 1#站和 2#站水位自记仪观测数据作为水位控制；二是采用二步内插法（基于时间序列的二次距离内插法）采用 3 个临时水位站的数据作为水位控制，见图 3.7-18、图 3.7-19。

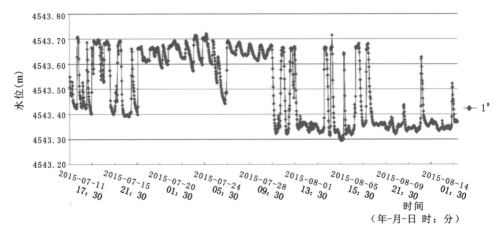

图 3.7-17　色林错 1# 站水位曲线示意图

图 3.7-18　中心线法水位改正

图 3.7-19　二步内插法水位改正

选取一段水深数据分别用中心线法和二步内插法进行水位改正,并对处理结果比对分析,见表 3.7-1。

表 3.7-1　　　　　　　　　　　　　水位改正精度对比

点号	中心线法(m)	二步内插法(m)	成果比对(m)
1	＊＊＊＊.45	＊＊＊＊.35	0.10
2	＊＊＊＊.45	＊＊＊＊.35	0.10
3	＊＊＊＊.45	＊＊＊＊.35	0.10
4	＊＊＊＊.44	＊＊＊＊.34	0.10
5	＊＊＊＊.44	＊＊＊＊.34	0.10
6	＊＊＊＊.44	＊＊＊＊.34	0.10
7	＊＊＊＊.44	＊＊＊＊.34	0.10
8	＊＊＊＊.44	＊＊＊＊.34	0.10
9	＊＊＊＊.44	＊＊＊＊.34	0.10

续表

点号	中心线法(m)	二步内插法(m)	成果比对(m)
10	＊＊＊＊.44	＊＊＊＊.33	0.11
…	…	…	…
219	＊＊＊＊.25	＊＊＊＊.18	0.07
220	＊＊＊＊.25	＊＊＊＊.18	0.07
221	＊＊＊＊.25	＊＊＊＊.19	0.06
222	＊＊＊＊.25	＊＊＊＊.19	0.06
223	＊＊＊＊.25	＊＊＊＊.19	0.06
224	＊＊＊＊.25	＊＊＊＊.19	0.06
225	＊＊＊＊.25	＊＊＊＊.19	0.06
226	＊＊＊＊.25	＊＊＊＊.19	0.06
227	＊＊＊＊.25	＊＊＊＊.19	0.06
228	＊＊＊＊.25	＊＊＊＊.19	0.06
最大			0.17
最小			0.06
中误差			0.09

由表 3.7-1 可以看出,采用以上两种方法做水位改正引起的高程差异最大 0.17m,最小 0.06m,中误差为 0.09m,远小于设计书规定的地形点高程中误差$\pm h/3$(等高距 $h=5$m)。因此,采用中心线法和二步内插法精度可靠,能够满足高原湖泊测量水位控制要求。

3.8　高精度测深校核设备研发

河流、湖泊等水域水下地形测量时,在测前必须进行精度比测,比测结果符合要求后方可进行下一步工作。

常规测深仪器比测校准主要采用测深杆、测深锤或同类仪器设备在同一位置同步施测后进行比较。测深杆受长度、自身重量限制,加之受水体流速影响,很难在水体中时时处于垂直状态,并且校准的深度很有限(一般小于 5m);而测深锤多受自重、连接绳入水后易伸缩以及在比测过程中受水流冲力等因素影响,使比测精度降低,而且校准主要依靠人力收放,作业效率低。这主要体现在:已有测深杆、测深锤,其设计及制作工艺简单,入水一定深度后受水流作用,将影响到测船及作业人员安全;已有的测深杆受长度限制,只能在浅水区进行比测,同时河底若为淤泥底质,测深杆易插入淤泥中造成比测精度降低;已有的测深锤重量有限且具有一定体积,入水后易受水流的冲击力,易造成连接绳偏移,影响比测精度;具有一定重量,易陷入河床底面以下,同样导致比测精度降低。

测深仪、测验仪器之间的校核,只能校核仪器间的内符合精度,而不能自检测仪器测深绝对误差,更不能一台测深设备作为另一设备改算的依据;已有的校准设备只能与测深仪器比测水体边界深度,由于不同河段水体边界极为复杂,校准精度可靠性较差,而且不可设置固定水深值进行校准比测。

综上所述,目前已有测深校准设备存在各种不足和诸多问题,亟待研制新型测深校准设备,解决测深仪器校准难题。本书通过设计制作专门的比测板,实现测深仪器的精确校准。

3.8.1 高精度校核技术工作原理

采用钢板面作为比测板,在板面打孔(直径小于3cm),利于比测板入水,并保持比测板在水体中板面上、下水压一致,使比测板易在流水中保持平衡,同时出入水时更省力,同时也不影响测深设备超声波的反射。测深仪器利用发射超声波遇到障碍物(比测板)时反射,可准确测定探头至比测板的距离。而比测板入水深度又可通过钢尺准确量取获得,也可利用电子计数器精确计数的原理,通过时读取钢丝释放长度,经换算得到。

3.8.2 高精度比测板设计

高精度比测板结构设计(图3.8-1),主要包括比测板、磁化底盘、滑轮及手摇绞车等四部分构件。比侧板设计自重为3~7kg,根据河流流速可配重量为10~15kg;设计使用流速一般在2m/s及以下;用于水体20m内的水深比测(满足《水道观测规范》(SL 257—2017)所要求的比测最大范围)。

高精度比测板进行整体设计时,要突出以下特点:

①充分考虑水上作业测验设备和操作人员的安全,以及不同水体流速对比测板的冲力作用,将比测板设计为直径1.1m(有效回波),同时在底板上采用丝扣连接1个或多个铅棒,实现重量可调,以适应不同流速状态下测深数据精确比测,使其适用范围更广。

②比测板采用圆盘打孔设计(直径3cm),以减少水压阻力,在水体中保持平衡,且出入水更省力。

③比测板采用钢丝绳连接固定配套收放工具设计,使得整个测船和作业人员的安全得到了最大的保障;连接绳采用伸缩性极小的钢丝绳,并在转动轴承上增加了电子计数器,精确记录钢丝下放距离,实现自动化

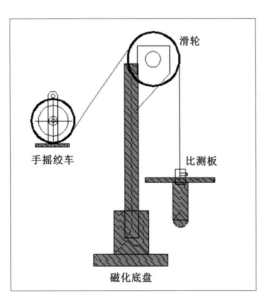

图3.8-1 高精度比测板结构设计图

操作,同时提高了比测精度。

④底盘采用磁化底座,使设备稳固于船体;比测板设计为折叠式,减小所占空间。

⑤整个装置采用高密度、新材料和新工艺,并对各个部件采用模块化、标准化设计,以方便运输和维护保养。

3.8.3　创新与推广

本技术首次采用圆盘打孔设计,解决了常规比测方法存在安全隐患、测深比测精度不高、无法进行深水比测,以及不能在较快流速水下进行测深校准的难题,填补了国内空白;采用基于电子计数的手摇式便携辅助设备系统,实现了半自动化,在国内属首创;采用模块化、便携式设计,适用范围更广,易携带、维护和保养。

测量仪的高精度比测板结构研制成功后,经过长江委水文局高原湖泊测量中使用,证实该比测板安全性好、比测精度高,符合真实情况,整套设备运行稳定,后期维护保养方便,达到了预期的效果,具有良好的推广应用价值。

3.9　水深测量数据处理与精度检查软件研发

3.9.1　软件研发的必要性

水深测量是高原湖泊测量的主要内容和关键环节,水深测量的质量直接决定了高原湖泊测量的成果质量。在过去的资料整理中,水下测量数据的整理由于缺乏系统的软件,在数据前期准备、数据转换、水深数据校正以及水位改正、数据输出等多个环节,操作人员常常通过自编小程序解决,此种方式影响作业效率的同时,也造就了各个环节数据格式不统一、水深判读尺度不一致、水位推算模型有差异的现象,原始数据录入、表格的设计没有统一的标准。在各工序中缺乏统一的数据接口,各环节衔接不够紧密,从而降低了工作效率,增大了出错的概率,并且在提交的成果样式上不尽相同。而商业软件开发商对具体的需求不能全面了解,无法满足使用人员的具体需要,软件使用人员也无法根据软件本身的缺点和错误对商用软件进行修改和完善,无法对软件的功能进行扩展,导致在成果出现错误时必须依赖软件开发商来解决。

水深数据采集通过水深采集软件进行,水深采集软件同步采集测深、定位、姿态等数据,通过融合处理得到水底测点的高程。在外业测量环节,水深测量已达到相当高的自动化的程度,测量过程中需要的人工干预很少,主要的工作在数据处理环节。由于水深测量具有数据量大的特点,数据后处理中的各项检查、数据处理的方法是影响数据质量的重要因素。如需在水深测量中得到可靠和高精度的测量结果,如何对水下地形测量所采集的数据进行快速的质量检查、数据处理和精度评价,需要进行系统性设计,通过软件进行总体控制;另外在满足水下数据成果质量要求的同时,也应注意产品的易操作性和美观性。综上,研发一套系统的数据处理软件是非常必要的。

3.9.2 软件主要功能的结构设计

本软件主要用来实现计划线布设、数据格式转换、水位数据整理、断面数据处理、质量检查与精度评定等主要功能。图 3.9-1 为软件功能模块图。

（1）计划线布设

对于水域内进行的水深测量作业，测量前要进行测区技术设计，根据测量区域的特点和

图 3.9-1　软件主要功能模块

作业要求，按规范要求布设计划测线。在测量中，测船按照预定的计划测线航行，不断修正航线与计划测线的偏移量，使测船尽可能地在计划测线上航行，才能保证采集的水深数据符合要求。因此，在测量前合理、有效地确定这些计划测线，测量中控制测船尽可能按计划测线航行，不仅是确保水深测量工作与成果资料满足作业规范与要求的前提，也是实施高效率水深测量作业的重要保障。在计算机自动控制水深测量数据采集中，测线布设与航迹控制是两个重要的内容，是确保高效率、高质量采集水深的重要因素。对于研制的水深数据自动化采集系统，测线布设与航迹控制计算方法直接影响系统的性能与质量。经过实践检验，证明所提出的算法合理，用于测量作业是有效的。

根据固定数据转换，本软件功能包括为指定计划线、顺直河道布设计划线、扇形弯道区域布设计划线，以及计划线合并等功能。软件是采用在水下测深软件图形界面下根据已有水边线数据直接布设，可以做到所见及所得，具有直观、快速、方便等特点。在目前进行的水深测量中，主要采用平行计划测线和扇形计划测线。

（2）数据格式转换

在水下测量作业中，经常涉及测区已有区域数据、控制数据、导航数据、测深数据的交换、共享等，由于在此之前各数据来源渠道不一、格式不一，为方便用户使用，便于工作开展，需要建立统一的格式标准，实现不同平台、不同软件的数据交换。以当前国内使用最为广泛、功能强大的水下测量导航软件 Hypack 为例，在实际生产中经常需要将多种数据转换到 Hypack 软件中，方便作业人员进行生产安排，进行测量准备工作。本模块可以将 Hypack 原始数据（.log）及用户编辑数据（点号，X，Y，H）转换为 3 种格式，包括 TGT、DIG、DGW。图 3.9-2 为本模块工作界面。

（3）水位数据整理

水位改正是水下地形测量数据处理中非常重要的一个环节，水位数据质量直接影响水下地形成果质量和精度。目前，水位数据的获取包括几何水准法、全站仪三角高程接测法、GNSS RTK 法以及自记仪记录法等，按照相关规范对水位数据的处理有相应的要求和标

准,因此本软件按照相应的规范,即《水道观测规范》(SL 257—2017)中对水位数据的处理要求,实现了对原始水位接测数据的自动、规范整理功能。

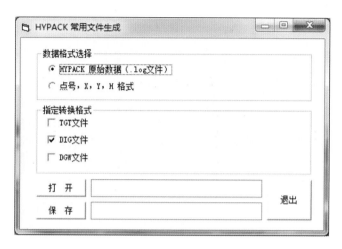

图 3.9-2　Hypack 数据格式转换工作界面

(4)断面数据处理

断面测量是对某一方向剖面的地面起伏进行的测量工作。它通常分为横断面测量和纵断面测量两类。横断面测量,通常在水下测量中采用此种方式,作为地形测量的主要补充手段,选择具有代表性的位置进行断面测量,由于其具有工作量明显减少的优势,通常在河道冲淤分析、湖泊水库库容计算中广泛采用;纵断面测量是指测量线路中线桩地面高程,具体施测方法与一般水准测量相同(亦称路线水准测量),根据其成果可绘制纵断面图,供设计坡度使用。

本模块的主要技术功能包括断面起点距计算、断面数据编辑、整理、校核等,提供符合规范要求的断面图输出、成果表输出(图 3.9-3)。

(5)质量检查与精度评定

水深测量中的质量控制需要进行空间参考系、位置精度、时间精度、数据完整性等项目的检查和控制,并计算主测线和检查线在图上 1mm 范围内的高程差异以及短时间内断面测量过水断面面积差。程序包括数据提取、检查线计算、精度统计等核心功能。通过对定位、测深、RTK 高程等数据进行融合处理,得到包含时间信息的三维测深数据,同时包括参考系检查与改算、时间基准检查与改正、定位质量统计、水深数据滤波等功能,同时生成数据检查报告;通过分别读取主测线和检查线的数据,根据图形比例尺,计算并统计图上 1mm 范围内主测线测点和检查线测点的差值;计算在短时间内水下测量过水断面面积百分比,评价水下断面测量精度。

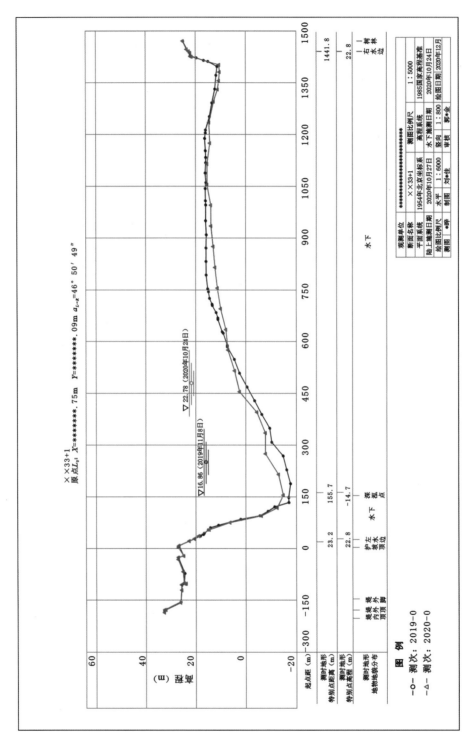

图3.9-3 断面图样式

3.9.3　软件主要技术特点与核心技术

（1）全过程质量控制和管理

软件在开发过程中严格执行相关规范。软件设计的目的在于实现数据处理一体化,从原始数据录入、数据存储到成果输出,功能完整,实现各个环节的无缝衔接;软件能对含有粗差和错误的数据进行提示和处理,并在质量控制和管理中通过程序控制和人工干预相结合的方式,有效提高数据检查的效率和准确性。

（2）规范化和透明化

软件注重中间成果的保留及规范化,力争在数据处理过程中实现透明化。在实际工作中,中间过程非常重要,应作为正式成果进行归档和备份,方便日后对成果进行检查和使用。

（3）突出核心模块

软件开发以水下数据编辑、水位改正、断面处理以及质量检查模块为核心,同时拓展其他相应的功能模块。

（4）功能全面,易于操作

软件注重整体设计,充分考虑了水下地形测量的特性,对水下地形测量各个技术环节都有充分考虑。软件在图形样式、线型选择、字体、版面等很多方面都能够很方便地进行自定义。

（5）多源数据有效融合

测量数据的来源有很多种,包括各种测量仪器、测量手段、历史资料及人工编辑的临时资料。软件中通过数据交换模块将各种数据转换为统一的标准格式。各个数据处理模块统一数据格式,有效提高了作业效率和数据规范性。

（6）多关键技术集成

①基于 dxf 数据格式的分析和利用,实现方便快速的成果输出。常规的 CAD 图形输出方法通常在后台调用 CAD,对计算机性能要求较高,同时要求计算机中必须预装 CAD 软件,响应速度慢,且对 CAD 版本、安装都有要求,限制了用户使用的灵活性。

②Excel 二次开发技术。软件通过对 Excel 组件对象模型接口编程,实现 Excel 自动化,从而实现数据及成果报表的自动化生成与输出。

③数据质量控制自动化。将繁重的数据质量检查工作,如点距、高程合理性检查等,通过滤波模型自动筛查完成。

④图形输出功能全面,可根据需要指定任意比例尺、任意纸型的图形输出;实现测前数据准备、数据采集和录入、数据处理、成果输出等真正意义上的一体化水下测量。

⑤有效检查关键参数输入的正确性,如大地椭球参数、坐标系投影及转换参数等,避免出现严重的输入错误,提高数据检查的效率,并对错误的参数输入进行纠正和改算。

3.9.4 软件优化

（1）软件的优点与不足

较同类软件，本软件具有以下优势：功能模块设计更科学，在设计过程中坚持通俗易用的原则；界面设计更人性化，帮助文件全面实用。运用该软件完成的测量成果严格执行相关规范，图表美观，不需要人工干预，可以直接进行成果归档和提交。

软件的不足之处在于采用 Visual Basic 早期版本编写，由于高级语言固有的缺陷，在错误捕捉和错误处理上较其他语言还存在一定的差距；在数据量过大的情况下，程序运行效率不够高。

（2）系统升级与改进

通过对本系统的测试和实际应用，针对本程序自身存在的不足，仍需结合具体生产需要，对本软件进行升级和优化。本书研究的水深数据质量检查原则与方法，对水深测量工作具有借鉴意义。但本软件只是初步解决了水深测量数据融合、数据质量检查和精度评价等问题，如何实现测量信号的图形化和海量数据的高效滤波处理等问题，有待进一步研究。

3.10 小结

与内河常规湖泊、河流、水库等测量相比较，高原湖泊具有面积广阔、大水深、水温跃层明显、历史资料匮乏等特点，为顺利完成纳木错、羊卓雍错等高原湖泊的测量工作，项目组相继开展了单波束测深系统声速改正、随船一体化 RTK 三维水深测量、基于声线跟踪的大水深测量改正、高精度测深校核、无纸化测深等精密测深理论方法与关键技术研究，并研发了水深测量数据处理与精度检查软件、高精度与测深校核设备等软硬件系统，保证了成果质量，显著提高了作业效率。

精密测深技术，在内地水体测量中已有成功应用的先例，但在高原湖泊测量中，上述精密水深测量技术的成功应用尚属首次。本书研究成果有效解决了高原湖泊测量中多项测深技术难题，提供了一套完整的从外业到内业的高原湖泊测深技术解决方案，具体如下：

①声速改正的准确性是影响水下测深的重要因素。在内河水体流动性较好的河流、浅水湖泊等水域，几乎不存在温跃层，可直接量取表面温度，采用经验公式获取表面声速，以此作为标准声速进行水深计算；在深水湖泊、大型水库内，通常水体温跃层明显。在大水深环境的高原湖泊、大型水库，尤其在夏季的7、8月，存在明显的温跃层，通常最大温差可达20℃以上，对声速影响巨大。在精密测深中，往往不能采用公式法计算水体声速，通常采用声速剖面仪，选取测区内有代表性的区域，现场实测水体声速，以此作为声速改正依据。

②通常制约水下地形测量精度的因素，主要是测深精度和水位精度。以往的技术手段，无法实时、实地准确获取测点水面高程，只能通过改正模型描述一个大区间、大范围的水位

值,再经过时空线性内插后,得到测点水位值。但受动吃水、涌浪、比降以及水面为不规则曲面等因素影响,在水底高程计算中,给定的水位值通常为近似值,从而制约了水下地形的测量精度。随船一体化 RTK 三维水深测量(即三维水深测深),通过 RTK 的技术手段实时获得水体表面高程,逐点改正,不需要进行常规的水位观测,从根本上消除了动吃水、涌浪、水位改正模型等带来的测量误差;同时在内业处理中,免去了水位推算环节,提高了处理工效,可广泛适用于大型湖泊水域、潮汐河段、库区调节区等各种测区环境。

③在大水深水域测量中,由于存在大量非垂直入射波束,在未加姿态改正或简单的一阶近似计算的模式下,对水深测量精度有一定影响,在水温跃层较大情况下尤为显著。实践证明,经计算声线跟踪改正后的水深值比测量的水深偏小,以 100m 深水域为例,由此造成的测量误差最大可达 1m,因此在高精度测深作业时,对声线跟踪算法进行研究、改正是非常有必要的。

④水深测量开工前,为保证各项仪器参数、吃水等设置正确,需要通过杆测、锤测等手段进行比测,但由于水体流动、风浪等,这类传统比测方法精确获取水下深度通常较为困难。采用本书中所研制的高精度比对板,可设置固定深度进行比测,进行高精度测深比对,该项技术的应用有效保证了测前仪器校验的效率及其质量。

⑤传统纸质测深仪采用针式或热敏记录方式记录测深回波模拟信号,无纸化测深仪则采用计算机图形图像技术,通过电子图形记录测深回波模拟信号,实现了测深仪与计算机平台的完美结合,消除了打印误差,在测深数据精确校核、原始数据数字化存储、数据处理自动化等方面,具有明显优势。

⑥水下地形测量数据准备、内业处理、精度统计等环节繁琐,结合多年测深经验,经过科学设计并在生产中结合具体情况多次优化的水深测量数据处理与精度检查软件,在高原湖泊测量中得到了成功运用,统一了数据接口及处理模型,有效减少了在各环节中由不同技术人员、不同软件造成的误差,同时显著提高了内业资料整理的工作效率,对测深精度有了更科学、准确的控制。

第4章　高原湖泊平面控制基准构建方法研究

按照第一次全国水利普查的技术标准,湖泊容积测量选用的平面坐标系统是 2000 国家大地坐标系(简称 CGCS2000)。CGCS2000 是经国务院批准使用的新一代国家大地坐标系,具有三维、地心、高精度、动态等特点,更加适应当今对地观测技术的发展,是我国现代化测绘基准体系建设的重要组成部分。加快推广使用 CGCS2000 坐标系,对于经济建设、国防建设、社会发展和科学研究等具有重要意义。

我国高原湖泊位于高海拔地区,人迹罕至,交通条件不便,自然环境恶劣且湖区水域广阔,受限于技术创新与安全生产等因素,迄今没有开展过科学系统的测量工作,无国家 2000 坐标系成果。如何在这些测区进行平面控制基准的构建,是高原湖泊测量的工作基础。

4.1　高原湖区平面控制基准

在我国青藏高原上,基础控制比较薄弱,控制点由于时间间隔久远,损毁严重,个别控制点虽在但成果更新不及时;高原湖泊区域原有控制点,基本是采用传统测量手段施测,坐标成果一般为 1954 北京坐标系或者 1980 西安坐标系。

现代测量手段全球导航卫星系统(GNSS)的应用引起了测量方法的深刻变革,利用 GNSS 定位技术在无控制区作业已经成为可能。我国现在有较多的 IGS(International GPS Service)地面卫星跟踪站、网站也可以下载精密星历,通过与 IGS 跟踪站联测,并使用精密星历进行长基线解算可以实现高精度的平面基准传递。

4.2　GNSS 定位技术

4.2.1　GNSS 系统组成

GNSS 是采用全球导航卫星无线电导航技术确定时间和目标空间位置的系统,主要包括全球定位系统(GPS)、格洛纳斯导航卫星系统(GLONASS)、伽利略卫星导航系统(Galileo)、北斗卫星导航系统(BDS)等。GNSS 由空间部分、地面控制系统、用户设备部分组成。

(1)空间部分

通常由 20 颗以上卫星组成(包括多数工作卫星和少量备用卫星),位于距地表 20000km

以上的太空,均匀分布在若干个轨道面上,每个轨道面采用不同的轨道倾角,卫星颗数基本相同。卫星的分布使得在全球任何地方、任何时间都可观测到 4 颗以上的卫星,并能在卫星中预存导航信息。GNSS 卫星受多种因素影响,随着时间的推移,导航精度会逐渐降低。

（2）地面控制系统

地面控制系统由监测站、控制站、地面天线组成。地面控制站负责收集由卫星传回的信息,计算出卫星星历、相对距离及大气校正等数据。

（3）用户设备部分

用户设备部分,即 GNSS 信号接收机,其主要功能是能够捕获到按一定卫星截止角而选择的待测卫星,并跟踪这些卫星的运行。当接收机捕获到跟踪的卫星信号后,就可测量出接收天线至卫星的伪距和距离的变化率,解调出卫星轨道参数等数据。根据这些数据,接收机中的微处理计算机就可按相位解算方法进行定位计算,计算出用户所在地理位置的经纬度、高度、速度、时间等信息。

接收机由硬件、内置软件以及 GNSS 数据后处理软件包构成完整的 GNSS 用户设备。GNSS 接收机的结构分为天线单元和接收单元两部分。接收机一般采用机内和机外两种直流电源。设置机内电源的目的在于更换外电源时不中断连续观测。在用机外电源时机内电池自动充电。关机后机内电池为 RAM 存储器供电,以防止数据丢失。

4.2.2　GNSS 定位技术的基本原理

①在三维欧氏空间里,观测未知点到三个已知点的距离就可以交会出该点的坐标(x, y, z)。与其相似,GNSS 的定位原理就是利用空间分布的 4 颗及以上卫星以及卫星与地面点距离,经空间交会得出地面点位置,并同时解算出卫星与地面 GNSS 接收机的钟差（图 4.2-1）。GNSS 定位原理实质上就是一种空间距离交会原理。

②伪距测量。利用 GNSS 定位,不管采用何种方法,都必须通过用户接收机来接收卫星发射的信号并加以处理,获得卫星至用户接收机的距离。卫星的位置可以根据星载时钟所记录的时间在卫星星历中查出,用户到卫星的距离则通过记录卫星信号传播到用户所经历的时间,再乘以光速得到。但受大气电离层干扰等各种误差的影响,这一距离并不是用户与卫星之间的准确距离,这种带有误差的 GNSS 观测距离称为伪距。由于卫星信号含有多种定位信息,根据不同要求和方法,可以得到不同的观测量,如测码伪距（码相位观测量）、测相伪距（载波相位观测量）、多普勒积分计数伪距差、干涉法测量时间延时等。在 GNSS 定位中,目前广泛采用码相位观测量、载波相位观测量。

4.2.3　GNSS 定位技术分类

4.2.3.1　相对定位原理

相对定位（差分定位）是根据 2 台以上接收机分别安置在基线的两端,同步观测相同的

GNSS 卫星,以确定基线端点在协议地球坐标系中的相对位置或基线向量。若已知其中一点的坐标,可求得另一点的坐标。同样,相对定位方法可推广到多台接收机安置在若干基线端点,同步观测相同的 GNSS 卫星,可确定多条基线向量(图 4.2-2)。

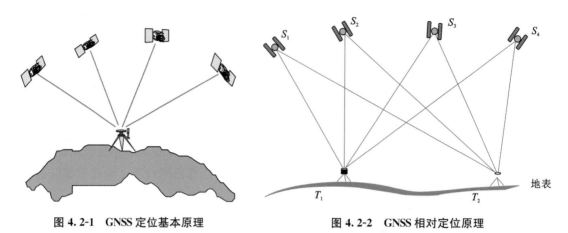

图 4.2-1 GNSS 定位基本原理   图 4.2-2 GNSS 相对定位原理

在两个观测站或多个观测站同步观测相同卫星的情况下,卫星的轨道差、卫星钟差、接收机钟差以及电离层和对流层的折射误差等观测量的影响具有一定的相关性。利用这些观测量的不同组合(求差)进行相对定位,可有效地消除或减弱有关误差的影响,提高相对定位的精度。

4.2.3.2 静态相对定位

(1)经典静态相对定位

采用两台及以上接收机分别安置在一条或多条基线端点上固定不动,同步观测 4 颗以上 GNSS 卫星,每时段至少 45min 及以上,以充分获取多余观测数据和构成闭合图形,改善定位精度、提高观测成果的可靠性。静态相对定位一般采用载波相位观测值为基本观测量,基线长度可由 20km 至几百千米,基线的相对定位精度可达 $5mm + 10^{-6} \times D$,D 为基线长度。

静态相对定位作业方式可建立内陆水体周边基本控制网,其平面相对定位精度很高。如联测到国家高等级控制点进行联合平差计算,可获取控制点的准确平面坐标。

(2)快速静态测量

该作业方式是在测区中选择一个基准站,安置一台接收机连续跟踪卫星,另一台接收机对每个观测点观测 10~20min,甚至更短的时间,就能得出结果。快速静态测量要求接收机在移动过程中必须保持对观测卫星的连续跟踪。

由于两台接收机工作时,构不成闭合图形,虽然测量速度会很快,但容易出现较大误差,可靠性较差。

4.2.3.3　PPP 技术

精密单点定位技术(Precise Point Positioning),也称 PPP 技术,该技术的定位原理同单点定位一样。在定位中,误差主要来源于卫星轨道误差、卫星钟差和电离层延迟。如果采用双频接收机,利用 LC 相位组合,可消除电离层延迟的影响。这样,定位误差只有轨道误差、卫星钟差两类。如果能够提供精密的卫星轨道和卫星钟差,利用观测得到的相位值,就能精确地计算出接收机位置和对流层延时等信息。因此,PPP 技术在偏远地区水体边界测量中得到了较为广泛的应用。

4.2.4　GNSS 定位中主要误差来源及消除方法

GNSS 定位中的主要误差有星钟误差、相对论误差、地球自转误差、电离层和对流层误差。

(1)星钟误差

星钟误差由星上时钟和 GNSS 标准时之间的误差形成的,GNSS 测量以精密测时为依据,星钟差时间上可达 1ms,造成的距离偏差可达到 300km,必须予以消除。一般用二项式表示星钟误差。

$$\delta(t) = a_0 + a_1(t - t_{0c}) + a_2(t - t_{0c})^2 \tag{4.2.1}$$

GNSS 星历中通过发送二项式的系数来达到修正的目的。经此修正以后,星钟和 GNSS 标准时之间的误差可以控制在 20ns 之内。

(2)相对论误差

由相对论理论可知,在地面上具有一定频率的时钟安装在高速运行的卫星上以后,时钟频率将会发生变化,改变量为:

$$\Delta f_1 = -\frac{v_s^2}{2C^2} f_0 \tag{4.2.2}$$

即卫星上时钟比地面上要慢,必须修正此误差,一般采用系数改进的方法。GNSS 星历中广播了此系数用以消除相对论误差,其误差可以控制在 70ns 以内。

(3)地球自转误差

GNSS 定位采用的与地球固连的协议地球坐标系,随地球一起绕 z 轴自转。卫星相对于协议地球系的位置(坐标值),是相对历元而言的。若发射信号的某一瞬间,卫星处于协议坐标系中的某个位置,当地面接收机接收到卫星信号时,由于地球的自转,卫星已不在发射瞬时的位置(坐标值)了。也就是说,为求解接收机接收卫星信号时刻在协议坐标系中的位置,必须以该时刻的坐标系作为求解的参考坐标系。而求解卫星位置时所使用的时刻为卫星发射信号的时刻。这样,必须把该时刻求解的卫星位置转化到参考坐标系中的位置。

设地球自转角速度为 ω_e,发射信号瞬时到接收信号瞬时的信号传播延时为 Δt,则在此时间过程中升交点经度调整为：$\Delta\Omega = \omega_e\Delta t$，因而三维坐标调整为：

$$\begin{bmatrix} x_\gamma \\ y_\gamma \\ z_\gamma \end{bmatrix} = \begin{bmatrix} x_t\cos\Delta\Omega + y_t\sin\Delta\Omega \\ y_t\cos\Delta\Omega - x_t\sin\Delta\Omega \\ z_t \end{bmatrix} \tag{4.2.3}$$

地球自转引起的定位误差在米级，精密定位时必须考虑加以消除。

（4）电离层和对流层误差

电离层是指地球上空距地面高度 $50\sim1000km$ 的大气层。电离层中的气体分子受到太阳等天体各种射线辐射的影响，产生强烈的电离，形成大量的自由电子和正离子。

电离层误差主要由电离层折射误差和电离层延迟误差组成。其引起的误差垂直方向可以达到 $50m$ 左右，水平方向可以达到 $150m$ 左右。目前，还无法用一个严格的数学模型来描述电子密度的大小和变化规律，因此，消除电离层误差采用电离层改正模型或双频观测加以修正。

对流层是指从地面向上约 $40km$ 范围内的大气底层，占整个大气质量的 99%。其大气密度比电离层更大，大气状态也更复杂。对流层与地面接触，从地面得到辐射热能，温度随高度的上升而降低。对流层折射包括两部分：一是由电磁波的传播速度或光速在大气中变慢造成路径延迟，这占主要部分；二是 GNSS 卫星信号通过对流层时，使传播的路径发生弯曲，从而使测量距离产生偏差。在垂直方向可达到 $2.5m$，水平方向可达到 $20m$。对流层误差同样通过经验模型来进行修正。

GNSS 星历通过给定电离层对流层模型以及模型参数来消除电离层和对流层误差。实验资料表明，利用模型对电离层误差改进有效性达到 75%，对流层误差改进有效性为 95%。

4.3 GNSS 静态控制网的实施

4.3.1 准备工作

收集测区有关资料，包括测区地形图、已有各类控制点、卫星连续运行基站资料，以及测区交通、通信、供电、气象、地质及大地点等情况；实地踏勘，合理布设控制网点，制定 GNSS 控制网的技术设计；根据控制网等级精度要求，选取合适型号的 GNSS 接收机；对拟设的控制网点进行控制网优化设计，并编制 GNSS 卫星可见性预报图表，并根据这一图表和设计的 GNSS 网形、点位以及交通条件拟定观测调度计划。

4.3.2 GNSS 控制点选点的原则

GNSS 观测站之间不要求相互通视，所以选点工作较常规测量选点简便得多，但选定 GNSS 点位时，应遵循以下原则：

点位视野开阔，障碍物的高度角不大于 $15°$；远离大功率无线电发射源，其距离不小于

200m;远离高压输电线,其距离不小于 50m;附近不应有强烈干扰卫星信号接收的物体;测站附近局部环境尽可能与周围大的环境保持一致,以减少气象元素的代表性误差;控制点标志埋设在视野开阔,且土质坚硬、能长期保存的地方。

4.3.3　GNSS 控制点埋设

不同等级的 GNSS 控制点应埋设固定的标石或标志,具体规格可参照《水利水电工程测量规范》(SL 197—2013)要求执行,并绘制 GNSS 点之记。

4.3.4　GNSS 控制网布设形式

GNSS 控制网形设计很大程度上取决于接收机的数量和作业方式。如果只用两台接收机同步观测,一次只能测定一条基线向量;如果有三、四台接收机同步观测,GNSS 网则可布设由三角形和四边形组成的网形。不同观测时段之间,一般采用边连接,点连接方式较少。GNSS 控制网布设形式如图 4.3-1 所示,区域 GNSS 控制网作业模式如图 4.3-2 所示。

点连　　　　　　边连　　　　　　混连

图 4.3-1　典型 GNSS 控制网布设形式

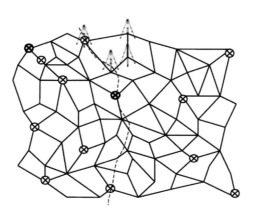

图 4.3-2　区域 GNSS 控制网作业模式

4.3.5　外业观测工作

外业观测数据采集工作主要包括天线安置、观测作业和观测记录。

（1）天线安置

安置天线时,应精确对中;同时天线集成体上的圆水准气泡必须居中。没有圆水准气泡的天线,可调整天线基座脚螺旋,使天线严格处于水平状态。安置完毕后,应在天线互为120°方向上量取天线高。

（2）观测作业

连接电缆后,经检查接收机电源电缆和天线等各项连接无误,方可开机;当接收机进入正常跟踪任务状态后,输入测站、观测单元和时段等控制信息;每时段观测开始与结束前各记录一次观测卫星号、天气状况、实时定位经纬度和大地高、PDOP值等;一时段观测过程中不能重新启动接收机、进行自测试、改变卫星截止高度角、改变数据采样间隔、改变天线位置、按动关闭文件及删除文件等功能键。根据不同观测等级,卫星截止高度角、同时观测有效卫星数、有效观测卫星总数、观测时段数、时段长度、采样间隔等应严格按照相关规范执行。

（3）观测记录

GNSS观测记录主要有两种形式:一是GNSS接收机自动形成的,并记录在存储介质上,其内容有载波相位观测值、伪距观测值、相应的GNSS观测时间、GNSS卫星星历及卫星钟差参数,观测初始信息包括测站点名、时段号、近似坐标、天线高等,测站信息通常由观测人员输入接收机;二是观测人员应在事前、观测过程中填写的观测手簿,不得事后补填。

4.3.6　GNSS控制网数据处理及检查

4.3.6.1　基本要求

GNSS网基线向量的解算可采用随接收机配备的商用软件或研究型的高精度解算软件;各种起算数据应进行数据完整性、正确性和可靠性检核。

4.3.6.2　外业数据质量检核

①同一时间内观测值的数据剔除率不宜大于10%;采用点观测模式时,不同点间不进行重复基线、同步环和异步环的数据检验,但同一点不同时段的基线数据应按下列同级条款进行各种数据检验;复测基线的长度较差 d_s 应满足式(4.3.1)规定。

$$d_s \leqslant 2\sqrt{2}\sigma \qquad (4.3.1)$$

式中: σ ——基线测量中误差(mm),外业测量时使用接收机的标称精度,计算时按边长的实际平均边长计算。

②同步观测环检核。三边同步环中只有两个同步边成果可以视为独立的成果,第三边成果应为其余两边的代数和。第三边处理结果与前两边的代数和常不为零,其差值应符合式(4.3.2)的规定。

$$W_x \leqslant \frac{\sqrt{3}}{5}\sigma, W_y \leqslant \frac{\sqrt{3}}{5}\sigma, W_z \leqslant \frac{\sqrt{3}}{5}\sigma \qquad (4.3.2)$$

③外业基线处理结果,其独立闭合环附合路线坐标闭合差 W_s 和各坐标分量(W_x 、 W_y 、 W_z)应满足式(4.3.3)的规定。

$$W_x \leqslant 3\sqrt{n}\sigma, W_y \leqslant 3\sqrt{n}\sigma, W_z \leqslant 3\sqrt{n}\sigma, W_s \leqslant 3\sqrt{3n}\sigma \qquad (4.3.3)$$

$$W_s = \sqrt{W_x^2 + W_y^2 + W_z^2} \qquad (4.3.4)$$

式中:n——闭合环边数;

σ——基线测量中误差。

4.3.6.3　GNSS 网平差

(1)基线向量解算

C 级以下的基线处理时,可采用广播星历;GNSS 观测值均应加入对流层延迟修正,对流层延迟修正模型中的气象元素可采用准气象元素;基线解算,按同步观测时段为单位进行。按单基线解时,须提供每条基线分量及其方差—协方差阵;D、E 级 GNSS 网基线长度允许采用不同的数据处理模型。但长度小于 15km 的基线,应采用双差固定解。长度大于 15km 的基线可在双差固定解和双差浮点解中选择最优结果。GNSS 基线处理流程见图 4.3-3。

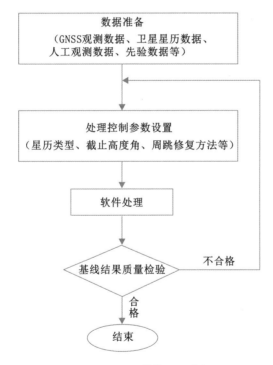

图 4.3-3　GNSS 基线处理流程图

(2)无约束平差

在基线向量检核符合要求后,以三维基线向量及其相应方差—协方差阵作为观测信息,以一个点在 CGCS2000 中的三维坐标作为起算依据,进行无约束平差。无约束平差应输出 CGCS2000 中各点的三维坐标、各基线向量及其改正数和其精度。

基线分量的改正数绝对值($V_{\Delta x}$ 、 $V_{\Delta y}$ 、 $V_{\Delta z}$)应满足式(4.3.5)的要求。

$$V_{\Delta x} \leqslant 3\sigma, V_{\Delta y} \leqslant 3\sigma, V_{\Delta z} \leqslant 3\sigma \qquad (4.3.5)$$

(3)约束平差

利用无约束平差后的观测量,应选择在 CGCS2000 或地方独立坐标系中进行三维约束平差或二维约束平差。在平差中,对已知点坐标、已知距离和已知方位可以强制约束,也可以加权约束。

平差结果应包括相应坐标系中的三维或二维坐标、基线向量改正数、基线边长、方位、转换参数及相应的精度。

在约束平差中,基线分量改正数与经过粗差剔除后的无约束平差结果的同一基线,相应改正数较差的绝对值($dV_{\Delta x}$ 、 $dV_{\Delta y}$ 、 $dV_{\Delta z}$)应满足式(4.3.6)的要求。

$$dV_{\Delta x} \leqslant 2\sigma, dV_{\Delta y} \leqslant 2\sigma, dV_{\Delta z} \leqslant 2\sigma \qquad (4.3.6)$$

(4)联合平差

在 GNSS 网中,也可在网的周围设立两个以上的基准点。在观测过程中,这些基准点上始终设有接收机进行观测,最后取逐日观测结果的平均值,可显著提高这些基线的精度,并以此作为固定边来处理全网的成果,将有利于提高全网的精度。同时也可加入地面常规观测值,进行联合平差,以便提高 GNSS 控制网质量。GNSS 网平差处理流程如图 4.3-4 所示。

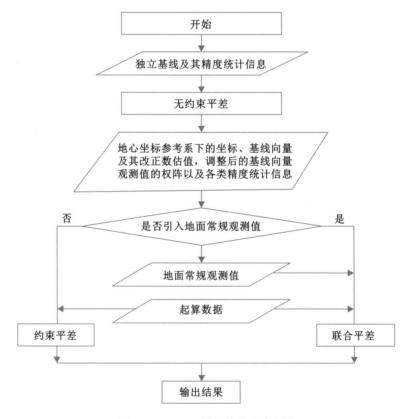

图 4.3-4 GNSS 网平差处理流程图

4.3.6.4　质量分析与控制

（1）基线相邻改正数

根据基线向量改正数的大小,可以判断出基线向量中是否含有粗差。

（2）相邻点的中误差和相对中误差

若在质量评定时发现问题,则需要根据具体情况进行处理。如果发现构成 GNSS 网的基线中含有粗差,则需要采用剔除含有粗差的基线重新对基线进行解算或重测含有粗差的基线等方法加以解决;如果发现个别起算点数据有质量问题,则应放弃有质量问题的起算数据。

4.4　高原湖泊平面控制基准建立方法

在湖泊测量区域进行 GNSS 静态布网,观测时长 4h 以上,同时下载周边 IGS 跟踪站同步观测数据,使用 GAMIT 软件,利用精密星历进行基线处理,输出基线解在 GLOBK 软件进行网平差计算,把 IGS 跟踪站基于 ITRF 参考框架(CGCS2000)平面基准推算到测区,实现高原湖泊 CGCS2000 坐标基准的建立。

4.4.1　与 IGS 跟踪站联测

4.4.1.1　IGS 跟踪站

国际 GPS 服务(International GPS Service,IGS)是国际大地测量协会 IAG 为支持大地测量和地球动力学研究于 1993 年组建的一个国际协作组织,1994 年 1 月 1 日正式开始工作。1992 年 6—9 月的全球 GPS 会战等试验为 IGS 的建立奠定了基础。此后,随着 GLONASS 等其他全球卫星导航定位系统的建成及投入工作,国际 GPS 服务也扩大了工作范围,并改称国际 GNSS 服务(International GNSS Service),但仍缩写为 IGS。

（1）IGS 的主要功能

提供各跟踪站的 GNSS 观测资料和 IGS 的各种产品,为大地测量和地球动力学研究服务;广泛支持各国政府和各单位组织的相关活动;研究制定必要的标准和细则。

（2）IGS 的主要产品

IGS 的主要产品包括 GNSS 和 GLONASS 卫星的星历,地球自转参数,极移和日长变化,IGS 跟踪站的坐标及其变化率,各跟踪站天顶方向的对流层延迟,全球电离层延迟信息(总电子含量 VTEC 图)。

（3）IGS 的组成

IGS 由卫星跟踪站、资料中心、分析中心、综合分析中心、中央局和管理委员会组成。

1)卫星跟踪站

2009 年 4 月,IGS 的跟踪站数量已达 422 个。我国有武汉、北京、乌鲁木齐(2 站)、拉萨

（2站）、长春、昆明、西安、上海、新竹（台湾）（2站）、桃园（台湾）等13个台站参加。各GNSS卫星跟踪站均须用双频GNSS接收机对视场中的GNSS卫星进行连续的载波相位测量，然后通过互联网、电话线、海事卫星Inmarsat、V-sat等通信方式将观测资料运往工作资料中心。

2）资料中心

资料中心分工作资料中心、区域资料中心和全球资料中心三个层次。

工作资料中心负责收集若干个GNSS跟踪站的观测资料，包括通过遥控方式收集一些遥远的无人值守的跟踪站的资料，并对观测的数量、观测的卫星数、观测的起始时刻和结束时刻等指标进行检验。将接收到的原始的接收机格式转换为标准的RINEX格式，最后将合格的观测资料传送给区域资料中心。

区域资料中心负责收集规定区域内的GNSS观测资料，然后传送给全球资料中心。进行局部区域研究工作的用户可从区域资料中心获取自己所需的资料。

全球资料中心负责收集全球各GNSS跟踪站的观测资料以及分析中心所产生的GPS产品。IGS的分析中心可以从全球资料中心获取所需的全球观测资料，还可以获取自己所需的IGS产品。IGS有3个全球资料中心，以增强整个系统的可靠性，减少用户数据传输的路径长度。

3）分析中心

分析中心从全球资料中心获取全球的观测资料，独立地进行计算以生成GPS卫星星历、地球自转参数、卫星钟差、跟踪站的站坐标、站坐标的变率以及接收机钟差等IGS产品。IGS共有7个分析中心，它们是：①CODE，位于瑞士伯尔尼大学的欧洲定轨中心；②NRCan，加拿大自然资源部的大地资源部；③GFZ，德国地球科学研究所；④ESA，欧洲空间工作中心；⑤NGS，位于马里兰州的美国国家大地测量局；⑥JPL，位于美国加州的喷气推进实验室；⑦SIO，位于美国加州的斯科利普斯海洋研究所。

4）综合分析中心

根据7个分析中心给出的结果取加权平均值，求得最终的IGS产品。最后再将这些产品传送给全球资料中心和中央局的信息中心，免费地、公开地供用户使用。

5）中央局和管理委员会

中央局（Central Bureau）负责协调整个系统的工作。此外，中央局还设有一个信息系统（CBIS），用户也可从CBIS获取所需的资料。管理委员会（International Governing Board）负责监督管理IGS的各项工作，确定IGS的发展方向。

4.4.1.2　IGS综合精密星历

IGS将全球GNSS跟踪站的数据进行综合处理和分析，最终获得IGS综合精密星历，这一具体过程分为以下步骤：

全球 GNSS 跟踪站的全天候观测数据通过电话线、卫星通信或国际互联网,在 24h 之内经 IGS 区域数据中心(Regional Data Center)汇集到全球数据中心(Global Data Center);IGS 的 7 个分析中心(Analysis Center)每天从全球数据中心取走观测数据,独立地进行数据处理和分析,并将各自的分析成果,如轨道、钟差改正、地球自转参数及站坐标等信息返回给数据中心。这一过程在数据采集以后一周内完成;由设在加拿大的 IGS 协调(综合)分析中心(Analysis Center Coordinator)将 7 个分析中心各自的分析结果进行加权平均,得到最终的 IGS 综合精密星历,并在数据采集后 10d 之内,发送给 IGS 数据中心和 IGS 中心局信息系统。IGS 的中心局(Central Barean)设立于美国喷气动力实验室 JPL,是 IGS 的主要协调机构,它建有一个称为 CBIS 的 IGS 中心局信息系统,这一信息系统包括 IGS 综合精密星历在内的几乎所有的 IGS 信息,其在 Internet 的地址为:http://igseb.jpl.nasa.gov/。IGS 最终提供的成果包括 GNSS 卫星的精密星历及卫星钟差信息、地球自转参数和 GNSS 跟踪站在 ITRF 框架下的站坐标和速度场等。表 4.4-1 给出了 IGS 最终成果的近似精度。

表 4.4-1　IGS 最终成果的近似精度

IGS 成果	项目	周期	更新时间	采样间隔	精度
GNSS 卫星星历	广播星历	实时	一	1d	260cm
	快速预报星历	实时	第二天	15min	25cm
	快速星历	17h	每天	15min	5cm
	最终星历	13d	每周	15min	<5cm
GNSS 卫星及跟踪站钟差	广播星历	实时	一	1d	7ns
	快速预报星历	实时	第二天	15min	5ns
	快速星历	17h	每天	15min	0.2ns
	最终星历	13d	每周	15min	0.1ns
IGS 跟踪站坐标和速度	坐标水平分量	12d	每周	一周	3mm
	坐标垂直分量	12d	每周	一周	6mm
	速度水分分量	12d	每周	一周	2mm/a
	速度垂直分量	12d	每周	一周	3mm/a
地球自转参数	快速极移参数	17h	每天	1d	0.2mas
	最终极移参数	13d	每周	1d	0.1mas
	快速极移变化率	17h	每天	1d	0.4mas/d
	最终极移变化率	13d	每周	1d	0.2mas/d
	快速日长	17h	每天	1d	0.03ms
	最终日常	13d	每周	1d	0.020ms

IGS 精密星历采用 sp3 格式,其存储方式为 ASCⅡ文本文件,内容包括表头信息以及文件体,文件体中每隔 15min 给出 1 个卫星的位置,有时还给出卫星的速度。它的特点就是提供卫星精确的轨道位置。采样率为 15min,实际解算中可以进行精密钟差的估计或内插,以

提高其可使用的历元数。

（1）命名规则

IGS 精密星历常用的 sp3 格式的命名规则为：tttwwwwd. sp3，其中：ttt 表示精密星历的类型，包括 IGS（事后精密星历）、IGR（快速精密星历）、IGU（预报精密星历）三种；wwww 表示 GNSS 周；d 表示星期，0 表示星期日，1～6 表示星期一至星期六。文件名如：igs12901. sp3，其中 igs 为计算单位名，1290 为 GNSS 周，1 为星期一。以 igr 开头的星历文件为快速精密星历文件，以 igu 开头的星历文件为超快速精密星历文件。三种精密星历文件的时延、精度、历元间隔等各不相同，在实际工作中，根据工程项目对时间及精度的要求，选取不同的 sp3 文件类型。

（2）电文格式

IGS 精密星历 sp3 格式内容是可译的，包含的信息量非常大，下面对其格式进行全面解析（表 4.4-2 至表 4.4-10）。

表 4.4-2　　　　　　　　　　　　SP3 格式数据文件第 1 行的格式说明

编号	列	内容	说明
1	1～2	#c	版本标识符
2	3	P	位置(P)或位置/速度(V)标识符
3	4～7	2013	轨道数据首历元的年
4	8		未使用
5	9～10	1	轨道数据首历元的月
6	11		未使用
7	12～13	7	轨道数据首历元的日
8	14		未使用
9	15～16	0	轨道数据首历元的时
10	17		未使用
11	18～19	0	轨道数据首历元的分
12	20		未使用
13	21～31	0.00000000	轨道数据首历元的秒
14	32		未使用
15	33～39	96	本数据文件的总历元数
16	40		未使用
17	41～45	ORBIT	数据处理所采用数据的类型
18	46		未使用
19	47～51	IGb08	轨道数据所属坐标参照系
20	52		未使用
21	53～55	HLM	轨道类型
22	56		未使用
23	57～60	IGS	发布轨道机构

表 4.4-3　　　　　　　　SP3 格式数据文件第 2 行的格式说明

编号	列	内容	说明
1	1～2	＃＃	符号
2	3		未使用
3	4～7	1735	轨道数据首历元的 GNSS 周
4	8		未使用
5	9～23	0.00000000	轨道数据首历元的一周内的秒
6	24		未使用
7	25～38	900.00000000	历元间隔,单位为 s
8	39		未使用
9	40～44	56389	轨道数据首历元约化儒略日的整数部分
10	45		未使用
11	46～60	0.0000000000000	轨道数据首历元儒略日的小数部分

表 4.4-4　　　　　　　　SP3 格式数据文件第 4 行的格式说明

编号	列	内容	说明
1	1～2	＋	符号
2	3～9		未使用
3	10～12	G18	第 18 颗卫星的 PRN 号(SV18)
*	*		*
13	37～39	G32	第 27 颗卫星的 PRN 号(SV31)

表 4.4-5　　　　　　　　SP3 格式数据文件第 5～7 行的格式说明

编号	列	内容	说明
1	如果有需要,这些行将用于列出其他卫星的 PRN 号		

表 4.4-6　　　　　　　　SP3 格式数据文件第 8 行的格式说明

编号	列	内容	说明
1	1～2	＋＋	符号
2	3～9		未使用
3	10～12	2	第 1 颗卫星的精度
4	13～15	2	第 2 颗卫星的精度
*	*		*
20	58～60	2	第 17 颗卫星的精度

注:卫星的精度:1 表示"极佳",99 表示"不要使用",0 表示"未知"。

表 4.4-7   SP3 格式数据文件第 9 行的格式说明

编号	列	内容	说明
1	1~2	++	符号
2	3~9		未使用
3	10~12	2	第 18 颗卫星的精度
4	13~15	2	第 19 颗卫星的精度
*	*		
20	58~60	0	第 34 颗卫星的精度

SP3 格式数据文件第 10~12 行的格式说明：

同第 8、9 行类似，一直到第 85 颗卫星的精度。

SP3 格式数据文件第 13~14 行的格式说明：%c 代表字符域。

SP3 格式数据文件第 15~16 行的格式说明：%f 代表实数域。

SP3 格式数据文件第 17~18 行的格式说明：%i 代表整数域。

SP3 格式数据文件第 19~22 行的格式说明：/ * 代表注释。

表 4.4-8   SP3 格式数据文件第 23 行的格式说明

编号	列	内容	说明
1	1~2	* —	符号
2	3		未使用
3	4~7	2013	历元时刻的年
4	8		未使用
5	9~10	4	历元时刻的月
6	11		未使用
7	12~13	7	历元时刻的日
8	14		未使用
9	15~16	0	历元时刻的时
10	17		未使用
11	18~19	0	历元时刻的分
12	20		未使用
13	21~22	0.00000000	历元时刻的秒

表 4.4-9   SP3 格式数据文件第 24 行的格式说明

编号	列	内容	说明
1	1	P	位置(P)或速度(V)
2	2~4	G01	卫星标识
3	5~18	7725.325501	x—坐标(km)
4	19~32	−19133.120153	y—坐标(km)
5	33~46	−16697.380461	z—坐标(km)
6	47~60	13.898921	钟改正(10^{-6} s)

续表

编号	列	内容	说明
7	61～62	9	x—坐标的精度因子(1.25^9)
8	63～64	6	y—坐标的精度因子(1.25^6)
9	65～66	7	z—坐标的精度因子(1.25^7)
10	67～69	116	钟差的精度因子(1.025^{116})

注：坐标精度是以 1.25 为底数，钟差精度是以 1.025 做底数的次方。

表 4.4-10　　　　　　　　SP3 格式数据文件第 25 行的格式说明

编号	列	内容	说明
1	1～3	EOF	文件结尾标记符号

4.4.1.3　IGS 综合精密星历与 ITRF 框架关系

IGS 使得 GNSS 与 ITRF 建立了紧密的联系，一方面 IGS 使用 ITRF 作为其进行 GPS 数据分析和计算精密星历的坐标框架基准；另一方面 IGS 提供了全球 GNSS 跟踪站的数据，用以维持和精化 ITRF 框架。

4.4.1.4　IGS 综合精密星历的基准转换

高精度 GNSS 测量最终成果的基准，取决于两个方面的因素。GNSS 地面起算点的坐标基准，包括基线解算时地面参考点的坐标基准和网平差时的起算点坐标基准；基线解算时卫星星历的基准，包括星历的参考框架和观测时的平均历元 t_0。高精度 GNSS 数据分析处理时，首先应该满足卫星星历基准与地面坐标基准的一致性，即将两者转换为统一的坐标基准。

4.4.1.5　IGS 跟踪站数据获取

GNSS 数据处理所需的文件均可在 IGS 的全球数据中心下载，其 FTP 地址、用户名、密码和各类数据存储规则等信息存储在 GAMIT/GLOBK 软件包 tables 文件夹下的 ftp_info 文件中。以 SOPAC 的 FTP 为例，其地址为 ftp://garner.ucsd.edu，用户名为 anonymou，密码为邮箱地址，各类数据存储规则如下：

H-file：/pub/hfiles/YYYY/DDD，文件格式为：higsla.09015.Z

auto(nav)：/pub/nav/YYYY/DDD，文件格式为：au—to1230.09n.Z

g-file：/pub/combinations/GNSSW，文件格式为：gPg-ga2.094.Z

rinex：/pub/rinex/YYYY/DDD，文件格式为：bjfsl230.09d.Z

sp3：/pub/products/GNSSW，文件格式为：igsl5760.sp3.Z

其中，YYYY 为年份，如 2009；DDD 为当天的 doy，如 031；GNSSW 为当天的 GNSS 周，如 1576。如 2010 年第 148 天 Chan 站观测数据的下载地址为：ftp://garner.ucsd.edu/pub/

rinex/2010/148/chanl480.10d.Z。下载方法包括下面三种：

（1）使用 GAMIT/GLOBK 脚本

目前，常用的 GNSS 数据处理软件 GAMIT/GLOBK 软件包带有一些下载数据的脚本，如 sh_get_nav、sh_get_orbits 等。以下载 2010 年 148 天和 149 天 higs(1—6)a 文件为例，下载命令如下：

Sh_get_hfiles-yr 2010-doy 148-ndays 2-net igsl igs2

igs3　　igs4　　igs5　　igs6-archive　　sopac

这种方法最为方便，但在使用过程中发现这些脚本为了满足多种下载需求设置了较多选项，对于经常只在某些特定的 FTP 下载的用户，这些程序显得较为繁琐，且只能在 Linux 系统下使用。

（2）自写脚本

在掌握各数据中心信息的基础上，根据数据下载的类型和数量，将相应的 FTP 操作命令写入命令文件（命名为 cmdl.bat），其内容为：

user　　anonymous*@****.com

binary

cd/pub/hfiles/20l0/148

mget　　higsla.10148.Z

······

mget　　higs6a.10148.Z

cd/pub/hfiles/2010/149

mget　　higsla.10149.Z

mget　　higs6a.10149.Z

quit

若在 Linux 系统下，在终端输入以下命令即可下载；若在 Windows 系统下，则可将以下命令保存在一个 bat 文件内，然后双击运行：

ftp-inv garner.ucsd.edu<cmdl.bat

此方法使用范围较广，在 Windows 和 Linux 下均可使用。如需下载多天数据，在执行步骤 1 写入下载命令时需要编写相应的小程序来完成。

（3）使用 FileZilla 软件下载

选择"查看"菜单中的"文件名过滤器"，选择"编辑过滤规则"——"新建"，过滤器名设为 higs，过滤器条件选择"过滤出不匹配以下任何一个的项目"，"文件名"——"包含"——"higs"，"过滤器应用到"选择文件，然后"确定"。在"远程过滤器"中勾选"higs"；登录 SOPAC 的 FTP，进入"/pub/hfiles/2010"目录，选择 148 和 149 文件夹，右键"添加文件到队列"，在下方的队列中列出了符合条件的 12 个文件。在队列右键单击"处理队列"即可。

4.4.2　基于精密星历长基线解算技术

4.4.2.1　GAMIT/GLOBK 精密解算软件

GAMIT/GLOBK 软件是世界上流行最广的用于 GNSS 高精度数据处理和分析的软件之一,主要是由美国麻省理工学院(MIT)和美国加利福尼亚斯克瑞布斯海洋研究所(SIO)等主要机构联合研制的,包括 ARC(轨道积分)、MODEL(观测值模型)、SINCLN(单差自动修复周跳)、DBCLN(双差自动修复周跳)、CVIEW(人工交互式修复周跳)、SOLVE(利用双差观测按最小二乘法求解参数)、FXDRV(生成数据处理)、GLOBK(运用卡尔曼滤波进行网平差)几个程序模块等,主要采用双差原理进行数据处理。GAMIT/GLOBK 软件不但精度高而且开放源代码,使用者可以根据需要进行源程序的修改。目前,已广泛应用于大地测量、地壳形变、地震监测、大气降水分析、电离层观测等研究领域。软件适用于 Sun(OS/4,Solaris2)、HP、IBM/RISC、DEC 和基于 Intel 工作站的 Linux 操作系统。

GAMIT 软件的部分代码源于 20 世纪 70 年代的空间大地测量数据处理程序,1987 年完成了基于 UNIX 操作系统的 GPS 数据处理软件,1992 年研制人员对软件进行改进,提高其自动化程度,并利用它进行国际全球卫星定位导航服务组织(IGS)跟踪站网的 GPS 数据处理。该软件处理双差观测量,可完全消除卫星钟差和接收机钟差的影响,同时也可以明显减弱诸如轨道误差、大气折射误差等系统性误差的影响。其主要功能包括:

卫星轨道和地球自转参数估计;地面测站的相对定位计算;应用模型改正各种地球物理效应(极移、岁差、章动、潮汐等);对流层天顶延迟参数和大气水平梯度参数估计;支持接收机天线相位中心随卫星高度角变化的 ELEV 模型改正;可选观测值等权、反比于基线长度或随高度角定权等定权方式;同时提供载波相位整周模糊度分别为实数和整数的约束解及松弛解;数据编辑可用程序 CVIEW 人工干预,也可用 AU-TCLN 自动处理。

GLOBK 是一个卡尔曼滤波器,其主要目的是综合 GPS、卫星激光测距(SLR)、甚长基线干涉测量(VLBI)、星基多普勒定轨定位系统(DORIS)等空间大地测量和经典大地测量的初步处理结果完成数据的后处理。GLOBK 输入一般是准观测量如测站坐标、地球自转参数、卫星轨道及它们的方差/协方差。其主要应用包括结合一个观测作业期内不同时段(如不同天)的初步处理结果,获取该观测作业期的测站坐标最佳估值;结合不同年份获取的测站坐标结果估计测站的速度;将测站坐标作为随机参数,生成每个时段或每个观测作业期的坐标结果以评估观测质量。

4.4.2.2　数据处理流程

(1)数据准备

在数据编辑及文件准备阶段,主要工作包括:

1)文件结构和数据整理

文件结构和数据整理的目的是:对每个工程目录做处理前的准备工作,将数据文件分类存放,便于维护和更新。需要在工程目录下建立的文件夹包括:/tables/rinex/brdc/igs 和分时段解算目录。分别在/tables/rinex/brdc/igs 文件夹存放共用表文件、观测数据文件、广播星历文件和精密星历文件,待处理观测数据采用 rinex 格式。

2)先验信息、控制文件整理

该步骤的目的是:对 tables 文件中的 4 个十分重要的文件做"定制",使它们能够满足本次数据处理的需要。相关文件的最新版本可以通过网站 ftp://garner. ucsd. edu/pub/gamit/setup 下载。

主要文件 Lfile,包含观测站初始坐标和参与解算的 IGS 站坐标,该文件可由软件安装目录下的 Lfile. 手工修改得到。其中,IGS 站点的精确坐标可以从 ITRF 框架通过 gapr_to_1 命令提取;初始坐标未知的观测站,可以选择一个靠近所求观测站的已知精确坐标的站点,利用 sh_rx2apr 命令求解得到。station. info,包含测段中各测站信息,包括接收机、天线和天线罩等硬件软件信息等,主要注意:Ant Ht、HtCod 和 Antenna Type(用于天线高改正)、Receiver Type(用于周跳恢复)、Session Start、Session Stop(用于控制测段跨度)的设置。严格按照已经给出的模板格式编辑。Sestbl,数据处理的核心控制文件,包含测段分析策略、先验测量误差以及卫星约束等。根据解算目的可以在文件中配置光压模型、卫星截止高度角、天顶延迟、大气延迟模型、解类型(松弛、基线、轨道)以及迭代次数等参数。在一般情况下采用默认值,根据工程的实际需要,仔细参照模板修改。通常修改的有:Choice of Experiment(基线处理类型:要求定位精度高时用 relax,重点是求基线后平差用 baseline)、Type of Analysis(迭代次数:计算结果作为初始值再次计算)、Choice of Observable(观测值类型)、Zenith Delay Estimation(对于短基线用 N)等 4 项。Sittbl,各测站的精度控制指标。对解算过程中某些站点的先验坐标给出约束,在一般情况下采用默认值。对高精度的 IGS 站已知坐标采用强约束,即认为 IGS 站已经很准;待求站采用松弛约束。另外,网站提供 sittbl. refined 文件有最近各站的可靠性评测。链接 tables 表文件,该步骤的作用是在处理数据的工作目录下(各时段目录),建立该工作目录与 talbes 目录中部分文件的链接,为后面在工作目录下逐行输入命令进行数据解算做准备。某些文件(luntab、soltab、nutabl)按年进行存放,某些文件(pole、utl、pmu)每周都有更新,因此需要手动建立以下链接。对于每周更新的 3 个文件需要通过网站下载最新版本。链接观测数据,在分时段文件夹下建立观测数据链接。

(2)GAMIT/GLOBK 数据处理步骤

1)GAMIT 数据处理步骤

运行 makexp 程序,建立所有准备文件输出以及一些模块的输入文件;运行 sh_sp3fit 脚本,生成轨道初始根数;运行 sh_check_sess 脚本,检查卫星一致性;运行 makej 程序,得到用于分析的卫星时钟 J 文件;运行 sh_check_sess 脚本,检查卫星一致性;运行 makex 程序,生成接收机时钟文件 k 文件和观测文件 x 文件;运行 fixdrv 程序,生成批处理文件;运行步骤⑦生成的批处理文件。

GAMIT 软件计算流程如图 4.4-1 所示。

输入文件执行命令输出文件

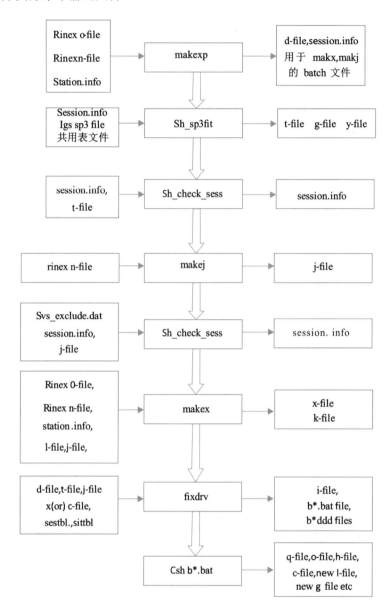

图 4.4-1 GAMIT 软件计算流程图

GAMIT 软件提供由 esh 写成的 sh_gamit 批处理脚本。在批处理程序可以将繁琐的数据准备和处理工作集为一体,只要在原始观测文件中给出正确信息即可。该过程是由连续的命令调用和适当的输入模块执行所需要的计算文件来完成计算。在批处理过程中,两次通过 model、autcln、crmrg、solve 可以实现:一是从第一次解算获得的模型用来平滑残差,改善数据编辑和后验证残差评估;二是使测站坐标的平差精度至厘米级。批处理结果的可靠性通过最终输出文件来评估。

2)GLOBK 处理步骤

①在用户目录下建立数据目录/glbf,/hfiles,/soln,/tables。

②数据文件准备。

将需要计算的 h－文件复制到/hfiles 目录。在/soln 目录下建立 globk. cmd 和 glorg_rep. cmd 开关控制文件。

③运行 htoglb 程序将 GAMIT 的 h 文件转换为 GLOBK 认可的二进制 h 文件。

GAMIT 常包括 4 种解,GLOBK 通过改变扩展名来区分它们,即用户指定约束下的模糊度实数解 gcr、用户指定约束下的模糊度整数解 gex、松散约束下的模糊度实数解 glr,以及松散约束下的模糊度整数解 glx。

目前,GAMIT 的 SOLVE 模块缺省选项只输出 glr 和 glx 解,对短基线而言,建议采用模糊度整数解 glx,对于数千千米边长的解,可采用 glr 解。

④执行 glred 程序或 globk 程序之前,需将二进制的 h 文件列入一个扩展名为 . gdl 的文件中。

⑤运行 glred 程序进行重复性精度评价。

⑥运行 globk,glorg 程序进行网平差。

GLOBK 软件计算流程如图 4.4-2 所示。

输入文件执行命令输出文件:

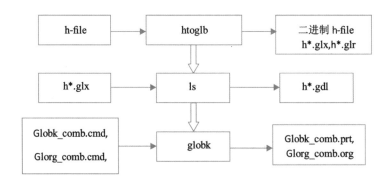

图 4.4-2　GLOBK 软件计算流程图

4.4.2.3　基于相关分析的 GNSS 基线向量粗差探测方法

在一般情况下,高精度 GNSS 网是采用 GAMIT 精密基线解算软件的同步网解,再化算为其基线向量解及其全协方差阵作为整体平差的观测量。在一个同步网内,不但基线向量的各分量之间是相关的,而且基线与基线之间也是相关的。这既不同于常规大地网的情况,也不同于 GNSS 商用软件基线解的情况。

例如,由 3 台 GNSS 接收机组成的同步观测网(图 4.4-3),独立基线向量为 $B_1 = [\Delta X_{21}$

$\Delta Y_{21} \Delta Z_{21}]^{\mathrm{T}}, B_2 = [\Delta X_{31} \Delta Y_{31} \Delta Z_{31}]^{\mathrm{T}}$。

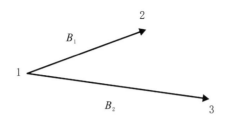

图 4.4-3　由 3 台 GNSS 接收机组成的同步观测网

采用 GAMIT 软件时,基线解的协方差阵为:

$$D = \begin{bmatrix} D_{\Delta X_{21} \Delta X_{21}} & D_{\Delta Y_{21} \Delta X_{21}} & D_{\Delta Z_{21} \Delta X_{21}} & D_{\Delta X_{31} \Delta X_{21}} & D_{\Delta Y_{31} \Delta X_{21}} & D_{\Delta Z_{31} \Delta X_{21}} \\ D_{\Delta X_{21} \Delta X_{21}} & D_{\Delta Y_{21} \Delta Y_{21}} & D_{\Delta Z_{21} \Delta Y_{21}} & D_{\Delta X_{31} \Delta Y_{21}} & D_{\Delta Y_{31} \Delta Y_{21}} & D_{\Delta Z_{31} \Delta Y_{21}} \\ D_{\Delta X_{21} \Delta Z_{21}} & D_{\Delta Y_{21} \Delta Z_{21}} & D_{\Delta Z_{21} \Delta Z_{21}} & D_{\Delta X_{31} \Delta Z_{21}} & D_{\Delta Y_{31} \Delta Z_{21}} & D_{\Delta Z_{31} \Delta Z_{21}} \\ D_{\Delta X_{21} \Delta X_{31}} & D_{\Delta Y_{21} \Delta X_{31}} & D_{\Delta Z_{21} \Delta X_{31}} & D_{\Delta X_{31} \Delta X_{31}} & D_{\Delta Y_{31} \Delta X_{31}} & D_{\Delta Z_{31} \Delta X_{31}} \\ D_{\Delta X_{21} \Delta Y_{31}} & D_{\Delta Y_{21} \Delta Y_{31}} & D_{\Delta Z_{21} \Delta Y_{31}} & D_{\Delta X_{31} \Delta Y_{31}} & D_{\Delta Y_{31} \Delta Y_{31}} & D_{\Delta Z_{31} \Delta Y_{31}} \\ D_{\Delta X_{21} \Delta Z_{31}} & D_{\Delta Y_{21} \Delta Z_{31}} & D_{\Delta Z_{21} \Delta Z_{31}} & D_{\Delta X_{31} \Delta Z_{31}} & D_{\Delta Y_{31} \Delta Z_{31}} & D_{\Delta Z_{31} \Delta Z_{31}} \end{bmatrix}$$

采用商用 GPS 软件时,基线解的协方差阵为:

$$D = \begin{bmatrix} D_{\Delta X_{21} \Delta X_{21}} & D_{\Delta Y_{21} \Delta X_{21}} & D_{\Delta Z_{21} \Delta X_{21}} & 0 & 0 & 0 \\ D_{\Delta X_{21} \Delta X_{21}} & D_{\Delta Y_{21} \Delta Y_{21}} & D_{\Delta Z_{21} \Delta Y_{21}} & 0 & 0 & 0 \\ D_{\Delta X_{21} \Delta Z_{21}} & D_{\Delta Y_{21} \Delta Z_{21}} & D_{\Delta Z_{21} \Delta Z_{21}} & 0 & 0 & 0 \\ 0 & 0 & 0 & D_{\Delta X_{31} \Delta X_{31}} & D_{\Delta Y_{31} \Delta X_{31}} & D_{\Delta Z_{31} \Delta X_{31}} \\ 0 & 0 & 0 & D_{\Delta X_{31} \Delta Y_{31}} & D_{\Delta Y_{31} \Delta Y_{31}} & D_{\Delta Z_{31} \Delta Y_{31}} \\ 0 & 0 & 0 & D_{\Delta X_{31} \Delta Z_{31}} & D_{\Delta Y_{31} \Delta Z_{31}} & D_{\Delta Z_{31} \Delta Z_{31}} \end{bmatrix}$$

观测量之间的这种相关性,使得粗差观测对其他观测量的影响作用增大,粗差的隐蔽性也更强。因此,高精度 GNSS 网的粗差探测和处理时,不能简单地当作独立观测量处理,必须考虑观测量之间的相关性。

(1)粗差与改正数向量的相关关系

在相关观测量的最小二乘平差中,一个观测量的误差,通过观测量之间误差的相关性和图形几何条件的关联性,反映在其他观测量的平差改正数之中。当一个观测量含有粗差时,它必将或多或少地影响到其他观测量的改正数。那么粗差观测量是否与改正数向量 v 之间存在着某种必然的联系?

由可靠性矩阵:

$$R = Q_{vv} P_{ll} = E - A(A^{\mathrm{T}} P_{ll} A) A^{\mathrm{T}} P_{ll} \tag{4.4.1}$$

且有:

$$R\varepsilon = -V \qquad\qquad (4.4.2)$$

式中：A——平差系统的图形设计矩阵；

$\quad P_{ll}$——观测量的权矩阵；

$\quad \varepsilon$——观测值误差；

$\quad V$——观测值改正数向量；

$\quad Q_{vv}$——观测值改正数的协因矩阵。

将式(4.4.1)展开整理得：

$$R\varepsilon = \begin{bmatrix} r_{11} & r_{12} & \cdots & r_{1n} \\ r_{21} & r_{22} & \cdots & r_{2n} \\ \vdots & \vdots & \cdots & \vdots \\ r_{n1} & r_{n2} & \cdots & r_{nn} \end{bmatrix} \begin{bmatrix} \varepsilon_1 \\ \varepsilon_2 \\ \vdots \\ \varepsilon_n \end{bmatrix} = \begin{bmatrix} r_{11} \\ r_{21} \\ \vdots \\ r_{n1} \end{bmatrix} \varepsilon_1 + \begin{bmatrix} r_{12} \\ r_{22} \\ \vdots \\ r_{n2} \end{bmatrix} \varepsilon_2 + \cdots + \begin{bmatrix} r_{1n} \\ r_{2n} \\ \vdots \\ r_{nn} \end{bmatrix} \varepsilon_n = \begin{bmatrix} v_1 \\ v_2 \\ \vdots \\ v_n \end{bmatrix}$$

$$(4.4.3)$$

式中：$\varepsilon_i (i=1,2,\cdots,n)$——观测量 i 的观测误差，是数值变量。

令

$$F_i = \begin{bmatrix} r_{1i} & r_{2i} & \cdots & r_{ni} \end{bmatrix}^{\mathrm{T}} \qquad (i=1,2,\cdots,n)$$

则有：

$$\varepsilon_1 F_1 + \varepsilon_2 F_2 + \cdots + \varepsilon_n F_n = -V \qquad\qquad (4.4.4)$$

称 F_i 为观测量 i 的观测误差 ε_i 对改正数向量 V 的影响向量。F_i 由平差系统的图形设计矩阵 A 和观测量的权矩阵 P_{ll} 所决定，是一个与观测量的大小无关的向量，但它却能够反映观测量 i 的误差 ε_i 对改正数向量 V 的内在的影响关系和作用程度。

由式(4.4.4)可以看出：观测量的改正数向量 V 可以表示为 $\varepsilon_i F_i (i=1,2,\cdots,n)$ 的向量和，各个观测量的误差 ε_i 通过 F_i 的作用来影响改正数向量 V，这里 ε_i 起到了对向量 F_i 的缩小和放大的作用。

F_i 由平差系统的图形设计矩阵和观测量的权矩阵所决定，ε_i 由观测量的函数特性所决定，因此，$\varepsilon_i F_i$ 是由观测量的误差、观测量的协方差矩阵和设计矩阵共同决定的。当某观测量出现粗差时，都将表现为该观测量的 $\parallel \varepsilon_i F_i \parallel$ 值，即向量 $\varepsilon_i F_i$ 的模较大，且在式(4.4.4)左半部分各项中占有优势。由于 V 可以表示为 $\varepsilon_i F_i$ 的向量之和，这时改正数向量 V 将突出地表现为与粗差观测量的影响向量 F_i 具有较强的相关性。

要定量地描述向量 F_i 与 V 的相关程度，可以考虑用它们对应分量 $F_{ji}(F_{ji}=r_{ji})$ 与 $v_i(j=1,2,\cdots,n)$ 差的平方和的最小值来表示：

$$Q_0 = \min_{a,b} \frac{1}{n} \sum_{j=1}^{n} (v_i - a - b F_{ji})^2 \qquad\qquad (4.4.5)$$

如果存在某个 a 和 b，使得 $Q_0 = 0$，则可以说 F_i 与 V 完全相关，否则就用 Q_0 的大小来描述两者的相关程度，为了求 Q_0，对函数：

$$Q(a,b) = \frac{1}{n} \sum_{j=1}^{n} (v_i - a - b F_{ji})^2 \qquad (4.4.6)$$

求关于 a、b 的偏导数,并令其等于 0,即

$$\frac{\partial Q}{\partial a} = -\frac{2}{n} \sum_{j=1}^{n} (v_i - a - b F_{ji}) = 0 \quad \frac{\partial Q}{\partial b} = -\frac{2}{n} \sum_{j=1}^{n} ((v_i - a) F_{ji} - b F_{ji}) = 0$$

解得:

$$b = \frac{\sum_{j=1}^{n} (F_{ji} - \bar{F}_i)(v_j - \bar{v})}{\sum_{j=1}^{n} (F_{ji} - \bar{F}_i)^2} \qquad (4.4.7)$$

$$a = \bar{v} - b \bar{F}_i$$

将式(4.4.7)代入式(4.4.6)得:

$$Q_0 = \frac{1}{n} \sum_{j=1}^{1} (v_j - \bar{v})^2 (1 - \rho_{F_i,v}^2) \qquad (4.4.8)$$

其中:

$$\rho_{F_i,v}^2 = \frac{\sum_{j=1}^{n} (F_{ji} - \bar{F}_i)(v_j - \bar{v})}{\left(\sum_{j=1}^{n} (F_{ji} - \bar{F}_i)^2 \sum_{j=1}^{n} (v_j - \bar{v})^2 \right)^{\frac{1}{2}}} \qquad (4.4.9)$$

称 $\rho_{F_i,v}$ 为 F_i 与 V 的相关系数。$\rho_{F_i,v}$ 是一个无量纲的量,它定量地反映了 V 与 F_i 之间的相关程度。

相关系数 $\rho_{F_i,v}$,具有下列性质:$|\rho_{F_i,v}| \leqslant 1$;$\rho_{F_i,v}$ 越大,则 V 与 F_i 越相关;$|\rho_{F_i,v}| = 0$,V 与 F_i 不相关。

一个粗差的出现,会对整个平差系统产生一定的影响,这种影响可以通过 F_i 的作用反映于改正数向量 V 之中。要想从 V 中发现粗差的踪迹,必须从分析 V 与 F_i 的关系入手,而 $\rho_{F_i,v}$ 正是定量地反映了两者之间的相关程度,这也就是 V 与 $\varepsilon_i F_i$ 的相关程度。当 $|\rho_{F_i,v}|$ 越接近于 1 时,相关性越强,说明改正数向量 V 的变化来自观测量 i 的误差的影响越显著。如果存在粗差,则该观测量为粗差的可能性也就越大。反之,$|\rho_{F_i,v}|$ 越接近于 0 时,$\varepsilon_i F_i$ 与 V 的影响越不显著,则它为粗差的可能性就越小。

当观测量中含有多个粗差时,改正数向量的变化规律,将表现为来自这些粗差对其影响的叠加。各粗差观测量的 F_i 都将显示出与 V 有着相对显著的相关性,相关性的大小取决于粗差个数、分布和粗差值的大小。因此,当相关观测量中含有多个粗差时,只要粗差是可测的,通过 $\rho_{F_i,v}$ 仍能分析出粗差所在的位置。

如果 F_i、V 的分量由随机变量 f_i、v 组成,则其相关系数可由下式给出:

$$\widetilde{\rho_{F_i,v}} = \text{cov}(f_i, v) / \sqrt{D(f_i)D(v)} \qquad (4.4.10)$$

其中

$$\mathrm{cov}(f_i,v)=E\{[f_i-E(f_i)][v-E(v)]\}$$

$$D(f_i)=E(f_i)^2-[E(f_i)]^2$$

$$D(v)=E(v)^2-[E(v)]^2$$

在实际问题中,如果有 n 个观测量,用式(4.4.9)求计算 F_i、V 的相关系数 $\rho_{F_i,v}$,并以此来估计 $\widetilde{\rho_{F_i,v}}$。

如果 F_i、V 服从二维正态分布,则当 $\widetilde{\rho_{F_i,v}}=0$ 时,$\rho_{F_i,v}$ 的概率密度函数为:

$$\widetilde{\rho_{F_i,v}}(\rho_{F_i,v})=\frac{1}{\sqrt{\pi}}\frac{\tau(\frac{n-1}{2})}{\tau(\frac{n-2}{2})}(1-\rho_{F_i,v}^2)^{\frac{n-4}{2}} \tag{4.4.11}$$

式中:$\tau(\frac{n-1}{2})$、$\tau(\frac{n-2}{2})$ ——Gamma 函数。

检验时,取零假设 $H_0:\widetilde{\rho_{F_i,v}}=0$,即 F_i、V 不相关,则有统计量:

$$t=\rho_{F_i,v}(n-2)^{1/2}/(1-\rho_{F_i,v}^2)^{1/2} \tag{4.4.12}$$

t 是遵从 $n-2$ 自由度的 t 分布。

给定置信度 $\alpha=0.001$,则由式(4.4.12)可得:

$$\rho_{F_i,v}>\frac{t_\alpha}{\sqrt{t_\alpha^2+(n-2)}} \tag{4.4.13}$$

若此式成立,则拒绝零假设,认为 F_i 与 V 相关显著;否则接受零假设。

由式(4.4.9)定义的相关系数可以表达为下列形式:

$$\rho_{F_i,v}=\frac{F_i^T HV}{\|HF_i\|\|HF_i\|}=\cos\theta \tag{4.4.14}$$

式中:H——中心化矩阵;

θ——向量 HV 和 HF_i 的夹角。

这就是说,V 与 F_i 的相关系数的几何意义是其经过中心化变换后的向量 HV 和 HF_i 的夹角余弦。F_i 与 V 的相关性越强,HV 和 HF_i 的夹角就越接近于 $0°$ 或 $180°$。

根据式(4.4.4),若观测量 i 出现粗差,即 $\|\varepsilon_i F_i\|^2$ 显著大于其他值,这时,$\varepsilon_j F_j$($j=1$,$2,\cdots,n$)的向量之和必然使 HF_i 的方向接近于 HV,即 F_i 与 V 具有较强的相关性。

同样,观测量中存在多个粗差时,由于观测量的个数远远大于粗差的个数。F 向量空间的维数也远远大于粗差个数。这时 $\varepsilon_j F_j$($j=1,2,\cdots,n$)的向量和,同样会使 HV 在 n 维空间中的方向接近于各粗差测量的 HF_i 的方向。

当然有可能会出现多个粗差共同作用的结果,使 HV 的方向更接近于某个非粗差观测量的 HF_i,但这种情况仅限于某些特殊的图形结构和粗差组合。在粗差分析中,可以通过反向搜索的方法,去伪存真。

（2）基于相关分析的粗差探测方法

1）粗差的探测原则

根据前面的理论,若观测量 i 为粗差,则平差结果观测量的改正数向量 V 将表现为与粗差观测量的影响向量 F_i 具有较强的相关性。V 与 F_i 的相关性可以根据式（4.4.8）来加以检验,若相关性显著,则观测量 i 就可能为粗差。

在一般情况下,当观测量中存在粗差时,V 与 F_i 显著相关性越强,则其为粗差的可能性就越大。但在一些特殊的粗差组合与图形条件下,可能存在多个粗差的共同作用,使得某个非粗差的观测量与 V 显著相关。在实际工作中。为了避免这种"存伪"的情况,在粗差判别时加入 $v_i > 2\sigma_{v_i}$ 的附加条件,即当 V 与 F_i 相关性显著,且有 $v_i > 2\sigma_{v_i}$ 时,判定该观测量为粗差。

2）粗差的探测步骤

根据上述的理论,粗差分析的实现可分为同时探测多个粗差和逐个探测多个粗差两种方法。

①同时探测多个粗差。

这种方法是对满足粗差探测条件的观测量,同时标记为粗差,并同时进行粗差处理,其分析步骤为:

a.对观测量进行最小二乘平差,求观测量的改正数向量 V 和验后单位权方差 $\hat{\sigma}_0^2$。

b.对 $\hat{\sigma}_0^2$ 进行 χ^2 检验,若检验不通过,则平差系统中可能含有粗差。

c.根据式（4.4.1）计算可靠性矩阵 R,及各观测量对改正数的影响向量 F_i。

d.根据式（4.4.9）计算各观测量的 V 与 F_i 的相关系数 $\rho_{F_i,v}$。

e.逐一对各观测量的 $\rho_{F_i,v}$ 的显著性进行 $t(n-2)$ 检验,若为显著,且有 $v_i > 2\sigma_{v_i}$,则对该观测量作粗差标记。

f.对有粗差标记的观测量进行协方差改正处理后,重复进行 a～f,当 e 中不能发现粗差时,则进行 g。

g.为了避免"存伪"的情况,可以在 f 完成之后,将有粗差标记的观测量逐一恢复其原有的协方差,重复进行 a～e,若满足粗差条件,则确认为粗差,否则为误判,应予以恢复。

h.将最终确认为粗差的观测量进行协方差改正处理后,参加完成最后的平差。

②逐个探测多个粗差。

a.对观测量进行最小二乘平差,求观测量的改正数向量 V 和验后单位权方差 $\hat{\sigma}_0^2$。

b.对 $\hat{\sigma}_0^2$ 进行 χ^2 检验,若检验不通过,则平差系统中可能含有粗差。

c.根据式（4.4.1）计算可靠性矩阵 R,及各观测量对改正数的影响向量 F_i。

d.根据式（4.4.9）计算各观测量的 V 与 F_i 的相关系数 $\rho_{F_i,v}$。

e.逐一对各观测量的 $\rho_{F_i,v}$ 的显著性进行 $t(n-2)$ 检验,若为显著,且有 $v_i > 2\sigma_{v_i}$,则取 $|\rho_{F_i,v}|$ 最大的一个观测量作粗差标记。

f.对该观测量进行协方差改正处理后,重复进行 a～e,当 e 中不能发现粗差时,则进行 g。

g.为了避免"存伪"的情况,可以在 f 完成之后,将有粗差标记的观测量逐一恢复其原有的协方差,重复进行 a～e,若满足粗差条件,则确认为粗差,否则为误判,应予以恢复。

h.将最终确认为粗差的观测量进行协方差改正处理后,参加完成最后的平差。

(3)粗差处理的策略

对于判定为粗差的观测量,可以采用删除或降权等方法处理后,重新进行平差。本项目所采用的方法是对粗差观测量参加平差的协方差,进行适当的调整,粗差观测量 i 的选权因子由平差值改正数的大小和改正数的精度值,即标准化残差确定。

$$k_{\sigma 0i} = \frac{v_i}{\sigma_{0i}} \tag{4.4.15}$$

重新平差时,对观测量的协方差阵进行改正,并保持观测量之间的相关系数不变,而与粗差有关的协方差改正为:

$$\widehat{\sigma_{ii}}^2 = k_{\sigma 0i}\, \sigma_{ii}^2 \tag{4.4.16}$$

4.4.2.4　GNSS 网平差观测量随机模型误差消除方法

测量平差的观测量本身包含两部分,即反映观测量数值大小的函数特性和反映观测量误差大小及相关关系的随机特性(随机模型)。

对于 GNSS 网平差来说,观测量的函数特性反映为基线解算所得到的各基线向量的 ΔX、ΔY、ΔZ 三个分量的值;观测量的随机模型则由各同步网基线解的协方差矩阵反映出来。

对于基线向量的一个分量 i,其观测值表示为量 l_i,由基线解协方差矩阵得到的观测值的方差为 σ_{ii}^2,假设观测量子样的真实方差为 $\widetilde{\sigma_{ii}}^2$,则由观测值方差反映的观测值随机模型的误差可以表示为:

$$k_i^2 = \left(\frac{\widetilde{\sigma_{ii}}}{\sigma_{ii}}\right)^2 \tag{4.4.17}$$

这一误差可以划分为系统误差、粗差和偶然误差影响三个部分。

在高精度 GNSS 网平差中,观测量随机模型的上述三种误差往往是同时存在的,如果不加以消除将导致平差结果的错误估计。

(1)GNSS 网基线向量协方差矩阵的产生

作为平差观测量的 GNSS 网基线向量,不能直接测量得到。GNSS 测量的原始观测量是卫星信号的码相位观测值和载波相位观测值,以及信号传播的时间延迟量。基线进行解算时,将同步观测站的这些观测量与卫星轨道、计时信息以及地面参考站的坐标一道,列出同步观测网的差分观测方程,并进行最小二乘平差,最终得到同步观测网的基线向量解及其协方差矩阵。其中协方差矩阵可表示为:

$$\sum{}_{Xs} = \sigma_{os}^2 \, \boldsymbol{Q}_{Xs} \tag{4.4.18}$$

确切地说，GNSS 基线解的协方差矩阵体现了 GNSS 原始观测数据的质量和精度，及其观测量几何结构的共同影响，是同步观测网内部一致性的表现。其中，σ_{os}^2 反映了基线解双差或三差相位观测值的观测噪声和非模型化的系统误差和粗差的影响。

因此，基线观测量的协方差矩阵，不能完全反映基线向量的实际精度，它与观测量的实际精度之间可能存在着系统误差和粗差。

（2）基线观测量随机模型的系统误差及其对平差结果的影响

这一误差表现为各同步观测网基线解的单位权方差因子 σ_{os}^2 整体偏大或偏小，即基线解给出的精度比其实际精度估计过高或过低，并且带有系统性。

基线向量解随机模型的系统误差主要取决于不同的基线解算软件或基线处理方法及其对原始观测量的定权依据。

在一些随机的商用的基线解算软件中，这一系统误差反映比较明显，不同的软件解算的基线结果精度可能相差 1～2 个数量级。

GNSS 网整体平差时，其随机模型的建立是以各同步观测网基线解的全协方差矩阵为依据，这时所有观测量组成的协方差矩阵为准对角矩阵。

$$\sum = \mathrm{diag}\left(\sum{}_1, \sum{}_2, \cdots, \sum{}_s\right) \tag{4.4.19}$$

式中：$\sum_s$——同步观测网 s 的基线解协方差阵，$\sum_s = \sigma_{os}^2 \boldsymbol{Q}_s$。

于是基线观测量随机模型系统误差对 GNSS 网平差结果的影响可以分为两种情况：

①当 GNSS 网由包含相同随机模型系统误差的基线组成时，这一误差对平差结果的数值和精度都不会产生影响。这一点不难证明：

假设：基线解的单位权方差为 σ_{os}^2，而其实际值为 $\tilde{\sigma}_{os}^2$，令：

$$k_s^2 = \frac{\tilde{\sigma}_{os}^2}{\sigma_{os}^2}$$

由于 GNSS 网中各基线向量的随机模型具有相同的系统误差，k_s^2 等于常数 k^2，这时所有观测量的权矩阵为：

$$\widetilde{P} = (\tilde{\sigma}_{os}^2 \, \boldsymbol{Q}_x) - 1 = (k^2 \, \sigma_{os}^2 \, \boldsymbol{Q}_x) - 1 = \frac{1}{k^2} P \tag{4.4.20}$$

则对于 σ_{os}^2，GNSS 网平差的结果为：

$$X = (A^{\mathrm{T}} P A)^{-1} A^{\mathrm{T}} P f \quad D_X = \frac{V^{\mathrm{T}} P V}{n-r} (A^{\mathrm{T}} P A)^{-1} \tag{4.4.21}$$

对于 $\tilde{\sigma}_{os}^2$ 时，平差结果为：

$$\widetilde{X} = (A^{\mathrm{T}} \widetilde{P} A) - 1 \, A^{\mathrm{T}} \widetilde{P} f \quad \widetilde{D}_X = \frac{V^{\mathrm{T}} \widetilde{P} V}{n-r} (A^{\mathrm{T}} \widetilde{P} A)^{-1} \tag{4.4.22}$$

将式（4.4.20）代入式（4.4.22），得：

$$\widetilde{X} = X;\ \widetilde{D}_X = D_X$$

即观测量随机模型的系统误差相等时，对平差值及平差的精度都没有影响。

②当 GNSS 网由包含不同随机模型系统误差的基线解组成时，基线解的单位权方差因子不统一，则整体平差时将会导致错误的估计。这一误差也被称为观测量随机模型之间的不兼容性。

例如，一个 GNSS 网采用了两种不同的软件进行基线解算，若得到的基线解的单位权方差因子存在着较大的系统性差别，基线解的随机模型中的系统误差分别为 K^2_{SI} 和 K^2_{SII}，这些基线在一起平差时，本来具有相同精度的观测量，却被赋予了不同的权必然会导致错误的平差结果。

当粗差被归于随机模型的误差时，它表现为粗差观测量的先验方差 σ^2_{ii} 与其实际值之间有较大的误差，即若 $k^2_i = \dfrac{\widetilde{\sigma_{ii}}^2}{\sigma^2_{ii}}$，则 $k^2_i \gg 1$ 或 $k^2_i \ll 1$，这时可以理解为基线观测量随机模型的粗差。

这一误差在平差时会导致平差系统的错误估计。

(3)观测量随机模型系统误差的消除

观测量随机模型系统误差的消除，可以分为两种情况。

1)观测量误差随机模型中含有相同的系统误差

根据以上的讨论，平差中观测量误差随机模型的系统误差相同时，则该误差对平差结果的数值和精度值都没有影响。但通过对 GNSS 网的无约束平差结果的验后单位权中误差 $\widetilde{\sigma_0}$ 的 X^2 检验可以发现：当观测量中不含有粗差时，GNSS 网无约束平差结果的 σ^2_0 理论值为 1，X^2 检验时 α 为 0.05，若检验不通过，则认为观测角的随机模型存在着系统性误差的影响。

观测量误差随机模型系统误差影响的消除方法是调整各观测量的单位权方差因子 σ^2_{os}，调整后的观测量单位权方差因子 $\widetilde{\sigma}^2_{os}$ 为：

$$\widetilde{\sigma}^2_{os} = \widetilde{\sigma_o}^2 \Delta \sigma^2_{os} \qquad (4.4.23)$$

式中：$\widetilde{\sigma_o}^2$——无约束平差结果的验后单位权中误差。

这样 GNSS 网重新进行无约束平差时，$\widetilde{\sigma_o}^2$ 的值应等于 1。

2)观测量中含有不同随机模型的系统误差

GNSS 网观测量中含有不同随机模型的系统误差，这种情况会导致平差结果的错误，因此必须加以消除。消除方法是：首先对参与平差的观测量的随机模型进行分析，将具有相同随机模型系统误差的观测量化分为一个子网，进而将整个 GPS 网划分为若干个子网，然后将各子网分别进行无约束平差，按照 1)中的方法，对所有子网观测量的单位权中误差分别进行调整，消除其系统误差。这样经调整后各子网观测量的方差基本与其实际精度相符合，整体平差时可以消除子网之间随机模型的不兼容性。整体平差时还可以采用近似的方差分量

估计的方法作进一步的调整。通过整体平差迭代,子网观测量的单位权中误差改正因子通过下面公式得到:

$$\hat{\sigma}^2_{pos} = \frac{V_p^{\mathrm{T}} P_p V_p}{r_p} \qquad (4.4.24)$$

式中:p——子网序号;

$\hat{\sigma}^2_{pos}$——下一次迭代中的子网 p 中观测量方差因子的改正值。

观测量随机模型中粗差的消除方法,观测量的粗差分析在前面已经给出了粗差的探测和处理方法。基本思想是:首先采用相关分析的理论来探测粗差;再采用稳健估计的方法,在保持观测量之间相关系数不变的条件下调整粗差观测量的协方差。

$$\hat{\sigma}^2_{ii} = k_i^2 \sigma^2_{ii} \qquad (4.4.25)$$

式中:k_i——粗差观测量 i 的标准化残差。

最终使粗差观测的方差与其实际精度相符合,达到消除粗差影响的目的。

4.5　高原湖泊项目应用

4.5.1　扎日南木错平面控制基准的建立

4.5.1.1　GNSS 控制网的布设与测量

根据设计书的要求,在测区范围内布设 6 个 GNSS 控制点(图 4.5-1),其中 CQD01 点具有高等级水准高程。新增设的 ZK01、ZK02、ZK03、ZK04、ZK05 点以石刻标记点名,标心为测绘钉标,ZK01 的高程为四等水准测量成果,引据点为 CQD01。2013 年 7 月 19 日,共观测了 1 个时段,同步观测时长为 4h,历元间隔为 15s。经 TEQC 检查,观测质量基本满足设计要求。

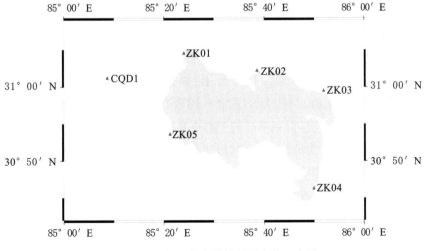

图 4.5-1　扎日南木错控制网点位示意图

4.5.1.2 数据处理方案

GNSS 网基线解算和网平差处理方案:使用 GAMIT 软件,利用精密星历进行基线处理,利用相关分析探测粗差,消除观测量的随机模型误差,所得高质量基线向量成果,在 GLOBK 软件进行网平差计算。

(1)采用星历

卫星轨道的精度是影响 GNSS 基线解算精度的重要因素之一,其对基线的影响可以较为精确地用下式给出:

$$\frac{|\Delta r|}{10|r|} < \frac{|\Delta b|}{|b|} < \frac{|\Delta r|}{4|r|} \qquad (4.5.1)$$

式中:$|r|$——卫星轨道的误差;

r——卫星至测站的位置矢量;

$|b|$——基线矢量的误差;

b——两站之间基线矢量。

设 $r=22000$km,$b=100$km,如$|r|=20$m,则星历误差对基线解算在最不利的情况下影响为 2.2cm。提高卫星轨道的精度是保证 GPS 相对定位精度的关键之一。

控制网的处理采用 IGS 精密星历,其轨道精度达到 0.05m。如控制网中的边长为 100km,星历对基线解算在最不利的情况下影响也不超过 0.1mm。

(2)坐标框架与历元

在 GNSS 精密相对定位数据处理中,定位的基准是由卫星星历和基准站坐标共同给出的。为了确定在严格基准下的控制网地心坐标,必须将控制网纳入 ITRF 参考框架中。因此,有必要在处理时加上在 ITRF 参考框架中测站坐标已知的全球站数据一起处理。另外,由于精密星历提供的卫星坐标是瞬时的,相应地面基准站坐标也应是瞬时的。本网采用观测期间所对应的框架与瞬时历元。

(3)起算坐标

在基线解算中,起算点(基准站)的精度将影响基线的精度。单点定位所得坐标的精度很差,在 20m 左右,不能作为起算点。有必要引进高精度的 GPS 基准点。对于框架网,引入的全球跟踪站为 SHAO(上海)、WUHN(武汉)、BJFS(北京房山)、LAHZ(拉萨)等,将这些跟踪站与控制网站点进行联测,得到精准的控制点坐标。

基线的解算以同步时段为单位,每个时段求解时,主要考虑如下因素:卫星钟差的模型改正(用广播星历中的钟差参数);接收机钟差的模型改正(用根据伪距观测值计算出的钟差);电离层折射影响用 LC 观测值消除;对流层折射根据标准大气模型用萨斯坦莫宁(Saastamoinen)模型改正,采用分段线形的方法估算折射量偏差数;卫星和接收机天线相位中心改正,接收机天线 L1、L2 相位中心偏差采用 GAMIT 软件的设定值;测站位置的潮汐改正;截止高度角为 15°,历元间隔为 15s;不考虑卫星轨道误差,即固定 IGS 轨道。

（4）GNSS 基线检核

由于 GAMIT 软件采用的是网解（即全组合解），其同步环闭合差在基线解算时已经分配。对于 GAMIT 软件基线解的同步环检核，可以把解的 NRMS(Normalized Root Mean Square)值作为同步环质量好坏的一个指标，一般要求 NRMS 值小于 0.5，不能大于 1.0。控制网解算的 NRMS 值为 0.35。这说明 GPS 网的整体观测质量较高，基线解的精度较好。

（5）GNSS 控制网平差

ITRF 坐标框架下三维平差的基准站为 BJFS、WUHN、SHAO、LHAS(CGCS2000 坐标)。

平差时采用 GAMIT 软件输出的 H-file(包括坐标和坐标之间的全协方差阵)作为观测量。以 3 个基准站的坐标为基准进行三维约束平差，所得点位坐标精度中误差统计如表 4.5-1所示。GLOBK 平差的点位精度指标高，各分量都优于 0.02m。

表 4.5-1　　　　　　　　扎日南木错 GNSS 控制网点位坐标精度中误差统计　　　　　　　（单位:m）

坐标分量	最大值	最小值	平均值
X	0.0061	0.0061	0.0061
Y	0.0110	0.0081	0.0090
Z	0.0068	0.0050	0.0055

4.5.2　塔若错平面控制基准的建立

4.5.2.1　GNSS 控制网的布设与测量

在测区范围内布设 6 个 GNSS 控制点(图 4.5-2)，其中 CQD1 点具有四等水准 1985 国家高程基准，多青(对应图 4.5-2 中的 dq00)为 1956 黄海高程系，哥桑Ⅱ5(对应图 4.5-2 中的 gs25)为 1956 黄海高程系。新增设的 TK01、TK02、TK03 点以石刻标记点名，标心为测绘钉标，并且都距离湖边较近，方便水位接测。2014 年 7 月 24 日，共观测了 1 个时段，同步观测时长为 4h，采用的接收机类型有 TRIMBLE R8、TRIMBLE R10，对应的天线为 R8-Model 3、R10 Internal。经 TEQC 检查，观测质量基本满足设计要求。

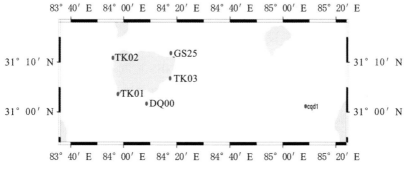

图 4.5-2　塔若错控制网点位示意图

4.5.2.2 数据处理方案

GNSS 网基线解算和网平差处理方案:使用 GAMIT 软件,利用精密星历进行基线处理,利用相关分析探测粗差,消除观测量的随机模型误差,所得高质量基线向量成果,在GLOBK 软件进行网平差计算。有关采用星历、坐标框架与历元、起算坐标等在第 4.5.1 节中已详细说明,此处不再赘述。

(1)GNSS 基线检核

由于 GAMIT 软件采用的是网解(即全组合解),其同步环闭合差在基线解算时已经分配。对于 GAMIT 软件基线解的同步环检核,可以把解的 NRMS 值作为同步环质量好坏的一个指标,一般要求 NRMS 值小于 0.5,不能大于 1.0。控制网解算的 NRMS 值为 0.28。这说明 GPS 网的整体观测质量较高,基线解的精度较好。

(2)GNSS 控制网平差

ITRF 坐标框架下三维平差的基准站为 BJFS、WUHN、SHAO、LHAS(CGCS2000 坐标)。

平差时采用 GAMIT 软件输出的 H-file(包括坐标和坐标之间的全协方差阵)作为观测量。以 4 个基准站的坐标为基准进行三维约束平差,所得点位坐标精度统计如表 4.5-2 所示。GLOBK 平差的点位精度指标高,各分量都优于 0.01m。就绝对坐标而言,由于平差时基准选择及策略的不同,会有系统差的存在。

表 4.5-2　　　　　　　塔若错 GNSS 控制网点位坐标精度中误差统计　　　　(单位:m)

坐标分量	最大值	最小值	平均值
X	0.0024	0.0021	0.0023
Y	0.0980	0.0058	0.0089
Z	0.0073	0.0045	0.0067

4.5.3 当惹雍错平面控制基准的建立

4.5.3.1 GNSS 控制网的布设与测量

根据设计书的要求,在测区范围内布设 7 个 GNSS 控制点(图 4.5-3),其中 ZK04 点具有 1985 国家高程基准,SZON 点具有 1956 黄海高程基准。新增设的 DK01、DK02、DK03、DK04、DK05 点以石刻标记点名,标心为测绘钉标,并且都距离湖边较近,方便水位接测。2015 年 6 月 22 日,共观测了 1 个时段,同步观测时长为 4h,采用的接收机类型有 Trimble R8、Trimble R10,对应的天线为 R8-Model 3、R10 Internal。经 TEQC 检查,观测质量基本满足设计要求。

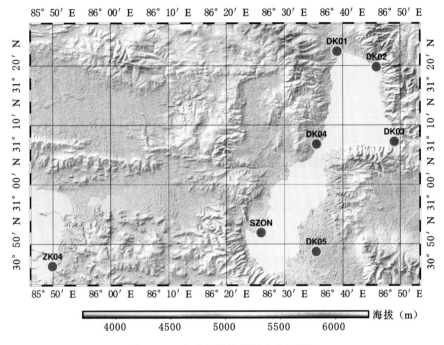

图 4.5-3　当惹雍错控制网点位示意图

4.5.3.2　数据处理方案

GNSS 网基线解算和网平差处理方案：使用 GAMIT 软件，利用精密星历进行基线处理，利用相关分析探测粗差，消除观测量的随机模型误差，所得高质量基线向量成果，在 GLOBK 软件进行网平差计算。有关采用星历、坐标框架与历元、起算坐标等在第 4.5.1 节中已详细说明，此处不再赘述。

（1）GNSS 基线检核

由于 GAMIT 软件采用的是网解（即全组合解），其同步环闭合差在基线解算时已经分配。对于 GAMIT 软件基线解的同步环检核，可以把解的 NRMS 值作为同步环质量好坏的一个指标，一般要求 NRMS 值小于 0.5，不能大于 1.0。控制网解算的 NRMS 值为 0.199。这说明 GPS 网的整体观测质量较高，基线解的精度较好。

（2）GNSS 控制网平差

ITRF 坐标框架下三维平差的基准站为 LHAZ、URUM、ZK04（CGCS2000 坐标）。

平差时采用 GAMIT 软件输出的 H-file（包括坐标和坐标之间的全协方差阵）作为观测量。以 3 个基准站的坐标为基准进行三维约束平差，所得点位坐标精度中误差统计如表 4.5-3 所示。GLOBK 平差的点位精度指标高，各分量都优于 0.01m。就绝对坐标而言，由于平差时基准选择及策略的不同，会有系统差的存在。

表 4.5-3	点位坐标精度中误差统计		（单位：m）
坐标分量	最大值	最小值	平均值
X	0.0021	0.0016	0.0018
Y	0.0070	0.0049	0.0057
Z	0.0043	0.0032	0.0036

4.5.4 色林错平面控制基准的建立

4.5.4.1 GNSS 控制网的布设与测量

根据设计书的要求，在测区范围内布设 7 个 GNSS 控制点（图 4.5-4），其中班申 10、节冲、狮安Ⅲ1、狮安Ⅲ5、Ⅰ洞安 78 具有 1985 国家高程基准，狮安Ⅲ1、狮安Ⅲ5 班申 10、节冲具有 1956 黄海高程基准。新增设的 SL01、SL02 点以石刻标记点名，标心为测绘钉标，并且都距离湖边较近，方便水位接测。2015 年 7 月 12 日，共观测了 1 个时段，同步观测时长为 4h，采用的接收机类型有 Trimble R8、Trimble R10，对应的天线为 R8-Model 3、R10 Internal。经 TEQC 检查，观测质量基本满足设计要求。

4.5.4.2 数据处理方案

GNSS 网基线解算和网平差处理方案：使用 GAMIT 软件，利用精密星历进行基线处理，利用相关分析探测粗差，消除观测量的随机模型误差，所得高质量基线向量成果，在 GLOBK 软件进行网平差计算。有关采用星历、坐标框架与历元、起算坐标等在第 4.5.1 节中已详细说明，此处不再赘述。

（1）GNSS 基线检核

由于 GAMIT 软件采用的是网解（即全组合解），其同步环闭合差在基线解算时已经分配。对于 GAMIT 软件基线解的同步环检核，可以把解的 NRMS 值作为同步环质量好坏的一个指标，一般要求 NRMS 值小于 0.5，不能大于 1.0。控制网解算的 NRMS 值为 0.21。这说明 GNSS 网的整体观测质量较高，基线解的精度较好。

（2）GNSS 控制网平差

ITRF 坐标框架下三维平差的基准站为 URUM、POL2、KIT3（CGCS2000 坐标）。

平差时采用 GAMIT 软件输出的 H-file（包括坐标和坐标之间的全协方差阵）作为观测量。以 3 个基准站的坐标为基准进行三维约束平差，所得点位坐标精度中误差统计如表 4.5-4 所示。GLOBK 平差的点位精度指标高，各分量都优于 0.01m。就绝对坐标而言，由于平差时基准选择及策略的不同，会有系统差的存在。

表 4.5-4	点位坐标精度中误差统计		（单位：m）
坐标分量	最大值	最小值	平均值
X	0.0021	0.0016	0.0017
Y	0.0084	0.0049	0.0058
Z	0.0038	0.0056	0.0043

4.5.5　羊卓雍错平面控制基准的建立

4.5.5.1　GNSS 控制网的布设与测量

根据设计书的要求，在测区范围内新设东拉乡附近 YK01、工部学乡附近 YK02、羊湖宾馆院内 YK03，共 3 个 D 级 GPS 点、5 个图根 GNSS 点（图 4.5-5）。新设各级 GNSS 控制点全部采用岩石嵌刻方式埋设标志。2013 年 6 月 24 日，共观测了 1 个时段，同步观测时长为 4h，采用的接收机类型有 Trimble R8、Trimble R10，对应的天线为 R8-Model 3、R10 Internal。经 TEQC 检查，观测质量基本满足设计要求。

4.5.5.2　数据处理方案

GNSS 控制网基线解算和网平差处理方案：使用 GAMIT 软件，利用精密星历进行基线处理，利用相关分析探测粗差，消除观测量的随机模型误差，所得高质量基线向量成果，在 GLOBK 软件进行网平差计算。有关采用星历、坐标框架与历元、起算坐标等在第 4.5.1 节中已详细说明，此处不再赘述。

（1）GNSS 基线检核

由于 GAMIT 软件采用的是网解（即全组合解），其同步环闭合差在基线解算时已经分配。对于 GAMIT 软件基线解的同步环检核，可以把解的 NRMS 值作为同步环质量好坏的一个指标，一般要求 NRMS 值小于 0.5，不能大于 1.0。控制网解算的 NRMS 值为 0.33。这说明 GPS 网的整体观测质量较高，基线解的精度较好。

（2）GNSS 控制网平差

ITRF 坐标框架下三维平差的基准站为 BJFS、WUHN、SHAO、LHAS（CGCS2000 坐标）。

平差时采用 GAMIT 软件输出的 H-file（包括坐标和坐标之间的全协方差阵）作为观测量。以 4 个基准站的坐标为基准进行三维约束平差，所得点位坐标精度中误差统计如表 4.5-5 所示。GLOBK 平差的点位精度指标高，各分量都优于 0.01m。就绝对坐标而言，由于平差时基准选择及策略的不同，会有系统差的存在。

表 4.5-5	点位坐标精度中误差统计	（单位：m）
坐标分量		平均值
X		0.002
Y		0.010
Z		0.006

4.6 小结

高原湖泊平面控制网是高原湖泊测量的控制基础和起算基准。本项目针对高原地区地域偏远、平面控制基准缺失的问题，采用 GNSS 定位技术，通过与 IGS 跟踪站联测，并使用精密星历、引入地面常规观测值进行 GNSS 长基线平面控制网联合平差解算，实现了大范围的平面控制基准的高精度传递，建立了高原湖泊测量的平面控制基准。取得的主要研究成果还包括：

1）基于精密星历长基线计算技术，超越传统测量手段，大幅提高了高原湖泊的平面基准建立精度。

2）在高精度 GNSS 控制网数据处理中，通过采用相关分析的方法对粗差进行探测，再采用稳健估计的方法调整粗差观测量的协方差，有效消除了 GNSSS 数据处理中的粗差影响问题。

3）从 GNSS 基线解协方差矩阵的生成入手，分析了基线观测量随机误差的产生和分类，研究了通过调整各观测量的单位权方差因子来消除观测量方差系统误差的处理方法，提高了网平差的可靠性与精度。

精度验证和分析结果表明，建立的平面控制网三维坐标平均中误差优于 0.02m，能够满足高原湖泊测量的精度要求，为高原湖泊测量提供了可靠的、高精度的控制基础和起算基准。

第 5 章　高原湖泊高程基准构建技术研究

高程控制可分为基本高程控制、图根高程控制和测站点高程控制,可采用水准测量、光电测距三角高程测量、GNSS 高程测量等方式进行。我国众多的高原湖泊多数均处于4000m 以上的高海拔地区,人迹罕至,交通条件不便,自然环境恶劣,湖区周边的生态环境接近于原始状态。高等级引据高程控制点等基础资料严重缺乏,且引据高程控制点位置多在海拔超过 4500m 的地方,采用几何水准及高程导线测量等传统技术方法进行高程基准的构建在高原严重缺氧的条件下很难实现;高原湖区周围缺乏国家 2000 大地坐标系成果(CGCS2000)且无区域似大地水准面成果,大地高的获取及高程基准转换需探寻一种符合区域特征并切实有效的技术方法;高原湖泊信息是我国重要的地理国情资料,对数据的保密管理提出了更高的要求,需要从数据源头上进行保密处理。因此,数据加密算法的引进开发并探索如何融合在高原湖泊高程测量一体化集成系统中有待解决。

本章综合考虑高原湖泊的自然地理、交通情况、生态环境及引据资料等情况,研究构建科学、准确、高精度的高程基准技术方法,并研发高原湖泊高程测量一体化集成系统,应用于多个湖泊的项目实践。

5.1　高程基准构建基本理论

5.1.1　水准面和大地水准面

5.1.1.1　水准面

地球上任何一个质点 O,都同时受到两个力的作用(图 5.1-1),一个是由于地球自转产生的离心力 OP,另一个是地心引力 OF,这两个力的合力称为重力 OG。离心力与引力之比约为 1∶300,所以重力中起主导作用的还是地心引力。重力的作用线称为铅垂线,重力线方向就是铅垂线方向。

当液体处在静止状态时,其表面一定处处与重力方向正交,否则液体将要流动。这个液体静止的表面就称为水准面。水准面是一个客观存在的、处处与铅垂线正交的面。通过不同高度的点都有一个水准面,因此,水准面有无穷多个。

野外测量是通过水准器使仪器整平的。当水准器气泡居中,气泡中央的切线就是一条水平线。当测量仪器各部件相互关系正确时,仪器垂直轴方向就与铅垂线方向一致,水平度盘就是和水准面相切的水平面。因此,实际测得的水平角是在高低不同的水准面上的角度;控制网中的起始边长,是在不同高度的水准面上量得的长度;按几何水准法测定的高差是水准面间铅垂线长。因此,水准面、铅垂线就是大地测量野外作业的基准面和线。

上述边长、水平角、高差三类观测值,特别是水准测量的结果,直接取决于水准面的选择。为了使测量成果有一个共同的基准面,可以选择十分接近地球表面又能代表地球形状和大小的水准面作为共同的、统一的基准面。

5.1.1.2 大地水准面

大地水准面是指与平均海平面重合并延伸至大陆内部的水准面,是正高的基准面。在测量工作中,均以大地水准面为依据。因为地球表面起伏不平和地球内部质量分布不匀,大地水准面是一个略有起伏的不规则曲面。该面包围的形体近似于一个旋转椭球,称为"大地体",常用来表示地球的物理形状。

大地水准面是由静止海水面向大陆延伸所形成的不规则的封闭曲面。大地水准面或似大地水准面是获取地理空间信息的高程基准面。它是重力等位面,即物体沿该面运动时,重力不做功(如水在这个面上是不会流动的)。大地水准面是描述地球形状的一个重要物理参考面,也是海拔高程系统的起算面。大地水准面的确定是通过确定它与参考椭球面的间距,即大地水准面差距(对于似大地水准面而言,则称为高程异常)来实现的。大地水准面和海拔高程等参数和概念在客观世界中无处不在,在国民经济建设中起着重要的作用。

大地水准面是大地测量基准之一,确定大地水准面是国家基础测绘中的一项重要工程。它将几何大地测量与物理大地测量科学地结合起来,使人们在确定空间几何位置的同时,还能获得海拔高度和地球引力场关系等重要信息。大地水准面的形状反映了地球内部物质结构、密度和分布等信息,对海洋学、地震学、地球物理学、地质勘探、石油勘探等相关地球科学领域研究和应用起到重要作用。大地水准面示意如图 5.1-2 所示。

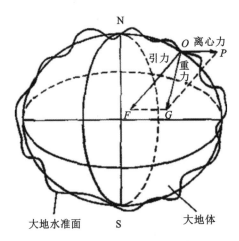

图 5.1-1 离心力、引力与重力

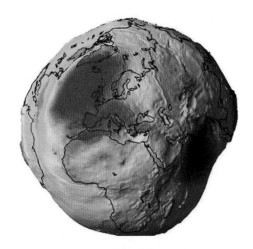

图 5.1-2 大地水准面示意图

随着大地测量学科的发展,确定大地水准面的研究已经有一个多世纪,特别是近半个世纪来随着卫星大地测量和相关地学学科的发展,这一领域的研究日趋活跃,确定一个高分辨率、高精度的全球大地水准面已成为 21 世纪大地测量学科发展有全局性的战略目标。

大地水准面是测绘工作中假想的包围全球的平静海洋面,与全球多年平均海水面重合,形状接近一个旋转椭球体,是地面高程的起算面。

一个假想的、与静止海水面相重合的重力等位面,以及这个面向大陆底部的延伸面。它是高程测量中正高系统的起算面。

大地水准面同平均地球椭球面或参考椭球面之间的距离(沿着椭球面的法线)都称为大地水准面差距。前者是绝对的,也是唯一的;后者则是相对的,随着所采用的参考椭球面的不同而异。

绝对大地水准面差距,是指大地水准面到平均地球椭球面间的距离。它的数值最大在 ±100m 左右。绝对大地水准面差距可以利用全球重力异常按斯托克斯积分公式进行数值积分算得,也可以利用地球重力场模型的位系数按计算点坐标进行求和算得。原则上可以选取其中任一公式。前者虽然精度较高,但是运算复杂;后者由于不能按无穷级数计算,精度受到限制,但运算方便。因此,在实践中总是根据不同的要求,采用其中的一种或综合两者优点采用一个混合公式计算。

绝对大地水准面差距除了用上述方法确定之外,还可以利用卫星测高仪方法确定。

相对大地水准面差距,是指大地水准面到某一参考椭球的距离。因为参考椭球的大小、形状及在地球内部的位置不是唯一的,所以相对大地水准面差距具有相对意义。每一点的相对大地水准面差距,可以由大地原点开始,按天文水准或天文重力水准的方法计算出各点之间相对大地水准面差距之差,然后逐段递推出来。

5.1.1.3　似大地水准面

大地水准面是最接近地球整体形状的重力位水准面,也是正高系统的高程基准面。由于正高与大地水准面的确定涉及地球内部密度的假定,在理论上存在着不严密性,莫洛金斯理论作为现代大地测量的里程碑,可以应用地面测量数据直接确定地球表面形状而不需要对地球密度作任何假设,在这一理论体系中所构建的正常高系统,习惯上将所谓的似大地水准面称为该系统的高程起算面。然而,似大地水准面只是通过一定的数学关系对应于地面的一个几何曲面,它既不是具有物理意义的水准面,也不是对于所有空间各点都为唯一的高程起算面。

似大地水准面,从地面点沿正常重力线量取正常高所得端点构成的封闭曲面。似大地水准面严格说不是水准面,但接近于水准面,只是用于计算的辅助面。它与大地水准面不完全吻合,差值为正常高与正高之差。

正高与正常高的差值大小,与点位的高程和地球内部的质量分布有关。在我国青藏高原等西部高海拔地区,两者差异最大可达 3m,在中东部平原地区这种差异约几厘米。在海洋面上时,似大地水准面与大地水准面重合。

在大地坐标系中,点的位置用 (L,B) 表示。如果点的位置不在椭球面上,则还需要附加另一项参数——大地高 H,它同正常高及正高分别有一个数量关系,与正常高的数量关系称之为高程异常 ξ,与正高的数量关系称之为大地水准面差距 N。显然,如果点在椭球面上,则大地高 $H=0$。

由以上可知,大地高由两部分组成:地形高部分(含正高或正常高)及大地水准面(或似大地水准面)高部分。地形高基本上确定着地球自然表面的地貌,大地水准面高度又称大地水准面差距,似大地水准面高度又称高程异常,它们基本上确定着大地水准面或似大地水准面的起伏。

5.1.2 地球椭球

地球自然表面的起伏不平、地壳内部物质密度分布的不均,使得引力方向产生不规则的变化。例如:在山岳附近,引力方向将偏向山岳,湖泊附近就会偏离湖泊;在大密度矿藏附近,则要偏向矿藏。因而引力方向除总的变化趋势外,还会出现局部变化,这就引起铅垂线方向发生不规则的变化(图 5.1-3)。因为大地水准面处处与铅垂线正交,所以它是一个略有起伏、不规则的表面。这个表面无法用数学公式来表示,大地测量获得的数据也不可能在这个面上进行计算。因此,大地水准面不能作为大地测量计算的基准面。

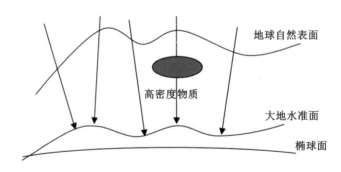

图 5.1-3 地球表面与大地水准面

大地体表面的不规则起伏并不大,因为这种起伏主要是由地壳层的物质分布不均匀所引起的,而地壳的质量占地球总质量的 1/65。从整体上看,大地体接近于一个具有极小扁率的旋转椭球。对于这样一个规则的几何形体表面,可以用数学公式将它准确地表达出来。选择一定形状和大小的椭球后,应该将以大地水准面为基准面的野外观测成果换算到这个椭球面上,在它上面计算点位坐标。

形状和大小与大地体相近,且两者之间相对位置确定的旋转椭球称为参考椭球。一个和整个大地体最为接近、密合最好的椭球又称为总地球椭球或平均椭球。总地球椭球满足以下条件：

①椭球质量等于地球质量。

②椭球旋转的角速度应与地球旋转的角速度相等。

③椭球体积与大地体体积相等,它的表面与大地水准面之间的差距平方和为最小。

④椭球中心与地心重合,椭球短轴与地球自转轴重合,大地起始子午面与天文起始子午面平行,椭球的赤道应与地球的赤道一致。

确定总地球椭球必须在整个地球表面上布测连成一体的天文大地网,并进行全球性的重力测量,这在过去是无法实现的。近年来,由于卫星大地测量技术的发展,根据卫星和陆地大地测量的成果才有可能求出总地球椭球的参数。

为了大地测量工作的实际需要,各个国家和地区只有根据局部的天文、大地和重力测量资料,研究局部大地水准面的情况,确定一个与总椭球接近的椭球,以表示地球的大小,作为处理大地测量成果的依据。这样的椭球只能较好地接近局部地区的大地水准面,不能反映整个大地体的情况,所以叫做参考椭球,它代表地球的数学表面。

17 世纪以来,许多科学工作者根据不同地区、不同年代的测量资料,按不同的处理方法换算出不同的椭球元素,比较重要和常用的椭球元素如表 5.1-1 所示。表 5.1-1 中前 6 个参考椭球体参数都是根据天文、大地和重力测量资料推得的,曾用于或正用于不同国家的大地测量和地图制图中,后 4 个参考椭球体参数在推算时还应用了卫星观测资料。

表 5.1-1　　　　　　　　　　部分参考椭球元素

参考椭球名称	推求时间	长半径(a/m)	扁率 f
贝塞尔	1841	6377397.155	1：299.1528128
克拉克	1866	6378206.4	1：294.9786982
赫尔墨特	1906	6378140	1：298.3
海福特	1909	6378388	1：297.0
克拉索夫斯基	1940	6378245	1：298.3
1967 大地坐标系	1971	6378160	1：298.247167427
国际大地测量与地球物理联合会(IUGG)第十六届大会推荐值	1975	6378140	1：298.257
IUGG 第十七届大会推荐值	1979	6378137	1：298.257
IUGG 第十八届大会推荐值	1983	6378136	1：298.257
WGS84	1984	6378137	1：298.257223563

椭球体可以看做是由椭圆绕短半轴旋转而成的。如图 5.1-4 所示,a 为长半径,b 为短半径。在测量计算中,常用长半径 a 和扁率 f 表示椭球的大小和形状。

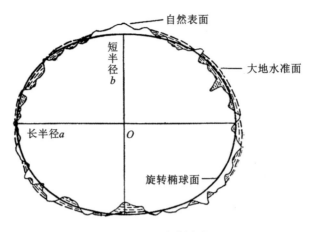

图 5.1-4 地球椭球

$$f = \frac{a-b}{a} \qquad (5.1\text{-}1)$$

式中：f——椭球的扁率。

扁率反映椭球的扁平程度，如当 $a=b$ 时，$f=0$，椭球体变为球体；当 b 减小时，f 增大，则椭球体变扁；当 $b=0$ 时，$f=1$，则椭球体变为平面。因此，f 值介于 0 和 1 之间。扁率 f 也可以用地球重力场二阶带球谐系数 J_2 表示。

在测量计算中还经常用到椭圆的第一偏心率和第二偏心率 2 个元素。椭圆的第一偏心率：

$$e = \frac{\sqrt{a^2 - b^2}}{a} \qquad (5.1\text{-}2)$$

椭圆的第二偏心率：

$$e' = \frac{\sqrt{a^2 - b^2}}{b} \qquad (5.1\text{-}3)$$

偏心率 e 和 e' 是子午椭圆的焦点离开中心的距离与椭圆半径之比，也反映椭球体的扁平程度，偏心率越大，椭球愈扁。

为了简化公式的书写和运算，还常引用下列符号：

$$\left.\begin{array}{l} \eta = e'\cos B \\ W = \sqrt{1 - e'^2 \sin^2 B} \\ V = \sqrt{1 + e'^2 \cos^2 B} \\ c = \dfrac{a^2}{b} \\ t = \tan B \end{array}\right\} \qquad (5.1\text{-}4)$$

式中：B——大地纬度；

c——极曲率半径。

1954 年以前我国采用过美国海福特椭球元素。新中国成立后很长一段时间中采用 1954 年北京坐标系,用的是苏联克拉索夫斯基元素。根据该坐标系建成了全国天文大地网,完成了大量的测图和制图工作,这个系统在今后仍需使用一段时间。全国天文大地网平差建立了 1980 年西安大地坐标系,其选用的是 1975 年 IUGG 第十六届大会上推荐的椭球参数。为了使 1∶50000 以下比例尺在地形图的方里线基本上不变,提出了新 1954 年北京坐标系(整体平差转换值)。它是在 1980 年西安大地坐标系的基础上将 IUGG1975 椭球改为克氏椭球,通过在空间 3 个坐标轴上进行平移转换而来的。

把大地控制网归算到椭球面上,仅知道椭球大小是不够的,还需要确定它同大地体的相关位置,这就是椭球的定位和定向。关于定位和定向的方法,详见椭球大地测量学。一个大小和定位都已确定的地球椭球才叫做参考椭球。参考椭球面是大地测量的计算面,椭球面法线则是大地测量计算的基准线。

5.1.3　垂线偏差

无论是参考椭球还是总地球椭球,其表面都不可能与大地水准面处处重合,因而在同一测站点上铅垂线与椭球面法线也不会重合(图 5.1-5)。两者之间的夹角 u 称为垂线偏差。

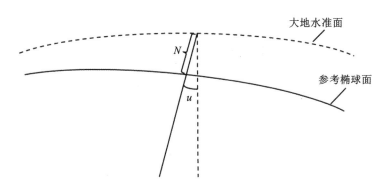

图 5.1-5　垂线偏差与大地水准面差距

垂线偏差的大小和方向随着点位不同发生不规则的变化,引起其变化的原因是地球内部质量分布不均匀以及椭球大小、形状和定位情况的不同。垂线偏差 u 通常用南北方向上的投影分量 ξ 和东西方向上的投影分量 η 来表示。大地水准面与椭球面在某一点上的高差称为大地水准面差距,用 N 表示。它们是标志大地水准面和椭球面之间的差异的量,测量计算时要进行归化。

垂线偏差和大地水准面差距对确定天文坐标与大地坐标的关系、地球椭球的定位以及研究地球的形状和大小等问题有着重要的意义。

5.1.4　高程系统

建立统一的国家高程控制网,首先要选择高程系统和建立水准原点。选择高程系统,就是确定表示地面点高程的统一基准面。不同的高程基准面对应不同的高程系统。建立水准原点，就是确定国家高程控制网中用来传递高程的统一起始点。

5.1.4.1 高程基准面

高程基准面就是地面点高程的统一起算面。大地水准面所形成的体形——大地体是与整个地球最为接近的体形，因此，通常采用大地水准面作为高程基准面。

大地水准面是假想海洋处于完全静止的平衡状态时海水面延伸到大陆地面以下所形成的闭合曲面。事实上，海洋受潮汐、风力的影响，永远不会处于完全静止的平衡状态，总是存在不断的升降运动，但是可以在海洋近岸的一点处竖立水位标尺，长年累月地观测海水面的水位升降，根据长期观测的结果可以求出该点处海洋水面的平均位置。假定大地水准面就是通过这点处实测的平均海水面。

长期观测海水面水位升降的工作称为验潮，进行这项工作的场所称为验潮站。

根据各地的验潮结果表明，不同地点平均海水面之间存在着差异。因此，对于一个国家来说，只能根据一个验潮站所求得的平均海水面作为全国高程的统一起算面——高程基准面。

1956 年，我国根据基本验潮站应具备的条件，认为青岛验潮站位置适中。青岛验潮站地处我国海岸线的中部，其所在港口是有代表性的规律性半日潮港，又具有避开了江河入海口，外海海面开阔，无密集岛屿和浅滩，海底平坦，水深在 10m 以上等有利条件。因此，在 1957 年确定青岛验潮站为我国基本验潮站，验潮井建在地质结构稳定的花岗石基岩上，以该站 1950—1956 年的潮汐资料推求的平均海水面作为我国的高程基准面。以此高程基准面作为我国统一起算面的高程系统称为"1956 年黄海高程系统"。

1956 年黄海高程系统高程基准面的确立，对统一全国高程有着重要的历史意义，对国防和经济建设、科学研究等方面都起了重要的作用。但从潮汐变化周期来看，确立 1956 年黄海高程系统的平均海水面所采用的验潮资料时间较短，还不到潮汐变化的一个周期（一个周期一般为 18.61 年），同时又发现验潮资料中含有粗差。因此，有必要重新确定新的国家高程基准。

新的国家高程基准面是根据青岛验潮站 1952—1979 年的验潮资料计算确定的，根据这个高程基准面作为全国高程的统一起算面，称为"1985 国家高程基准"。

5.1.4.2 水准原点

为了长期、牢固地表示出高程基准面的位置，作为传递高程的起算点，必须建立稳固的水准原点，用精密水准测量方法将它与验潮站的水准标尺进行联测，以高程基准面为零推求水准原点的高程，以此高程作为全国各地推算高程的依据。在 1985 国家高程基准系统中，我国水准原点的高程为 72.26m。

我国的水准原点建于青岛附近，水准原点的标石构造，如图 5.1-6 所示。

1985 国家高程基准已经获得国家批准,并从 1988 年 1 月 1 日开始启用,以后凡涉及高程基准时,一律由原来的 1956 年黄海高程系统改用 1985 国家高程基准。由于新布测的国家一等水准网点是以 1985 国家高程基准起算的,因此,以后凡进行各等级水准测量、三角高程测量以及各种工程测量,尽可能与新布测的国家一等水准网点联测,即使用国家一等水准测量成果作为传算高程的起算值。如不便于联测时,可在 1956 年黄海高程系统的高程值上改正一固定数值,得到以 1985 国家高程基准为准的高程值。

必须指出的是,我国在新中国成立前曾以不同地点的平均海水面作为高程基准面。高程基准面的不统一,使高程比较混乱,在使用过去旧有的高程资料时应弄清楚当时是以什么地点的平均海水面作为高程基准面。

5.1.4.3　高程系统的分类

为了解决由于水准面不平行所产生的水准测量结果的多值性,使一点高程具有唯一确定值,必须研究并合理地选择高程系统。在大地测量中,定义了正高、正常高、大地高等高程系统。

(1)正高系统

正高系统是以大地水准面和铅垂线定义的高程系统。对于地面一点 B,其正高为 B 点沿铅垂线至大地水准面的距离。正高高程是唯一确定的数值,可以用来表示地面的高程。但是严格说来地面一点的正高高程不能精确求得。

(2)正常高系统

以似大地水准面为高程基准面的高程系统,称为正常高系统。这个系统的高程是地面点沿铅垂线方向到似大地水准面的距离,称为正常高。由于理论上我们可以算出某点的正常重力平均值,这点的正常高值是可以精确求得,且与水准路线的变换无关。因此,我国的水准点高程采用正常高系统。

(3)大地高系统

地面一点沿法线到椭球面的距离,称为大地高。椭球面及其法线是大地高系统的基准面和基准线。

大地水准面与参考椭球面在一般情况下不重合,它们之间的距离称为大地水准面差距,用符号 N 表示(图 5.1-7),于是地面点的大地高 H 就可以认为等于该点的正高与大地水准面差距之和,即

$$H = H_{正} + N \tag{5.1-5}$$

似大地水准面与参考椭球面在一般情况也不重合,它们之间的高程差成为高程异常,用 ζ 表示。则大地高为:

$$H = H_{正常} + \zeta \tag{5.1-6}$$

其中 ζ 可以根据重力测量资料直接计算,也可以通过"天文重力水准"方法求得。

从式(5.1-5)、式(5.1-6)可以看出,大地高 H 同正高 $H_{正}$ 或正常高 $H_{正常}$ 之间通过大地水准面差距 N 或高程异常 ζ 取得了联系,可以互相换算,不过正高和大地水准面差距都不能精确得到。因此,在有重力测量资料的前提下,大地高可以通过正常高求得。

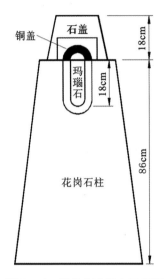

图 5.1-6 青岛水准原点示意图

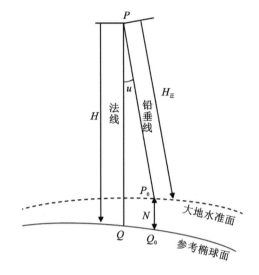

图 5.1-7 高程系统及其关系

5.2 高原湖泊高程基准构建技术难题

我国高原湖泊众多,多数湖泊位于高海拔地区,人迹罕至,交通条件不便,自然环境恶劣,大部分湖泊均处于4000m以上的高海拔地区,且湖区周边的生态环境接近于原始状态,在这样的条件下构建科学、准确、高精度的高程基准面临重重技术难题,具体表现在以下几个方面:

①高等级引据高程控制点等基础资料严重缺乏,且引据高程控制点位置多在海拔超过4500m的地方,全部采用几何水准及高程导线测量等传统技术方法进行高程基准的构建在高原严重缺氧的条件下很难实现。

②测区周围缺乏 CGCS2000 成果,GNSS 高程控制测量的大地高获取面临难题。

③高原湖区无区域似大地水准面成果,GNSS 测量高程转换必须探寻一种符合区域特征并切实有效的技术方法。

④目前,测绘行业内正在使用的高程外业测量记录计算系统有多个版本,是由不同的行业、单位开发,在开发平台、依据的规范标准、系统功能、工作流程、数据处理方式上有很大的差异,其系统架构和功能对于高原湖泊高程测量而言或针对性不强,或冗余度较高,不能直接用于高原湖泊测量的生产工作中。因此,有必要专门开发高原湖泊高程测量一体化集成系统。

⑤高原湖泊信息是我国重要的地理国情资料,对数据的保密管理提出了更高的要求,需

从数据源头上进行保密处理,因此,数据加密算法的引进开发并探索如何融合在高原湖泊高程测量一体化集成系统中成为技术难题。

⑥基于高原湖泊高程基准构建工作的重要性及历史意义,观测数据的质量及成果输出的规范、一致显得尤为重要。因此,如何实现高程控制测量的外业实时质量检核及自动化报表输出是必须解决的技术难点。

5.3　高原湖泊高程基准构建技术方法

针对高原湖泊高等级引据高程控制点等基础资料严重缺乏,且引据高程控制点位置多在海拔 4500m 以上的技术难点,采用以几何水准测量为主、辅以高程导线测量的传统作业模式难以实现测区高程基准的构建,本书采用多源数据融合的方式构建区域数字高程基准模型,即应用 GNSS 高程测量技术结合几何水准测量或高程导线测量数据形成 GNSS/水准数据,融合 EGM2008 地球重力场模型,通过格网拟合的方式,形成最终的 GNSS 似大地水准面模型,即区域的数字高程基准模型。高原湖泊高程基准构建的总体技术流程如图 5.3-1 所示。

图 5.3-1　高程基准构建的总体技术流程

对于测区周围缺乏 CGCS2000 成果,GNSS 高程控制测量的大地高获取面临的难题,本书采用测区控制点数据与世界 GNSS 跟踪站的同步数据进行长基线联算,获得国家 2000 大地坐标系成果(含以 1975 国际椭球为基准面的大地高)。

在多源数据融合构建区域数字高程基准模型的过程中,由于高原湖区无区域似大地水准面成果,这就加大了 GNSS 测量高程转换的难度。本书采用了 GNSS/水准数据融合 EGM2008 地球重力场模型,并采用几何水准数据或高程导线数据进行外部检核的方式,较好地解决了这个技术难题。

针对高原湖泊高程基准构建工作的重要性及历史意义,测绘数据的保密管理、高程控制测量外业数据的质量检核及报表输出等均有更高的要求,设计与开发了高原湖泊高程测量一体化集成系统,较好地解决了上述问题。

5.3.1 几何水准测量

几何水准测量是高程测量中最基本、最精密的一种方法,被广泛应用于高程控制测量和工程测量中。按精度的高低,几何水准测量分为国家一、二、三、四等水准测量和等外水准测量(也叫图根水准测量)。其中,一等水准测量的精度最高,是国家控制网的骨干,也是地壳垂直位移及有关科学研究的主要依据;二等水准测量的精度低于一等水准测量,是国家高程控制的基础;三、四等水准测量的精度依次降低,主要为地形测图和各种工程建设提供高程;等外水准测量的精度低于四等水准测量,主要用于测定图根点的高程和普通工程建设施工。高原湖泊高程基准构建主要采用三、四等水准测量的技术方法。

5.3.1.1 水准测量基本原理

水准测量是利用水准仪提供的水平视线在水准尺上读数,直接测定地面上两点间的高差,然后根据已知点高程及测得的高差来推算待定点的高程。

如图 5.3-2 所示,地面上有 A、B 两点,设 A 为已知点,其高程为 H_A、B 点为待定点。在 A、B 两点中间安置一台能提供水平视线的仪器——水准仪,在两点上分别竖立带有刻画的标尺——水准尺,当水准仪提供水平视线时,分别读取 A 点上水准尺的读数 a 和 B 点上水准尺的读数 b,则 A、B 两点的高差为:

$$h_{AB} = a - b \tag{5.3-1}$$

设水准测量的方向是从 A 点往 B 点进行。则规定已知点 A 为后视点,A 尺为后视尺,简称为后尺,A 尺上的读数 a 为后视读数;待定点 B 为前视点,B 尺为前视尺,简称为前尺,B 尺上的读数 b 为前视读数。安置仪器处称为测站,竖立水准尺的点称为测点。

式(5.3-1)用文字表述为:两点间的高差等于后视读数减去前视读数。显然,高差有正、负之分。当 B 点高于 A 点时,$a > b$,高差为正;当 B 点低于 A 点时,$a < b$,高差为负。

有了 A、B 两点间的高差 h_{AB} 后,就可进一步由已知点 A 的高程 H_A 推算待定点 B 的高程 H_B。B 点的高程为:

$$H_B = H_A + h_{AB} = H_A + (a - b) \tag{5.3-2}$$

在工程测量中还有一种应用较为广泛的计算方法,即由视线高程计算 B 点的高程。由图 5.3-2 可知,A 点的高程加上后视读数 a 等于水准仪的视线高程,简称视线高,一般用 H_i 表示视线高。

$$H_i = H_A + a \tag{5.3-3}$$

则 B 点的高程等于仪器的视线高 H_i 减去 B 尺的读数 b,即为:

$$H_B = H_i - b = (H_A + a) - b \tag{5.3-4}$$

式(5.3-2)是直接用高差计算 B 点高程,称为高差法;式(5.3-4)是利用水准仪的视线高程计算 B 点高程,称为视线高法。

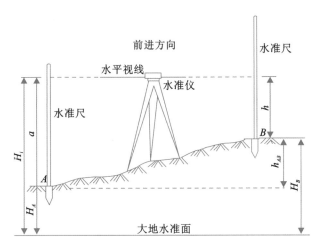

图 5.3-2　水准测量原理

5.3.1.2　水准测量的技术要求

在高原湖泊高程基准构建的几何水准测量中,多采用三、四等水准测量作为高程控制的引测和检核数据,其精度高,要求严格。三、四等水准点的高程应从附近的高等级高程控制点引测。在进行高程控制测量前,必须事先根据精度和需要在测区布置一定密度的水准点,水准点标志及标石的埋设应符合相关规范要求。三、四等水准测量的路线、操作方法、观测程序都有一定的技术要求。

三、四等水准测量,每千米水准测量的偶然中误差 M_Δ 和全中误差 M_W 不应超过表 5.3-1规定的数值。

表 5.3-1　　　　　　　每千米水准测量的偶然中误差和全中误差精度指标　　　　　(单位:mm)

测量等级	三等	四等
M_Δ	3	5
M_W	5	10

测站的视线长度(仪器至标尺距离)、前后视距差、视线高度、数字水准仪重复测量次数按表 5.3-2 规定执行。使用 DS3 级以上的数字水准仪进行三、四等水准测量观测,其上述技术指标应不低于表 5.3-2 中 DS1、DS05 级光学水准仪的要求。

测站观测限差按表 5.3-3 规定执行。

表 5.3-2			三、四等水准测量技术指标			（单位:m）	
等级	仪器类别	视线长度	前后视距差	任一测站上前后视距差累积	视线高度	数字水准仪重复测量次数
三等	DS3	≤75	≤2	≤5	三丝能读数	≥3 次
	DS1、DS05	≤100				
四等	DS3	≤100	≤3	≤10	三丝能读数	≥2 次
	DS1、DS05	≤150				

注:相位法数字水准仪重复测量次数可以为上表中数值减少一次。所有数字水准仪在地面震动较大时,应暂时停止测量,直至震动消失,无法回避时应随时增加重复测量次数。

表 5.3-3		三、四等水准测量测站观测限差			（单位:mm）
等级	观测方法	基、辅分划（黑红面）读数的差	基、辅分划（黑红面）所测高差的差	单程双转点法观测时,左右路线转点差	检测间歇点高差的差
三等	中丝读数法	2.0	3.0	—	3.0
	光学测微法	1.0	1.5	1.5	
四等	中丝读数法	3.0	5.0	4.0	5.0

使用双摆位自动安平水准仪观测时,不计算基、辅分划读数差。

使用数字水准仪,同一标尺两次观测所测高差的差执行基、辅分划所测高差之差的限差。

三、四等水准测量的读数取位按表 5.3-4 执行。

表 5.3-4	三、四等水准测量的读数取位			（单位:mm）
等级	中丝读数法		光学测微法	
	视距丝	中丝	视距丝	平分丝
三等	1	1	1	0.1
四等	1	1	1	1

往返测高差不符值、环线闭合差和检测高差之差的限差应不超过表 5.3-5 的规定。

表 5.3-5	三、四等水准测量路线闭合差精度指标				（单位:mm）
等级	测段、路线往返测高差不符值	测段、路线的左、右路线高差不符值	附合路线或环线闭合差		检测已测测段高差的差
			平原	山区	
三等	$\pm12\sqrt{K}$	$\pm8\sqrt{K}$	$\pm12\sqrt{L}$	$\pm15\sqrt{L}$	$\pm20\sqrt{R}$
四等	$\pm20\sqrt{K}$	$\pm14\sqrt{K}$	$\pm20\sqrt{L}$	$\pm25\sqrt{L}$	$\pm30\sqrt{R}$

注:K 为路线或测段的长度(km);L 为附合路线(环线)的长度(km);R 为检测测段的长度(km);山区指高程超过 1000m 或路线中最大高差超过 400m 的地区。

5.3.1.3　水准测量的施测方法

三、四等水准测量的观测应在通视良好、成像清晰稳定的情况下进行。一般采用双面水准标尺进行观测,下面以四等水准测量为例介绍双面尺法的观测程序。

(1)测站观测程序

①用圆水准器整平仪器,并使符合水准器气泡的影像分离不大于1cm,然后测定前后视的概略视距,使之符合限差要求。

②照准后视标尺的黑面,使水准管气泡居中,读取下丝(1)、上丝(2)、中丝(3),并进行记录。

③照准后视标尺的红面,读取中丝(4)读数,并进行记录。

④照准前视标尺的黑面,使水准管气泡居中,读取下丝(5)、上丝(6)、中丝(7),并进行记录。

⑤照准前视标尺的红面,读取中丝(8)读数,并进行记录。

以上四等水准测量观测程序可简称为"后—后—前—前"或"黑—红—黑—红"。四等水准测量每站观测程序也可为"后—前—前—后"(或称为"黑—黑—红—红")。具体为:后视黑面尺读下、上、中丝;前视黑面尺读下、上、中丝;前视红面尺读中丝;后视红面尺读中丝。

(2)测站的计算与校核

首先将观测数据(1),(2),…,(8)采用电子或纸质的形式记录。

1)视距计算

后视距离:$(9)=[(1)-(2)]\times100$;

前视距离:$(10)=[(5)-(6)]\times100$;

前、后视距差值:$(11)=(9)-(10)$;

前、后视距累积差:$(12)=$本站$(11)+$前站(12)。

2)高差计算

后视标尺黑、红面读数差:$(13)=K_1+(3)-(4)$;

前视标尺黑、红面读数差:$(14)=K_2+(7)-(8)$;

K_1,K_2分别为后、前两水准尺的黑、红面的起点差,也称尺常数,一般为4.687m、4.787m。

黑面高差:$(15)=(3)-(7)$;

红面高差:$(16)=(4)-(8)$;

黑、红面高差之差:$(17)=(15)-[(16)\pm0.1]=(13)-(14)$。

当上述计算合乎限差要求时,可进行高差中数计算。

高差中数:$(18)=1/2\{(15)+[(16)\pm0.1]\}$。

3)检核计算

①每站检核:$(17)=(13)-(14)=(15)-[(16)\pm0.1]$。

当进行到此时,一个测站的观测和计算工作即完成,确认各项计算符合要求时,方可迁站,迁站之前,后视标尺及尺垫不允许移动。

②每页观测成果检核。除了检查每站的观测计算外,还应在每页手簿的下方计算本页的$\sum$,检查并使之满足下列要求。

红、黑面后视中丝总和减红、黑面前视中丝总和应等于红、黑面高差总和,还应等于平均高差总和的两倍。

$$\sum(9)-\sum(10)=末站(12)$$

当每页测站数为偶数时:

$$\sum[(3)+(4)]-\sum[(7)+(8)]=\sum[(15)+(16)]=2\sum(18)$$

当每页测站数为奇数时:

$$\sum[(3)+(4)]-\sum[(7)+(8)]=\sum[(15)+(16)]=2\sum(18)\pm0.1$$

校核无误后,算出总视距。

水准路线总长度:

$$L=\sum(9)+\sum(10)$$

5.3.1.4 水准测量成果计算

水准测量外业结束后即可进行内业成果的计算,计算前必须对外业手簿进行检查,确保无误后才能进行内业成果的计算。

(1)高差闭合差f_h及其允许值$f_{h允}$的计算

根据水准测量成果检核方法,计算水准路线的高差闭合差f_h及其允许值$f_{h允}$。

当$f_h\leq f_{h允}$时,进行后续计算;

当$f_h>f_{h允}$时,则说明外业成果不符合要求,不能进行内业成果的计算,需要重测。

(2)高差闭合差调整值的计算

当高差闭合差在允许范围之内时,可进行闭合差的调整。附合或闭合水准路线高差闭合差分配的原则是:将高差闭合差按测站数或距离成正比例反号平均分配到各观测高差上。

设每一测段高差调整值(也称改正数)为v_i,则:

$$v_i=-f_h/\sum n \cdot n_i \tag{5.3-5}$$

式中:$\sum n$——测站总数;

n_i——测段测站数。

或

$$v_i=-f_h/\sum L \cdot L_i \tag{5.3-6}$$

式中:$\sum L$——水准路线总长度;

L_i——测段长度。

高差改正数的总和应与高差闭合差大小相等,符号相反,即

$$\sum v = -f_h \tag{5.3-7}$$

用式(5.3-7)检核计算的正确性。

(3)计算改正后的高差 h_i

将各段高差观测值加上相应的高差改正数,求出各段改正后的高差,即

$$h_i = h_{i测} + v_i \tag{5.3-8}$$

改正后高差的总和应与理论高差相等,即

$$\sum h_i = \sum h_{理} \tag{5.3-9}$$

用式(5.3-9)检核计算的正确性。

对于支水准路线,当高差闭合差符合要求时,可按下式计算各段平均高差。

$$h = (h_{往} - h_{返})/2 \tag{5.3-10}$$

(4)待定点高程的计算

由起始点的已知高程 H 开始,逐个加上相应测段改正后的高差 h_i,即得下一点的高程 H_i。

$$H_i = H_{i-1} + h_i \tag{5.3-11}$$

由待定点推算得到的终点高程与已知的终点高程应该相等,即

$$H_{终} = H_{待n} + h_{n+1} = H_{终已} \tag{5.3-12}$$

用式(5.3-12)检核计算的正确性。

5.3.2 高程导线测量

建立高程控制网的常用方法有水准测量和三角高程测量。用水准测量的方法测定控制点的高程,精度较高。但是在山区或丘陵地区,由于地面高差较大,水准测量比较困难,可以采用三角高程测量的方法测定地面点的高程,这种方法速度快、效率高,特别适用于地形起伏较大的山区。但是,三角高程测量的精度较水准测量的精度低,一般用于较低等级的高程控制中。近年来,全站仪的广泛应用使得用三角高程测量方法建立的高程控制网的精度不断提高。实验表明,采取适当的措施,全站仪三角高程测量的精度可以达到三、四等水准测量的精度要求。

三角高程测量是利用经纬仪或测距仪、全站仪,测量出两点间的水平距离或斜距、竖直角,再通过三角公式计算两点间的高差,推求待定点的高程。

5.3.2.1 三角高程路线

三角高程测量所经过的路线称为三角高程路线,所测定的地面点称为三角高程点。若用三角高程测量确定导线点的高程,则三角高程路线与导线重合;若用三角高程测定三角点的高程,则可在三角网中选一条路线作为三角高程路线;三角高程路线也可以根据实际需要

布设成独立的电磁波测距三角高程导线。

三角高程测量一般采用直觇和反觇的施测方法。在已知点安置仪器，观测待定点，用三角高程计算公式求待定点的高程，称为直觇；在待定点安置仪器，观测已知高程点，计算待定点的高程，称为反觇。在同一条边上，只进行直觇或反觇观测，称为单向观测；在同一条边上，既进行直觇又进行反觇观测，称为双向观测或对向观测。

三角高程路线通常布设成附合路线或闭合路线，起止于已知高程点。三角高程路线的成果计算与水准路线的计算方法相同。

5.3.2.2　三角高程测量原理

如图 5.3-3 所示，在 A 点架设经纬仪，B 点竖立标杆。当照准目标高为 v 时，测出的竖直角为 α，量出的仪器高为 i。设 A、B 两点间的水平距离为 D。

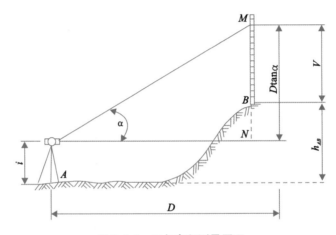

图 5.3-3　三角高程测量原理

$$h_{AB} = D\tan\alpha + i - v \tag{5.3-13}$$

如果 A 点的高程 H_A 已知，则 B 点的高程为：

$$H_B = H_A + h_{AB} = H_A + D\tan\alpha + i - v \tag{5.3-14}$$

5.3.2.3　地球曲率和大气折光的影响

式(5.3-14)适用于 A、B 两点距离较近(小于 300m)的情况，此时水准面可近似看成平面，视线视为直线。当地面两点间的距离 D 大于 300m 时，就要考虑地球曲率及观测视线受大气垂直折光的影响。地球曲率对高差的影响称为地球曲率差，简称球差。大气折光引起视线成弧线的差异，称为气差。地球曲率和大气折光产生的综合影响称为球气差。

如图 5.3-4 所示，MM' 为大气折光的影响，称为气差；EF 为地球曲率的影响，称为球差。

$$h_{AB} + v + MM' = D\tan\alpha + i + EF$$

令 $f = EF - MM'$，称为球气差，整理上式得：

$$h_{AB} = D\tan\alpha + i - v + f \tag{5.3-15}$$

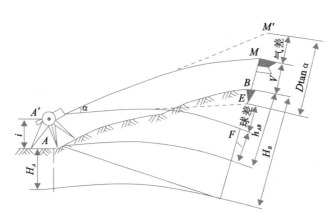

图 5.3-4　三角高程测量球气差影响

式(5.3-15)即为受球气差影响的三角高程计算高差的公式。f 为球气差的联合影响。球差的影响为 $EF = D^2/2R$,但气差的影响较为复杂,它与气温、气压、地面坡度和植被等因素均有关。在我国境内一般认为气差是球差的 1/7,即 $MM' = D^2/14R$。因此,球气差的计算式为:

$$f = EF - MM' = D^2/2R - D^2/14R \approx 0.43D^2/R \approx 0.07D^2 \qquad (5.3\text{-}16)$$

式中:D——地面两点间的水平距离(m);

R——地球平均半径,取 6371km;

f——球气差(cm)。

当取不同的 D 值时,球气差 f 的数值列于表 5.3-6 中,用时可直接查。

表 5.3-6 球气差查取表

D(m)	100	200	300	400	500	600	700	800	900	1000
f(cm)	0.1	0.3	0.6	1.1	1.7	2.4	3.3	4.3	5.5	6.7

由表 5.3-6 可知,当两点水平距离 $D<300$m 时,其影响不足 1cm,因此一般规定当 $D<300$m 时,不考虑球气差的影响;当 $D>300$m 时,才考虑其影响。

5.3.2.4　三角高程测量外业工作

(1)竖直角的观测方法

在三角高程测量中,竖直角的观测方法有中丝法和三丝法两种。

1)中丝法

中丝法也叫单丝法,是竖直角观测最常用的方法。这种方法是以望远镜十字丝的中横丝瞄准目标。

2)三丝法

三丝法就是以上、中、下 3 条横丝依次瞄准目标观测竖直角,这种方法有利于减弱竖盘刻划误差的影响。

观测时,先盘左,分别用上、中、下丝瞄准同一目标并读取竖盘读数 $L_上$、$L_中$、$L_下$。然后盘右,分别用上、中、下丝瞄准并读数 $R_上$、$R_中$、$R_下$。

计算时,先按上、中、下丝的观测值 $L_上$、$R_上$、$L_中$、$R_中$、$L_下$、$R_下$ 分别计算竖直角,然后取其平均值。

(2)三角高程测量的观测方法

三角高程控制的一般施测方法采用直觇和反觇的施测方法。用直反觇观测,待定点 B 的高程计算公式分别为:

$$H_B = H_A + h_{AB} = H_A + D_{AB}\tan\alpha_{AB} + i_A - v_B + f_{AB} \tag{5.3-17}$$

$$H_B = H_A - h_{BA} = H_A - (D_{BA}\tan\alpha_{BA} + i_B - v_A + f_{BA}) \tag{5.3-18}$$

如果观测是在相同的大气条件下进行,特别是在同一时间进行对向观测,可以认为 $f_{AB} \approx f_{BA}$,将式(5.3-17)与式(5.3-18)相加除以2,得 B 点平均高程:

$$h_{AB中} = 1/2(h_{AB} - h_{BA}) \tag{5.3-19}$$

则 B 点的高程为:

$$H_B = H_A + h_{AB中} = H_A + 1/2(D_{AB}\tan\alpha_{AB} - D_{BA}\tan\alpha_{BA}) + 1/2(i_A - i_B) + 1/2(v_A - v_B) \tag{5.3-20}$$

式(5.3-20)即是对向观测计算高程的基本公式。由此看来,对向观测可消除地球曲率和大气折光的影响,因此,在三角高程控制测量时宜采用对向观测。

5.3.2.5　三角高程的技术要求

三角高程测量有电磁波测距三角高程测量、经纬仪三角高程测量和独立高程点三种。三者精度不同,有不同的精度等级,各级的三角高程测量根据需要均可作为测区的首级高程控制。

(1)电磁波测距三角高程测量

电磁波测距三角高程测量一般分为四等、一级(五等)、二级(图根)3 个等级。四等应起止于不低于三等水准的高程点上,仪器高、觇标高应在观测前后各量一次,取至毫米,较差不大于 2mm;一级应起止于不低于四等水准的高程点上,仪器高、觇标高量取 2 次,取至毫米,较差不大于 4mm;二级应按同等级经纬仪三角高程测量的相应布设要求实施,仪器高、觇标高量取至厘米。电磁波测距三角高程测量的主要技术要求如表 5.3-7 所示。

表 5.3-7　　　　　　　　　　电磁波测距三角高程测量的主要技术要求

等级	边长(km)	仪器	竖直角测回数		指标差较差(″)	竖直角较差(″)	对向观测高差较差(mm)	附合或环线闭合差(mm)
			三丝法	中丝法				
四等	≤1	J_2	1	3	7	7	$\pm40\sqrt{D}$	$\pm20\sqrt{D}$
一级(五等)	≤1	J_2		2	10	10	$\pm60\sqrt{D}$	$\pm30\sqrt{D}$
二级(图根)	—	J_6		2	25	25		$\pm40\sqrt{D}$

注:D 为电磁波测距边长度(km)。单向观测时,应考虑地球曲率和大气折光的影响。

（2）经纬仪三角高程测量

经纬仪三角高程测量，一般分为两个等级。一级应起止于不低于四等水准的高程点上，路线边数不超过 7 条；二级（图根）应起止于不低于图根水准精度或一级三角高程的高程点上。当起止于图根水准精度的高程点上时，路线边数不应超过 15 条，当起止于一级三角高程点上时，路线边数不应超过 10 条。路线边数超过上述规定时，应布设成三角高程网。

仪器高、觇标高应用钢尺量至 0.5cm。

各等级经纬仪三角高程测量的主要技术要求如表 5.3-8 所示。

表 5.3-8　　　　　　　各等级经纬仪三角高程测量的主要技术要求

等级	仪器	总长(km)	竖直角测回数		指标差较差(″)	竖直角较差(″)	对向观测高差较差(mm)	附合或环线闭合差(mm)
			三丝法	中丝法				
一级	J2	1.5	1	2	15	15	±200S	±0.07$\sqrt{n}$
二级(图根)	J6	0.5		2	25	25	±400S	±0.11$H_d\sqrt{n}$

注：1. S 为边长(km)；n 为边数；H_d 为等高距，以 m 为单位。
　　2. 单向观测时，应考虑地球曲率和大气折光的影响。

（3）独立高程点

三角高程测量独立高程点一般用于测定图根平面控制测量中交会点的高程，又称独立交会高程点。独立点的高程至少要有 3 个单觇观测（直、反觇均可），3 个单觇推算的未知点高程，其较差一般应小于 1/3 测图等高距。若符合要求，则取其平均值作为最后结果。

5.3.2.6　三角高程测量内业计算

三角高程导线布设形式为附合高程导线、闭合高程导线。如图 5.3-5 所示，若 A 点和 E 点高程已知，可以选择一条从 $A—B—C—D—E$ 的附合高程导线；若只有 A 点高程已知，则选择 $A—B—D—E—C—A$ 的闭合高程导线。

下面以某一级（五等）独立三角高程路线为例说明其计算方法。

①在计算之前，应对外业成果进行检查，看其有无不符合规定的数据。全部符合要求后才可以进行抄录，并绘制三角高程路线图（图 5.3-6）。

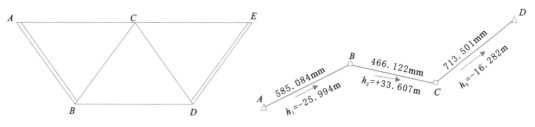

图 5.3-5　三角高程导线　　　　　图 5.3-6　符合三角高程路线

②各边高差的计算。计算前,首先将已知点、未知点的点名填入表格内,再对应表格项目填写各观测数据。检查抄录的数据无误后,利用式(5.3-17)和式(5.3-18)计算各边直、反觇高差。两点间直、反觇高差的较差若满足表5.3-7和表5.3-8的要求,则根据式(5.3-19)计算高差中数(符号与直觇相同);若超限,则应重测。

③调整高差闭合差。将路线各点号、各边水平距离、各边高差中数和已知高程等数据填入三角高程路线高差计算表中,然后再计算整条路线的高差闭合差 f_h:

$$f_h = \sum h - (H_D - H_A) = \sum h + H_A - H_D \qquad (5.3\text{-}21)$$

如果 $f_h \leqslant f_{h容}$,则计算出每段高差的改正数 v_i。

$$v_i = -D_i / \sum D \cdot f_h \qquad (5.3\text{-}22)$$

式中:v_i——第 i 段的高差改正数;

D_i——第 i 段的水平距离;

$\sum D$——整个路线水平距离总长;

f_h——高差闭合差。

④计算路线各未知点的高程。由已知点开始,根据改正后的高差逐一推算未知点高程(方法与水准测量成果计算相同)。

5.3.3　GNSS 高程控制测量

高原湖泊 GNSS 高程控制测量与 GNSS 平面控制测量同步进行,即采用测区控制点数据与世界 GNSS 跟踪站的同步数据进行长基线联算,获得国家 2000 大地坐标系成果(含以1975 国际椭球为基准面的大地高)。结合几何水准测量或高程导线测量数据形成 GNSS/水准数据,融合 EGM2008 地球重力场模型,通过格网拟合的方式,形成最终的 GNSS 似大地水准面模型,即区域的数字高程基准模型。应用几何水准数据或高程导线数据对区域数字高程基准模型进行精度评定。

5.3.3.1　GNSS/水准高程拟合

利用 GNSS 技术可测得地面点相对于参考椭球面的高度,即大地高 H。利用传统几何水准测量或三角高程测量数据可测得地面点的正常高。将同时具有精确大地高和正常高的控制点称为 GNSS/水准点。利用这些 GNSS/水准点即可求解对应的高程异常。在测区内布设一定数量和密度的 GNSS/水准点,利用这些 GNSS/水准数据根据数学函数模型进行几何拟合,建立高程异常与平面坐标或大地坐标之间的关系,从而求出地面上未知点的高程异常值,这样便得到了该区域的 GNSS 似大地水准面。拟合方法采用的函数模型一般有绘等值线图法、曲线内插法、曲面拟合法等。根据 GNSS 水准法计算得到的 GNSS 大地水准面的精度主要由 GNSS 水准点的精度、密度和分布所决定,该方法一般适用于范围不大、地形较为平坦的地区。

（1）GNSS/水准高程拟合常用方法

1）绘等值线图法

这种方法是最早的 GNSS 水准求解方法。它的原理是：在测区的 m 个 GNSS 点中，用几何水准联测其中 n 个点的正常高，根据 GNSS 观测获得的点的大地高，求出 n 个已知高程点的高程异常。接着，选取合适的比例尺，把这 n 个已知点按平面坐标展绘在图纸上，并标注相应的高程异常，再用 $1\sim5m$ 的等高距，绘出测区的高程异常图。在图上内插出未联测几何水准点的 $(m-n)$ 个点高程异常，从而求出这些待定点的正常高。这种方法只适用地形相对平坦的地方，这类测区拟合精度可达厘米级。如果测区的地形相对复杂，内插出的高程异常就不准确。这种方法虽然简单易操作，但是拟合精度不高，只有对拟合精度要求不高的时候才使用这种方法。

2）曲线内插法

铁路、公路、管道等的首级控制网，大多跨越几百甚至上千千米，此类控制网呈狭长带状。对于这类测线，可以采用曲线内插法进行高程拟合，求出待求点的正常高，常用方法有以下几种：

①多项式曲线内插法。

当测区呈线状分布或者带状分布时，可采用多项式曲线内插法，其公式为：

$$\zeta = a_0 + a_1 x + a_2 x^2 + a_3 x^3 + \cdots + a_n x^n \tag{5.3-23}$$

式中：ζ——高程异常；

$a_0, a_1, a_2, a_3, \cdots, a_n$——多项式系数；

x——可以是拟合点 x、y 坐标，也可以是拟合点到中心点的距离。

当 x 的系数为 n 时，我们称之为 n 次多项式，但一般要求 $n \leqslant 7$，因为 n 过大往往会出现计算病态问题。

当公共点个数 $m > n$ 时，设 $V_i = \zeta(x_i) - \zeta_i$，利用最小二乘原则，在 $V^T V = \min$ 的原则下求得系数 $a_0, a_1, a_2, a_3, \cdots, a_n$，继而求得其他未知点的高程异常 ζ。

②三次样条内插法。

当测线长、公共点多、ζ 变化较大时，按照 $V^T V = \min$ 求解多项式常数误差会增大，为避免高次插值的震荡现象，同时又保证分段低次插值连接点上的光滑，通常采用分段计算，这样使曲线在分段点上不连续，也影响拟合精度。为此，采用三次样条法来拟合。

设有 n 个公共点，ζ_i 和 $x_i (x_i = \sqrt{(x_i - x_0)^2 + (y_i - y_0)^2})$ 在区间 $[x_i, x_{i+1}] (i = l, 2, \cdots, n)$ 上有三次样条函数关系：

$$\zeta(x) = \zeta(x_i) + (x - x_i)\zeta(x_i, x_{i+1}) + (x - x_i)(x - x_{i+1})\zeta(x, x_i, x_{i+1}) \tag{5.3-24}$$

式中：x——待定点坐标；

x_0, y_0——设定的常数值，在实际计算中，它们的取值可以简单地考虑为区域内已知点的均值；

x_i, x_{i+1}——待定点两端已知点的坐标；

$\zeta(x_i, x_{i+1})$——一阶差商；

$\zeta(x, x_i, x_{i+1})$——二阶差商。

采用一定的数学方法就可解出 ζ 值。

3）曲面拟合法

当 GNSS 点布设在面状区域内，可以用数学曲面拟合法求待定点的高程异常。原理是：根据测区中已知点的平面坐标 x, y 或大地坐标 B, L 以及部分点的高程异常值，用数学曲面法拟合出测区的似大地水准面，再内插出待求点的高程异常，从而求出待求点的正常高。常用的曲面拟合模型有：

①多项式曲面拟合法。

多项式曲面拟合法是近年来使用的主要拟合方法，它的一般表达式为：

$$\zeta = a_0 + a_1 x + a_2 y + a_3 x^2 + a_4 xy + a_5 y^2 + a_6 x^3 + a_7 x^2 y + a_8 xy^2 + a_9 y^3 + \cdots$$
$$(5.3\text{-}25)$$

式中：$a_0, a_1, a_2, a_3, \cdots$——模型待定参数。

当控制点为 n 个，所取的项数为 n 项时，则存在如下方程组矩阵：

$$\zeta = AX \tag{5.3-26}$$

其中：

$$\zeta = \begin{bmatrix} \zeta_0 \\ \zeta_1 \\ \cdots \\ \zeta_{n-1} \end{bmatrix}, A = \begin{bmatrix} a_0 \\ a_1 \\ \cdots \\ a_{n-1} \end{bmatrix}, X = \begin{bmatrix} 1 & x_0 & y_1 & x_0^2 \cdots \\ 1 & x_1 & y_1 & x_1^2 \cdots \\ & & \cdots & \\ 1 & x_{n-1} & y_{n-1} & x_{n-1}^2 \cdots \end{bmatrix} \tag{5.3-27}$$

上式通过高斯消元即可解出系数 $a_0, a_1, \cdots, a_{n-1}$，然后通过式（5.3-25）解出其他点高程异常值并进一步求出正常高 h。应用比较多的是二次曲面拟合法和平面拟合法，其模型分别为式（5.3-28）、式（5.3-29）：

$$\zeta_i = a_0 + a_1 x_i + a_2 y_i + a_3 x_i^2 + a_4 y_i^2 + a_5 x_i y_i \tag{5.3-28}$$

$$\zeta_i = a_0 + a_1 x_i + a_2 y_i \tag{5.3-29}$$

实践表明：在地势较为平坦的地区，当已知高程点密度适当、分布比较均匀时，该方法计算高程异常的精度可达厘米级。

②多面函数法。

多面函数法是从几何观点出发，解决根据数据点形成一个平差数学曲面问题。其理论认为"任何数学表面和任何不规则的圆滑表面，总可以用一系列有规则的数学表面的总和，以任意精度逼近"高程异常可以表示为：

$$\zeta = \sum_{i=1}^{n} C_i Q(x, y, x_i, y_i) \qquad (5.3\text{-}30)$$

式中：C_i——待定系数；

　　$Q(x, y, x_i, y_i)$——x, y 的二次核函数，其中核心在 (x_i, y_i) 处；

　　ζ——可由二次式的和确定，故称多面函数；

　　x, y——待求点的坐标；

　　x_i, y_i——已知点坐标。

多面函数法拟合高程异常，核函数和光滑因子的选择对拟合效果有非常大的影响，常用的核函数有：锥面函数、正双曲面函数、倒双曲面函数和三次曲面函数。对于每个区域都要认真研究和选取，如果核函数和光滑因子选取合适，其拟合精度还是比较理想的。

③移动曲面拟合法。

移动曲面拟合法的基本思想是以每一个内插点为中心，利用内插点周围数据点的值，建立一个拟合曲面，使其到各数据点的距离之加权平方和为最小，而这个曲面在内插点上的值就是所求的内插值。

（2）影响 GNSS/水准高程拟合的因素

GNSS 高程拟合的精度由 GNSS 大地高测定误差、已知水准点高程误差、拟合误差三部分组成。在 GNSS 高程测量中，由于所有被观测的卫星均在地平面上，卫星分布总是不对称的，许多系统性的误差难以消除；对流层延迟改正后的残差将主要影响高程量的精度，尤其对于短基线最为明显，它们是影响高程精度的两个重要因素。星历误差、电离层延迟后的残余误差、多路径效应、接收机天线的相位中心偏差及相位中心变化、天线高的量测误差等也会影响 GNSS 测高的精度，特别是在高精度 GNSS 测量中，可能成为影响精度的主要误差来源。要提高 GNSS 高程测量精度，除了注意消除多路径误差的影响、选择双频 GNSS 接收机、采用钢尺或专用精密量测设备来精确量取天线高外，还应削弱星历误差的影响，有条件可采用精密星历，选择较好的数据处理软件，以提高对流层延迟的改正精度及降低电离层改正误差。

已知水准点高程误差是影响 GNSS 高程拟合精度的另一个因素之一，不容忽视。对测区内联测的水准点必须进行可靠性检验，以保证实测几何水准点绝对可靠，水准联测的精度，一般采用三、四等几何水准联测，对于特殊应用的网，应用二等精密水准来联测，以有效地提高 GNSS 高程拟合精度。

拟合误差是影响 GNSS 高程拟合精度的关键一环，它与公共点位的分布、数量以及拟合模型有关。其中，模型的选择尤为重要。各种拟合模型有各自的性质和规律，应根据测区情况选用合适的拟合模型。

（3）拟合模型适用性分析

常用高程异常拟合方法有绘等值线图法、多项式曲线拟合法、三次样条曲线拟合法、Akima 曲线拟合法、平面拟合法、多项式曲面拟合法、移动曲面拟合法、多面函数拟合法、加权平均法等,所有这些方法可统称为数学模型拟合法。

多项式曲线拟合法、三次样条曲线拟合法、Akima曲线拟合法适合于GNSS水准联测点按线状或狭长带状分布的情况,如公路、水道等,拟合精度可达到厘米级。多项式曲线拟合方法比较简单,适用于已知点个数较少的情况。而三次样条曲线拟合法则更适合长测线的拟合,拟合精度可以满足石油、地质等长测线工程的要求。

多项式曲面拟合法、多面函数拟合法属于曲面拟合模型,它们适合于按网状布设的GNSS联测点,地形较为复杂、起伏较大的地区。但受二次多项式曲面拟合法本身模型的限制,只能拟合单一地形变化与面积较小的测区。多面函数拟合法适用于地形复杂的测区,其需要已知点数目多。当GNSS水准联测点越多,显著点越多时,这种方法的拟合精度就越高。

5.3.3.2　EGM2008地球重力场模型

(1)EGM2008地球重力场模型精度

EGM2008是在构建以往地球重力场模型的经验和理论的基础上,采用最先进的建模技术与算法,以PGM2007B为参考模型,利用GRACE卫星采集的重力数据、全球$5'\times5'$的重力异常数据和TOPEX卫星测高数据以及现势性、分辨率高的地形数据,结合精度高、覆盖面广的地面重力数据所完成的新一代全球重力场模型(阶次分别为2190,2159)。该模型提供的最终成果包括:2190阶次的全球重力场模型;全球$5'\times5'$网格重力异常;全球$5'\times5'$、$2.5'\times2.5'$、$1'\times1'$网格大地水准面;全球$5'\times5'$网格垂线偏差(ζ,η)。

EGM2008模型完全阶次共有4802666个位系数,这些系数可以从相关网站免费下载。当该模型扩展至2190阶次时,截断误差已趋于0,所以其模型误差仅包含由位系数等误差传播引起的过失误差。全球$5'\times5'$网格的大地水准面估算精度为:最小误差3.045cm,最大误差102.194cm,均方根误差(RMS)11.137cm,误差分布见图5.3-7。

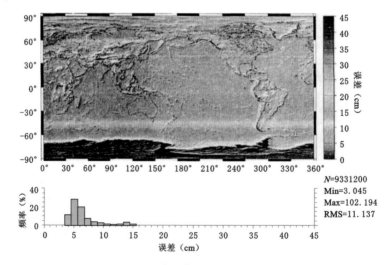

图5.3-7　全球$5'\times5'$网格大地水准面误差分布

EGM2008 模型的研制周期达 4 年之久,研制期间曾委托多个国家和地区对过渡模型进行测试与评估,从而使其不断趋于完善。表 5.3-9 中的 GNSS 水准点外部检测结果表明 EGM2008 模型具有很高的精度。

表 5.3-9   EGM2008 模型 GNSS 水准点外部检测结果

区域	GNSS 水准点个数	标准差(cm)
全球	12353	13
美国大陆	4201	7.1
澳大利亚	534	26.6

(2)EGM2008 模型在我国的适用性

章传银等利用全国 858 个 A、B 级 GNSS 控制网点,其中华北地区 1305 个、华南地区 918 个、华中华东地区 4707 个共四组 GNSS 水准数据,分别对 EGM2008 模型进行了外部精度测试,结果显示(表 5.3-10):该模型高程异常在我国大陆的总体精度为 20cm,华东华中地区 12cm,华北地区 9cm,高原地区 24cm。

表 5.3-10   不同重力场模型高程异常与 GNSS 水准实测高程异常对比   (单位:m)

模型名称		WDM94	DQM200d	EGM96	EGM2008
华北	最大值	3.97	1.16	1.43	0.36
	最小值	−0.52	−0.88	−2.04	−0.42
	平均值	1.20	−0.21	0.03	−0.12
	标准差	0.63	0.21	0.79	0.09
华东华中	最大值	2.12	1.52	1.42	0.30
	最小值	−1.47	−1.17	−1.71	−0.57
	平均值	0.06	−0.23	−0.08	−0.13
	标准差	0.40	0.29	0.41	0.12
华南	最大值	2.68	0.56	1.07	0.71
	最小值	−0.22	−0.98	−1.53	−0.48
	平均值	0.97	−0.37	−0.21	−0.12
	标准差	0.68	0.25	0.45	0.13
西部	最大值	9.23	7.06	3.54	0.55
	最小值	−2.83	−2.31	−4.62	−1.06
	平均值	0.44	0.09	−0.34	−0.14
	标准差	1.49	0.92	0.93	0.24
全国	最大值	9.23	7.06	3.54	0.55
	最小值	−2.83	−2.31	−4.62	−1.06
	平均值	0.44	−0.09	−0.23	−0.12
	标准差	1.49	0.65	0.76	0.20

张兴福等结合 3 个区域的 GNSS 水准数据,采用 GNSS 水准点检测法,对该模型的精度进行了统计分析,结果见表 5.3-11。

表 5.3-11　　　　　　　　　　不同地区 EGM2008 模型高程异常精度

区域	类型	范围(km)	地形状态	EGM2008 模型高程异常	
				精度分布(cm)	平均精度(cm)
1	面状	115×40	起伏较大	18 个点优于±10	±12.5
			最大高差 400m	32 个点优于±15	
2	线状	140	起伏较大	13 个点优于±10	±11.5
			最大高差 100m	18 个点优于±15	
3	面状	25×45	非常平坦	49 个点优于±10	±6.6
				54 个点优于±15	

上述两位学者的研究证明:EGM2008 模型具有很高的精度,在我国大陆的精度与在全球范围内的精度相当;它所计算出的高程异常与 WDM 94、DQM 2000d、EGM 96 相比,精度提高了 3～5 倍;在区域似大地水准面精化中可首选其作为参考重力场模型。

5.3.3.3　组合法确定似大地水准面

高原湖泊高程基准构建单一采用几何水准测量和三角高程测量的方法难以实现,只有采用 GNSS 高程转换的方法,此方法构建高程基准的关键在于确定区域最优的似大地水准面。根据不同的技术原理,确定似大地水准面的方法可分为几何方法、重力学方法和组合方法。几何方法一般根据几何关系测定地面一点的高程异常或两点间的高程异常之差。这类方法主要有天文水准法、卫星测高法和 GNSS/水准法等。重力学方法是从大地测量边值问题出发,利用多种重力数据,求解边界面的扰动位函数,再利用 Brum 公式将扰动位转换为大地水准面差距。例如:利用重力数据按 Stokes 公式计算大地水准面差距或利用地球重力场模型计算高程异常。组合方法就是同时利用几何数据和重力数据来确定似大地水准面,如天文重力水准法。另外,根据不同的计算技术,确定似大地水准面的方法又可分为 FFT/FHT 法、输入输出法、最小二乘谱组合法、最小二乘配置法以及"移去—恢复"法等。一般而言,利用天文水准法确定的大地水准面称为天文大地水准面,利用重力数据通过解算边值问题而确定的大地水准面称为重力大地水准面,利用 GNSS/水准法确定的大地水准面称为 GNSS 大地水准面。本书主要采用组合法,应用基于 EGM2008 模型的"移去—恢复"计算技术构建区域数字高程基准模型。

基于 EGM2008 模型的移去—拟合—恢复法基本原理与步骤为:

在利用数学模型进行高程转换之前,首先移去通过地球重力场模型获得的高程异常的中长波部分,然后对剩余的残差部分进行拟合内插,最后把移去的高程异常恢复,得到该点的高程异常。

本书基于地球重力场模型 EGM2008 来进行移去—拟合—恢复法的阐述,并未考虑地形改正,那么高程异常可分成两部分:

$$\zeta = \zeta^{GM} + \zeta^{C} \tag{5.3-31}$$

式中:ζ^{GM}——EGM2008 地球重力场模型求得的高程异常,

ζ^{C}——实测高程异常与 EGM2008 地球重力场高程异常的残差。

通过一定数量已知大地高和正常高的 GNSS 点,则可以通过移去—拟合—恢复法来求得其他未知点的高程异常,最终得出未知点的正常高。解算流程见图 5.3-8。

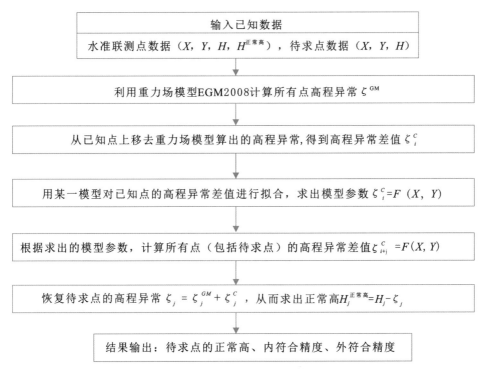

图 5.3-8　移去—拟合—恢复法流程图

步骤可概括为三步:

(1)移去

设有 k 个 GNSS 水准联测点,可计算出这 k 个点的高程异常值 $\zeta_i = H_i - H_i^{正常高}(i=1,2,3,\cdots,k)$;再利用地球重力场模型 EGM2008 计算这些点的高程异常的近似值 ζ_i^{GM};然后根据式(5.3-18)计算出这 k 个点的高程异常残差 $\zeta_i^{C} = \zeta_i - \zeta_i^{GM}$。

(2)拟合

将求出的 k 个高程异常残差值 ζ_i^{C} 作为已知数据,用常规拟合方法计算出拟合模型的参数,再内插出未知点的高程异常残差 ζ_j^{C}。

（3）恢复

由地球重力场模型求出未联测水准的点上的高程异常近似值 ζ_j^{GM}，再和该点的高程异常残差 ζ_j^C 相加，得出最终的高程异常 $\zeta_j = \zeta_j^{GM} + \zeta_j^C$，再由公式 $\zeta_j^{正常高} = H_j - \zeta_j$ 计算所有待求点的正常高。

5.3.3.4　GNSS 高程转换精度评定

采用各种模型获得 GNSS 转化的正常高，需要对结果进行精度评定。为了能客观地评定 GNSS 高程异常计算的精度，在布设几何水准联测点时，应适当多测一些 GNSS 点，其点位也应均匀地分布全网，以作外部检核用。

（1）内符合精度

根据参与拟合计算已知点的高程异常值 ζ_i 与拟合值 ζ'_i，用 $v_i = \zeta'_i - \zeta_i$，求拟合残差 v_i，按下式计算 GNSS 高程拟合的内符合精度 μ：

$$\mu = \pm\sqrt{\frac{[vv]}{n-t}} \tag{5.3-32}$$

式中：v——拟合（检核）残差；

　　　n——参与计算点个数；

　　　t——必要观测数。

（2）外符合精度

根据检核点值 ζ_i 与拟合值 ζ'_i 之差，按下式计算 GNSS 水准的外符合精度 M：

$$M = \pm\sqrt{\frac{[vv]}{n}} \tag{5.3-33}$$

式中：n——检核点个数。

（3）精度评定

①根据检核点至已知点的距离，按表 5.3-12 计算检核点拟合残差的限值，以此来评定 GNSS 水准所能达到的精度。

表 5.3-12　　　　　　　　　　　拟合残差限值

等级	允许限差（mm）
三等水准测量	$\pm 12\sqrt{L}$
四等水准测量	$\pm 20\sqrt{L}$
普通水准测量	$\pm 30\sqrt{L}$

②用 GNSS 水准求出的 GNSS 点间的正常高程差，在已知点间组成附合或闭合水准路线，将计算的闭合差与表 5.3-12 中允许的限差比较，来评价 GNSS 水准达到的精度。

5.4　高原湖泊高程测量一体化集成系统构建

5.4.1　系统研制的必要性

高原湖泊高程基准构建工作主要包括几何水准测量、三角高程测量、临时水位站水尺零点高程接测、GNSS 高程控制测量等多项内容。其基本工作流程为外业数据采集记录、计算检核;内业数据预处理、入库、数据处理、成果图表的制作及合理性分析。外业数据采集记录及计算检核是高原湖泊高程基准构建工作流程的第一环节,是整个工作的基础。记录计算的速度直接影响着测量的速度,记录计算的质量也会对测量成果的质量产生直接影响。

国内外的内陆水体测绘工作流程发展主要经过以下三个阶段:传统阶段的外业测量、纸质记录及人工现场依据对规范的了解进行计算检核,在内业完成对数据的处理;数字化阶段的电子仪器测量、仪器或随机手簿内存记录,内业应用开发的 PC 端系统完成数据的导出、进行简单的数据存储、计算检核及数据处理;信息移动阶段的基于嵌入式移动设备的开发,实现测量的自动化、智能化及高度集成化,实现真正的内外业一体化。目前,市场上正在使用的外业测量记录计算系统有多个版本,是由不同的行业、单位开发,在开发平台、依据的规范标准、系统功能、工作流程、数据处理方式上有很大的差异,其系统架构和功能对于高原湖泊高程基准构建工作而言或针对性不强,或冗余度较高,不能直接用于高原湖泊高程基准构建的生产工作中。并且现行外业数据记录计算软件以文本明文的形式存储数据,数据隐蔽性差,不能保证数据的原始性、唯一性及安全性;观测数据的自动计算检核及自动化报表输出功能针对性不强,无法对数据整体质量实时判断、准确控制。

本书针对高原湖泊高程基准构建实际情况,基于 Android 电子平板,采用目前较为成熟和先进的 Android Studio 开发平台,依据现行的国家标准和行业规范,详细阐述了高原湖泊高程测量一体化集成系统的功能结构设计与开发过程,以及系统实现的一些关键技术,包括利用 RSA 加密算法实现观测数据的加密;通过调用限差库实现观测数据的自动检核;通过调用 Excel 组件对象模型实现报表的自动化计算输出,并根据工程实际数据对系统进行了预生产环境测试,取得了较好的效果。

5.4.2　系统开发技术及工具

5.4.2.1　Android 开发技术

(1)Android 概述

1)Android 的定义

Android 是一个开源的,基于 Linux 的移动设备操作系统,主要使用于智能手机、平板电脑等移动设备。Android 由谷歌及其他公司带领的开放手机联盟开发。

Android 提供了一个统一的应用程序开发方法,这意味着开发人员只需要为 Android 进行开发,这样他们的应用程序就能够运行在不同搭载 Android 的移动设备上。

谷歌在 2007 年发布了第一个测试版本的 Android 软件开发工具包(SDK),第一个商业版本的 Android1.0,则发布于 2008 年 9 月。

2012 年 6 月 27 日,在谷歌 I/O 大会上,谷歌宣布发布 Android 版本 4.1 Jelly Bean。Jelly Bean 是一个在功能和性能方面的渐进的更新,主要目的是改进用户界面。

Android 源代码是根据自由和开放源码软件许可证。谷歌发布的大部分代码遵循 Apache 许可证 2.0 版,Linux 内核的变化遵循 GNU 通用公共许可证版本 2。

2)Android 开发优势

①开放源代码;②众多开发者及强大的社区;③不断增长的市场;④国际化的 APP 集成;⑤低廉的开发成本;⑥更大的成功概率;⑦丰富的开发环境(图 5.4-1)。

图 5.4-1 Android 开发优势

3)Android 的特性

Android 是一款与 Apple 4GS 竞争的功能强大的操作系统,并支持一些强大的特性。表 5.4-1 列举出部分功能。

表 5.4-1   Android 特性及描述

特性	描述
漂亮的 UI	Android 操作系统的基本屏幕提供了漂亮又直观的用户界面
连接性	GSM/EDGE,IDEN,CDMA,EV-DO,UMTS,Bluetooth,WiFi,LTE,NFC 和 WiMAX
存储	用于数据存储的轻量级关系型数据库 SQLite

续表

特性	描述
媒体支持	H.263,H.264,MPEG-4 SP,AMR,AMR-WB,AAC,HE-AAC,AAC 5.1,MP3,MIDI,Ogg Vorbis,WAV,JPEG,PNG,GIF 和 BMP
消息	SMS 和 MMS
Web 浏览器	基于开源的 WebKit 布局引擎,再加上支持 HTML5 和 CSS3 Chrome 的 V8 JavaScript 引擎
多点触控	Android 原生支持多点触控,从最初的手持设备开始便有,如 HTC Hero
多任务	用户可以从一个任务跳到另一个任务,并且相同时间可以同时运行各种应用
可调整的 Widgets	Widgets 是可调整大小,这样用户就可以扩大更多的内容或缩小以节省空间
多语言	支持单向和多向文本
GCM	谷歌云消息(GCM)是一种服务,让开发人员对 Android 设备的用户发送短消息数据,而无需专有的同步解决方案
WiFi Direct	一种通过高带宽的对等网络连接来直接发现和配对应用的技术
Android Beam	一个流行的基于 NFC 的技术,使用户能够即时共享,只需要通过触摸 NFC 功能将两个手机连在一起

4)Android 应用程序

Android 应用程序一般使用 Android 软件开发工具包,采用 Java 语言来开发。

一旦开发完成,Android 应用程序可以容易打包,并在诸如 Google Play 和亚马逊应用商店上出售。

Android 在世界各地 190 多个国家有数以百万计的移动设备。这是任何移动平台无法比拟的最大的安装基础。全球每天有超过 100 万个新的 Android 设备被激活。

5)Android 的历史

Android 的代码名称现在从 A 排到了 L,分别是 Aestro,Blender,Cupcake,Donut,Eclair,Froyo,Gingerbread,Honeycomb,Ice Cream Sandwich,Jelly Bean,KitKat,Lollipop(图 5.4-2)。

图 5.4-2　Android 的历史

6)什么是 API 级别

API 级别是一个用于唯一标识 API 框架版本的整数,由某个版本的 Android 平台提供
(表 5.4-2)。

表 5.4-2   API 级别

平台版本	API 等级	VERSION_CODE
Android 5.1	22	LOLLIPOP_MR1
Android 5.0	21	LOLLIPOP
Android 4.4W	20	KITKAT_WATCH
Android 4.4	19	KITKAT
Android 4.3	18	JELLY_BEAN_MR2
Android 4.2,4.2.2	17	JELLY_BEAN_MR1
Android 4.1,4.1.1	16	JELLY_BEAN
Android 4.0.3,4.0.4	15	ICE_CREAM_SANDWICH_MR1
Android 4.0,4.0.1,4.0.2	14	ICE_CREAM_SANDWICH
Android 3.2	13	HONEYCOMB_MR2
Android 3.1.x	12	HONEYCOMB_MR1
Android 3.0.x	11	HONEYCOMB
Android 2.3.4 Android 2.3.3	10	GINGERBREAD_MR1
Android 2.3.2 Android 2.3.1 Android 2.3	9	GINGERBREAD
Android 2.2.x	8	FROYO
Android 2.1.x	7	ECLAIR_MR1
Android 2.0.1	6	ECLAIR_0_1
Android 2.0	5	ECLAIR
Android 1.6	4	DONUT
Android 1.5	3	CUPCAKE
Android 1.1	2	BASE_1_1
Android 1.0	1	BASE

(2)Android 开发环境搭建

第一,可以在以下的操作系统开始 Android 应用程序开发:Microsoft Windows XP 或更
高版本;带有英特尔芯片的 Mac OS X10.5.8 或更高版本;包括 GNU C 库 2.7 或更高版本
的 Linux 系统。

第二,开发 Android 应用程序所需的所有工具都是免费的,可以从网上下载。以下是开
始开发 Android 应用程序需要用到的软件列表:Java JDK5 或以后版本;Android SDK;Java
运行时环境(JRE);Android Studio 或者 Java 开发者使用的 Eclipse IDE 及 Android 开发工
具(ADT)Eclipse 插件。

Eclipse IDE 和 ADT Eclipse 插件是可选的,如果是在 Windows 计算机上工作,这些组件将方便开发基于 Java 的应用程序。

1)安装 Java 开发工具包(JDK)

可以从 Oracle 的 Java 网站下载最新版本的 Java。在下载的文件中找到安装 JDK 的说明文档,按照给定的说明来安装和配置设置。最后设置 PATH 和 JAVA_HOME 环境变量来引用包含 javac 和 java 的目录,通常分别为 java_install_dir/bin 和 java_install_dir。

如果运行的是 Windows,把 JDK 安装在 C:\jdk1.6.0_15,在 C:\autoexec.bat 文件添加以下内容:

set PATH=C:\jdk1.6.0_15\bin;%PATH%

set JAVA_HOME=C:\jdk1.6.0_15

也可以右键单击"我的电脑",选择属性->高级->环境变量,然后通过按下确定按钮来更新 PATH 值。

在 Linux 上,如果 SDK 安装在/usr/local/jdk1.6.0_15 下,并且使用的是 C shell,把下面的代码到写入 .cshrc 文件。

setenv PATH/usr/local/jdk1.6.0_15/bin:$PATH

setenv JAVA_HOME/usr/local/jdk1.6.0_15

如果使用集成开发环境 Eclipse,那么会自动搜索 Java 的安装路径。

2)Android IDE

有许多复杂而精巧的技术来开发 Android 应用程序。目前主要使用且相似的技术主要是 Android Studio 和 Eclipse ID 两种。

(3)Android 架构

Android 操作系统是一个软件组件的栈,在架构图中它大致可以分为 5 个部分和 4 个主要层。Android 架构如图 5.4-3 所示。

1)Linux 内核

在所有层的最底下是 Linux,包括大约 115 个补丁。它提供了基本的系统功能,比如进程管理、内存管理、设备管理(如摄像头,键盘,显示器)。同时,内核处理所有 Linux 所擅长的工作,如网络和大量的设备驱动,从而避免兼容大量外围硬件接口带来的不便。

2)程序库

在 Linux 内核层的上面是一系列程序库的集合,包括开源的 Web 浏览器引擎 Webkit,知名的 libc 库,用于仓库存储和应用数据共享的 SQLite 数据库,用于播放、录制音视频的库,用于网络安全的 SSL 库等。

3)Android 程序库

这个类别包括了专门为 Android 开发的基于 Java 的程序库。这个类别程序库的示例包括应用程序框架库,如用户界面构建、图形绘制和数据库访问。一些 Android 开发者可用的 Android 核心程序库总结如下:

android. app：提供应用程序模型的访问，是所有 Android 应用程序的基石。

android. content：方便应用程序之间，应用程序组件之间的内容访问、发布、消息传递。

android. database：用于访问内容提供者发布的数据，包含 SQLite 数据库管理类。

android. opengl-OpenGL ES 3D 图片渲染 API 的 Java 接口。

android. os：提供应用程序访问标注操作系统服务的能力，包括消息、系统服务和进程间通信。

android. text：在设备显示上渲染和操作文本。

android. view：应用程序用户界面的基础构建块。

android. widget：丰富的预置用户界面组件集合，包括按钮、标签、列表、布局管理、单选按钮等。

android. webkit：一系列类的集合，允许为应用程序提供内建的 Web 浏览能力。

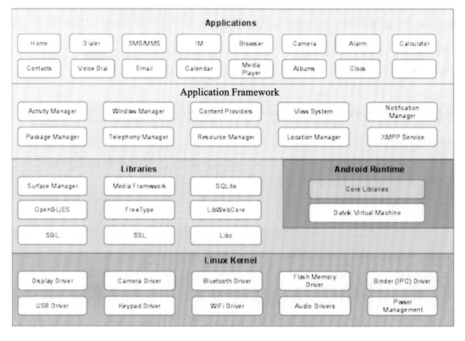

图 5.4-3　Android 架构

4）Android 运行时

这个部分提供名为 Dalvik 虚拟机的关键组件，类似于 Java 虚拟机，但专门为 Android 设计和优化。

Dalvik 虚拟机使得可以在 Java 中使用 Linux 核心功能，如内存管理和多线程。Dalvik 虚拟机使得每一个 Android 应用程序运行在自己独立的虚拟机进程。

Android 运行时同时提供一系列核心的库来为 Android 应用程序开发者使用标准的 Java 语言来编写 Android 应用程序。

5）应用框架

应用框架层以 Java 类的形式为应用程序提供许多高级的服务。应用程序开发者被允许在应用中使用这些服务。

活动管理者：控制应用程序生命周期和活动栈的所有方面。

内容提供者：允许应用程序之间发布和分享数据。

资源管理器：提供对非代码嵌入资源的访问，如字符串、颜色设置和用户界面布局。

通知管理器：允许应用程序显示对话框或者通知给用户。

视图系统：一个可扩展的视图集合，用于创建应用程序用户界面。

6）应用程序

顶层中有所有的 Android 应用程序。你写的应用程序也将被安装在这层。这些应用程序包括通信录、浏览器、游戏等。

（4）Android 应用程序组件

应用程序组件是一个 Android 应用程序的基本构建块。这些组件由应用清单文件松耦合组织。Android Manifest. xml 描述了应用程序的每个组件，以及它们如何交互。

表 5. 4-3 是可以在 Android 应用程序中使用的 4 个主要组件。

表 5. 4-3　　　　　　　　　　　Android 应用程序组件

组　　件	描　　述
Activities	描述 UI，并且处理用户与机器屏幕的交互
Services	处理与应用程序关联的后台操作
Broadcast Receivers	处理 Android 操作系统和应用程序之间的通信
Content Providers	处理数据和数据库管理方面的问题

1）Activities

一个活动标识一个具有用户界面的单一屏幕。举个例子，一个邮件应用程序可以包含一个活动用于显示新邮件列表，另一个活动用来编写邮件，再一个活动来阅读邮件。当应用程序拥有多于一个活动，其中的一个会被标记为当应用程序启动的时候显示。

一个活动是 Activity 类的一个子类，如下所示：

```
public class MainActivity extends Activity {

}
```

2）Services

服务是运行在后台，执行长时间操作的组件。举个例子，服务可以是用户在使用不同的程序时在后台播放音乐，或者在活动中通过网络获取数据但不阻塞用户交互。

一个服务是 Service 类的子类，如下所示：

```
public class My Service extends Service {

}
```

3)Broadcast Receivers

广播接收器简单地响应从其他应用程序或者系统发来的广播消息。举个例子,应用程序可以发起广播来让其他应用程序知道一些数据已经被下载到设备,并且可以供它们使用。因此,广播接收器会拦截这些通信并采取适当的行动。

广播接收器是 Broadcast Receivers 类的一个子类,每个消息以 Intent 对象的形式来广播。

```
public class My Receiver extends Broadcast Receiver {

}
```

4)Content Providers

内容提供者组件通过请求从一个应用程序到另一个应用程序提供数据。这些请求由 Content Resolvers 类的方法来处理。这些数据可以存储在文件系统、数据库或者其他其他地方。

内容提供者是 Content Providers 类的子类,并实现一套标准的 API,以便其他应用程序来执行事务。

```
public class My Content Provider extends Content Providers {

}
```

5)附件组件

有一些附件的组件用于以上提到的实体、它们之间逻辑及它们之间连线的构造。这些组件如表 5.4-4 所示。

表 5.4-4　　　　　　　　　　　　　附件组件

组　件	描　　述
Fragments	代表活动中的一个行为或者一部分用户界面
Views	绘制在屏幕上的 UI 元素,包括按钮、列表等
Layouts	控制屏幕格式,展示视图外观的 View 的继承
Intents	组件间的消息连线
Resources	外部元素,如字符串资源、常量资源及图片资源等
Manifest	应用程序的配置文件

5.4.2.2　Android Studio 开发工具

Android Studio 是一个 Android 集成开发工具,基于 IntelliJ IDEA. 类似 EclipseADT, Android Studio 提供了集成的 Android 开发工具用于开发和调试。

在 IDEA 的基础上,Android Studio 提供:基于 Gradle 的构建支持;Android 专属的重构和快速修复;提示工具以捕获性能、可用性、版本兼容性等;支持 ProGuard 和应用签名;基于模板的向导来生成常用的 Android 应用设计和组件;功能强大的布局编辑器,可以拖拉 UI 控件并进行效果预览。

Android Studio 首先解决的一个问题是多分辨率。Android 设备拥有大量不同尺寸的屏幕和分辨率,根据新的 Studio,开发者可以很方便地调整在各个分辨率设备上的应用。

同时 Studio 还解决语言问题,多语言版本(但是没有中文版本)、支持翻译都让开发者更适应全球开发环境。Studio 还提供收入记录功能。

最大的改变在于 Beta 测试的功能。Studio 提供了 Beta Testing,可以让开发者很方便试运行。

2013 年 5 月 16 日,在 I/O 大会上,谷歌对 Android Studio 的开发者控制台进行了改进,增加了 5 个新的功能,包括优化小贴士、应用翻译服务、推荐跟踪、营收曲线图、用版测试和阶段性展示。

(1)优化小贴士

在主体中打开应用,点击小贴士,会得到这样的建议,如为应用开发平板电脑版本。

(2)应用翻译服务

允许开发者直接在开发主体中获得专业的翻译。上传需求,选择翻译,其会显示翻译方和价格,并在一周内发回译本。

(3)推荐跟踪

允许开发者找出最有效的广告。

(4)营收曲线图

向开发者展示其应用营收,以国家进行划分。

(5)试用版测试和阶段性展示

开发者可以对应用进行测试,然后向测试用户推出,测试结果不会对外公布。当一个版本的测试结束,开发者可以向特定比例用户推出。

2015 年 5 月 29 日,在谷歌 I/O 开发者大会上,谷歌发布 Android Studio 1.3 版,支持 C++编辑和查错功能。Android Studio 1.3 版开发码代码变得更加容易,速度提升,而且支持C++编辑和查错功能。

5.4.3 系统功能设计

对高原湖泊高程基准构建工作前端数据采集的实际情况做好充分的现状分析,对数据的来源进行分类,了解并熟悉高原湖泊高程基准构建各项外业观测的过程、内业数据处理作业流程及特点,理清关键工作节点,确定软件的功能需求、各种数据项及其衍生数据项,从而设计出系统的功能、数据结构(字段属性及其表现形式、字段类型、文件结构)、数据输入输出形式等。

高原湖泊高程测量一体化集成系统目前的功能主要包括光学水准测量数据采集记录、三角高程水位接测、高程导线测量三大模块,各个模块按测量等级和观测方法又划分为多个模块,下面以光学水准测量为例来说明模块所遵循的相同的工作流程。

(1)新建测量

主要完成水准测量基本信息的录入、数据的记录、测站自动计算检核、数据加密存储。

基本信息包括项目名称、文件路径、测区、起点点名、终点点名、仪器名称、标尺常数、标尺编号、天气情况、成像质量、测量时间、观测者、记簿者、测量等级方法等。在外业测量数据记录计算过程中,各测站根据属性的不同自动完成视距、视距差、累计视距差、黑红面读数差、黑红面高差之差、间歇点检测高差之差、短跨距跨河水准高差之差及单程双转转点差等限差检核,检核合格即对数据进行加密存储,不符合限差要求即进行消息框提示,重新观测。对数据质量进行实时判断。

(2)仪器检校

对 i 角检校等仪器检校项目进行观测步骤指导和提示、观测记录、自动计算检核,符合要求即加密存储。

(3)参数设置

限差库的设定,测量员可根据作业要求对限差值在 UI(用户界面)上进行动态修改,不需要修改底层代码。

(4)质量控制

主要完成录入和计算数据的查询,测段和路线闭合差的检验。

(5)成果输出

通过调用 Excel 组件对象模型实现记录和成果整理报表的自动化计算输出,并进行精度统计。

软件的主要功能模块如图 5.4-4 所示。

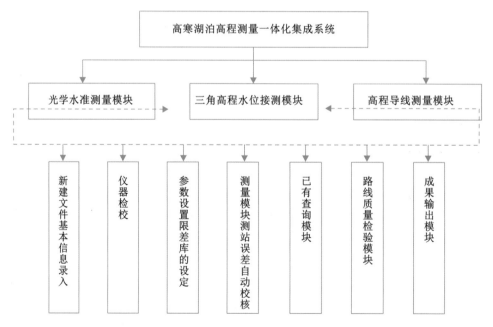

图 5.4-4　软件的主要功能模块

5.4.4　系统结构设计

高原湖泊高程测量一体化集成系统以加密文本的形式存储数据,数据隐蔽性强,可充分保证数据的原始性、唯一性及安全性。同时对文本文件的数据结构块进行设计,数据结构设计的优劣直接关系到数据使用效率的高低。良好的模型既可以减少数据冗余又能提高查询速度。下面以光学水准测量模块的数据结构设计为例来说明,根据测量等级和观测方法的不同来设计数据结构块,共建立了 i 角检校基本信息块、i 角检校数据记录计算块、测量基本信息块、附合水准数据记录计算块、单程双转点水准数据记录计算块 5 个数据结构块(图 5.4-5)。

i角检校 基本信息块	i角检校数据 记录计算块	测量 基本信息块	附合水准 数据记录计算块	单程双转点水准 数据记录计算块
仪器型号	仪器距近标尺距离	项目名称	测站编号	测站编号
呈像质量	仪器距远标尺距离	文件路径	后尺上丝	后视距
A尺编号	A尺读数a_1	测区	后尺下丝	前视距
B尺编号	B尺读数b_1	起点点名	后尺视距	视距差
检查日期	A尺读数a_2	终点点名	前尺上丝	后视黑面
检查方法	B尺读数b_2	仪器名称	前尺下丝	后视红面
	读数中数	标尺常数	前尺视距	后视红面
	高差	标尺编号	视距差	后视k+黑-红
	dta值	天气情况	视距累计差	前视黑面
	i角值	呈像质量	后尺黑面	前视红面
		测量时间	后尺红面	前视红面
		观测者	后尺k+黑-红	前视k+黑-红
		记簿者	前尺黑面	黑面高差
		测量等级	前尺红面	红面高差
		观测方法	前尺k+黑-红	平均高差
			黑面高差	累计高差
			红面高差	是否为短跨距跨河水准
			平均高差	是否为作废测站
			累计高差	备注
			后尺点名	
			前尺点名	
			是否为短跨距跨河水准	
			此站是否作废	
			备注	

图 5.4-5　水准测量数据结构块设计

5.4.5　系统实现关键技术

本书系统实现的关键技术为:

①记录计算数据的存储采用 RSA 加密算法实现对观测数据的加密;

②在测站和路线测量的过程中,通过调用可定制的限差库实现对观测数据质量的自动

实时检核；

③通过调用 Excel 组件对象模型实现报表的自动化计算输出。

5.4.5.1　RSA 加密解密算法

在测量数据采集的数字化阶段,虽然外业测量的数据可通过仪器内存或电子手簿进行简单的存储,但多为明文文本的形式,观测数据容易被刻意破坏和篡改。因此,很多内陆水体测绘生产单位在从事控制(含水位控制)等重要的测量生产中仍采用纸质记录的方式来从根源上控制成果质量,作业效率很低。本书采用 RSA 加密算法实现对记录、计算数据块的加密,很好地解决了这一问题,真正实现了内外业一体化。

RSA 加密算法是 1977 年由 Ron Rivest、Adi Shamirh 和 LenAdleman 在美国麻省理工学院开发的。RSA 取名来自三位开发者的名字。RSA 是目前最有影响力的公钥加密算法,它能够抵抗到目前为止已知的所有密码攻击,已被 ISO 推荐为公钥数据加密标准。RSA 加密算法基于一个十分简单的数论事实:将两个大素数相乘十分容易,但那时想要对其乘积进行因式分解却极其困难,因此可以将乘积公开作为加密密钥。RSA 加密算法是第一个能同时用于加密和数字签名的算法,也易于理解和操作。

RSA 加密算法实现对观测数据加密如图 5.4-6 所示。

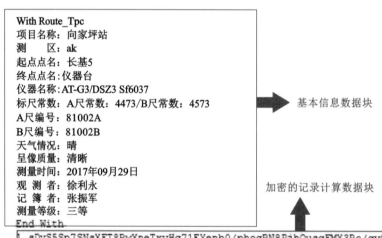

图 5.4-6　RSA 加密后的存储文件

5.4.5.2　观测数据的自动计算检核

本系统的重要特征之一就是通过调用可定制的限差库实现观测数据计算检核的实时化,节省外业作业时间,降低外业工作强度,避免人工计算带来的错误及内业的二次计算,从而实现高原湖泊高程测量内外业的一体化。以光学水准测量为例,观测数据自动计算检核的 UI 实现如图 5.4-7 所示。

图 5.4-7　限差库设置与数据质量实时检核

5.4.5.3　自动化报表输出

通过点击用户界面上成果输出模块的相应命令按钮,即可调用 Excel 组件对象模型实现仪器检校报表、外业观测记录表、测量成果整理表、精度统计表以及接口数据的自动化计算输出。以三等水准测量为例,输出的三等水准测量的记录表和成果整理表如图 5.4-8 所示。

××监测 三等水准观测记录表

水准仪: AT-G3/DSZ3 Sf6037　水准尺尺号: 81002A(A尺) 81002B(B尺) K值: A尺 4473m　B尺 4573m

站号及尺号	后上丝 后下丝	前上丝 前下丝	后视距 前视距 视距差	累计视距差 累计距离	中丝读数 黑面 黑高差	中丝读数 红面 红高差	K+黑 -红	平均高差 累计高差	备注
1	0499	1749	10.4	-0.4	0447	4919	1	-1.2485	长基5
A/B	0395	1641	10.8		1695	6268	0	-1.2485	
	10.4	10.8	-0.4	211.2	-1.248	-1.349	1		
2	1699	1810	38.8	-1.4	1503	6077	-1	-0.1060	
B/A	1311	1412	39.8		1610	6082	1	-1.3545	
	38.8	39.8	-1.0	99.8	-0.107	-0.005	-2		
3	1394	1235	6.1	-1.5	1363	5836	0	0.1600	
A/B	1333	1173	6.2		1203	5776	0	-1.1945	
	6.1	6.2	-0.1	112.1	0.160	0.060	0		
4	2053	2558	8.1	-2.1	2012	6586	-1	-0.5015	
B/A	1972	2471	8.7		2514	6987	0	-1.6960	
	8.1	8.7	-0.6	128.9	-0.502	-0.401	-1		
5	1313	1336	5.2	-0.7	1287	5759	0	-0.0305	
A/B	1261	1298	3.8		1317	5890	0	-1.7265	
	5.2	3.8	1.4	137.9	-0.030	-0.131	0		
6	1475	1545	3.2	-0.6	1458	6031	0	-0.0715	
B/A	1443	1514	3.1		1530	6002	0	-1.7980	长基3
	3.2	3.1	0.1	144.2	-0.072	0.029	-1		

××监测三等水量成果整理表

测量日期:2017年2月16日		长基V~流起桩~长校8~仪器台					（1985国家高程基准）		
测点	测量情况								
编号	距离（km）			高差（m）			闭合差（m）		是否符合要求
	往测	返测	平均	往测	返测	平均	实测	允许	
流起桩	0.16	0.14	0.2	-4.0305	4.0295	-4.030	0.001	±0.012	符合要求
长校8	0.17	0.18	0.2	-7.7590	7.7565	-7.758	0.002	±0.012	符合要求
仪器台	0.64	0.62	0.6	0.4045	-0.4115	0.408	-0.007	±0.012	符合要求
成果整理	测点编号	测得高程（m）	去年采用高程（m）	本年采用高程（m）	测点编号	测得高程（m）	去年采用高程（m）	本年采用高程（m）	备注
	流起桩	202.***	202.***	202.***					
	长校8	198.***	198.***	198.***					
	仪器台	206.***	206.***	206.***					

注:允许闭合差=±12$\sqrt{L}$
（L—入返平均距离,不到1km时按1km计算）　　　引据点高程:206.***m

图5.4-8 记录表和成果整理表自动生成

5.4.6 工具实现与测试

5.4.6.1 系统的实现

本书针对高原湖泊高程测量的实际情况,基于Android电子平板,采用目前较为成熟和先进的Android Studio开发平台,依据现行的国家标准和行业规范,构建了包含光学水准测量数据采集记录、三角高程水位接测、高程导线测量三大模块的高原湖泊高程测量一体化集成系统。作为交互式的平板电脑软件,典型的模式是采用消息机制,即对各类动作如点击按钮、触摸屏幕等进行监听,从而对相应事件做出反应。此次设计中每一个界面均设置有监听对象,可以完成当前页面所承担的相应的功能。系统工作流如图5.4-9所示。

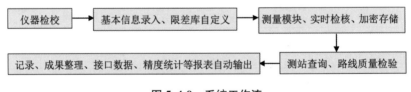

图5.4-9 系统工作流

5.4.6.2 系统的测试

除了在系统软件开发的过程中开发者进行大量的测试外,在软件开发完成后,项目组利用现有的观测数据进行了系统的整体测试,同时组织了外业测试。

测试结论为:系统在外业的操作过程中,操作方便,界面之间的切换比较灵活;限差库的定制灵活,在UI上即可完成规范规定限差的设置;对存储文件的加密处理效果良好,用户必须通过自动化报表输出功能解密才能有效识别,充分保证原始数据的隐蔽性、唯一性、安全性;能够对每一测站的数据和整条路线的数据进行实时检核,各项限差能够有效触发;计算小数位的取位严格遵循"四舍六入"和"奇进偶不进"的修约规则;成果输出完整、规范、统一。

本书针对高原湖泊高程测量工作流存在的问题,对原始数据加密算法、观测数据的实时计算检核及报表输出的自动化等关键技术进行了深入的研究,基于 Android 电子平板,采用目前较为成熟和先进的 Android Strudio 开发平台,依据现行的国家标准和行业规范,构建了高原湖泊高程测量一体化集成系统,可以实现高效记录、数据实时检核、成果报表自动化输出和隐蔽数据并且会为后续流程提供友好的数据接口。为实现高原湖泊高程测量的无缝工作流打下了坚实的基础,在一定程度上解决了高原湖泊高程测量内外业分离的困局,有效提升了外业测量的工作效率,降低了测量员的工作强度,切实保证了数据安全、提高了成果质量。

5.5　项目应用

高原湖泊多地处自然环境恶劣、交通不便的偏远地区,如西藏地区的大部分湖泊均处于海拔高度为 4000m 以上的高海拔地区,且湖区周边的生态环境接近于原始的状态,在这样的条件下构建科学、准确、高精度的高程基准面临重重技术难题。本书针对高原湖泊高程测量的特殊性,采用组合法构建区域数字高程基准模型,即应用高原湖泊高程测量一体化集成系统对几何水准测量、临时水位站水尺零点高程测量、高程导线测量等进行记录计算、外业质量实时检核、加密存储及成果报表的规范输出;应用长基线联测技术实现 GNSS 大地高的获取;应用基于 EGM2008 模型的移去—拟合—恢复计算技术构建区域数字高程基准模型。并采用实测的 GNSS/水准数据作为检测点,评定高原湖泊高程基准数字模型的精度。高原湖泊高程基准构建的总体技术流程如图 5.5-1 所示。

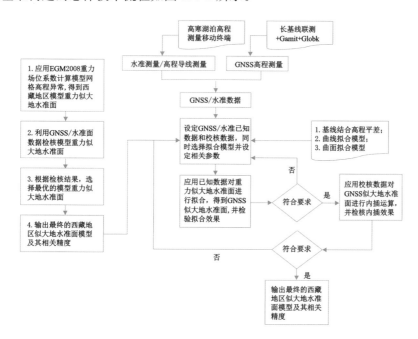

图 5.5-1　高原湖泊高程基准构建的总体技术流程

5.5.1 纳木错高程基准的构建

5.5.1.1 已有高程资料情况

根据地方测绘行政主管部门提供的资料,在纳木错东南有Ⅲ等三角点朗日他嘎、西北有Ⅱ等导线点保吉南山,作为纳木错测区四等高程、D级GNSS引据点使用,高程系统只有1956年黄海高程系统成果,和1985国家高程基准无转换关系。测区内有测绘部门1:100000航测地形图资料,作为控制网图上设计、工作方案设计和现场工作布置使用。纳木错已有资料清单如表5.5-1所示。

表 5.5-1　　　　　　　　　　　　　　　纳木错已有资料清单

序号	资料名称	单位与数量	备注
1	纳木错、羊卓雍错、扎日南木错、塔若错、当惹雍错、色林错周边控制点(1954年北京坐标系、1956年黄海高程系统)	1套	直接引用或作加密控制的依据
2	纳木错湖区总参测绘局1:100000航测地形图资料	1套	作为控制网图上设计、工作方案设计和现场工作布置使用
3	青海湖、纳木错、羊卓雍错、扎日南木错、塔若错、当惹雍错、色林错卫星影像图	1套	作方案设计、现场工作布置

5.5.1.2 高程基准选取

高程基准选取1956年黄海高程系统。

5.5.1.3 高程基准构建实施

(1)高程控制网布设

1)引据点

经两次查勘,探明位于纳木错东南的Ⅲ等三角点朗日他嘎、位于纳木错西北的Ⅱ等导线点保吉南山保存完好,可以使用。平面坐标系统为1954年北京坐标系。

2)控制选点埋标

新设纳木错东岸NMC02、扎西半岛NMC03、纳木错北岸NMC04、纳木错西南岸NMC05共4个D级GNSS点。新设各D级GNSS点全部采用岩石嵌刻方式埋设标志。

3)水位站布设

在NMC02、NMC03、NMC04、NMC05附近近岸水边分别布设水尺,采用全站仪电磁波测距三角高程施测水尺零点高程。其中NMC03处1#水尺被大风浪损坏,在使用6天后重新设置2#水尺并使用到最后。纳木错控制网点位如图5.5-2所示,纳木错容积测量水尺分布如图5.5-3所示。

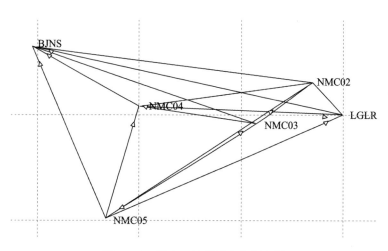

图 5.5-2　纳木错控制网点位示意图

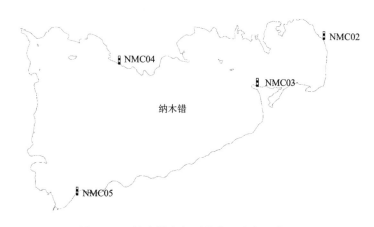

图 5.5-3　纳木错容积测量水尺分布示意图

(2)控制网点高程测量

控制测量:采用 6 部 GNSS 一次性同步进行 D 级 GNSS 静态观测 120min,同时施测平面与高程控制。

临时水位站水位观测采用自记水位仪连续观测。

(3)高程基准构建数据处理

1)近似正常高的确定

利用 GNSS 可以精确确定出点位的大地高 H,正常高 h 是指地面点沿铅垂线方向至似大地水准面的距离,似大地水准面与参考椭球面的距离称为高程异常,它们之间的关系为:

$$\xi = H - h \tag{5.5-1}$$

对 GNSS 网进行三维平差,可以得到网中各点的大地高 H,利用既有大地高 H 又有正常高 h 的已知公共点,按照式(5.5-1)求出各已知点的 ξ,然后利用静态数据处理软件 *Trimble* TBC 进行高程拟合,可测得该地区的似大地水准面,然后各个待求点利用插值法即可求得精度比较高的 GNSS 水准高（近似正常高）。

2）组合法确定似大地水准面

根据纳木错湖区的实际情况，湖区附近可联测的引据高程控制点为朗日他嘎和保吉南山两点，引据高程控制点的数量、密度和分布都难以满足单纯数学插值模型对已知高程控制点的要求，项目组采用基于 EGM2008 地球重力场模型和 GNSS/水准数据的组合法构建湖区的高程基准数字模型，计算技术应用移去—拟合—恢复的方法，数值拟合模型采用常值拟合的方法，应用参加插值运算的引据高程控制点进行内符合精度评定；应用多点静止水面长历时同步水位观测对确定的高程基准模型做质量检核，验证评定成果精度。具体方法是：

①移去：计算出两个 GNSS 水准联测点的高程异常值 $\zeta_i = H_i - H_i^{正常高}(i=1,2)$，再利用地球重力场模型 EGM2008 计算出纳木错湖区首级控制网点（共计 6 个）的高程异常的近似值 ζ_i^{GM}，然后根据式(5.3-18)计算出这两个点的高程异常残差 $\zeta_i^C = \zeta_i - \zeta_i^{GM}$。

②拟合：将求出的两个高程异常残差值 ζ_i^C 的平均值作为已知数据，用常值拟合的方法计算出拟合模型的参数，再内插出未知点的高程异常残差 ζ_i^C。

③恢复：由地球重力场模型求出未联测水准的点上的高程异常近似值 ζ_j^{GM}，再和该点的高程异常残差 ζ_j^C 相加，得出最终的高程异常残差 $\zeta_j = \zeta_j^{GM} + \zeta_j^C$；再由公式 $\zeta_j^{正常高} = H_j - \zeta_j$ 计算所有待求点的正常高。

④应用参加插值运算的引据高程控制点进行内符合精度评定；应用多点静止水面长历时同步水位观测对确定的高程基准模型做质量检核，验证评定成果精度。

（4）高程基准模型精度评定

利用上述方法得到未知点正常高，随后在各个未知点接测水位后设置水尺，利用静水面高程相等原理，进行水尺比降观测发现其成果符合要求。得到的结果如表 5.5-2 所示。

表 5.5-2　　　　　　　　　纳木错 GNSS 正常高及所测水位

点名	GNSS 高(m)	水位(m)
NMC02	＊＊33.835	＊＊22.793
NMC03	＊＊37.605	＊＊22.771
NMC05	＊＊44.016	＊＊22.768

从表 5.5-2 中可以看出，上述拟合精度较高，满足本项目要求。

5.5.2　羊卓雍错高程基准的构建

5.5.2.1　已有高程资料情况

羊卓雍错湖区内有地方测绘行政主管部门提供的羊卓雍错周边国家三角点（导线点）成果，作为羊卓雍错测区四等高程、D 级 GNSS 引据点使用。经查勘，在羊卓雍错白地水文站附近找到一个Ⅰ等导线点拉亚Ⅱ2,在打隆镇附近找到一个Ⅱ等导线点浪隆Ⅰ1,作为此项目的平面和高程引据点。已有湖区的陆上航测地形图(1:50000)作为首级控制网图上点位设计使用。

羊卓雍错的 1985 国家高程基准是采用拉萨的 1985 国家高程基准与 1956 年黄海高程系统差值换算而得。羊卓雍错湖已有资料清单如表 5.5-3 所示。

表 5.5-3　　　　　　　　　　　　　　羊卓雍错湖已有资料清单

序号	资料名称	单位与数量	备注
1	纳木错、羊卓雍错、扎日南木错、塔若错、当惹雍错、色林错周边控制点(1954 年北京坐标系、1956 年黄海高程系统)	1 套	直接引用或作加密控制的依据
2	青海湖、羊卓雍错、扎日南木错、塔若错、当惹雍错、色林错 1:50000 航测图(2000 国家大地坐标系和 1985 国家高程基准)	1 套	地形图套绘
3	青海湖、纳木错、羊卓雍错、扎日南木错、塔若错、当惹雍错、色林错卫星影像图	1 套	作方案设计、现场工作布置

5.5.2.2　高程基准选取

高程基准选取 1985 国家高程基准。

5.5.2.3　高程基准构建实施

(1)高程控制网布设

在对羊卓雍错湖区查勘的基础上,以白地水文站的基准点 BM、打隆镇附近的Ⅱ等导线点浪隆Ⅰ1 作为引据点,在湖区周围均匀布设 GNSS 控制网,新设 YK01(东拉乡)、YK02(工部学乡)、YK03(羊湖宾馆院内)共 3 个 D 级 GNSS 点。新设各 D 级 GNSS 点均采用岩石嵌刻方式埋设标志。

同时,在湖区周边布设水位站网,建立湖区水位高程控制(1985 国家高程基准)。在 BM、YK01、YK02 附近近岸水边分别布设自记水位仪,在 YS04 附近近岸水边布设水尺,采用四等水准测量或全站仪三角高程技术方式施测水尺零点高程。分别在空母错、珍错、巴纠错北和巴纠错南各布设一个临时水位站。羊卓雍错控制点位如图 5.5-4 所示。

(2)控制网点高程测量

此次首级 GNSS 控制测量联测了羊卓雍错湖区均匀布设的白地水文站基准点 BM,打隆镇附近的Ⅱ等导线点浪隆Ⅰ1,新设的 YK01(东拉乡)、YK02(工部学乡)、YK03(羊湖宾馆院内)共 3 个 D 级 GNSS 控制点,采用 3 部 Trimble R8 GPS 和 2 部中海达 V30 GPS 同步进行 D 级 GNSS 静态观测 4h,同时施测平面与高程控制,并和北京、上海、武汉、拉萨的 GNSS 跟踪站的数据联合解算,得到 CGCS2000 坐标(含大地高)。

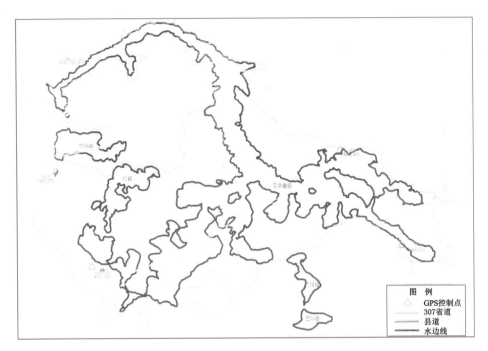

图 5.5-4　羊卓雍错控制点位示意图

在羊卓雍错湖滨白地水文站附近有Ⅰ等导线点拉亚Ⅱ2,通过全站仪三角高程测量的施测方法接测白地水文站基准点 BM 的高程,紧邻新设各 D 级 GNSS 点各设水位观测站 4 个,通过水准测量和全站仪高程导线的方法在各子湖分别独立布设了水位站,共设 8 站。布设测站和同步水位观测与控制点设测同步进行。

(3)高程基准构建数据处理

1)近似正常高的确定

在 GNSS 控制测量的基线解算中,起算点(基准站)的精度将影响基线的精度。单点定位所得坐标的精度很差,在 20m 左右,不能作为起算点。由此可见,很有必要引进高精度的 GNSS 基准点。本项目引入的跟踪站为:SHAO(上海)、WUHN(武汉)、BJFS(北京房山)、LAHS(拉萨)等,将这些跟踪站与控制网站点进行联合解算,长基线解算采用的软件为 GAMIT,采用 GLOBK 软件进行平差解算。应用解算的成果可以精确确定点位的大地高,它与我国使用的水准高(正常高)相差一个似大地水准面高。因而只要求得高精度的似大地水准面高相对差异,由下式便能求得精确的水准高差:

$$\Delta H = \Delta h + \Delta N$$

式中:ΔH——大地高差;

Δh——水准高差;

ΔN——大地水准面高差。

利用精密的 EGM2008 地球重力场模型,根据控制网中各点的位置,计算得到每个点的高程异常,然后由大地高减去得到的高程异常就可求得"近似正常高"(水准高)。

2)组合法确定似大地水准面

根据羊卓雍错湖区的实际情况,湖区附近可联测的引据高程控制点为白地水文站基准点 BM 和打隆镇附近的Ⅱ等导线点浪隆Ⅰ1两点,引据高程控制点的数量、密度和分布都难以满足单纯数学插值模型对已知高程控制点的要求,项目组采用基于 EGM2008 地球重力场模型和 GNSS/水准数据的组合法构建湖区的高程基准数字模型,计算技术应用移去—拟合—恢复的方法,数值拟合模型采用常值拟合的方法,应用参加插值运算的引据高程控制点进行内符合精度评定;应用多点静止水面长历时同步水位观测对确定的高程基准模型做质量检核,验证评定成果精度。具体方法是:

①移去:计算出两个 GNSS 水准联测点的高程异常值 $\zeta_i = H_i - H_i^{正常高}(i=1,2)$,再利用地球重力场模型 EGM2008 计算出羊卓雍错湖区首级控制网点(共计 5 个)的高程异常的近似值 ζ_i^{GM},然后根据式(5.3-18)计算出这两个点的高程异常残差 $\zeta_i^C = \zeta_i - \zeta_i^{GM}$。

②拟合:将求出的两个高程异常残差值 ζ_i^C 的平均值作为已知数据,用常值拟合的方法计算出拟合模型的参数,再内插出未知点的高程异常残差 ζ_j^C。

③恢复:由地球重力场模型求出未联测水准的点上的高程异常近似值 ζ_j^{GM},再和该点的高程异常残差 ζ_j^C 相加,得出最终的高程异常残差 $\zeta_j = \zeta_j^{GM} + \zeta_j^C$,再由公式 $\zeta^{正常高} = H_j - \zeta_j$ 计算所有待求点的正常高。

④应用参加插值运算的引据高程控制点进行内符合精度评定;应用多点静止水面长历时同步水位观测对确定的高程基准模型做质量检核,验证评定成果精度。

(4)高程基准模型精度评定

利用上述方法得到未知点正常高,随后在各个未知点接测水位后设置水尺,利用静水面高程相等原理,进行水尺比降观测发现其成果最大较差为 6cm,说明拟合精度较高,满足本项目的要求。

5.5.3　扎日南木错高程基准的构建

5.5.3.1　已有高程资料情况

已有湖区的陆上航测地形图(1∶50000)及湖区不同等级的 GNSS 控制点、三角点、水准点等资料,地方国土部门提供了扎日南木错附近的二调水准(1985 国家高程基准)成果,资料清单见表 5.5-4。清单资料经过测绘、水利和科学试验等单位实际利用,证明质量可靠,直接利用或作为引测依据,地形图作为合理性检查依据及湖泊容积量算基础资料之一。

表 5.5-4　　　　　　　　　　　　扎日南木错已有资料清单

序号	资料名称	单位与数量	备注
1	CQD01 水准成果	1 套	直接引用或作加密控制的依据
2	扎日南木错 1∶50000 航测图	1 套	地形图套绘
3	扎日南木错卫星影像图	1 套	作方案设计、现场工作布置

5.5.3.2 高程基准选取

高程基准选取 1985 国家高程基准。

5.5.3.3 高程基准构建实施

(1)高程控制网布设

1)引据点

扎日南木错湖区首级高程控制网的引据点采用附近的二等水准成果 CQD01,高程基准为 1985 国家高程基准。

2)控制选点埋标

新设 ZK01、ZK02、ZK03、ZK04、ZK05 共 5 个首级高程控制点。扎日南木错控制网点位见图 5.5-5。

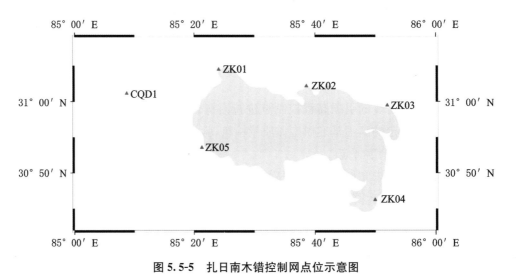

图 5.5-5 扎日南木错控制网点位示意图

3)水位站布设

水位是水域测量的基础,针对高原湖泊扎日南木错湖区面积宽广的特点,为有效控制测量期湖区的水位变化,项目组分别在湖区的西北边、北边、东南边布设了 3 处临时水尺水位站 ZK01P1、ZK02P1 和 ZK04P1,其中 ZK02P1 处还布设了一个压阻式水位自计仪(图 5.5-6)。

(2)控制网点高程测量

此次首级 GNSS 控制测量联测了扎日南木错湖区均匀布设的国家高等级水准点 CQD01,新设的 ZK01、ZK02、ZK03、ZK04、ZK05 共 5 个首级 GNSS 控制点,项目组成员克服高寒缺氧等种种困难,共观测了 1 个时段,同步观测时长为 4h,历元间隔为 15s。经 TEQC 检查,观测质量满足设计及相关规范要求。

图 5.5-6　扎日南木错临时水位站布置示意图

ZK01 点的高程成果是以国家高等级水准点 CQD01 为引据点,应用"高原湖泊高程测量一体化集成系统"通过四等水准测量的技术方法得到。

新增的 ZK02、ZK03、ZK04、ZK05 控制点高程则是应用湖区的 GNSS/水准数据、EGM2008 地球重力场模型通过移去—拟合—恢复计算技术获得。

水位控制是以湖区首级高程控制点为起算点,应用高原湖泊高程测量一体化集成系统通过几何水准测量或全站仪电磁波测距三角高程测量的技术方法得到。

(3)高程基准构建数据处理

GNSS 网基线解算和网平差处理方案为使用 GAMIT 软件,利用精密星历进行基线处理,输出基线解在 GLOBK 软件进行网平差计算。在基线解算中,起算点(基准站)的精度将影响基线的精度。单点定位所得坐标的精度很差,在 20m 左右,不能作为起算点。有必要引进高精度的 GNSS 基准点。对于框架网,引入的全球跟踪站为 SHAO(上海)、WUHN(武汉)、BJFS(北京房山)、LAHZ(拉萨)等,将这些跟踪站与控制网站点进行联测,得到精准的控制点坐标(含大地高)。

1)近似正常高的确定

利用 GNSS 可以精确确定点位的大地高,它与我国使用的水准高(正常高)相差一个似大地水准面高,因而只要求得高精度的似大地水准面高相对差异,由下式便能求得精确的水准高差:

$$\Delta H = \Delta h + \Delta N$$

式中:ΔH——大地高差;

　　　Δh——水准高差;

　　　ΔN——大地水准面高差。

利用精密的 EGM2008 地球重力场模型,根据控制网中各点的位置,计算得到每个点的高程异常,然后由大地高减去得到的高程异常就可求得"近似正常高"(水准高)。

2)组合法确定似大地水准面

根据扎日南木错湖区的实际情况,湖区附近可联测的引据高程控制点为国家高等级水准点 CQD01 和四等水准点 ZK01 两点,引据高程控制点的数量、密度和分布都难以满足单纯数学插值模型对已知高程控制点的要求,项目组采用基于 EGM2008 地球重力场模型和 GNSS/水准数据的组合法构建湖区的高程基准数字模型,计算技术应用移去—拟合—恢复的方法,数值拟合模型采用常值拟合的方法,应用参加插值运算的引据高程控制点进行内符合精度评定;应用多点静止水面长历时同步水位观测对确定的高程基准模型做质量检核,验证评定成果精度。具体方法是:

①移去:计算出两个 GNSS 水准联测点的高程异常值 $\zeta_i = H_i - H_i^{正常高}(i=1,2)$,再利用地球重力场模型 EGM2008 计算出扎日南木错湖区首级控制网点(共计 6 个)的高程异常的近似值 ζ_i^{GM},然后根据式(5.3-18)计算出这两个点的高程异常残差 $\zeta_i^C = \zeta_i - \zeta_i^{GM}$。

②拟合:将求出的两个高程异常残差值 ζ_i^C 的平均值作为已知数据,用常值拟合的方法计算出拟合模型的参数,再内插出未知点的高程异常残差 ζ_j^C。

③恢复:由地球重力场模型求出未联测水准的点上的高程异常近似值 ζ_j^{GM},再和该点的高程异常残差 ζ_j^C 相加,得出最终的高程异常残差 $\zeta_j = \zeta_j^{GM} + \zeta_j^C$,再由公式 $\zeta_j^{正常高} = H_j - \zeta_j$ 计算所有待求点的正常高。

④应用参加插值运算的引据高程控制点进行内符合精度评定;应用多点静止水面长历时同步水位观测对确定的高程基准模型做质量检核,验证评定成果精度。

(4)高程基准模型精度评定

由于已知控制点少且距离湖区较远,湖区周边还有大片湿地保护区,水准测量非常困难。扎日南木错是一个封闭的内陆湖,湖区沿程水位变化非常小,可以忽略不计。新增设的控制点 ZK01、ZK02、ZK04 离水边都较近,主要是为了方便水位接测。为了分析上述高程拟合方法的精度,可以通过湖区水面传递高程的方法来检校。ZK01 是四等水准测量高程,引据点为 CQD01,ZK02 和 ZK04 是拟合高程。具体方法是在 ZK01、ZK02、ZK04 使用全站仪同步进行水位接测,ZK02、ZK04 接测的水位与 ZK01 接测的水位进行比较,其结果见表 5.5-5,拟合方法达到五等水准测量精度,满足本项目的设计要求。

表 5.5-5　　　　　　　　扎日南木错拟合水准高与水面传递的水准高差值　　　　　　(单位:m)

控制点名	时间 (年-月-日 时:分)	接测水位	与 ZK01 接测水位比较
ZK01	2013-07-26 10:30	* * 11.073	0.000
ZK02	2013-07-26 10:30	* * 11.030	−0.043
ZK04	2013-07-26 10:30	* * 11.007	−0.066

5.5.4　塔若错高程基准的构建

5.5.4.1　已有高程资料情况

为了满足塔若错测量的需要,在水利主管部门的统一协调下,测量主管部门提供了湖区的陆上航测地形图(1∶50000),地方测绘主管部门提供了湖区不同等级的 GNSS 控制点、三角点、水准点等资料,资料清单见表 5.5-6。资料经过测绘、水利和科学试验等单位实际利用,证明质量可靠,直接利用或作为引测依据,地形图作为首级控制测量图上点位设计、合理性检查依据及湖泊容积量算基础资料之一。

表 5.5-6　　　　　　　　　　　　塔木错已有资料清单

序号	资料名称	资料来源	单位与数量	备注
1	塔若错周边控制点	地方测绘主管部门	1 套	直接引用或作加密控制的依据
2	CQD01 水准成果	地方国土部门	1 套	直接引用或作加密控制的依据
3	塔若错 1∶50000 航测图	测绘主管部门	1 套	地形图套绘
4	塔若错卫星影像图	Google Earth	1 套	作方案设计、现场工作布置

其中,地方测绘主管部门提供的湖区引据控制成果仅为平面控制成果,无高程基准引据成果。项目组以扎日南木错附近的国家高等级水准点 CDQ01 为引据高程控制点,采用四等水准测量的技术方法完成塔若错引据高程控制的建立。

5.5.4.2　高程基准选取

高程基准选取 1985 国家高程基准。

5.5.4.3　高程基准构建实施

(1)高程控制网布设

项目组在塔若错湖区范围内均匀布设 6 个 GNSS 控制点,作为首级控制网(图 5.5-7),其中 CQD1 点具有四等水准 1985 国家高程基准,多青(对应图 5.5-7 中的 dq00)为Ⅲ等锁 1956 年黄海高程系,哥桑Ⅱ5(对应图 5.5-7 中的 gs25)为Ⅰ导 1956 年黄海高程系。新增设的 TK01、TK02、TK03 以石刻标记点名,标心为测绘钉标,并且都距离湖边较近,方便水位接测。

水位是水域测量的基础,针对高原湖泊塔若错湖区面积宽广的特点,为有效控制测量期湖区的水位变化,项目组分别在湖区的西北边、西南边、东南边布设了 3 处临时水尺水位站 TK01P1、TK02P1 和 TK03P1,其中 TK01P1 处还布设了一个压阻式水位自计仪(图 5.5-8)。

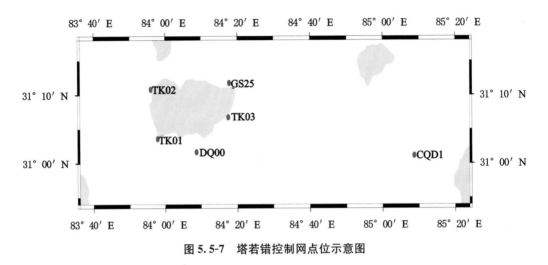

图 5.5-7　塔若错控制网点位示意图

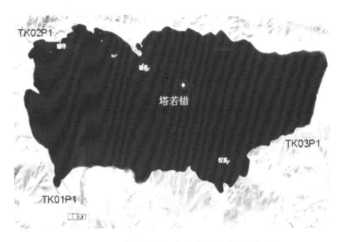

图 5.5-8　塔若错临时水位站布置示意图

(2)控制网点高程测量

塔若错湖区首级 GNSS 控制网的施测采用同步观测的方式进行,共观测了 1 个时段,同步观测时长为 4h,采用的接收机类型有 Trimble R8、Trimble R10,对应的天线为 R8-Model 3、R10 Internal。经 TEQC 检查,观测质量满足设计和相关规范要求。

以新设控制点 TK01、TK02 和 TK03 为水位控制接测引据高程控制点,应用全站仪电磁波测距三角高程测量的技术方法接测水尺零点高程。

(3)高程基准构建数据处理

GNSS 控制网基线解算和网平差处理方案为使用 GAMIT 软件,利用精密星历进行长基线处理,输出基线解在 GLOBK 软件进行网平差计算。在基线解算中,起算点(基准站)的精度将影响基线的精度。单点定位所得坐标的精度很差,在 20m 左右,不能作为起算点。有必要引进高精度的 GNSS 基准点。对于框架网,引入的全球跟踪站为 SHAO(上海)、

WUHN(武汉)、BJFS(北京房山)、LAHZ(拉萨)等,将这些跟踪站与控制网站点进行联测,得到精准的控制点坐标(含大地高)。

1)近似正常高的确定

利用 GNSS 可以精确确定点位的大地高,它与我国使用的水准高(正常高)相差一个似大地水准面高。因而只要求得高精度的似大地水准面高相对差异,由下式便能求得精确的水准高差:

$$\Delta H = \Delta h + \Delta N$$

式中:ΔH——大地高差;

Δh——水准高差;

ΔN——大地水准面高差。

利用精密的 EGM2008 地球重力场模型,根据控制网中各点的位置,计算得到每个点的高程异常,然后由大地高减去得到的高程异常就可求得“近似正常高”(水准高)。

2)组合法确定似大地水准面

根据塔若错湖区的实际情况,湖区附近可联测的高程引据点为国家高等级水准点 CQD01,引据高程控制点的数量、密度和分布都难以满足单纯数学插值模型对已知高程控制点的要求,项目组采用基于 EGM2008 地球重力场模型和 GNSS/水准数据的组合法构建湖区的高程基准数字模型,计算技术应用移去—拟合—恢复的方法,数值拟合模型采用常值拟合的方法,应用参加插值运算的引据高程控制点进行内符合精度评定;应用多点静止水面长历时同步水位观测对确定的高程基准模型做质量检核,验证评定成果精度。具体方法是:

①移去:计算出一个 GNSS 水准联测点的高程异常值 $\zeta_i = H_i - H_i^{正常高}(i=1,2)$,再利用地球重力场模型 EGM2008 计算出塔若错湖区首级控制网点(共计 6 个)的高程异常的近似值 ζ_i^{GM},然后根据式(5.3-18)计算出这个点的高程异常残差 $\zeta_i^C = \zeta_i - \zeta_i^{GM}$。

②拟合:将求出的一个高程异常残差值 ζ_i^C 的平均值作为已知数据,用常值拟合的方法计算出拟合模型的参数,再内插出未知点的高程异常残差 ζ_j^C。

③恢复:由地球重力场模型求出未联测水准点上的高程异常近似值 ζ_j^{GM},再和该点的高程异常残差 ζ_j^C 相加,得出最终的高程异常残差 $\zeta_j = \zeta_j^{GM} + \zeta_j^C$,再由公式 $\zeta_j^{正常高} = H_j - \zeta_j$ 计算所有待求点的正常高。

④应用参加插值运算的引据高程控制点进行内符合精度评定;应用多点静止水面长历时同步水位观测对确定的高程基准模型做质量检核,验证评定成果精度。

(4)高程基准模型精度评定

已知控制点多青、哥桑Ⅱ5 均在山顶上,CQD01 在措勤县城,距离湖区约 170km,并且沿途都是山路。采用水准测量的方法从任意一个已知点测到新增设的控制点 TK01、TK02、TK03 都非常困难。为了分析上述高程拟合方法的精度,通过四等水准测量的技术方法获取 TK01、TK02 之间的高差和 TK01、TK02 的拟合高差作比较来检校,比较数据如表 5.5-7

所示,拟合方法达到五等水准测量精度,满足本项目的设计要求。

表 5.5-7 　　　　　　　　　塔若错水准高差与拟合高差比较

点名	拟合高程 (m)	两点间长度 (km)	拟合高差 (m)	水准高差 (m)	水准高差与 拟合高差较差 (mm)	水准高差与拟合 高差较差限差 (mm)
TK01	4575.359	17.4	2.851	2.927	76	125
TK02	4572.508					

5.5.5　当惹雍错高程基准的构建

5.5.5.1　已有高程资料情况

为了满足当惹雍错测量的需要,测绘主管部门提供了湖区的陆上航测地形图(1∶50000),地方测绘主管部门等相关单位提供了湖区不同等级的 GNSS 控制点、三角点、水准点等资料,资料清单见表 5.5-8。资料经过测绘、水利和科学试验等单位实际利用,证明质量可靠,直接利用或作为引测依据,地形图作为首级控制网测量图上点位设计、合理性检查依据及湖泊容积量算基础资料之一。

表 5.5-8 　　　　　　　　　当惹雍错已有资料清单

序号	资料名称	单位与数量	备注
1	当惹雍错周边控制点	1 套	直接引用或作加密控制的依据
2	当惹雍错 1∶50000 航测图	1 套	地形图套绘
3	当惹雍错卫星影像图	1 套	作方案设计、现场工作布置
4	当惹雍错卫星影像图	1 套	水边测量参考

其中,地方测绘主管部门提供的湖区引据控制成果仅为平面控制成果,无 1985 国家高程基准引据成果。项目主管组以扎日南木错附近的国家高等级水准点 CDQ01 为引据高程控制点,采用四等水准测量的技术方法完成当惹雍错引据高程控制的建立。

5.5.5.2　高程基准选取

高程基准选取 1985 国家高程基准。

5.5.5.3　高程基准构建实施

(1)高程控制网布设

项目组在当惹雍错湖区勘察和资料收集的基础上,建立湖区首级控制网(包括水位站网),将有 1985 国家高程的引据点也布设在控制网中。同时,在湖区周边布设水位站网,建立湖区水位高程控制(1985 国家高程基准)。根据设计书的要求,在测区范围内布设 7 个

GNSS 控制点（图 5.5-9），其中 ZK04 点具有 1985 国家高程基准，色种（SZON）具有 1956 年黄海高程基准。新增设的 DK01、DK02、DK03、DK04、DK05 以石刻标记点名，标心为测绘钉标，并且都距离湖边较近，方便水位接测。当惹雍错控制网点位见图 5.5-9。

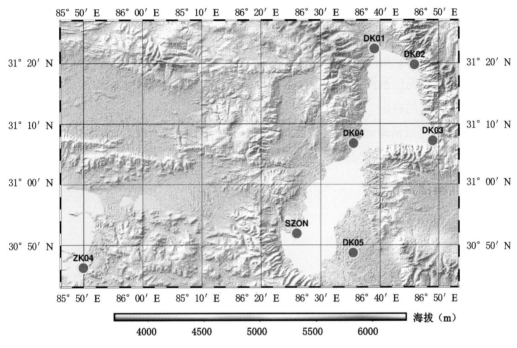

图 5.5-9　当惹雍错控制网点位示意图

水位是水域测量的基础，针对高原湖泊当惹雍错湖区面积宽广的特点，为有效控制测量期湖区的水位变化，项目组分别在湖区的北、东、南布设了 4 处临时水尺水位站 DK01P1、DK02P1、DK03P1 和色种 P1（图 5.5-10）。

（2）控制网点高程测量

当惹雍错湖区首级 GNSS 控制网的施测采用同步观测的方式进行，共观测了 1 个时段，同步观测时长为 4h，采用的接收机类型有 Trimble R8，Trimble R10，对应的天线为 R8-Model 3、R10 Internal。经 TEQC 检查，观测质量满足设计和相关规范要求。

以新设控制点 DK01、DK02、DK03 和色种为水位控制接测引据高程控制点，应用全站仪电磁波测距三角高程测量的技术方法接测水尺零点高程。

图 5.5-10　当惹雍错临时水位站布置示意图

（3）高程基准构建数据处理

GNSS 控制网基线解算和网平差处理方案为使用 GAMIT 软件，利用精密星历进行长基线处理，输出基线解在 GLOBK 软件进行网平差计算。在基线解算中，起算点（基准站）的精度将影响基线的精度。单点定位所得坐标的精度很差，在 20m 左右，不能作为起算点。有必要引进高精度的 GNSS 基准点。观测时间相对较短，不能引入距离控制网太远的 IGS 站，因此，本项目引入我国境内距其相对较近的 IGS 跟踪站 URUM（乌鲁木齐）和 LAHZ（拉萨），将这些跟踪站与控制网站点进行联测，得到精准的控制点坐标（含大地高）。

1）近似正常高的确定

利用 GNSS 可以精确确定点位的大地高，它与我国使用的水准高（正常高）相差一个似大地水准面高，因而只要求得高精度的似大地水准面高相对差异，由下式便能求得精确的水准高差：

$$\Delta H = \Delta h + \Delta N$$

式中：ΔH——大地高差；

Δh——水准高差；

ΔN——大地水准面高差。

利用精密的 EGM2008 地球重力场模型，根据控制网中各点的位置，计算得到每个点的高程异常，然后由大地高减去得到的高程异常就可求得"近似正常高"（水准高）。

2）组合法确定似大地水准面

根据当惹雍错湖区的实际情况，湖区附近可联测的高程引据点为四等水准点 ZK04，引据高程控制点的数量、密度和分布都难以满足单纯数学插值模型对已知高程控制点的要求，项目组采用基于 EGM2008 地球重力场模型和 GNSS/水准数据的组合法构建湖区的高程基准数字模型，计算技术应用移去—拟合—恢复的方法，数值拟合模型采用常值拟合的方法，应用参加插值运算的引据高程控制点进行内符合精度评定；应用多点静止水面长历时同步水位观测对确定的高程基准模型做质量检核，验证评定成果精度。具体方法是：

①移去：计算出一个 GNSS 水准联测点的高程异常值 $\zeta_i = H_i - H_i^{\text{正常高}}(i=1,2)$，再利用地球重力场模型 EGM2008 计算出当惹雍错湖区首级控制网点（共计 6 个）的高程异常的近似值 ζ_i^{GM}，然后根据式（5.3-18）计算出这个点的高程异常残差 $\zeta_i^C = \zeta_i - \zeta_i^{GM}$。

②拟合：将求出的一个高程异常残差值 ζ_i^C 的平均值作为已知数据，用常值拟合的方法计算出拟合模型的参数，再内插出未知点的高程异常残差 ζ_j^C。

③恢复：由地球重力场模型求出未联测水准点上的高程异常近似值 ζ_j^{GM}，再和该点的高程异常残差 ζ_j^C 相加，得出最终的高程异常残差 $\zeta_j = \zeta_j^{GM} + \zeta_j^C$，再由公式 $\zeta_j^{\text{正常高}} = H_j - \zeta_j$ 计算所有待求点的正常高。

④应用参加插值运算的引据高程控制点进行内符合精度评定；应用多点静止水面长历

时同步水位观测对确定的高程基准模型做质量检核,验证评定成果精度。

(4)高程基准模型精度评定

已知控制点 ZK04 位于措勤县城,距离湖区约 120km,并且沿途都是山路。采用水准测量的方法从 ZK04 至任意一个新增设的控制点 DK01、DK02、DK03、DK04、DK05、色种都非常困难。为了分析上述高程拟合方法的精度,通过四等水准测量 DK02、DK01 之间的高差和 DK01、DK02 的拟合高差作比较来检校,比较数据如表 5.5-9 所示,拟合方法达到五等水准测量精度,满足本项目的设计要求。

表 5.5-9   当惹雍错水准高差与拟合高差比较

点名	拟合高程 (m)	两点间 长度 (km)	拟合 高差 (m)	水准 高差 (m)	水准高差与 拟合高差较差 (mm)	水准高差与 拟合高差 较差限差(mm)
DK01	＊＊50.373	12.8	38.195	38.199	4	107
DK02	＊＊88.568					

5.5.6 色林错高程基准的构建

5.5.6.1 已有高程资料情况

为了满足色林错测量的需要,测绘主管部门提供了湖区的陆上航测地形图(1∶50000),地方测绘主管部门等相关单位提供了湖区不同等级的 GNSS 控制点、三角点、水准点等资料,资料清单见表 5.5-10。资料经过测绘、水利和科学试验等单位实际利用,证明质量可靠,直接利用或作为引测依据,地形图作为合理性检查依据及湖泊容积量算基础资料之一。

表 5.5-10   色林错已有资料清单

序号	资料名称	单位与数量	备注
1	色林错周边控制点	1 套	直接引用或作加密控制的依据
2	色林错 1∶50000 航测图	1 套	地形图套绘
3	色林错卫星影像图	1 套	作方案设计、现场工作布置
4	色林错卫星影像图	1 套	水边测量参考

其中,地方测绘主管部门提供的湖区引据控制成果仅为平面控制成果,无 1985 国家高程基准引据成果。水利部门提供了湖区的陆上航测地形图(1∶50000)上找到有 1985 国家高程基准的控制点,以此控制点为高程控制的引据点。

5.5.6.2 高程基准选取

高程基准选取 1985 国家高程基准。

5.5.6.3 高程基准构建实施

(1)高程控制网布设

项目组在色林错湖区勘察和资料收集的基础上,建立湖区首级控制网(包括水位站网),将有 1985 国家高程的引据点也布设在控制网中。同时,在湖区周边布设水位站网,建立湖区水位高程控制(1985 国家高程基准)。根据设计书的要求,在测区范围内布设 7 个 GNSS 控制点(图 5.5-11),其中班申 10、节冲、狮安Ⅲ1、狮安Ⅲ5、Ⅰ洞安 78 具有 1985 国家高程基准,狮安Ⅲ1、狮安Ⅲ5、班申 10、节冲具有 1956 年黄海高程基准。新增设的 SL01、SL02 以石刻标记点名,标心为测绘钉标,并且都距离湖边较近,方便水位接测。

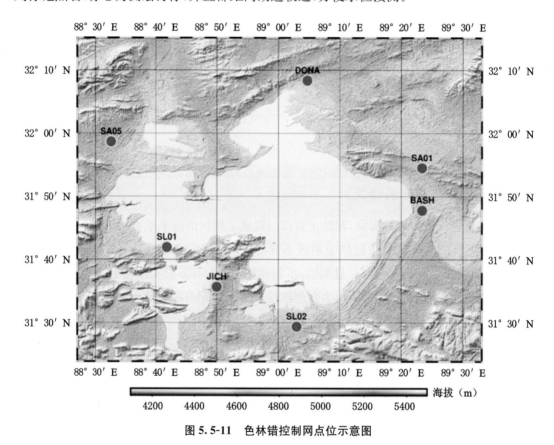

图 5.5-11 色林错控制网点位示意图

水位是水域测量的基础,针对高原湖泊色林错湖区面积宽广的特点,为有效控制测量期湖区的水位变化,项目组分别在湖区的北、东、南布设了 3 处临时水尺水位站 SL01P1、班申 10P1 和Ⅰ洞安 78P1(图 5.5-12)。

(2)控制网点高程测量

色林错湖区首级 GNSS 控制网的施测采用同步观测的方式进行,共观测了 1 个时段,同步观测时长为 4h,采用的接收机类型有 Trimble R8、Trimble R10,对应的天线为 R8-Model

3、R10 Internal。经 TEQC 检查,观测质量满足设计和相关规范要求。

以首级控制点 SL01、班申 10、I 洞安 78 为水位控制接测引据高程控制点,应用全站仪电磁波测距三角高程测量的技术方法接测水尺零点高程。

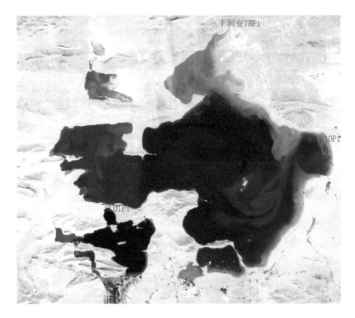

图 5.5-12　色林错临时水位站布置示意图

(3)高程基准构建数据处理

GNSS 控制网基线解算和网平差处理方案为使用 GAMIT 软件,利用精密星历进行长基线处理,输出基线解在 GLOBK 软件进行网平差计算。在基线解算中,起算点(基准站)的精度将影响基线的精度。单点定位所得坐标的精度很差,在 20m 左右,有必要引进高精度的 GNSS 基准点。本项目引入的跟踪站为 URUM(乌鲁木齐)、LHAZ(拉萨)、POL2(比什凯克、吉尔吉斯斯坦)、KIT3(基塔布、乌兹别克斯坦)、ULAB(乌兰巴托)等,将这些跟踪站与控制网站点进行联测,得到精准的控制点坐标(含大地高)。

1)近似正常高的确定

利用 GNSS 可以精确确定点位的大地高,它与我国使用的水准高(正常高)相差一个似大地水准面高,因而只要求得高精度的似大地水准面高相对差异,由下式便能求得精确的水准高差:

$$\Delta H = \Delta h + \Delta N$$

式中:ΔH——大地高差;

Δh——水准高差;

ΔN——大地水准面高差。

利用精密的 EGM2008 地球重力场模型,根据控制网中各点的位置,计算得到每个点的高程异常,然后由大地高减去得到的高程异常就可求得“近似正常高”(水准高)。

2)组合法确定似大地水准面

根据色林错湖区的实际情况,湖区附近可联测的高程引据点为班申 10、节冲、狮安Ⅲ1、狮安Ⅲ5、Ⅰ洞安 78 计 5 个,引据控制点的数量、密度和分布都难以满足单纯数学插值模型对已知高程控制点的要求,项目组采用基于 EGM2008 地球重力场模型和 GNSS/水准数据的组合法构建湖区的高程基准数字模型,计算技术应用移去—拟合—恢复的方法,数值拟合模型采用平面拟合的方法,应用参加插值运算的引据高程控制点进行内符合精度评定;应用未参加插值运算的引据高程控制点进行外符合精度评定;应用多点静止水面长历时同步水位观测对确定的高程基准模型做质量检核,验证评定成果精度。具体方法是:

①移去:计算出 3 个 GNSS 水准联测点的高程异常值 $\zeta_i = H_i - H_i^{正常高}(i=1,2)$,再利用地球重力场模型 EGM2008 计算出色林错湖区首级控制网点(共计 7 个)的高程异常的近似值 ζ_i^{GM},然后根据式(5.3-18)计算出这个点的高程异常残差 $\zeta_i^C = \zeta_i - \zeta_i^{GM}$。

②拟合:将求出的 3 个高程异常残差值 ζ_i^C 的平均值作为已知数据,用平面拟合的方法计算出拟合模型的参数,再内插出未知点的高程异常残差 ζ_j^C。

③恢复:由地球重力场模型求出未联测水准点上的高程异常近似值 ζ_j^{GM},再和该点的高程异常残差 ζ_j^C 相加,得出最终的高程异常残差 $\zeta_j = \zeta_j^{GM} + \zeta_j^C$,再由公式 $H_j^{正常高} = H_j - \zeta_j$ 计算所有待求点的正常高。

④应用参加插值运算的引据高程控制点进行内符合精度评定;应用未参加插值运算的引据高程控制点进行外符合精度评定;应用多点静止水面长历时同步水位观测对确定的高程基准模型做质量检核,验证评定成果精度。

(4)高程基准模型精度评定

色林错湖区周边经勘察高程引据点较为丰富,其中班申 10、节冲、狮安Ⅲ1、狮安Ⅲ5、Ⅰ洞安 78 有 1985 国家高程基准下高程控制成果;班申 10、节冲、狮安Ⅲ1、狮安Ⅲ5 同时还具有 1956 年黄海高程系下的高程控制成果,为此采用组合法确定似大地水准面技术构建色林错湖区的数字高程基准。

组合法确定似大地水准面解算结果可用各控制点原有高程控制成果进行比较,结果见表 5.5-11,拟合精度满足本项目的设计要求。

表 5.5-11 色林错拟合高差与原有高程控制成果比较

点名	拟合高程(m)	原有控制成果高程(m)	拟合高差与原有高程控制成果之差(m)
班申 10	＊＊70.1360	＊＊70.30	−0.1640
节冲	＊＊91.7173	＊＊91.60	0.1173
狮安Ⅲ1	＊＊82.7671	＊＊82.80	−0.0329
狮安Ⅲ5	＊＊01.0675	＊＊01.20	−0.1325
Ⅰ洞安 78	＊＊66.0319	＊＊65.82	0.2119

5.6 小结

湖泊测量即是对水深、面积、容积、水量以及湖区地形分布等湖泊的重要基本空间信息和属性进行获取的活动。此项活动的先决条件是空间基准科学、准确的构建,其中高程基准的构建尤为重要。高原湖泊多地处自然环境恶劣、交通不便的偏远地区,如西藏地区的大部分湖泊均处于海拔高度为 4000m 以上的高海拔地区,且湖区周边的生态环境接近于原始的状态。本书针对高原湖泊高程基准构建存在的技术难点,提出了完整的解决方案,并在纳木错、羊卓雍错、扎日南木错、塔若错、当惹雍错及色林错 6 个高原湖泊测量项目中得到了具体的应用,较好地攻克了高原湖泊高程基准的建立难题,填补了国情空白。

①针对高原湖泊高等级引据高程控制点等基础资料严重缺乏,且引据点位置多在海拔 4500m 以上的技术难点,采用以几何水准测量为主、辅以高程导线测量的传统作业模式难以实现测区高程基准的构建,为此,本书采用多源数据融合的方式构建区域数字高程基准模型,即应用 GNSS 高程测量技术结合几何水准测量或高程导线测量数据,融合 EGM2008 地球重力场模型,通过格网拟合的方式,形成最终的 GNSS 似大地水准面模型,即区域的数字高程基准模型。

②本书采用将高原湖区观测的 GNSS 静态测量数据与 IGS 跟踪站的同步观测数据进行联合组网解算,应用 IGS 跟踪站的 CGCS2000 大地坐标作为已知值,应用精密星历在 GAMIT 软件环境下进行长基线处理,再将输出的基线解在 GLOBK 软件中进行网平差计算,得到高精度的高原湖区首级控制 CGCS2000 成果。

③针对高原湖区无区域似大地水准面成果、GNSS 测量高程转换难度较大的问题,本书采用了组合法确定区域似大地水准面,较好地解决了这个技术难题。

④针对现有高程外业测量记录计算系统对于高原湖泊高程测量针对性不强、不能直接用于实际生产的问题,项目组设计开发了"高原湖泊高程测量一体化集成系统",实现了高程测量的内外业一体化,显著提高了工作效率,保证了数据质量。

⑤高原湖泊数据为重要国情信息,需从数据源头上进行加密处理的要求,本书引入 RSA 公钥加密算法,通过"高原湖泊高程测量一体化集成系统"实现了对记录、计算数据块的加密,较好地解决了重要数据的保密问题。

⑥针对高原湖泊高程控制观测数据质量实时检核和自动化规范报表输出的要求,本书通过"高原湖泊高程测量一体化集成系统"构建限差库和组件对象模型技术,较好地解决了这一问题。

第 6 章 高原湖泊测量的多源空间信息获取技术

多源空间数据之间的差异在具体的 GIS 应用中会产生巨大的影响。用户通常在不同的空间数据模型、不同的坐标系统、不同的地图投影以及不同的分类分级的矢量地图数据中，很难找到与自身系统相匹配的矢量数据，因此只能按照实际应用需要重新加工或者进行转换，这无疑提高了数据成本在 GIS 工程总成本中所占的比例，增加了数据融合的难度，高原湖泊测量因采用多传感器数据也面临着相同的问题。研究出一种消除多源矢量数据之间的差异、充分利用现有技术、尽量减少数据采集、转换的高额开销，消除不同来源的数据在空间数据模型、坐标系统、地图投影、分类分级与属性编码上的差异，实现不同格式的数据在地理信息系统中的有机集中成为高原湖泊测量的一项关键技术。

6.1 基于现势卫星影像的湖泊岸边界提取技术

20 世纪 70 年代以来，我国的遥感事业有了长足的进步。我国政府极为重视遥感技术的发展和应用，将发展遥感事业作为政府行为的一部分，并将其列入重点科技攻关项目和"863"攻关项目，已完成了一批具有世界先进水平并具有自己特色的应用成果。国家政策的重视加上广大科研工作者的辛勤攻关，使得遥感应用研究已广泛渗入各行各业之中，其涉及的领域广、类型多、综合性强，出现了发展日新月异的喜人景象。主要应用包括农业生产、国土资源调查、水土保持、林业矿产资源、环境评价与监测、城市动态变化监测、水火灾情实时动态监测、气象、病虫害防治，以及港口、水库、电站等工程勘测与建设领域，成绩斐然。

遥感突出的社会效益和经济效益，使得遥感在水利行业的应用越来越广泛，作用越来越突出。据资料表明，遥感调查与常规地面调查相比，无论是时间、投入资金还是人力都大幅度降低。因此，已经相应地建立起不少完备的系统，正在水利事业的各个岗位发挥着重要作用。例如，在长江流域水灾监测系统中，使用了能够全天时、全天候的航空侧视雷达成像，通过微波站或通信卫星将洪水淹没情况实时地传输至国家防洪指挥中心，从而为及时准确地了解灾情提供了信息来源，为防洪决策和灾情评估提供了必要支持，对发展国民经济、保障人民生命财产安全发挥着巨大作用。另外，遥感技术可以实时、大面积地提取多种信息，使得利用遥感手段不仅可以进行水库库容的工程勘测，还可以监测库区的水质污染，反映水土流失；加之遥感技术可以用于分析植被覆盖、植物蒸散发、土壤含水量等特征，这为建立流域的水文分布式模型提供了信息来源,这些数据同时也可以反映库区修建前后所引起的库区环境变化。因此,引入遥感技术可以获得很高的综合效益,不失为一种经济、快捷、有效的方法。

当前,我国的测图手段普遍采用的是航空摄影,但是我国一年航空摄影的成像能力仅仅为 70 万～100 万 km^2,已经远远落后于国民经济的发展需求,"资源 3 号"(ZY-3)卫星是为满足我国 1∶50000 及更大比例尺测绘应用的首颗民用立体传输型光学测绘卫星,卫星的研制、发射及时有效地解决了这一难题。ZY-3 卫星能够长期、稳定、快速以及有效地获取立体测绘影像、多光谱影像及辅助数据,能够进行 1∶50000 比例尺立体影像测图和数字正射影像图制作,以及更新修测 1∶25000 比例尺地形图的部分要素;2013 年 12 月 30 日投入使用的"高分一号"对地观测卫星可向用户提供 2m 全色/8m 多光谱影像,已在国土资源调查与动态监测、环境监测、气候变化、精准农业和城市规划等领域发挥重要作用。

"资源 3 号""高分一号"卫星以及在西部 1∶50000 地形图空白区测图中使用的 SPOT-5 均以无可比拟的优势用于高原湖泊的岸线测量,保证了质量,提高了效率。

6.1.1　高分辨率卫星发展现状

自 1972 年美国发射全球首颗地球资源卫星(ERTS-1,后更名为陆地卫星 Landsat)以后,人们逐渐意识到高分辨率遥感卫星在全球军事和民用领域的巨大社会和经济价值,世界各国竞相发射了多颗高分辨率遥感和测绘卫星,并掀起了高分辨率卫星及其应用技术的研究热潮。美国拥有世界领先的遥感卫星研发技术和数量最多的在轨高分辨遥感卫星,也引领着全球遥感卫星的发展趋势。拥有全球连续对地持续观测时间最长(长达 40 余年)的 Landsat 系列(1972 年开始)、全球第一颗提供高分辨率商业卫星影像的 IKONOS 系列(1999 年开始)、全球最先提供亚米级分辨率的商业卫星 Quick Bird(2001 年)及标志着分辨率优于 0.5m 的商用遥感卫星进入实用阶段的 GeoEye 卫星(2008 年)和代表了美国当前商业遥感卫星最高水准的 World View 系列(2007 年开始)。World View 系列 3 颗卫星的空间分辨率均在 0.5m 内,2014 年发射的 World View-3 更是以 0.31m 的超高空间分辨率成为全球最高分辨率在轨商业遥感卫星,3 颗卫星无控定位精度均在 10m 以内,其中 World View-3 在无地面控制点条件下,对地面目标的定位精度能够控制在 3.5m 以内,有控制条件下几何定位精度更是可以达到 1m 以内。欧盟的高分辨率遥感卫星技术也处于世界先进水平,尤其以法国 SPOT 和 Pleiades 系列为突出代表。法国于 2002 年发射的 SPOT-5 卫星是一颗在我国 1∶50000 比例尺测绘领域应用极广的商业遥感测绘卫星,此后于 2011—2014 年顺次发射的 Pleiades 1A、SPOT-6、Pleiades 1B 和 SPOT-7 组成了 4 颗卫星星座,可实现对全球任意地点 2d 内重访,其中 SPOT-6、SPOT-7 卫星分辨率最高可达 1.5m,Pleiades 1A/1B 可以提供 0.5m 分辨率的极高分辨影像。德国于 2008 年 8 月发射 5 颗 RapidEye 卫星组成商业对地观测卫星星座，是第一个提供红外频段数据的商业卫星，可以有效监测植被变化。俄罗斯拥有发展迅速的 Resurs 系列卫星，拥有全色相机、光谱扫描仪、合成孔径雷达和微波辐射计等多种载荷种类，2013 年发射的 Resurs-P 卫星，分辨率已能达到全色 1m 和多光谱 4m。亚洲国家的光学遥感卫星的发展近年来也比较迅速。印度于 2007—2010 年先后发射的 Cartosat-2、Cartosat-2A 和 Cartosat-2B 3 颗卫星组成星座，能够提供 0.8m 分辨率的全色影像，重访周期为 4d，正在研制的下一代 Cartosat-3 系列，将能够提供优于 0.3m 分辨率全色和 1m 分辨率多光谱影像，发展势头强劲。日本于 2006 年发射的同时具备光学和雷达成像能力的 ALOS-1 卫星，能够提供 2m 全色和 10m 多光谱影像。目前，日本正计划于 2020 年发射 ALOS-3 卫星，届时将可以提供 0.8m 全色和 5m 多光谱影像。韩国于 2012 年发射的 Kompsat-3 卫星分辨率达到了全色 0.7m、多光谱 2.8m，基本掌握了亚米级光学遥感卫星技术。以色列先后于 2000 年和 2006 年发射了全色分辨率 1.8m 的 EROS-A 卫星和全色分辨率为 0.7m 的 EROS-B1 卫星，并计划未来发射 6 颗相同的 EROS-B 卫星组成星座，使得重访周期可缩短到 1 天以内。泰国也于 2008 年发射 THOES 卫星，该卫星拥有 2m 全色分辨率和 15m 多光谱分辨率，可应用于制图、土地调查以及资源调查等方面。

而我国的遥感和测绘卫星经历了一个从无到有、从有到好的快速发展过程。1999 年发射的中巴资源卫星系列 01 星是我国第一颗高速传输式民用对地遥感资源卫星，能够提供优于 20m 分辨率的全色影像，此后又于 2003 年发射了中巴资源卫星系列 02 星。2008 年 9 月发射的环境与灾害监测预报小卫星 A、B 星和 2012 年发射的 C 星组成三星星座，构建了最快 2d 重访周期的 30m 分辨率多光谱和 100m 分辨率红外影像获取能力。2011 年 12 月成功发射了"资源一号 02C"卫星搭载有 5m 分辨率全色和 10m 分辨率多光谱相机，幅宽为 60km。于 2010 年 8 月、2012 年 5 月和 2015 年 10 月发射的"天绘一号"01 星、02 星和 03 星是我国第一代传输型立体测绘卫星，3 颗卫星已组网运行，具备提供 2m 全色、5m 立体、10m 多光谱影像的能力，地面覆盖宽度优于 60km，可服务于全球 1∶50000 比例尺地理信息产品生产及其他行业应用。于 2010 年全面启动的"我国高分辨率对地观测卫星系统重大专项（简称高分专项）"是《国家中长期科学和技术发展规划纲要（2006—2020 年）》确定的重大专项之一，计划到 2020 年前发射 7 颗卫星和其他观测平台，分别编号为"高分一号"到"高分七号"。2013 年 4 月发射的"高分一号"卫星，搭载有 2m 分辨率全色、8m 分辨率多光谱相机，并携带 16m 分辨率、幅宽 800km 的宽幅相机。2014 年 8 月发射的"高分二号"卫星，能够提供优于 1m 的全色影像和优于 4m 的多光谱影像。2015 年 12 月发射的静止轨道光学卫星"高分四号"，利用其搭载的 50m 分辨率全色凝视相机，能够在静止轨道上对 7000km×7000km 的区域进行实时观测。2016 年 8 月发射的我国首颗民用合成孔径雷达卫星——"高分三号"，其最高空间分辨率优于 1m。"高分五号"卫星将是我国第一颗民用高光谱观测卫星，影像空间分辨率能力可达 10m，同时还搭载温室气体监测仪和气溶胶探测仪等探测设备。"高分六号"卫星是"高分一号"的后继星,拥有与"高分一号"卫星基本相同的载荷指标。"高分七号"卫星主要服务于 1∶10000 比例尺测绘应用的立体测图卫星,为我国 1∶10000 比例尺基础地理信息产品生产提供高可靠的立体影像。

从上述国内外光学对地观测卫星的发展历程可以看出,当前光学遥感和测绘卫星呈现出向更高的空间和光谱分辨率、更快的数据重访能力、更精准的几何定位精度的发展趋势,并有向小型化、低成本和敏捷化发展的潮流。从最初 Landsat-1 的 80m 分辨率到最近 World View-3 的 0.31m 分辨率,卫星影像的空间分辨率提高了 200 多倍。从最初的单波段和 SPOT-1 的 3 波段到 World View-3 的 17 个波段,卫星的光谱分辨率获得了极大的提升。越来越多的国家已经或计划通过多颗卫星组网运行来大幅缩短卫星重访周期以提升数据获取能力,如法国的 SPOT 6&7 和 Pleiades 1A/1B 组网后,重访周期缩短为 2d,且每天的数据获取能力可达到 800 万 km^2。卫星影像无控几何定位精度也从早期的千米级,逐步发展到 World View 系列卫星的 3m,已经和航空影像的几何定位精度水平相当。小卫星组网具有投资与运行成本低、研发周期短、更适合按需发射等系列优势,正逐渐成为发展潮流,如美国 2013 年开始发射的 Skysat 卫星是单星成本为 5 千万美元、重量 90～120kg 的小型、廉价和高效的卫星,计划未来发射 24 颗小卫星组成卫星星座,具备对同一目标每天 8 次的重访能力,是当前传统卫星望尘莫及的,代表了未来发展趋势。

遥感和测绘卫星技术的飞速发展,为测绘地理信息行业带来新的发展机遇,随着经济社会的高速发展,传统的依赖航空摄影测量的测绘技术和手段已经无法充分满足我国信息化建设的需求,依靠测绘遥感卫星,采用航天技术手段,实现各种比例尺测绘地理信息产品快速生产和更新,是我国测绘地理信息行业的未来发展方向。基于卫星影像开展测绘应用的最大难点是精度,如何在几百千米之外的高空轨道实现几米甚至是亚米级的几何定位精度是一项巨大的挑战。美国、法国、德国等测绘卫星技术发达国家由于拥有较为先进的遥感和测绘卫星研发及应用技术,卫星影像几何精度较高,其产品已经广泛应用于包括我国在内的各国地理信息产品生产。而之前由于国产卫星影像质量与国外存在较大差距,无法满足高精度测绘需求,国产卫星影像基本不能测图。在 2012 年以前,我国测绘生产所使用的卫星影像源基本被国外卫星所垄断,其中 90% 以上来自美、法等国的遥感卫星,除了需要每年花费大量资金购买国外商用卫星影像用于基础测绘和其他行业应用外,更重要的是信息安全无法得到有效保障。

因此,发射我国自主的高精度立体测绘卫星系列,提升我国自主高精度测绘数据源保障能力一直是我国测绘人的理想。2008 年 3 月,"资源 3 号"卫星工程正式被国务院批准立项,2012 年 1 月 9 日 11 时 17 分,"资源 3 号"卫星搭乘"长征-4B"运载火箭从太原卫星发射中心成功升空,并已稳定在轨运行,连续、稳定地获取覆盖全球范围的高分辨率立体和多光谱影像,服务于包括测绘在内的各行业应用。

6.1.2 卫星影像产品与处理

卫星直接下传的原始影像数据由于在辐射质量、几何质量、数据形式和格式等各个方面未经过处理,对影像用户而言是无法直接使用的。我们平时使用的所谓卫星遥感影像均是卫星运营机构针对原始影像开展相关辐射和几何处理后生产的影像产品。为了满足用户在不同应用场景下对卫星影像不同层次的辐射和几何质量需求,国内外商业卫星运营商均针对卫星原始影像开展一系列不同层次的几何或辐射处理,并根据处理程度的不同制定了独立的卫星影像产品分级体系,便于用户按需选择不同级别的影像产品。

美国的商业对地观测卫星主要由 DigitalGlobe(数字地球公司)与 GeoEye(地球之眼卫星公司)两家商业卫星图像提供商负责运营。GeoEye 公司负责 IKONOS、OrbView 和 GeoEye 等系列卫星的运营。DigitalGlobe 公司则负责 Quick Bird 和 World View 等系列卫星的运营。2013 年 1 月,两家公司合并组建为新的 DigitalGlobe 公司,成为全球最大的商业卫星图像提供商。

DigitalGlobe 公司以处理程度和几何精度为依据,针对麾下的 Quick Bird 和 World View 系列卫星影像制定了统一的产品分级体系,用户可以根据不同需求订购对应级别的影像产品,其具体分级标准见表 6.1-1。

表 6.1-1 　　　　　　　　　**DigitalGlobe 公司卫星立体影像产品分级**

影像分级	处理过程	是否提供立体	精度(m)	
			平面(CE90)	高程(LE90)
Basic	经过辐射和传感器校正处理,附带轨道、姿态、相机参数以及有理函数模型参数	是	23/6.5	—
Standard	经过辐射、传感器校正并采用粗格网 DEM 进行无控制点系统几何校正处理(可根据用户的选择提供不同的投影系产品)	否	23/6.5	—
Ortho	经过辐射、传感器校正并利用用户提供的 DEM 和控制点提高绝对定位精度、消除地形起伏引起投影差的投影到定制投影系的影响产品	否	最高优于 2m	—

注:斜杠"/"前面为 Quick Bird 精度指标,后面为 World View 精度指标。

SPOT 系列卫星按针对影像数据的处理流程不同,确定了如表 6.1-2 所示的影像产品分级。产品的定位精度总体而言是从 Level 1 到 Level 3 逐步提高的。所有产品中仅 Level 1A 级产品带有严密成像几何模型,其余级别的影像均不带几何模型,无法用于后续几何精确处理。

中国资源卫星应用中心在长期从事国产光学遥感卫星影像接收和处理过程中,制定了针对中巴资源卫星 CBERS 系列的影像产品分级体系,具体见表 6.1-3。

表 6.1-2   SPOT 系列卫星影像产品分级

影像分级	描述	处理过程
Level 1A	原始产品	仅经过辐射校正后的产品
Level 1B	系统校正产品	消除了地球自转、地球曲率和全景效应引起的影像内部几何变形的纠正后的产品（注：该处理仅仅针对 SPOT1、SPOT2、SPOT3、SPOT4、SPOT5 没有该产品）
Level 2A	无控制点投影产品	在没有控制点情况下以一定分辨率投影在标准参考大地基准下的标准投影下的产品
Level 2B	有控制点投影产品	有控制点控制的情况下以一定分辨率投影在标准参考大地基准下的标准投影下的产品
Level 3	正射纠正产品	利用控制点纠正,利用紧密 DEM 消除高程引起的投影差的情况下正射纠正产品

表 6.1-3   资源卫星应用中心产品分级体系

影像分级	描述	处理过程
Level 0	原始数据产品	分景后的卫星下传遥感数据
Level 1	辐射校正产品	经辐射校正,没有经过几何校正的产品数据
Level 2	系统几何校正产品	经辐射校正和几何校正,并将校正后的图像映射到指定的地图投影坐标系下的产品数据
Level 3	几何校正产品	经辐射校正和几何校正,同时采用地面控制点改进产品几何精度的产品数据
Level 4	高程校正产品	经过辐射校正、几何校正和几何精校正,同时采用 DEM 纠正了地形起伏引起的视差的产品数据
Level 5	标准镶嵌图像产品	无缝镶嵌图像产品

由于卫星物理结构、设计理念、服务对象、精度水平以及卫星运营商处理能力等方面的差异,不同卫星影像产品分级体系差异较大。但是这些不同影像分级体系中实质上存在一定的共性规律,那就是从低级产品到高级产品的生产过程中,影像中蕴含的各类畸变和误差影响逐渐减少、影像的几何精度水平逐渐提高、用户使用影像时所需付出的处理工作量逐渐降低。一般而言,从卫星原始影像开始的影像全流程处理过程中,首先要改正或减弱由卫星平台、传感器和大气等造成的系统误差,优化或重建影像几何模型,生产附带成像几何模型的基础影像产品。随后需要经过地理参考并开展地图定向,生成几何纠正产品,部分产品可附带成像几何模型(如 IKONOS 的 Geo 产品附带 RFM),其间可根据需要使用控制资料并采用不同的地图投影系和数字高程数据来消除误差和改正地形。而这其中,基础影像产品的生产是卫星影像几何处理中的关键和难点。当前国内外高分辨率光学卫星为实现足够的扫描幅宽均普遍设计采用交错排列的多片 TDI(Time Delay and Integration)CCD(Charge Coupled Device)线阵作为摄影设备。这导致卫星直接获取的原始影像是分片 CCD 影像,分片 CCD 影像幅宽较小且增加了需要处理影像的数量,增加了用户使用难度,如 ALOS PRISM 的 Level 1B1 产品。因此,卫星供应商通常需将分片 CCD 影像进行无缝拼接后提供

给用户使用,如 ASTRIUM 公司的 Primary 影像产品(包括 Pleiades-1A/1B 和 SPOT-6&7)和 DigitalGlobe 公司的 Basic 级产品(包括 Quick Bird 和 World View 系列)。

分片 CCD 影像的无缝拼接是卫星影像前期几何处理中的核心技术,由于技术封锁等,国外相关技术文章较少。IKONOS 和 Quick Bird 等卫星由于相邻 TDI CCD 之间错位较小,同一地物在不同 CCD 上的成像时间延迟极短,且星上高精度的定姿定轨技术确保了卫星较高的几何定位精度水平,相机的在轨标定相对严格,这些有利因素使其仅通过影像的片间平移即可满足较高的拼接要求。而新近发射的 SPOT6、Pleiades 和 World View 系列卫星等均采用了类似虚拟重成像的技术来制作基础影像产品。

6.1.3 国产卫星数据处理

国产卫星数据业务化处理一般经过以下 4 个环节,即星上直传数据解压缩及录入、辐射校正处理、几何校正处理、产品归档及分发,武汉大学与中国资源卫星应用中心合作,成功研制了"资源 02C"卫星和"资源 3 号"卫星高级产品全自动业务化生产系统,其主要功能及与其他相关分系统的关系见图 6.1-1。

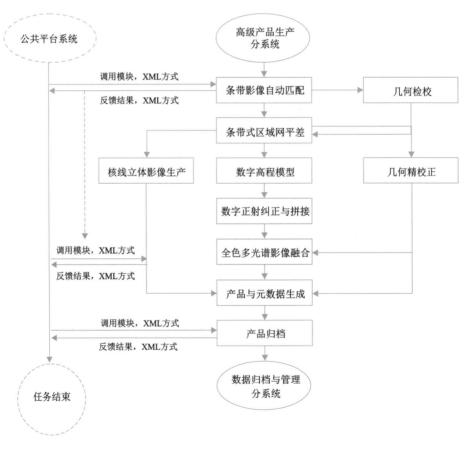

图 6.1-1　国产遥感卫星影像全自动处理技术路线

　　高级产品生产以几何处理为核心,包括几何精校正、核线立体像对制作(多视传感器)、高分辨率彩色融合影像、数字高程模型(多视传感器)、数字正射影像、国家 1∶50000 标准分幅正射影像等(图 6.1-2)。

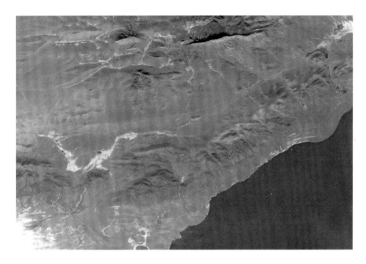

图 6.1-2　色林错 1∶50000 标准分幅正射影像示例

　　该系统不需要任何人工干预,采用数据驱动模式,可全自动运行,处理流程可分为两个部分:首先,在实时传输的姿态和轨道数据的基础之上,进行几何模型精确定向;其次,利用定向结果进行相应产品生产,如彩色融合影像、数字高程模型、数字正射影像等。

　　几何模型精确定向,主要完成自动化空中三角测量工作。主要技术流程为像方同名点匹配、控制信息自动提取、条带式区域网平差等处理,最终得到精确的定向模型参数,建立像方与物方的严密几何投影关系。其中,像方同名点匹配基于近似核线几何条件,进行物方高程步距搜索、像方灰度特征相关,在影像局部进行多点匹配;控制信息自动提取是利用图图相关的思想,在开放式基础地理信息数据库的基础上,进行多源影像数据匹配与控制点提取,得到符合精度要求的控制信息;在区域网平差中,以条带影像为处理单元,利用像点之间的关系、像点与对应地面点的关系、地面点之间的关系以及原始的直传姿轨参数,逆向精化成像时刻的外方位元素,并在平差过程中加入自检校参数,对相机系统成像误差进行检校与补偿,得到严密、精确的像方到物方的投影模型。

　　产品生产主要是利用影像配准融合、影像拼接、密集匹配、摄影测量点云处理及高性能正射纠正等关键技术,进行国产卫星数据的深加工处理。其中,影像配准融合技术利用同一地理范围的全色影像与多光谱影像进行自动化配准融合,得到高分辨率彩色正射影像。

6.1.4　湖泊岸边界采集

　　摄影测量与遥感技术追求的重要目标是实现空间信息采集的自动化和处理的智能化,

但从高原湖泊岸边界提取来看,利用已经处理为 1∶50000 标准分幅的正射影像提取边界工作量并不大,边线采集主要靠人工判读、手工勾绘完成。

因遥感影像现势性强,均为测量期间卫星拍摄,将采用遥感影像提取的岸边界与采用 RTK 方式人工实测的部分边界进行对比、统计其精度。统计结果表明,ZY-3 遥感影像提取的岸边界完全满足 1∶50000 地形测量要求,岸边界最终成果全部采用遥感影像资料。

6.2 水陆一体化扫测技术

集成 Riegl VZ-2000 船载移动三维激光测量系统与 Seabat 8101 多波束测深系统,实现水下、陆上一体化测量,通过在当惹雍错进行数据采集与处理应用实践,验证了一体化测量方法在高原湖泊环境下,能显著提高测量数据采集与处理效率,精度可满足规范要求。

6.2.1 系统介绍

船载水上水下一体化综合测量系统由美国 RESON 公司的 Seabat 8101 多波束测深系统,奥地利 RIEGL 生产的 Riegl VZ-2000 激光扫描仪、船只定位导航系统、数据实时采集处理和可视化系统、外围辅助设备,以及后处理软件系统等六部分组成(图 6.2-1)。该套系统能同步采集水深小于 300m 水下地形以及近岸 2km 范围内的水上地形,实现水上水下平面和垂直基准的统一,生成数字化无缝拼接图形产品,理论上可为港口、航道、水利基础设施建设提供毫米级精度陆域数字化地形图和厘米级精度水下地形图。

6.2.1.1 三维激光扫描系统

三维激光扫描技术(Three-Dimensional Laser Scan Technology),又称"实景复制技术",它通过高速激光扫描测量的方法,大面积高分辨率地快速获取被测对象表面的三维坐标数据,可以快速、大量地采集空间点位信息,快速建立物体的三维点云模型的一种技术手段。

随着科技的进步和工业技术的发展,三维测量在应用中越来越重要,三维激光扫描技术是伴随着激光扫描技术、三维测量技术以及现代计算机图像处理技术产生和发展的。

与传统陆上测量技术相比,三维激光扫描技术的优势在于:

(1)三维测量

在传统测量概念里,所测的数据最终输出的都是二维结果(如 CAD 出图)。在现代测量仪器里,全站仪、GNSS 比重居多,但测量的数据都是二维形式的,在逐步数字化的今天,三维已经逐渐地代替二维,因为其直观是二维无法表示的,三维激光扫描仪测量的数据不仅仅包含点的三维坐标信息、RGB 颜色信息,同时还包含物体反射率信息,如此全面的信息能给人一种物体在电脑里真实再现的感觉,是传统测量手段无法做到的。

（2）快速扫描

快速扫描是扫描仪的重要特色,采用常规测量手段,每一点的测量费时都在 2s 以上,更甚者要花几分钟的时间对一点的坐标进行测量。在数字化的今天,这样的测量速度已经不能满足测量的需求。三维激光扫描仪的诞生改变了这一现状,最初 1000 点/s 的测量速度已经让测量界大为惊叹,而现代脉冲扫描仪（ScanStation 等型号）最大速度已经达到 50000 点/s,相位式扫描仪（Surphaser 等型号）三维激光扫描仪最高速度已经达到 120 万点/s,这是三维激光扫描仪对物体详细描述的基本保证。

三维激光扫描仪是对确定目标的整体或局部进行完整的三维坐标测量,这就意味着激光测量单元必须进行从左到右、从上到下的全自动高精度步进测量（即扫描测量）,进而得到完整的、全面的、连续的、关联的全景点坐标数据,这些密集而连续的点数据也称为三维点云,这使三维激光扫描测量技术发生了质的飞跃,这个飞跃也意味着三维激光扫描技术可以真实地描述目标的整体结构及形态特性,并通过扫描测量点云绘制出的表面来逼近目标的完整原形及矢量化数据结构,这里统称为目标的三维重建。

如图 6.2-2 示,将 O 点作为坐标系原点建立坐标系,$P(x,y,z)$ 是空间内任一点,从 O 点发射出去的激光光束的水平方向与 X 轴的夹角 α 和垂直方向 Z 轴角度 θ,得到扫描点到仪器的距离值 S,就可以计算出 P 点空间点坐标信息。

三维激光扫描仪基于激光的单色性、方向性、相干性和高亮度等特性,在注重测量速度和操作简便的同时,保证了测量的综合精度,其测量原理主要分为测距、测角、扫描、定向 4 个方面。

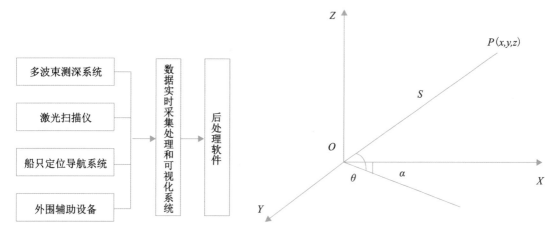

图 6.2-1　船载水上水下一体化综合测量系统　　　图 6.2-2　三维激光扫描定位原理图

三维激光扫描仪通过内置伺服驱动马达系统精密控制多面扫描棱镜的转动,决定激光束出射方向,从而使脉冲激光束沿横轴方向和纵轴方向快速扫描。目前,扫描控制装置主要有摆动扫描镜和旋转正多面体扫描镜(图 6.2-3)。

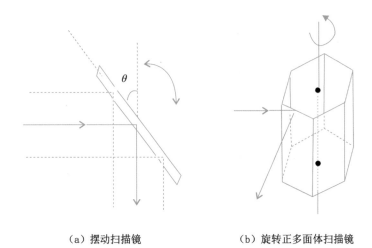

（a）摆动扫描镜   （b）旋转正多面体扫描镜

图 6.2-3　扫描控制装置

　　摆动扫描镜为平面反射镜,由电机驱动往返振荡,扫描速度较慢,适合高精度测量。旋转正多面体扫描镜在电机驱动下绕自身对称轴匀速旋转,扫描速度快。

　　三维激光扫描仪扫描的点云数据都在其自定义的扫描坐标系中,但是数据的后处理要求是大地坐标系下的数据,这就需要将扫描坐标系下的数据转换到大地坐标系下,这个过程就称为三维激光扫描仪的定向(图 6.2-4)。在坐标转换中,设立特制的定向识别标志,通过计算识别标志的中心坐标,采用公共点坐标转换,求得两坐标系之间的转换参数,包括平移参数 Δx、Δy、Δz 和旋转参数 α、β、γ。

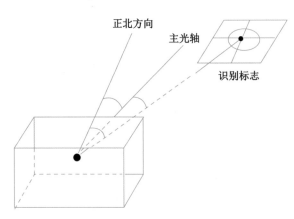

图 6.2-4　扫描仪定向原理

　　每扫描一个点后,CCD 将点信息转化成数字信号并直接传送给计算机系统进行计算,进而得到被测点的三维坐标数据。点云是由三维激光扫描的无数测量点数据构成的,而每个点坐标数据的质量都非常重要。

Riegl VZ-2000 三维激光测量系统采用非接触式快速获取数据的脉冲扫描机制原理,其激光发射频率为 950kHz,目标反射率≥90%,扫描速度为 240 线/s,最高扫描速度为 396000 点/s,该激光扫描测量系统最小的角分辨率为 0.0005°(1.8″),在 10m 的距离内激光点密度可达 0.1mm,该仪器最远扫描距离为 2.05km,可在 25s 内实现 360°(水平)×(60°~−40°)(垂直)全景粗略扫描,配合数码全景照相机,可以获取扫描点云的纹理信息。该仪器具有独特的多回波功能,配合内业处理软件,可以基本实现植被和非地面点地物的自动去除,在有植被覆盖及非地面点地物较多区域的测量数据的获取方面,该功能具有明显优势。

6.2.1.2 多波束测深系统

多波束测深系统是利用安装于船底或拖体上的声基阵向与航向垂直的水底发射超宽声波束,接收水底反向散射信号,经过模拟/数字信号处理,形成多个波束,同时获得几十个甚至上百个水底条带上采样点的水深数据,其测量条带覆盖范围为水深的 2~10 倍,与现场采集的导航定位及姿态数据相结合,绘制出高精度、高分辨率的数字成果图。

与传统的单波束测深相比,多波束测量主要有以下优点:

①能对水底进行全覆盖无遗漏测量;

②工作效率高;

③数据采集点密集;

④对偏航距依赖性低。

多波束测深系统是一种大型组合设备,除其系统本身外,还包括定位、罗经、运动传感器、声速剖面仪、工控机等配套设备。利用发射换能器阵列向水底发射宽扇区覆盖的声波,利用接收换能器阵列对声波进行窄波束接收,通过发射、接收扇区指向的正交性形成对水底地形的照射脚印,对这些脚印进行恰当的处理,一次探测就能给出与航向垂直的垂面内上百个甚至更多的水底被测点的水深值,从而能够精确、快速地测出沿航线一定宽度内水下目标的大小、形状和高低变化,比较可靠地描绘出水底地形的三维特征。

美国 RESON 公司的 SeaBat 8101 型多波束测深系统主要由多波束测深仪及 81-P 声学处理单元、OCTANS 光纤罗经、SVPlus 声速剖面仪等主要仪器构成。该系统最大波束101 个,条带覆盖宽度 150°,最大测深分辨率 1.25cm,最大测深 300m,最大数据采集频率30Hz,沿航迹方向的波束宽度 1.5°,垂直航迹方向的波束宽度 1.5°。

6.2.2 数据采集及处理

本次采集投入的主要测量仪器设备及软件配置见表 6.2-1、表 6.2-2。

表 6.2-1　　　　　　　　　　采集投入的主要测量仪器设备及软件配置要求

名称	型号规格参数	主要相关参数及标称精度	使用用途	备注
三维激光扫描仪	Riegl VZ-2000	扫描距离:2050m; 扫描精度:8mm; 最近测量距离:2.5m; 激光波长:近红外; 激光发散度:0.3mrad; 激光发射频率:396000点/s	地形测量	
IMU (惯性测量单元)		角速度测量范围:±0.001°/s～±100°/s; 角速度随机漂移:≤0.01°/h; 水平姿态精度:0.01°; 航向姿态精度:0.005°; 接口方式:RS232; 波特率:115200; 输出速率:200Hz	三维姿态测量	三维激光扫描仪用运动传感器
GNSS 接收机	Trimble R8/ R10 GNSS	静态水平精度:5mm+0.5ppm RMS; 静态垂直精度:5mm+1ppm RMS; 动态水平精度:10cm+1ppm RMS; 动态垂直精度:20cm+1ppm RMS; 数据率50Hz,支持72频道的L1 C/A 码、 L2C、L1/L2 全周载波	定位	参考站
声速剖面仪	HY1200	声速测精度±0.2m/s; 温度测量精度±0.1℃	声速剖面测量	
多波束测深系统	SeaBat 8101	覆盖宽度:150°; 波束角:1.5°×1.5°; 有效波束:101 个; 测深分辨率:1.25cm	水深测量	
运动传感器	OCTANS	航向精度:0.1°; 航向分辨率:0.01°; 升沉横摆纵摆精度:5cm; 横滚俯仰:0.001°	水深测量	多波束用运动传感器

表 6. 2-2　　　　　　　　　　　　　采集投入的软件配置

序号	名称	研制单位	特点及功能
1	iScanLogging	海达数云	船载三维激光扫描数据采集
2	Inertial Explorer	NovAtel	GNSS 差分及惯性定位后处理
3	HDDataCombine	海达数云	点云绝对坐标解算
4	Hypack 软件	Xylem	多波束扫测导航及数据采集,水深数据后处理
5	Eps 2008	清华山维	水下和陆上地形测量的专业数字化成图
6	CARIS	Teledyne	对多波束数据进行检验和精度分析(第三方软件)

选择当惹雍错中部湖宽最窄段为代表性河段,采用船载三维激光扫描仪和多波束测深系统一体化技术测量方式进行陆上、水下地形测量。激光扫描原始数据通过联合基站及 POS 数据进行坐标解算、点云数据融合、点云去噪、基于数字测图等内业处理过程,最终生成测区所需要的线划图;多波束扫测原始数据通过安装偏差校准、声速改正、测深数据滤波编辑、水位改正、格网抽稀等内业处理过程,最终生成测区水下点高数据,格网抽稀采用的是 200m×200m 格网按最接近格网中心的真实坐标抽取。

激光扫描测点精度采用 1∶50000 航测图地物特征点来验证;多波束扫测水下测点精度采用单波束测深仪测量等深线来验证。

6.2.2.1　扫测系统安装

船载三维激光与多波束一体化移动测量系统主要由扫测陆上地形的动态三维激光扫描系统和扫测水下地形的多波束测深系统构成。

三维激光扫描系统主要由激光雷达、GNSS 系统、姿态方位参考系统三部分构成。试验时三维激光扫描系统安装在船头前甲板,利用螺丝固定在船的中轴线上(图 6.2-5)。

多波束测深系统是一套多传感器系统,除多波束本身外,还包括定位测量系统、船舶姿态测量系统和船艏向测量系统。扫测时采用的安装方式为侧舷安装,支架直接固定在船体上,方便快捷(图 6.2-6)。

图 6.2-5　三维激光扫描仪安装示意图

图 6.2-6　多波束安装示意图

6.2.2.2 外业数据采集

当惹雍错呈东北—西南方向延伸，长 70km，宽 15～20km，湖泊中间部位较窄，宽 4～5km，最大水深约 120m。综合考虑峡谷湖区地形特征、交通、控制、湖区水位变幅、船载三维激光扫描仪测距范围等条件，选择当惹雍错中部湖宽最窄范围河段（图中红色区域）开展船载三维激光和多波束一体化移动测量（图 6.2-7）。

2015 年 7 月 3—4 日，根据当惹雍错单波束水下地形测量成果，在狭窄处布设测量计划线（图 6.2-8）。"巡测 8 号"轮同时搭载三维激光扫描仪和多波束测深系统，测船在沿河道纵断面线航行过程中，三维激光扫描仪扫测陆上地形，多波束测深系统同时扫测水下地形，实现水上水下一体化测量。三维激光扫描航迹线见图 6.2-9。在测量前，三维激光扫描仪和多波束测深系统均进行了系统校准。

一体化测量系统作业的同时，在测区范围内垂直等深线方向布设 4 条检查测线，采用单波束测深仪沿检测线进行横断面测量以检测水下测深精度。

图 6.2-7 船载一体化采集河段示意图

测量时断面间距设置为 800m，测量点距设置为 400m。遇河道深泓、地形变化转折处及近水边均适当加密测点。

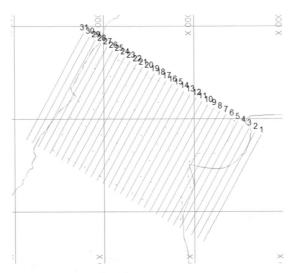

图 6.2-8 多波束采集断面计划线布设示意图

图 6.2-9　三维激光扫测航迹线示意图(红线)

6.2.2.3　数据处理

(1)多波束扫测水下数据处理

多波束扫测水下数据采用 Hypack 2010 软件,其数据后处理基本流程见图 6.2-10。

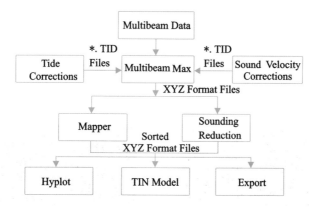

图 6.2-10　多波束扫测水下数据后处理基本流程图

1)水位改正

水位改正通过多波束后处理软件完成。软件根据已布设的当惹雍错水位自记站的水位按时间、距离加权进行插补。

2)声速改正

多波束数据编辑前需进行声速改正。数据后处理软件根据测区已采集的声速剖面数据文件对整个测区水深数据进行调整。声速改正时需输入水深数采集时的原始声速。

3)多波束系统校准

在多波束数据编辑前还需要对多波束系统安装误差进行校准。软件根据测区已采集的校正数据对系统的时延（Latency）、换能器安装偏差（纵偏（Pitch）、横偏（Roll）、艏偏（Yaw））进行校准计算。校准计算按以下步骤进行：

①计算换能器安装横偏；

②计算系统时延；

③计算换能器安装纵偏；

④计算换能器安装艏偏。

各参数校正窗口见图 6.2-11 至图 6.2-14。

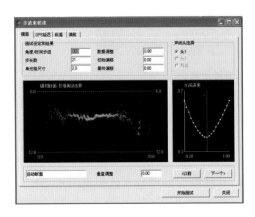

图 6.2-11　多波束校正——横摇

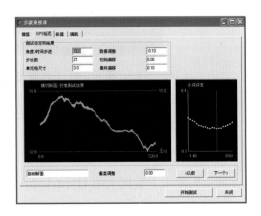

图 6.2-12　多波束校正——时延

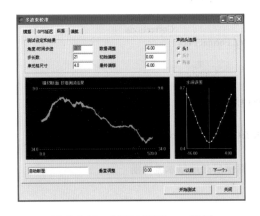

图 6.2-13　多波束校正——纵摇

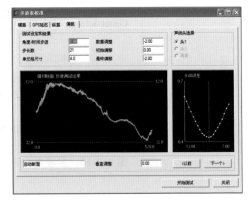

图 6.2-14　多波束校正——艏偏

4）多波束滤波编辑

多波束数据编辑主要包括以下几个部分：

①系统调整参数输入。参数包括水位改正、声速改正、安装校准误差；

②一级编辑：主要包括数据回放、系统调整参数输入检查、失锁定位数据删除、船舶姿态数据编辑、数据滤波等。

③二级编辑：对单条测线数据文件按不同波束个数方式进行编辑，删除不合理波束点。

④三级编辑：在一、二级数据编辑的基础上，对整个测区测线数据按断面方面方式进行编辑，删除不合理水深点。

（2）三维激光扫描数据处理

三维激光扫描数据处理流程见图 6.2-15 及表 6.2-3。

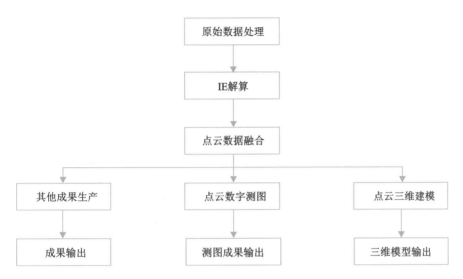

图 6.2-15　船载三维激光扫描数据处理流程图

表 6.2-3　　　　　　　　　　船载三维激光扫描数据处理流程描述

流　程	描　　述
原始数据处理	主要将采集的原始数据经过 POS 解算、融合、影像拼接和预处理后输出针对各行业应用的数据
点云数字测图	根据点云进行数字化测图的过程
测图成果输出	输出点云数字化测图成果的过程
点云三维建模	依据实体的点云模型数据进行实体的三维模型构建，并对构建模型根据实体原始样式进行纹理贴图的过程
三维模型输出	输出三维点云建模的成果
其他成果生产	对其他典型应用的生产的介绍和补充
成果输出	输出针对其他典型应用的处理结果

1）Inertial Explore 解算

采用 Inertial Explore 软件，联合基准站 GNSS 静态观测数据、船载 GNSS 动态观测数据及实时 POS 数据，通过紧耦合解算模式，解算出高精度的扫描轨迹。Inertial Explore 解算后处理步骤主要有原始数据转换、GNSS 解算、GPS/INS 解算、平滑处理、输出结果，见图 6.2-16。

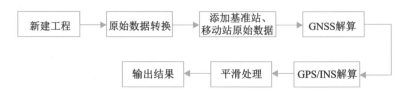

图 6.2-16　Inertial Explore 解算后处理操作步骤

2)点云融合

采用海达数据融合软件进行激光数据融合,生成三维点云文件。点云融合设置参数见图 6.2-17,融合后岸上三维点云见图 6.2-18。

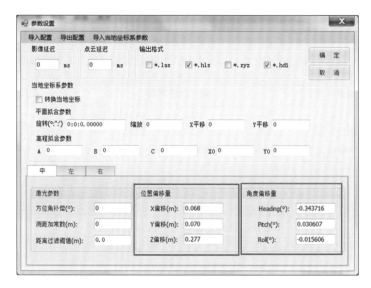

图 6.2-17　点云融合设置参数

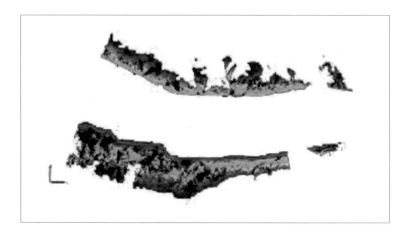

图 6.2-18　融合后岸上三维点云图

3）数据处理

数据处理主要由 HD_3LS_SCENE 软件完成,将经过融合解算的数据,处理成各行业应用所需要的 iScan 工程数据。处理过程包括点云过滤、点云分类、点云配准和数据格式转换等。数据预处理作业流程见图 6.2-19。

激光点云数据处理主要是飞点去噪处理,对明显远离点云的,漂浮点云上方的稀疏、离散的点,远离点云中心、小而密集的点云处理。扫描时测区范围不可能完整控制,通常会比原定扫描区域大,从而形成了冗余点云和正确点云混淆的噪声点,通过可视化交互、滤波器以及基于最小二乘算法进行删除。对滤波后的点云数据压缩,基于散乱点云简化压缩的方法很多,软件主要运用距离阈值法、曲线检查法与采样法进行压缩。对压缩后的数据进行全局配准处理,得到最终的岸上全景点云。全景点云数据应为分布均匀的地表点,以此作为建模数据点,进行三维建模,生成 TIN 三角网,并基于 TIN 提取等高线,见图 6.2-20。

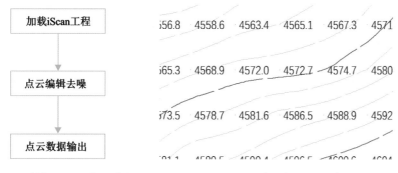

图 6.2-19　数据预处理作业流程图　　图 6.2-20　点云数字测图成果

6.2.3　精度验证

6.2.3.1　多波束扫测水下地形数据检测

利用单波束测量的横断面数据,通过以下两种方法来检测多波束扫测水下地形数据。

一种是在多波束水下地形图中,通过等高线人工判读法来获取与单波束测量横断面相同起点距处(相同平面位置)的多波束测量高程值,与单波束的测量高程值进行较差统计。

另一种是在多波束水下地形图中,采用等高线人工判读法和高程点构建 TIN 三角网两种不同方式,沿单波束测量的检测线生成横断面。通过计算该横断面和单波束测量横断面的面积较差来统计。

单波束测深回声数据量取方法一般采用回波外包法(取回波模拟信号上端对应的水深值作为真值),见图 6.2-21。

①单波束测深回声数据采用回波外包法量取水深时,单波束和多波束测量的断面面积较差统计分析见表 6.2-4。

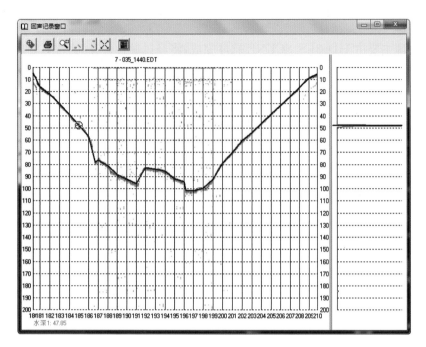

图 6.2-21　回波外包法量取水深

表 6.2-4　　　　　　　　　单波束和多波束测量的横断面面积较差统计分析

断面名称	单波束测量计算面积（m²）	多波束测量计算面积（m²）		多波束等高线法与单波束面积较差（%）	多波束 TIN 三角网法与单波束面积较差（%）
		等高线判读	TIN 三角网剖断面		
DM1	223571	220605	219554	1.33	1.42
DM2	244645	243703	242127	0.38	1.03
DM3	181308	184506	184711	1.76	1.88
DM4	198661	195338	194723	1.67	1.98

②单波束测深回声数据采用回波外包法量取水深时,在河床平坦、水深约 120m 的位置,单波束和多波束测量的相同平面位置处高程差值小于 0.5m 的数据占总统计数据的83.27%,最大差值达到 1.5m;在河床坡度均匀变化、水深 10～75m 范围区域,单波束和多波束测量的相同平面位置处高程差值小于 0.5m 的数据占总统计数据的 37.21%,最大差值达到 5.9m;在河床坡度非均匀变化(或陡壁)、水深 75～120m 的范围区域,单波束和多波束测量的相同平面位置处高程差值小于 0.5m 的数据占总统计数据的 38.26%,最大差值达到 17.4m。

③单波束测深回声数据采用回波外包法量取水深时,多波束扫测水下地形图成果的剖横断面计算面积均比单波束测量的相同横断面的计算面积小,所有断面面积较差百分比平均值为 1.44%。

6.2.3.2　三维激光扫测陆上地形数据检测

在 8km 测量范围内利用同一基准站,使用船载三维激光扫测系统扫测试验河段陆上地形,同步采用 GNSS RTK 现场实测地物特征点作为验证数据。依据船载三维激光扫测的点云数据提取所选择的地物特征点坐标,与 GNSS RTK 测量的地物特征点三维坐标比对,检验其测量精度。试验期间,GNSS RTK 测量采用 CGCS2000 和 1985 国家高程基准,iScan 扫测采用了 WGS84 坐标系;先通过控制点求取两个坐标系间的转换参数,然后将 iScan 扫测点云数据统一转换至 2000 国家大地坐标系和 1985 国家高程基准下,再统计同一地物特征点的三维坐标差。

试验共统计了 31 个陆上验证点,通过比较,激光扫描点 X 坐标中误差为 $\pm 0.13m$,Y 坐标中误差为 $\pm 0.12m$,Z 坐标中误差为 $\pm 0.15m$,Z 最大偏差为 0.41m。

6.2.3.3　精度评价

①与传统的单波束测深系统相比,多波束测深系统的波束角更小,测深理论精度更高。多波束测深点坐标经过声速、姿态等模型改正,将测量环境因素对测深结果的影响大为削弱。

②与传统作业方式相比,船载三维激光陆上地形扫描具有效率高、地形地物的信息全、安全性高等优点,采用非接触式测量方式,尤其适用于人员无法到达的区域(如悬崖、淤滩等)测量。植被、地物等区域地面信息获取,受激光穿透能力影响较大,地面高程的获取需要人工大量干预,其中被遮挡区域需要其他测量方式补充。试验结果表明,三维激光陆上地形地物扫描的特征点平面坐标误差与高程误差相当,在 1500m 测量范围内为 $\pm 0.1m$ 左右,可满足高原湖泊测图精度要求。

6.3　多源空间信息融合技术

地理空间数据采集方式主要有以下几种:①全野外数据采集,一般可以采用全站仪、GNSS 等在现场直接获取特征点的三维坐标。②航空摄影测量和遥感,利用全数字摄影测量系统和遥感数字图像处理系统进行采集。③地图数字化技术,主要是数字化跟踪和扫描矢量化,对于现势性较好的纸质地形图多采用扫描矢量化,将纸质地图数据进行数字化录入。

由于来源不同,这些数据的语义、时空性、模型和结构等都存在差异,需要经过数据处理才能融合使用。问题的关键是如何充分利用现有的空间数据资源,研究从不同数据源、不同数据精度和不同数据模型的地理空间数据中抽取所需要的信息,按照用户新的应用需求构建新的空间数据的地理数据融合理论和方法,这对降低地理数据的生产成本、加快现有地理信息更新速度以及提高现有地理空间数据质量具有重要的意义。

6.3.1 多源地理空间数据

6.3.1.1 多源地理空间数据定义

受地理实体的不确定性、人类认识表达能力的局限性、测量误差、数字化采集误差及地理空间数据在计算机中表达的局限性等因素的影响,不同的数据获取手段(遥感、GNSS、实地勘测、地图)、不同的专业领域数据、不同的比例尺、不同的获取时间和使用不同软件系统所获取的同一地区的地理空间数据存在着差异。这种同一地区多次获取的地理空间数据称为多源地理空间数据。

6.3.1.2 多源地理空间数据差异表现形式

多源地理空间数据差异表现主要可以概括为以下几个层次:

(1)多语义性

GIS研究对象的多种类型特点决定了地理信息的多语义性。对于同一个地理信息单元,在现实世界中其几何特征是一致的,但是却对应着多种语义如地理位置、海拔高度、气候、地貌、土壤等自然地理特征,同时也包括经济社会信息如行政区界限、人口、产量等。不同的GIS解决问题的侧重点也有所不同,因而会存在语义分异问题。

(2)多时空性和多尺度

GIS数据具有很强的时空特性。一个GIS中的数据源既有同一时间不同空间的数据序列,也有同一空间不同时间序列的数据。不仅如此,GIS会根据系统需要对地理空间进行不同尺度的表达,不同的观察尺度具有不同的比例尺和不同的精度。

(3)获取手段多源性

获取地理空间数据的方法多种多样,包括现有系统、图表、遥感手段、GNSS手段、统计调查、实地勘测等。这些不同手段获得的数据其存储格式及提取和处理方式都各不相同。

(4)存储格式多源性

GIS应用系统很长一段时间处于以具体项目为中心孤立发展状态中,很多GIS软件都有自己的数据格式。

(5)空间基准不一致

不同来源的空间数据有着不同的坐标参考体系和不同的投影方式。

地理空间数据自身的复杂性,使得GIS的数据集成、数据融合问题变得复杂起来。

6.3.2 多源地理空间数据融合概念

6.3.2.1 地图制图资料整合

地理信息融合不是一个新的概念,我们可以追溯到常规制图中地图编绘的一个过程。在编制新地图时,地图工作者首先要收集各种地理信息资料。地理信息源很多,主要包括各种地图资料、GNSS 数据、控制测量成果、航空相片、卫星遥感影像、测绘技术档案、地理调查资料以及地理文献,还包括地图数据库和影像数据、统计资料、野外测量数据等,其中最主要的是地图资料、影像资料、统计资料和文字材料,这些资料分类复杂,在编图时必须对所用的资料进行选择和整合处理。

对地图资料进行选择时的一般要求是:比例尺和投影适合新编图的要求,内容满足新编图的要求,资料现势性强,资料地理适应性好,资料精度可靠,资料使用方便等。

地图资料整合的内容包括:资料数据的裁切和拼接,地图投影,比例尺的转换,不同符号系统之间的转换处理,参数单位之间的转换处理,数据编码和格式的转换,数据分类分级处理,资料比例尺与新编比例尺相差较大时的标描处理,地图内容的手段和专题内容的转换处理等。

地理数据融合是在计算机技术环境下,常规制图资料处理与整合基础上的进一步发展,通过吸收和引用模式识别、不确定性理论、计算机科学、人工智能和神经网络等其他学科的理论和方法,逐步形成独特的理论和方法体系。

6.3.2.2　数据融合概念

数据融合的概念产生于 20 世纪 70 年代,但真正深入发展是 20 世纪 90 年代以后。关于数据融合研究的范围现在尚无定论,最初以军事应用为目的的数据融合技术亦可用于工业和农业,如资源管理、城市规划、气象预报、作物及地质分析等领域。

数据融合作为一种数据综合和处理技术,实际上是许多传统学科和新技术的集成和应用,若从广义的数据融合定义出发,其中包括通信、模式识别、决策论、不确定性理论、信号处理、估计理论、最优化技术、计算机科学、人工智能和神经网络等。数据融合是一个非常广泛的领域,并没有形成统一的定义。一些权威部门和知名专家是这样给"数据融合"下定义的:

美国国防部认为,"数据融合是一个多级多侧面的加工过程,包括对多个数据源的数据和信息的自动化的检测、互联、相关、估计和组合处理"。

Mangolini 认为,"数据融合是运用一系列的技术、工具和方法来处理不同来源的数据,使得数据的质量从广泛的意义上讲有所提高"。

有些部门把数据融合称为信息融合,"数据融合也称信息融合。信息融合,是指利用计算机技术对来自多传感器的探测信息按时序和一定准则加以自动分析和综合的信息处理过程,是对多种信息的协调优化。称数据融合,是因为数据是信息的载体,对信息的自动分析过程就是数据处理的过程。数据融合技术实质就是对源自多传感器在不同时刻的目标信息和同一时刻的多目标信息的处理技术,是对数据的横向综合处理"。

Wald 在 1998 年采用了一个更加普遍的定义,"数据融合是一个形式上的框架,在此框架下表达了融合的方式和工具,通过这些方式和工具将来自不同的源数据进行联合,其目的在于获取质量更好的信息,而质量的改善取决于应用"。这一定义的优点在于:①它强调了数据融合是一个构架,而不是通常意义上的工具和方法本身。②这个定义强调了融合结果的质量评价。

从这些定义我们得出数据融合的基本目的和意义,数据融合要合理利用更多的信息源,获取更丰富、质量更高的信息,提高数据质量是数据融合的最终目的。

6.3.2.3 地理空间栅格数据融合

现有的空间栅格数据融合多是指影像数据的融合,已经有系统而深入的研究。影像融合通常可分为三级:数据级融合(特征提取以前)、特征级融合(属性说明之前)和决策级融合(各传感器数据独立属性说明之后)。

(1)数据级融合

数据级(测量级)融合是直接在采集到的原始数据层上进行的融合,在多源数据未经预处理之前就进行数据的综合和分析而言,这是最低层次的融合,如在遥感图像处理过程中对来自两个不同特性的图像的加权融合过程。这种融合的主要优点是能保持尽可能多的原始信息,提供其他融合层次所不能提供的细微信息,具有最高精度和保真度。但局限性也是很明显的,它所要处理的传感器数据量太大,处理代价高,处理时间长,实时性差。

(2)特征级融合

特征级融合属于中间层次融合。它首先对来自传感器的原始信息进行特征提取(特征可以是目标的边缘、方向、速度等),产生特征矢量,然后对特征矢量进行融合处理,并做出基于融合特征矢量的属性说明。一般来说,提取的特征信息应是像素信息的充分表示量或充分统计量,然后按特征信息对多传感器数据进行分类、汇集和综合。特征级融合的优点在于:实现了可观的信息压缩,有利于实时处理,并且由于所提供的特征直接与决策分析有关,因而融合结果能最大限度地给出决策分析所需要的特征信息。其缺点是比数据级融合精度差。

(3)决策级融合

决策级融合是一种高层次的融合。它首先对每一数据进行属性说明,然后对其结果加以融合,得到目标或环境的融合属性说明。其结果为指挥控制决策提供依据。因此,决策级融合必须从具体决策问题的需求出发,充分利用特征级融合所提取的测量对象的各类特征信息,采用适当融合技术来实现。决策级融合是三级融合的最终结果,是直接针对具体决策目标的,融合结果直接影响决策水平。决策级融合的主要优点有:具有很高的灵活性,系统对信息传输带宽要求较低;能有效地反映环境或目标各个侧面的不同类型信息;当一个或几个传感器出现错误时,通过适当的融合,系统还能获得正确的结果,所以具有很强的容错性;通信量小,抗干扰能力强;具有很好的开放性,对传感器的依赖性小,传感器可以是同质的,也可以是异质的;融合中心处理代价低,处理时间短。但是,决策级融合需要对原传感器信息进行预处理以获得各自的判定结果,所以预处理代价高。

6.3.2.4　地理空间矢量数据集成与融合

(1)地理空间矢量数据集成

多源地理空间矢量数据集成是把不同来源、格式、比例尺、多投影方式或大地坐标系统的地理空间数据在逻辑上或物理上有机集中,从而实现地理信息的共享。集成包括水平集成与垂直集成,集成后的地理空间矢量数据仍然保留着原来的数据特征,并没有发生质的变化。

(2)地理空间矢量数据融合

多源地理空间矢量数据融合是指按某种特定的应用目的,将同一地区不同来源的空间数据,采用一定的方法进行匹配;按照一定的原则对数据进行融合,包括重新组合专题属性数据,改善地理空间实体的几何精度,提高地理数据生产效率和质量;最终产生新的质量更高的数据。这个定义指出了以下几点:

①矢量数据融合研究的对象是同一地区的不同矢量数据,这些数据存在着数据的不一致性,包括同一地物在不同图上几何位置、几何形状、拓扑关系、属性数据等方面的不一致性。

②根据不同的研究对象采用不同的匹配方法与融合原则。正确而有效的匹配方法是数据融合的关键技术,融合的原则包括一些经验型的原则和一些有效的算法。

③融合的目的是提高数据质量,包括改善几何精度和丰富属性信息。

④融合的结果是产生新的数据。新数据部分或者全部集成了两种源数据的优点,如高的点位精度、好的现势性、丰富的属性信息等。

(3)地理空间矢量数据集成与融合的关系

多源地理空间矢量数据集成和融合不是孤立的两个过程。集成是融合的基础,融合是在集成基础上进一步的发展。地理空间矢量数据集成和融合首先实现地物实体的分类分级、数据模型和空间基准的统一,然后再进行同名实体的匹配与数据融合。集成和融合差异在于:融合不仅是数据的集成,而是在集成的基础上,从已有数据出发,通过一定的方法匹配出同名实体,抽取同名实体中更丰富的几何信息和属性信息,融合后产生质量更高的新数据。

(4)地理空间矢量数据融合的体系结构

地理空间矢量数据融合的体系结构见图 6.3-1。数据融合的基础是数据集成,包括数据处理。第一步,是数据分类分级、数据模型和空间基准的统一;第二步,在此基础上通过数据集成的常用方法将不同来源的空间数据转入到统一的平台上,这些常用的集成方法包括格式转换、数据互操作、数据直接访问和基于本体的数据集成;第三步,根据一定的融合策略进行同名实体匹配和数据融合,最终产生新的数据。

数据集成在层结构的最低层。利用数据集成可以解决不同空间数据格式的非兼容性,允许各种数据类型可以同时进行处理、显示、分析。数据集成是低层次的转换程序,它不需要各种数据的语义知识。数据集成一般是在单个中进行的,比如,为显示或作为分布系统的一部分所进行的矢量数据和栅格数据的集成。

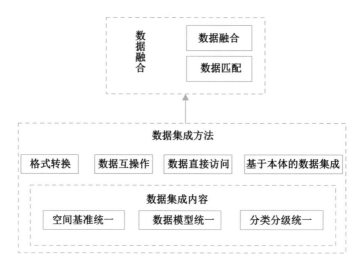

图 6.3-1   地理空间矢量数据融合的体系结构

融合较集成高一个层次,传统上这种工作由手工完成,称为"地图合并",指由两个或多个表示相同地理位置的数据源合并为一个数据源的过程,但从 20 世纪 80 年代开始,采用了更多的自动化技术,称为"数据融合"。融合比合并更具有普遍性,表示在一个系统中结合了不同种类的数据,对多个数据集进行特征的自动匹配和链接,能以最有效的、对用户有益的方式组织信息,从多渠道为用户提供"最好的空间和属性信息"。融合可以包括影像与影像的融合,矢量数据之间的融合,影像与文字、矢量、视频、数字高程模型之间的融合等。矢量数据融合是这种"最佳组合"研究内容的关键部分之一。

6.3.3   多源地理空间矢量数据融合的一般处理过程

地图合并技术是空间数据融合技术中的核心技术之一,从这个角度来看,多源地理空间矢量数据融合的一般处理过程包括数据预处理、同名实体匹配、几何图形调整和属性信息转换四个过程(图 6.3-2)。

(1)数据预处理

通过数据预处理可对不同来源的数据集进行规范化处理,以保证它们的一致性,比如使它们具有相同的地图投影、相同的坐标系统,使同类地物的实体类型一致化等。该步骤是可选的,当两个数据集的条件相同时,此步可省略。

(2)同名实体匹配

这一步的目的是通过一系列的空间实体相似度指标比如最近距离、拓扑相似及其他相关信息等,识别出同一地区不同来源的地图数据库中同一地物的图形实体即同名实体,从而建立两个地图数据库之间同名实体之间的连接。这是多源地理空间数据融合的关键和难点。

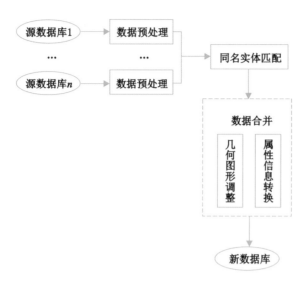

图 6.3-2　多源地理空间数据融合的一般过程

（3）几何图形调整

几何图形调整是一个复杂的过程,是在同名实体匹配的基础上,建立两个地图之间的局部坐标转换关系,包括调整匹配实体的位置和利用匹配实体来调整未匹配实体的位置。几何图形调整有两个目的,不仅要通过调整达到提高数据质量的目的,还要协调和消除同名实体在两幅图中出现的不一致性。这是多源地理空间数据融合的核心内容。

（4）属性信息转换

属性信息转换是多源地理空间数据融合的主要目的之一,它不仅牵涉到属性数据的分解和组合,有时还需要有抽象和概括。与几何图形调整一起统称为数据合并。通过数据合并,可以得到一个新的更好的更适宜于应用的地图数据库。

6.3.3.1　矢量空间数据的预处理

在实施空间数据融合之前,由于数据来源不同,数据的存在形式不同,数据的存储格式和实体表达类型也不统一,这就需要在空间数据融合之前,对不同来源的数据进行预处理。这些预处理主要包括:将待融合地图数据的存储格式转换成同一种,在转换过程中不可避免地会出现信息损失,因此选择哪一种数据存储格式作为数据融合的基础需要根据实际情况分析确定,这一过程称为"数据存储格式转换"。两幅图虽然覆盖同一地区,如果采用的坐标系统不同、投影方式不同,就无法自动进行数据融合处理,因此要建立两个坐标系统之间的转换关系,并统一它们的地图投影,这可以根据已知的数学模型来进行,这一过程称为"全局坐标变换";矢量数据是以离散点坐标系列的方式来存储空间位置信息的,有些地物如建筑物,在一个地图中按面实体存储,而在另一个库中却按线实体存储,相同类型的地物图形实体类型的一致化也是数据预处理的内容,该过程称为"实体类型一致化";通常一幅图中实体数很多,在进行融合处理时,需花费大量的搜索时间来确定候选实体集,因此有必要建立实体索引,以减少不必要的搜索时间,这一过程称为"空间实体索引的建立";拓扑关系是数据融合中匹配的主要依据之一,对于没有显式的存储实体的拓扑信息的源图,有必要建立拓扑关系,这一过程称为"拓扑关系的建立"。

数据预处理中很多内容都是与空间数据模型的融合有关,如实体类型一致化、拓扑关系建立等,另外数据预处理还与数据的分类分级关系密切,在高原湖泊测量过程中,多源空间数据来源多但数据模型、数据分类分级简单,多通过简单转换或人工处理可以得到解决。因此,关于空间数据模型统一、数据分类分级统一理论在此不再论述,本书仅对高原湖泊测量过程中遇到较多的空间基准统一问题进行讨论,因为多源地理空间数据的融合、综合利用必须首先解决坐标系统一、地图投影统一两个问题,经过坐标系统一、投影统一后的地理坐标才能满足 GIS 的需要,便于后续处理与研究。

(1)空间坐标系

1)地球的形状与大小

为了从数学上定义地球,必须建立一个地球表面的几何模型。地球自然表面是一个起伏不平、十分不规则的表面,有高山、丘陵和平原,又有江河湖海。这种高低不平的表面难以用数学公式表达,也无法进行运算。在实际工作中,必须找一个规则的曲面来代替地球的自然表面。当海洋静止时,它的自由水面必定与该面上各点的重力方向铅垂线方向成正交,我们把这个面叫做水准面。但水准面有无数多个,其中有一个与静止的平均海水面相重合。可以设想这个静止的平均海水面穿过大陆和岛屿形成一个闭合的曲面,这就是大地水准面。

大地水准面所包围的形体,叫大地体。地球体内部质量分布的不均匀,引起重力方向的变化,处处和重力方向成正交的大地水准面是起伏表面,仍然不能用数学方程表示。大地水准面形状虽然十分复杂,但是从整体来看起伏是微小的。它是一个很接近于绕自转轴短轴旋转的椭球体,故用旋转椭球来代替大地球体,这个旋转球体通常称地球椭球体,简称椭球体。地球表面、大地水准面与地球椭球球面之间的关系见图 6.3-3。

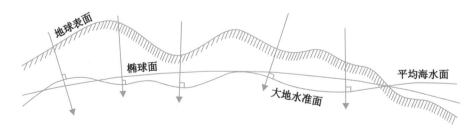

图 6.3-3 地球表面、大地水准面与地球椭球球面之间的关系

地球椭球的两个主要参数为长轴半径、短轴半径,以及 3 个派生参数:

扁率:

$$\alpha = (a - b)/a$$

第一偏心率:

$$e = \sqrt{(a^2 - b^2)}/a$$

第二偏心率:

$$e' = \sqrt{(a^2 - b^2)}/b$$

由于推求地球椭球体的年代、使用的方法以及测定的地区不同,各参数结果并不一致,地球椭球体的参数值有很多种。表 6.3-1 列举了我国常用的地球椭球体参数。

表 6.3-1　　　　　　　　　　　我国常用的地球椭球体参数

椭球体名称	长半轴(m)	短半轴(m)	扁率
克拉索夫斯基(Krassovsky)	6378245	6356863.0188	1:298.3
GRS(1975)	6378140	6356775.2882	1:298.25
WGS84	6378137	6356752.3142	1:298.26
CGCS2000 椭球	6378137	6356752.31414	1:298.257222101

我国 1953 年开始采用克拉索夫斯基椭球体;1975 年第 16 届国际大地测量及地球物理联合会(IUUG)上通过国际大地测量协会第一号决议中公布的地球椭球体,称为 GRS (1975),我国自 1980 年建立新的 80 坐标系时,采用该椭球体;而 1984 年定义的世界大地坐标系(WGS84)使用的椭球体长、短半径则分别为 6378137.0m 和 6356752.3m,扁率 $\alpha = 1/298.26$;CGCS2000 以 ITRF 97 参考框架为基准,参考框架历元为 2000.0,地球引力常数 $GM = 3.986004418 \times 10^{-14} \, m^3/s^2$,地球自转角速度 $\omega = 7.292115 \times 10^{-5} rad/s$,椭球体与 WGS84 采用的椭球体仅有微小差别。

2)坐标系

所谓坐标系,包含两个方面的内容:一是在把大地水准面上的测量成果转换到椭球体面上的计算工作中所采用的椭球的大小;二是椭球体与大地水准面的相关位置不同,对同一点的地理坐标所计算的结果将有不同的值。因此,选定了一个一定大小的椭球体,并确定了它与大地水准面的相关位置,就确定了一个坐标系。

在地球上,地球自转轴线与地面相交于两点,这两点就是地球的北极和南极。垂直于地轴,并通过地心的平面叫赤道平面。赤道平面与地球表面相交的大圆圈(交线)叫赤道。赤道面的平行面同地球椭球面相交所截的圈称纬圈(纬线)。显然赤道是最大的一个纬圈。纬度是地球上点的法线与赤道面的交角,如图 6.3-4 所示的 φ 必为椭球面上的点 P 处的纬度。赤道上的纬度为 $0°$,离赤道愈远,纬度愈大,在极点的纬度为 $90°$。赤道以北叫北纬,用正值表示。赤道以南叫南纬,用负值表示。

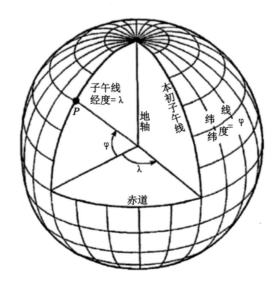

图 6.3-4 地球的经线和纬线

通过地球旋转轴的面称子午面。子午面和椭球面相交所截的圈为子午圈,称经线。所有的子午圈长度彼此都相等。子午面与通过英国格林尼治天文台的子午面所夹的二面角,叫做经度,如图 6.3-4 中 λ 为点 P 处的经度。国际规定通过格林威治天文台的子午线为本初子午线(或叫首子午线),作为计算经度的起点,该线的经度为 0°,向东 0°~180°称东经,用正值表示,向西 0°~180°称西经,用负值表示。经度 1°对应的弧长随纬度的增高而逐渐变短,直到最后达到两极时为零。

地面上任一点的位置,通常由经度和纬度来决定。经线和纬线是地球表面上两组正交(相交为 90°)的曲线,这两组正交的曲线构成的坐标,称为地理坐标系。地球表面两点经度值之差称为经差,纬度值之差称为纬差。

3)我国常用的坐标系统

国家或地区在建立大地坐标系时,为使地球椭球面更切合本国或地区的自然地球面,往往选择合适的椭球参数、确定大地原点位置、进行椭球定向与定位。我国的地图和地理信息产品中主要采用的坐标系为:1954 年北京坐标系(简称"旧 BJ54")、新 1954 年北京坐标系(简称"新 BJ54")、1980 西安坐标系、WGS84 坐标系和 CGCS2000。

①1954 年北京坐标系(旧 BJ54)。

1954 年北京坐标系是 20 世纪 50 年代为满足测绘工作的需要我国与苏联 1942 年普尔科沃坐标系进行联测后定名的坐标系,这是第一个全国统一的参心大地坐标系。新中国成立后,为了建立我国天文大地网,鉴于当时历史条件,在东北黑龙江边境上同苏联大地网联测,推算出其坐标作为我国天文大地网的起算数据;随后,通过锁网的大地坐标计算,推算出北京点的坐标,并定名为 1954 年北京坐标系。因此,1954 年北京坐标系是苏联 1942 年坐标系的延伸,其原点不在北京,而在苏联普尔科沃天文台圆柱大厅中心。该坐标系采用克拉索夫斯基椭球作为参考椭球,高程系统以 1956 年青岛验潮站求出的黄海平均海水面为基准。

随着测绘新理论、新技术的不断发展,人们发现该坐标系存在如下缺点:它是在东北黑龙江边境上同苏联大地网联测,推算出其坐标作为我国天文大地网的起算数据,所以随着误差的不断累计,到了中国西部以后,测量的数据必须经过严格修正后,才能达到要求;1954 年北京坐标系采用克拉索夫斯基椭球作为参考椭球,这一点和其他国家的参考椭球不一致,所以该坐标系的数据必须经过变换后才可以在国际上得到认可;另外,这种椭球及其定位与中国大地水准面的符合不好,参考椭球面普遍低于大地水准面,精度不高。

②1980 年西安坐标系。

为了适应我国大地测量的需要,1978 年 4 月召开"全国天文大地网平差会议",决定建立我国新的坐标系,称为 1980 西安坐标系。其大地原点设在陕西省径阳县永乐镇,简称西安原点;椭球参数选用 1975 年国际大地测量与地球物理联合会第 16 界大会的推荐值(GRS1975);大地点高程是以 1956 年青岛验潮站求出的黄海平均海平面为基准。

该坐标系是为清除局部平差和逐级控制产生的不合理影响,提高大地网的精度的前提下产生的,归算严格,成果精度高,且在椭球定位方面,以我国域内高程异常平方和最小为原则,与我国大地水准面吻合较好。因此,1980 西安坐标系比 1954 年北京坐标系更科学、更严密、更能满足各种科学研究及国民经济建设的需要。

③WGS84 坐标系(世界大地坐标系统)。

WGS84 坐标系(World Geodetic System 1984)是美国国防部为进行 GNSS 导航定位于 1984 年建立的地心坐标系,1985 年投入使用。它是一个协议地球参考系,Z 轴指向(国际时间局)BIH1984.0 定义的协议地球极(CTP)方向,X 轴指向 BIH1984.0 的零度子午面和 CTP 赤道的交点,Y 轴通过右手规则确定。

④2000 国家大地坐标系。

2000 国家大地坐标系,是我国当前最新的国家大地坐标系,英文名称为 China Geodetic Coordinate System 2000,英文缩写为 CGCS2000。

CGCS2000 是全球地心坐标系在我国的具体体现,其原点包括海洋和大气的整个地球的质量中心。Z 轴由原点指向历元 2000.0 的地球参考极的方向,该历元的指向由国际时间局给定的历元 1984.0 的初始指向推算,定向的时间演化保护相对于地壳不产生残余的全球旋转,X 轴由原点指向格林尼治参考子午线与地球赤通面(历元 2000.0)的交点,Y 轴与 Z 轴、X 轴构成右手正交坐标系。

(2)坐标系转换

1)空间大地坐标系与空间直角坐标系转换

由空间大地坐标系转换至空间直角坐标系的数学公式为:

$$\begin{cases} X = (N+H)\cos B \cos L \\ Y = (N+H)\cos B \sin L \\ Z = [N(1-e^2)+H]\sin B \end{cases} \qquad (6.3\text{-}1)$$

式中：B，L，H ——大地纬度、大地经度和大地高；

X，Y，Z ——空间直角坐标；

N——椭球体卯酉圈曲率半径，$N = \dfrac{a}{\sqrt{1 - e^2 \sin^2 B}}$；

e——椭球第一偏心率，$e = \sqrt{\dfrac{a^2 - b^2}{a^2}}$，其中 a，b 为椭球长半径和短半径。

2）空间直角坐标系转换至空间大地坐标系

在进行空间直角坐标到空间大地坐标的转换时，大地经度 L 很容易求得，但大地纬度 B 和大地高 H 却由于相互制约而不易求出。因此，考虑用迭代法求解大地纬度 B 和大地高 H。对式（6.3-1）运算和变形后得到由空间直角坐标系转换至空间大地坐标系的迭代法公式为：

$$
\begin{cases}
L = \arctan \dfrac{Y}{X} \\[2mm]
\tan B = \dfrac{1}{\sqrt{X^2 + Y^2}} \left[Z + \dfrac{ae^2 \tan B}{\sqrt{1 + (1 - e^2) \tan^2 B}} \right] \\[2mm]
H = \dfrac{\sqrt{X^2 + Y^2}}{\cos B} - N
\end{cases}
\tag{6.3-2}
$$

设迭代初值为 $\tan B_0 = \dfrac{Z}{\sqrt{X^2 + Y^2}}(1 + e^2)$，一般迭代 4 次左右即可得到满足精度要求的大地纬度 B，相应地可计算得到大地高 H。该迭代法的优点是纬度 B 的正切可直接引用。

3）空间直角坐标系间的坐标转换

如图 6.3-5 所示，两空间直角坐标系为 $O\text{-}XYZ$ 和 $O'\text{-}X'Y'Z'$。图中 $\vec{r_0}$ 为 O 相对于 O' 的位置向量，ε_x、ε_y、ε_z 为三个坐标轴不平行而产生的欧拉角，称为旋转参数。m 为尺度不一致而产生的改正。

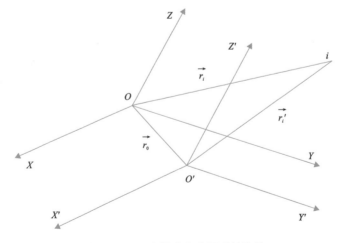

图 6.3-5　两空间直角坐标系的比较

由图 6.3-5 可知：

$$\begin{bmatrix} X' \\ Y' \\ Z' \end{bmatrix} = \begin{bmatrix} \Delta X_0 \\ \Delta Y_0 \\ \Delta Z_0 \end{bmatrix} + (1+m)R_x(\varepsilon_x)R_y(\varepsilon_y)R_z(\varepsilon_z)\begin{bmatrix} X \\ Y \\ Z \end{bmatrix} \tag{6.3-3}$$

式中：$R_x(\varepsilon_x),R_y(\varepsilon_y),R_z(\varepsilon_z)$——三个坐标轴的旋转矩阵。

其中

$$R_x(\varepsilon_x) = \begin{bmatrix} 1 & 0 & 0 \\ 0 & \cos\varepsilon_x & \sin\varepsilon_x \\ 0 & -\sin\varepsilon_x & \cos\varepsilon_x \end{bmatrix}$$

$$R_y(\varepsilon_y) = \begin{bmatrix} \cos\varepsilon_y & 0 & -\sin\varepsilon_y \\ 0 & 1 & 0 \\ \sin\varepsilon_y & 0 & \cos\varepsilon_y \end{bmatrix}$$

$$R_z(\varepsilon_z) = \begin{bmatrix} \cos\varepsilon_z & \sin\varepsilon_z & 0 \\ -\sin\varepsilon_z & \cos\varepsilon_z & 0 \\ 0 & 0 & 1 \end{bmatrix}$$

当 $(\varepsilon_x,\varepsilon_y,\varepsilon_z)$ 很小时，近似有：

$$\begin{bmatrix} X' \\ Y' \\ Z' \end{bmatrix} = \begin{bmatrix} \Delta X_0 \\ \Delta Y_0 \\ \Delta Z_0 \end{bmatrix} + (1+m)\begin{bmatrix} 0 & \varepsilon_z & -\varepsilon_y \\ -\varepsilon_z & 0 & \varepsilon_x \\ \varepsilon_y & -\varepsilon_x & 0 \end{bmatrix}\begin{bmatrix} X \\ Y \\ Z \end{bmatrix} \tag{6.3-4}$$

式(6.3-4)就是空间直角坐标转换的布尔莎七参数模型。若其中的缩放比例不变，则为六参数转换模型；若尺度参数和旋转参数均不变则为三参数模型转换。高程的精度对平面坐标的影响很小，并且当范围较小时，七参数模型中的旋转参数和尺度缩放参数与坐标平移参数具有较强的相关性，这就使得使用七参数和使用三参数模型的效果相差不大。

在进行两种直角坐标系转换时，坐标变换的精度除取决于坐标变换的数学模型和公共点坐标精度外，还与公共点的几何分布有关，因此公共点应有较好的几何分布。

(3)地图投影的基本原理

1)投影简介

在数学中，投影的含义是指建立两个点集间一一对应的映射关系。在地图学中，地图投影就是指建立地球表面上的点 (φ,λ) 与投影平面上的点 (x,y) 之间的一一对应关系。地图投影的实质就是利用一定的数学法则把地球表面上的经纬线网表示到平面上，这样就可以很好地控制变形和误差，以保证空间信息在地域上的联系和完整性。投影通式可以表达为：

$$
\begin{cases}
x = f_1(\varphi, \lambda) \\
y = f_2(\varphi, \lambda)
\end{cases}
\tag{6.3-5}
$$

地图投影的种类很多,通常按地图投影的构成方法和地图投影的变形性质分类。地图投影最初是建立在透视的几何原理上,它是把椭球面直接透视到平面上,或透视到可展开的曲面上,如圆柱面和圆锥面。因此,按照构成方法,可以把地图投影分为几何投影和非几何投影两大类。几何投影是把椭球面上的经纬线网投影到几何面上,然后将几何面展为平面而得到。根据几何面的形状,可进一步分为方位投影(以平面作为投影面)、圆柱投影(以圆柱面作为投影面)、圆锥投影(以圆锥面作为投影面)。非几何投影是不借助于几何面,根据某些条件用数学解析法确定球面与平面之间点与点的函数关系。根据经纬线形状,可分为伪方位投影、伪圆柱投影、伪圆锥投影和多圆锥投影。不同的地图投影方法会产生不同的地图投影变形,主要表现在长度、面积和角度 3 个方面。根据变形性质可将地图投影分为等角投影(没有角度变形,但面积变形很大)、等积投影(角度和形状变形很大)和任意投影(长度、面积、角度都有变形)三类。投影后地图上产生的各种变形是相互联系、相互影响的。等角和等积是相互抵消的,即等角是以牺牲等积为代价的,而等积是以牺牲等角为代价的;任意投影虽然存在各种变形,但各种变形相对较均匀。

2)投影变换

随着地图制图理论及科学技术的不断发展,不同的数学法则被提出,这意味着存在很多的投影方式。当系统所使用的数据来自不同地图投影的图幅时,需要将不同的投影方式变换成同一种投影方式,或者将不同的投影参数变换成相同的投影参数,这都需要进行投影变换,所以投影变换就是不同的地图投影函数关系式变换的过程。

在投影变换过程中,有以下三种基本的操作:平移、缩放和旋转。

①平移。

平移是将对象从一个位置 (x, y) 移动到另外的位置 (x', y'), d_x, d_y 为平移距离。其齐次变换公式为:

$$
\begin{bmatrix} x' & y' & 1 \end{bmatrix} = \begin{bmatrix} x & y & 1 \end{bmatrix} \cdot \begin{bmatrix} 1 & 0 & 0 \\ 0 & 1 & 0 \\ d_x & d_y & 1 \end{bmatrix} = \begin{bmatrix} x + d_x & y + d_y & 1 \end{bmatrix}
\tag{6.3-6}
$$

②缩放。

缩放操作是使对象按比例因子 (s_x, s_y) 放大或缩小的变换。其公式为:

$$
\begin{bmatrix} x' & y' & 1 \end{bmatrix} = \begin{bmatrix} x & y & 1 \end{bmatrix} \cdot \begin{bmatrix} s_x & 0 & 0 \\ 0 & s_y & 0 \\ 0 & 0 & 1 \end{bmatrix} = \begin{bmatrix} s_x x & s_y y & 1 \end{bmatrix}
\tag{6.3-7}
$$

③旋转。

在地图投影变换中,经常要用到旋转操作,实现旋转操作要用到三角函数,假定顺时针旋转角度为 θ,当参考点(旋转中心)为(0,0)时,其公式为:

$$[x' \quad y' \quad 1] = [x \quad y \quad 1] \cdot \begin{bmatrix} \cos\theta & \sin\theta & 0 \\ -\sin\theta & \cos\theta & 0 \\ 0 & 0 & 1 \end{bmatrix} \qquad (6.3\text{-}8)$$

$$= [x\cos\theta - y\sin\theta \quad x\sin\theta + y\cos\theta \quad 1]$$

实现不同投影间的坐标变换就是要找出这些数据间的对应关系,其方法通常分为解析变换法、数值变换法和数值解析变换法三类。

a. 解析变换法。

根据所采用的计算方法不同,解析变换法又可以分为反解变换法和正解变换法。

反解变换法是一种中间过渡的方法,即先解出原地图投影点的地理坐标(φ,λ)对于 x,y 的解析关系式,将其代入新图的投影公式中求得其坐标。

$$\boxed{x,y} \longrightarrow \boxed{\varphi,\lambda} \longrightarrow \boxed{X,Y}$$

正解变换法是不需要反解出原地图投影点的地理坐标的解析公式,而是直接求出两种投影点的直角坐标关系式。

$$\boxed{x,y} \longrightarrow \boxed{X,Y}$$

b. 数值变换法。

如果原投影点的坐标解析式不知道,或不易求出两投影之间坐标的直接关系,可以采用多项式逼近的方法,即用数值变换法来建立两投影间的变换关系式。

c. 数值解析变换法。

当已知新投影的公式但不知原投影的公式时,可先通过数值变换求出原投影点的地理坐标 φ,λ,然后代入新投影公式中求出新投影点的坐标。

3)常用的投影方案及其变换

①高斯—克吕格投影(Gauss-Kruger Projection)。

高斯—克吕格投影,是一种"等角横切圆柱投影",在英美国家被称为横轴墨卡托投影。德国数学家、物理学家、天文学家高斯于 19 世纪 20 年代拟定,后经德国大地测量学家克吕格于 1921 年对投影公式加以补充,由此得名。该投影是以椭圆柱面作为投影面,并与椭球体面相切于一条经线上,该经线即为投影带的中央经线,按等角条件将中央经线东西一定范围内的区域投影到椭圆柱面上,再展成平面,便构成了横轴等角切圆柱投影(图 6.3-6)。

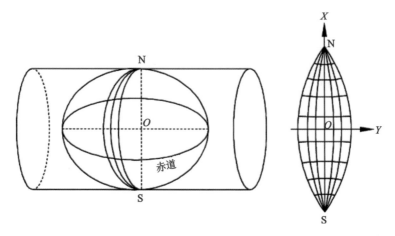

图 6.3-6　高斯—克吕格投影示意图

高斯—克吕格投影的中央经线和赤道为互相垂直的直线,其他经线均为对称于中央经线的曲线,其他纬线均为以赤道为对称轴向两极弯曲的曲线,经纬线成直角相交。高斯—克吕格投影没有角度变形,在长度和面积上变形也很小,中央经线无变形,自中央经线向投影带边缘,变形逐渐增加,变形最大处在投影带内赤道的两端。由于其投影精度高、变形小,而且计算简便(各投影带坐标一致,只要算出一个带的数据,其他各带都能应用),在大比例尺地形图中应用,可以满足军事上各种需要,并能在图上进行精确的量测计算。在我国大于等于 1∶500000 比例尺地形图,均采用高斯—克吕格投影。

已知大地坐标 (B,L,H) 求高斯平面坐标 (x,y) 的计算称为高斯投影正算,公式如下(L_0 为原点经度):

$$x = X + \frac{N}{2}\sin B\cos B \cdot l^2 + \frac{N}{24}\sin B\cos^3 B(5 - t^2 + 9\eta^2 + 4\eta^4)l^4$$
$$+ \frac{N}{720}\sin B\cos^5 B(61 - 58t^2 + t^4)l^6 \tag{6.3-9}$$

$$y = N\cos B \cdot l + \frac{N}{6}\cos^3 B(1 - t^2 + \eta^2)l^3$$
$$+ \frac{N}{120}\cos^5 B(5 - 18t^2 + t^4 + 14\eta^2 - 58\eta^2 t^2)l^5 \tag{6.3-10}$$

式中:X ——赤道至纬度为 B 的子午线弧长卯酉圈曲率半径 $N = a^2/(b\sqrt{1 + \eta^2})$,其中 a 和 b 分别表示参考椭球的长短半径;

l ——椭球点经度与相应中央子午线之差,$l = L - L_0$;

η、t ——辅助变量,$\eta^2 = e'^2\cos^2 B$ 、$t = \tan B$,其中 e'^2 为第二偏心率平方。

对上述高斯公式进行化简,略去 $\eta^2 l^5$ 及 l^6 以上各项,可得:

$$x = X + \frac{N}{2}\sin B\cos B \cdot l^2 + \frac{N}{24}\sin B\cos^3 B(5 - t^2 + 9\eta^2 + 4\eta^4)l^4 \tag{6.3-11}$$

$$y = N\cos B \cdot l + \frac{N}{6}\cos^3 B(1-t^2+\eta^2)l^3 + \frac{N}{120}\cos^5 B(5-18t^2+t^4)l^5 \quad (6.3\text{-}12)$$

已知高斯平面坐标 (x,y) 求大地坐标 (B,L,H) 的计算称为高斯投影反算,公式如下:

$$
\begin{aligned}
B = B_f &- \frac{1}{2}V_f^2 t_f \left(\frac{y}{N_f}\right)^2 + \frac{1}{24}(5+3t_f^2+\eta_f^2-9t_f^2\eta_f^2)V_f^2 t_f'\left(\frac{y}{N_f}\right)^4 \\
&- \frac{1}{720}(61+90t_f^2+45\eta_f^4)V_f^2 t_f\left(\frac{y}{N_f}\right)^4
\end{aligned}
\quad (6.3\text{-}13)
$$

$$
\begin{aligned}
L = L_0 &+ \frac{1}{\cos B_f}\left(\frac{y}{N_f}\right) - \frac{1}{6}(1+2t_f^2+\eta_f^2)\left(\frac{1}{\cos B_f}\right)\left(\frac{y}{N_f}\right)^2 \\
&+ \frac{1}{120}(5+28t_f^2+24t_f^4+6\eta_f^2+8\eta_f^2 t_f^2)\left(\frac{1}{\cos B_f}\right)\left(\frac{y}{N_f}\right)^2
\end{aligned}
\quad (6.3\text{-}14)
$$

式中:B_f——地点纬度,即以赤道起算的子午线所对应的纬度值,$V_f=\sqrt{1+\eta_f^2}$。

根据反解变换求得的经纬度值是相对于原点即本图幅图廓左下角点的经差和纬差,再加上左下角点的经纬度值,即得到该点的正确地理坐标。

②墨卡托投影(Mercator Projection)。

墨卡托投影,是一种"等角正切圆柱投影",荷兰地图学家墨卡托在 1569 年拟定,假设地球被围在一中空的圆柱里,其标准纬线与圆柱相切接触,然后再假想地球中心有一盏灯,把球面上的图形投影到圆柱体上,再把圆柱体展开,这就是一幅选定标准纬线上的"墨卡托投影"绘制出的地图(图 6.3-7)。

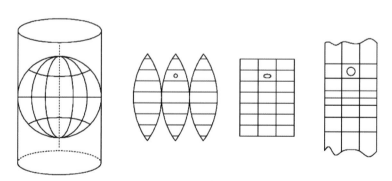

图 6.3-7　墨卡托投影示意图

墨卡托投影没有角度变形,由每一点向各方向的长度比相等,它的经纬线都是平行直线,且相交成直角,经线间隔相等,纬线间隔从标准纬线向两极逐渐增大。墨卡托投影的地图上长度和面积变形明显,但标准纬线无变形,从标准纬线向两极变形逐渐增大,但因为它具有各个方向均等扩大的特性,保持了方向和相互位置关系的正确。

墨卡托投影的等角性质和把等角航线表现为直线的特性,对航海具有重要意义。《海底地形图编绘规范》(GB/T 17834—1999)中规定 1：250000 及更小比例尺的海图采用墨卡托投影。

已知大地坐标 (B,L,H) 求墨卡托平面坐标 (x,y) 的计算称为墨卡托投影正算，公式如下（L_0 为原点经度）：

$$\begin{cases} x = K\left[\ln\tan(PI/4 + \dfrac{B}{2}) - \dfrac{e}{2}\ln\dfrac{1+e\sin B}{1-e\sin B}\right] \\ y = K * (L - L_0) \end{cases} \tag{6.3-15}$$

式中：K——平行圈半径，$K = \dfrac{a\cos B_0}{\sqrt{1 - e^2\sin^2 B_0}}$，其中：$B_0$ 为基准纬度；

e——椭球第一偏心率，$e = \dfrac{\sqrt{a^2 - b^2}}{a}$，其中：$a,b$ 为椭球长半径和短半径。

当 $B=0$ 时，圆柱切于地球椭球，此时切圆柱半径为 a。

已知墨卡托平面坐标 (x,y) 求大地坐标 (B,L,H) 的计算称为墨卡托投影反算，公式如下：

$$B = \dfrac{\pi}{2} - 2\arctan(EXP^{(-\frac{X_N}{K})} \cdot EXP^{(\frac{e}{2})(\frac{1-e\sin B}{1+e\sin B})}) \tag{6.3-16}$$

$$L = \dfrac{Y_E}{K} + L_0 \tag{6.3-17}$$

式中：EXP——自然对数底；

B——纬度，B 通过迭代计算很快就能收敛。

6.3.3.2 地理空间矢量数据融合

空间矢量数据融合主要包括数据预处理、同名实体匹配、几何图形调整和属性信息转换。数据集成通过数据交换、直接访问、数据互操作和本体集成 4 种方式实现多源数据的有机集成并完成预处理。针对数据融合的目的，空间索引的建立、图形实体表达方式一致化都是必不可少的内容。

地理空间矢量数据融合是从多源地理空间矢量数据中选取有用的信息，生成新的数据。既然是选取，就有一定的目的性。要对多源数据分析、评价，结合具体的实际需要来确定各种数据源的使用程度。将多源数据分为基本资料、补充资料和参考资料。对于具体的某一种资料，应明确使用哪些内容、补充或修测什么要素。当某种要素用一种资料修测不能满足要求时，可以同时使用两种以上资料，但必须明确以哪种资料为主，哪种资料为辅。可以用一种资料来确定要素的平面位置，而用另一种资料确定要素的属性。例如，利用数据确定公路的位置，用公路图确定公路的等级和其他属性。

地理空间矢量数据融合过程一般如下：

（1）地理空间要素选取原则

同一区域不同来源的空间矢量数据，要涉及相同要素的重复表示问题，应综合取舍。一般有以下原则：唯一性原则，几何精度原则，现势性原则，比例尺适合原则，坐标系相同原则等,但有时为了突出某种专题要素,或为了适应某种需要,应视具体情况综合取舍。

1)唯一性原则

在多源数据中,只有一种数据源具有所需要的地理信息数据,则直接从该数据中提取。例如,陆上地形图和水下地形图的融合,两种图的精度都很高,但由于图的用途不同,描述的侧重点不同。如水深是水下地形图表示的重要内容之一,而在陆上地形图中没有此要素的表示,因此融合后数据中的水深要素只能从水下地形图中选取。

2)几何精度原则

对数据源的几何精度分析包括平面几何精度和高程精度、用于定向的各方位元素等内容。例如,地形图和旅游图的融合,地形图的精度要高,对于地形图中满足要求的要素,则直接进行提取。

3)现势性原则

对不同的数据源,我们要分析其内容的现势性。资料截止日期决定了内容的现势性,但是有些资料没有截止日期,只能从出版日期来推算。如果还有其他同类的资料,比如遥感影像,可以用来进行比较,以便做出正确的判断。最终要从多源地理信息数据中选择现势性好的数据源。

4)比例尺适合原则

地图的比例尺决定着内容的详细程度。地图比例尺相近,其内容详细程度表示也相近。数据融合时要从多源地理空间数据中选择比例尺相近的数据源。

5)坐标系相同原则

不同的数据源,往往采用不同的大地坐标系和地图投影,融合时应尽量从多源地理空间数据中选择坐标系相同的数据源,以尽量减少数据转换带来的误差。

上述各项原则出现矛盾时,往往要灵活应用这些原则,抓住主要问题,做出正确的选择并合理地安排各种资料的利用程度和使用顺序。

(2)数据融合

地理空间矢量数据融合是一个比较复杂的过程,包括几何位置的融合和属性数据的融合。融合应包括两个过程:一是实体匹配,找出同名实体;二是将匹配的同名实体进行几何位置与属性的融合。

1)同名实体的匹配和识别

同名实体指两个数据集中反映同一地物或地物集的空间实体,同名实体在不同来源的地图中通常都存在着差异,这种差异是受制图误差、不同应用目的或不同人的解释差异以及制图综合等因素的影响而产生的。同名实体的识别或匹配就是通过分析空间实体的差异和相似性识别出不同来源图中表达现实世界同一地物或地物集即同名实体的过程。

实体匹配,简而言之,是判断两个实体是否相同或者相似,同时给出两者相似度的过程。一般步骤为对于调整图中的每一点,先确定其在参照图中的候选匹配集,里面包含若干个可能匹配的实体,选取实体的某些空间信息作为筛选候选匹配集的指标依据,这些指标将最为相似的实体确定为匹配实体。

可以依据空间实体的表达实现对同名地物的匹配。由于矢量空间数据语义信息丰富，拓扑关系复杂以及匹配时还要考虑几何形状和位置差异，矢量空间数据匹配的途径主要包括：①几何匹配，通过计算几何相似度来进行同名实体的匹配，其中，几何匹配又分为度量匹配、拓扑匹配、方位匹配。②语义匹配，通过比较候选同名实体的语义信息进行匹配。③组合匹配，在匹配过程中，往往单一方法的匹配难以达到理想的匹配效果，而将几种方法联合起来进行匹配。

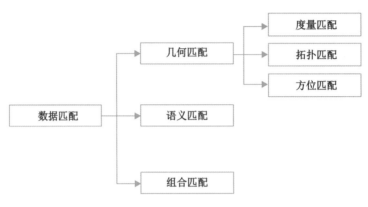

图 6.3-8　数据匹配分类

2）几何位置融合

对相同坐系和相近比例尺的数据而言，由于技术、人为或数据转换等，数据的表示和精度会有差别，为了有效地利用这些有差异的几何位置数据，需要对不同数据源的几何位置数据进行融合。

对同名实体的几何位置进行融合，首先要对数据源的几何精度进行评估，根据几何精度，融合应分两种情况进行讨论。如果一种数据源的几何精度明显高于另一种，则应该取精度高的数据，舍弃精度低的数据。对于几何精度近似的数据源，应该分点、线、面来探讨融合的方法。点状物体的合并较为简单，面状物体的融合主要涉及边界线的融合，可参照线状物体的合并进行。线状物体的融合可采用特征点融合法和缓冲区算法。

3）属性融合

地理要素数据属性的差异通过地理要素语义融合来消除。在两个不同数据集中的同一个地理实体，不仅有不同的几何形状差异，也有不同的属性结构和语义描述方法。例如，道路在车辆导航数据中被描述为编码、名称、等级、路面、车道、中间隔离带、行使方向、设计行驶速度等，同样一条道路在地形图上被描述为编码、名称、等级、路面、桥梁、涵洞和路堤坡度等。

为了完善新数据的属性，往往综合利用多种数据源补充属性项和属性值。如果新数据所需要的属性在不同的数据源中存在，可通过两个数据源中同名地理实体的匹配和识别将同名实体识别出来，再采用数据融合的方法进行属性的补充和完善。这样，通过数据融合就使得一个数据集在保持原来特点的基础上在某些质量指标上得到了提高(如现势性、拼属性信息、数据完整性)。

属性融合往往和几何位置的融合结合起来进行,在进行几何位置融合的同时,按照数据融合的目的从两种数据源中抽取所需的属性组成新的属性结构,按照语义转换方法对属性值进行转换。融合后新数据不仅改变了属性结构,也从两个数据集中继承了属性内容。

6.3.4 高原湖泊测量的多源空间数据融合

水下、陆上长期分开测量、分割管理等,使得水下地形图、陆上地形图的数学基础存在较大的差异,这就给水陆空间矢量数据融合带来了一个难题,高原湖泊测量过程中同样面临这样的问题。

6.3.4.1 数学基础统一

(1)空间基准的统一

空间基准的基础是地球大地坐标系,以地球参考椭球面为基准面建立。参考椭球面是真实地球的数学化形状,作为测量计算的基准面,在测绘工作中具有相当重要的作用。要统一陆上数字地形图和水下地形图的数学基础,必须首先确定空间基准所采用的参考椭球面。

目前,我国现行的坐标系主要有 1954 年北京坐标系(采用克拉索夫斯基椭球)、1980 年西安坐标系(采用 IUGG-1975 椭球)、WGS84 大地坐标系(采用 WGS84 椭球)和 CGCS2000 坐标系(采用 CGCS2000 椭球)。CGCS2000 坐标系是我国大地测量工作者历经 10 多年建立的我国新一代地心大地坐标系,并于 2007 年 10 月通过专家验收,经多方论证和实际资料收集并考虑到资料的系统性、利用的方便性以及填补我国西部测图空白区的迫切需要,最终确定高原湖泊测量陆上地形图和水下地形图所有涉及的空间数据均要以此坐标系为准(纳木错因基础控制引据及建立困难,仍采用 1954 年北京坐标系)。

(2)高程基准的统一

高程基准是以海水平均水平面的高度为基准,陆地任意一点的高程由此基准面测量推算获得。目前,我国常用的高程系统有两种:一是 1956 年黄海高程系;二是 1985 国家高程基准。

深度基准是表示海洋深度的起算面,在平均海水面以下,它与平均海水面的距离叫基准深度。深度基准面的确定原则是,既要保证航行安全,又要顾及航运的使用率,所以深度基准面必须在平均海水面以下,最低潮位面以上。海图的深度基准以潮位面为依据,不但没有统一的起算面,而且随时间变化。

因为陆上地形高程基准是固定不变的,所以数字地形图和水下数据的融合必须以陆上高程基准为准,高原湖泊测量除纳木错外(高程引据为 1956 年黄海高程系)其余湖泊测量陆上、水下均采用 1985 国家高程基准。

(3)投影方式的统一

不同地区、不同部门、不同获取时期导致不同来源的地理信息数据具有不同的投影方式,但我国除海图外大多数情况下采用高斯投影方式,如我国的 1∶50000 西部测图工程,高原湖泊测量同样采用高斯投影作为统一的投影方式。

(4)数据分幅的统一

陆上地形与水下地形融合后,DLG 及 DEM 均按照《国家基本比例尺地形图分幅和编号》(GB/T 13989—2012)1∶50000 地形图分幅要求划分图幅。

6.3.4.2 数据模型统一

空间数据模型是空间数据库系统中关于空间数据和数据之间联系的逻辑组织形式的表示,是计算机数据处理中较高层的一种数据描述。每一种空间数据模型以不同的空间数据抽象与表示来反映客观事物,有其独特的空间数据组织和处理方式。

对两种不同的数据源进行统一,要充分比较两种数据源的数据模型,设计出一种统一的数据模型及反映这种模型的数据格式。空间数据模型的设计需要对客观事物有充分的了解和深入的认识,研究客观事物之间的空间关系,把空间关系映射成适合计算机处理的数据结构。这种统一的数据模型必须兼容两种数据源的数据模型,这样,不同数据模型的数据源到统一空间数据模型的数据转换才有可能。

充分考虑到清华山维软件在地图模板定制及脚本技术方面的优势,可轻松实现空间数据模型的量身定做及统一,高原湖泊测量数据模型的统一均由清华山维软件实现。

陆上地形数据库以 ArcGIS 软件为平台,通过 Coverage 数据模型来实现空间信息的表达和管理。清华山维数据模型由模板实现,模板由用户定制并可根据需要修改,方便灵活,通过功能强大的模板定制技术以及清华山维的脚本技术可轻松实现 ArcGIS 数据模型向清华山维数据模型的转换。水下数据由现场实测得到,数据结构简单,通过编写程序可实现水下数据向陆上数据模型的导入,最终实现数据模型的统一。

6.3.4.3 分类、分级统一

分类、分级统一主要解决两种数据源由于分类、分级所采用的方法和分类、分级的详细程度不同所产生的差异。空间数据中对物体的分类、分级主要体现在地理要素属性的编码。要素编码的统一主要有以下两种思路:

其一是通过对数字地形图要素属性编码做出适当的调整和扩充以实现对陆上和水下地形的分类分级统一。

其二是重新研制编码系统,统一符号系统。

高原湖泊测量采用以上两种思路的优点,在现有地形图要素编码的基础上进行适当调整,以转换为主,并根据实际需要少量研制新的分类编码,最终按照《基础地理信息要素分类与代码》(GB/T 13923—2006)分类编码进行统一。

《基础地理信息要素分类与代码》(GB/T 13923—2006)是能适应现代计算机和数据库技术应用和管理要求,按基础地理信息的要素特征或属性进行科学分类而形成的分类体系。同一要素在 1∶500 至 1∶1000000 比例尺基础地理信息数据库中有一致的分类和唯一的代码;分类体系选择各要素最稳定的特征和属性为分类依据,能在较长时间里不发生重大变更;分类体系覆盖已有的多尺度基础地理信息的要素类型,既反映要素的类型特征,又反映要素的相互关系,具有完整性,代码结构留有适当的扩充余地。

《基础地理信息要素分类与代码》(GB/T 13923—2006)要素代码采用线分类法,要素类型按从属关系依次分为大类、中类、小类、子类四级。大类包括定位基础、水系、居民地及设施、交通、管线、境界与政区、地貌、土质与植被等 8 类;中类在上述大类基础上划分 46 类。地名要素作为隐含类以特殊编码方式在小类中具体体现。分类代码采用 6 位十进制数字码,分别为按数字顺序排列的大类、中类、小类和子类。

要素编码的统一通过清华山维软件具体实现。软件在实现的具体过程中为便于符号定制、减少符号定制过程中代码重复、减轻工作量,在 6 位编码的基础上再增加 1 位编码子码,统一的空间地理信息要素编码由 7 位数组成,大类编码(1 位)、中类编码(1 位)、小类编码(2 位)、子类编码(2 位)以及清华山维软件添加的编码子码(1 位)。最终形成以下代码结构(图 6.3-9):

图 6.3-9　要素编码结构

①左起第一位为大类编码;
②左起第二位为中类编码,在大类的基础上细分形成的要素类;
③左起第三、四位为小类编码,在中类的基础上细分形成的要素类;
④左起第五、六位为子类编码,在小类的基础上细分形成的要素类;
⑤最后一位为清华山维软件添加的编码子码,主要是为进一步拆分编码,减少代码重复。

依次规则建立的编码体系可以完全满足陆上、水下空间数据的对于分类、分级的要求,并可以同时满足属性信息转换及分类管理。

6.3.4.4　融合策略

水下地形图侧重于表现水体要素,而陆上地形图着重描述陆地要素,所以融合时可以取两者之长,在进行几何数据融合的同时也进行属性数据的融合。但这里还涉及一个水陆交界处的问题,即湖岸线数据的融合。

(1)非湖岸线数据融合策略

湖岸线属于水下和陆上地形图共有的表示水、陆分界的地理要素,湖岸线以下属于水体要素,湖岸线以上属于陆上要素。由于功能的区分,水下地形图详细准确地描述了水体要素,而陆上地形图主要描述陆上要素。融合时水体要素以水下地形图为准,如水文、湖底地貌及底质、礁石、岛屿、障碍物等;陆上要素以陆上地形图为准,如测量控制点、工矿及附属设施、居民地及附属设施、陆地交通、陆地地貌、植被等。

陆上要素属性信息的转换通过清华山维软件的脚本技术编写脚本将 ArcGIS 数据库各属性转换、对照,对于少数新增编码属性因其数量少通过人工添加;水体要素为新测,各要素属性通过编写程序直接导入。

高原湖泊测量多源空间信息融合过程中涉及的同名实体匹配和几何图形调整数量少,大多位于近湖岸区域,采用人工方式处理。

(2)岸线数据融合策略

水下地形图中湖岸线的编绘在保持主要特征点位置准确并能反映出其自然弯曲程度的前提下,遵循扩大陆部、缩小水域部分的原则;陆上地形图中湖岸线的编绘方法是凸向水域的岸线夸大陆地、舍去水域碎部,凹入陆地的岸线则夸大水域、舍去陆地碎部。

水下地形图与陆上地形图的岸线位置可能因测量时机、水位等产生差异。水下地形的测量产生的岸边数据大多不是同步测量,而是分期、分批或者分段测量,测量时机不同水位也大多不同,从而导致岸线不同或不连续。另外,水下地形测量与陆上地形测量也大多不同步,不同的观测时间也可能导致岸线存在较大差异,这也是数据融合过程中必须考虑的问题。

基于现势卫星影像的湖泊岸边界提取技术以及在湖岸编绘过程中坚持以水体为主、反映湖泊特征的思想是湖岸数据融合最有效的解决办法。

高原湖泊测量多源空间信息融合过程见图 6.3-10,具体操作在此不详述。

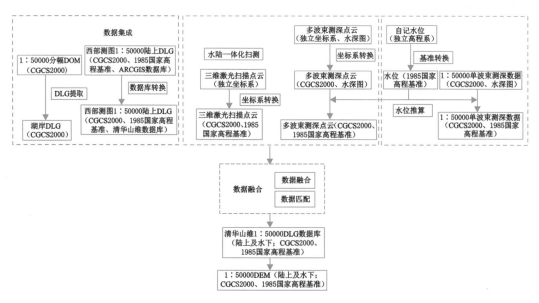

图 6.3-10　高原湖泊测量多源空间信息融合过程

6.4　小结

本章主要研究了高原湖泊测量过程中空间信息获取的关键技术,主要包括基于现势卫星影像的湖泊岸边界提取技术、水陆一体化扫测技术以及多源空间信息融合技术。

国产高分遥感卫星应用于湖泊岸边界提取是遥感技术在水文行业的进一步拓展,采用现势性强(湖泊测量期间)的卫星影像提取岸边界可以减轻劳动强度、提高工作效率和湖岸测量精度、解决多源湖岸数据矛盾。

首次将水陆一体化扫测技术应用于高原湖泊测量过程中,该技术测量效率高——水下陆上可同步测量;测量精度高——测量数据质量远高于湖泊测量设计测量精度。此外,该系统在高原湖泊测量中的成功应用也为大比例尺高原湖泊测量提供了技术参考。

多源空间信息融合技术包括地理空间矢量数据集成和融合两大部分,是针对实测多源数据以及现有数据做出的处理。数据集成和融合不是孤立的两个过程,集成是融合的基础,是融合的第一步;在集成的基础上,通过同名实体的匹配与识别、图形数据处理与属性信息转换和合并三个过程实现融合。高原湖泊测量多源空间信息的融合产生了新的、质量更高的数据,填补了我国高原地区基础地理信息的空白。

第 7 章　基于 DEM 模型的湖容量算技术

湖泊容积的量算实际上是方量(槽蓄量)计算问题,量算的精度主要取决于源数据误差和建模误差。在源数据给定的情况下,常用的数据模型一般有等高线模型、不规则三角网(TIN)模型、规则格网(Grid)模型等,不同的软件、不同的量算模型以及不同的计算参数会导致计算结果不尽相同,甚至相差较大。因此,采用合理的模型、采用正确的计算方法以及如何对量算精度控制在湖泊容积量算中尤为重要。

7.1　湖容量算方法与原理

7.1.1　数据模型

很长时间以来,人们为了认识自然和改造自然,不断地尝试着用各种方法来表述、表达周围的环境信息。人们对于地形表面形态的表达就是其中之一,从早期的象形绘图方法到后来写景式的定型表达再过渡到以等高线为主的量化表达,再发展到现在的数字化表达。计算机技术在制图、测绘领域的应用直接改变了地图制图的生产方式,也改变着地图产品的样式和地图应用的概念,使得表达从模拟表达走向了数字表达时代,现在所依赖和侧重的一个重要技术和工具就是地理信息系统(GIS)。

7.1.1.1　空间数据模型

空间数据模型是对空间对象及其关系的描述,也是根据空间对象与应用有关的目标的需要而对空间对象的一种提取。空间数据模型是空间数据组织和空间数据库设计的基础。目前,GIS 中数据模型从认知角度讲有三类,即基于对象(Object Based)的模型、基于格网(Network Based)的模型和基于场(Field Based)的模型。从表达上讲,则有矢量数据模型(Vector Model)、栅格数据模型(Raster Model)和组合数据模型(Composite Model)等。

空间数据模型是属于概念层次的空间对象语义描述,它的具体表达则要按照一定的结构对空间数据进行组织,因此,空间数据结构是空间数据模型的表达,是相互之间存在一种或多种特定关系的数据元素的集合。数据结构是数据模型和文件格式之间的中间媒介。在实际应用中,一般认为数据模型是数据结构的高层次抽象,而数据结构是数据模型的具体实现。

（1）矢量数据模型

在地形图成图或者CAD成图中，为了定量表示相关点间的相对位置关系、方向、距离等需量化的参数，我们则首先要选择一个坐标系统，测量中最经常使用的就是笛卡尔数学坐标系统。从定义上来看，其原点在一个固定的点，同时采用一对相互垂直的过原点的线为坐标轴：纵轴和横轴。其实从微观层面反向进行宏观分析，笛卡尔数学坐标系统又是属于欧氏空间的二维表示的平面模型。欧氏空间，把空间特性转换成了实数的元组特性，可以把很多地理现象模型嵌套其中。为了实现地理要素的嵌套，这里形成了三类地物要素对象，分别抽象为点对象、线对象和多边形对象，也就构成了矢量数据模型。

矢量数据模型又将现象看成原型实体的集合，并且用以组成空间实体。在此，如果是二维模型内，则表现为点、线和面；而在三维模型内，相应的原型也包括表面和体。在原型的种类运用的过程中，受到两个因素的影响：一是观察的尺度，二是概括的程度。举例来说，比如在小比例尺中，一个城镇或者一个湖泊可以用点来表示，一条高速公路则需要用线来表示。但是如果比例尺增大，则必须要考虑现象的尺度。城镇在一个中等比例尺上的表现和在大比例尺上的表现一定是包含的丰富程度不一样。

在矢量模型中，和把现象被看做原型实体的集合一样，其表达则源于原型空间实体本身，通常用坐标来量化定义（图 7.1-1）。二维或三维中一个单一坐标可描述一个点的位置，而采用有序的两个或者多个坐标对集合又可以来表述一条线。同样的一个线性函数或者一个数学函数可以描述特定坐标之间的路径，而点的集合也可以构成路径。而一个面则是用边界来定义，如果区域中间有洞，则又可以看做是多个环的集合。

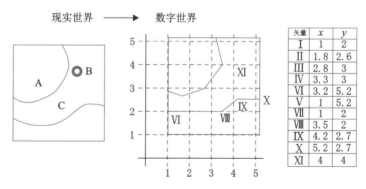

图 7.1-1　矢量数据模型的表达

（2）栅格数据模型

栅格数据模型在所有的空间数据模型中，它表现得最为直观，对于一个二维平面我们分隔为大小均匀、疏密相当的格网阵列，也被称为像元阵列，我们通过每个像元的行列号则可以确定其位置。换言之，其位置就是行列交叉所得。因为栅格结构工整规则，所以其位置坐标可以很容易就隐含在存储结构中。数据结构为二维矩阵结构，访问简单，从而不需要坐标数字化(图 7.1-2)。

但是这里也会产生冗余而给数据管理带来不便。而基于规则栅格数据模型的 DEM 对于格网单元数值理解有两种:第一种认为格网单元内部同质即格网栅格观点;第二种点栅格观点,认为点的高程要内插得到。

A	A	A	A	O	O	O	O
A	A	A	A	A	O	O	O
A	A	A	A	O	B	O	O
A	A	A	A	O	O	O	O
A	A	A	O	O	O	C	C
O	O	O	O	O	C	O	O
C	C	C	C	C	O	O	O
O	O	O	O	O	O	O	O

像元	属性
1	A
2	A
3	A
4	A
5	O
6	O
7	O
8	O
...	...
...	...
...	...
61	O
62	O
63	O
64	O

图 7.1-2 栅格数据模型的表达

在用栅格数据模型表示时,由于地表被分割为相互邻接、规则排列的地块,每个地块与一个像元对应。因此,栅格数据的比例尺就是像元的大小与地表相应单元的大小之比,又称空间分辨率。像元对应的地表面积越小时,其空间分辨率或比例尺就越大,精度也就越高。每个像元的属性就是地表相应区域内地理数据的近似值,因此对属性的描述存在一定程度的偏差。

(3)组合数据模型

从构造结构的远景来看,矢量和栅格结构是一逻辑对偶。矢量结构的基本逻辑单位是空间实体。相反地,栅格结构的基本逻辑单位是实体的空间位置。在 GIS 的发展中,矢量数据和栅格数据的组合数据模型在某些方面得到了发展和体现。

①矢量栅格混合数据模型,有多种形式,比如最直接的形式是矢量栅格数据不做任何特殊处理,分别与各自的数据结构存储,需要时把它们调入内存,进行统一的显示、查询和分析。这种处理方式在许多系统中均已实现,特别是遥感影像或航空影像或扫描的栅格地图,作为矢量 GIS 的一个背景层,成为 GIS 的一个必备功能。这种结合方式,在数据结构上不存在问题,而在矢量与栅格结合处理的功能上因系统而异。

还有一种混合结构是 Peuauet 在 1981 年发明的 Vester Data Model,它是 Vector 与 Raster 数据结构的组合,它同时兼有矢量和栅格结构的特点,栅格在这里实际上起索引作用,这也为后来国内很多学者关于模型的构建提供了思路。

②矢量栅格一体化模型,同时具有矢量实体的概念,也具有栅格覆盖的思想,其理论基础是多级格网划分,三个基本约定和线性四叉数编码。

7.1.1.2 数字高程模型(DEM)

数字高程模型是数字地面模型(Digital Terrain Model,DTM)的一种。DTM 由于只要刻画具有连续变化特征的空间对象(通常为高程),因而是属于基于场的栅格数据模型。

DTM 是地表二维地理空间位置和其相关的地表属性信息的数字化表现,可表示为:$A_i=F\{(x_i,y_i)\mid i=1,2,\cdots,n\}$,式中:$A_i$ 是任意一平面位置的地表特有信息值,一般有基本地貌信息,如高程、坡度、坡向等地貌因子。考虑到它的多样性,一般用 DTMs 表示,F 表

达了平面位置 (x_i, y_i) 和 A_i 的空间相关关系。根据不同的 A_i 值,其名称也会随之变化。如 A_i 为高程时,称为数字高程模型(Digital Elevation Model,DEM)。

数字高程模型实质上就是一个分片的曲面(平面)模型,它的数学特征有两点:一是单值性,DEM只能表达地表单元处的一个属性值,而不能表达同一个位置上的多个属性值。从这一层意义上来讲,DEM的几何维数是2.5维,而不是3维的;二是DEM所表达的地形表面连续而不光滑,DEM单元内部是光滑的数学曲面函数,但单元之间的曲面法向量并不是平缓过渡的,而是在单元连接处可能存在突变。

在地理信息系统中,DEM最主要的三种表示模型是规则格网模型(Gird DEM)、等高线模型(Contour DEM)和不规则三角网模型(TIN DEM)。在地理信息系统中,每一个地形表面都可以用这里的三种通用的模型来模拟,并且每个模型都有自己的优点,相互之间如图7.1-3所示,可以相互转化生成,每种模型都具有特殊的分析能力。

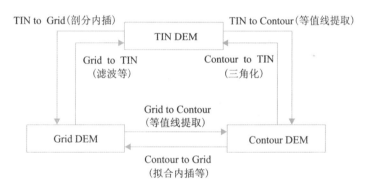

图 7.1-3　TIN、Gird、Contour 三者之间的相互转化

TIN和Grid都是应用最广泛的连续表面数字表示的数据结构。TIN具有许多明显的优点和缺点。其最主要的优点就是可变的分辨率,即当表面粗糙或变化剧烈时,TIN能包含大量的数据点;而当表面相对单一时,在同样大小的区域TIN则只需要最少的数据点。另外,TIN还具有考虑重要表面数据点的能力。当然,正是这些优点导致了其数据存储与操作的复杂性。尽管如此,TIN在GIS中还是得到了普遍使用,特别是在三维可视化方面受到了格外的关注。Grid的优点不言而喻,如结构十分简单、数据存储量很小、各种分析与计算非常方便有效等。

7.1.1.3　数字高程模型的特点

与传统的模拟数据如等高线地形图相比,DEM具有如下的特点:

(1)精度的恒定性

常规的模拟地图随着时间的推移,图纸会由于环境的改变而发生变形,从而损失原有的精度。DEM采用数字媒介,从而能保持原有的精度。另外,由常规地形图用人工方式制作其他种类的图件,精度也损失,而如果通过DEM进行生产,输出图件的精度可得到控制。

（2）表达的多样性

地形数据经过计算机处理后,可产生多种比例尺的地形图、剖面图、立体图、明暗等高线图;通过纹理映射、与遥感影像数据叠加,还可逼真地再现三维地形景观,并可通过飞行模拟浏览地形的局部细节或整体概貌。而常规的地形图一经制作完成后,比例尺是不容易被改变的,若要改变比例尺或显示方式,需要大量的手工处理,有些复杂的三维立体图甚至不可改变。

（3）更新的实时性

常规的地图信息的增加、修改都必须进行大量的重复劳动和相同工序,劳动强度大并且更新周期长,不利于地形数据的实时更新;而 DEM 由于是数字的,增加或修改的信息只在局部进行,并且由计算机自动完成,可保证地图信息的实时性。

（4）尺度的综合性

较大比例尺、较高分辨率的 DEM 自动覆盖较小比例尺、较低分辨率的 DEM 所包含的内容,如 1m 分辨率 DEM 自动包含 10m、25m、100m 等较低分辨率 DEM 的信息。

7.1.1.4 数字高程模型的分类

数字高程模型的分类有很多种,由于分析和使用数字高程模型的方法不同,需要从不同的角度对数字高程模型进行分类。

（1）按大小和覆盖范围分类

1）局部的 DEMS(Local)

建立局部的模型一般源于这样的前提,即待建模的区域非常复杂,只能对一个个局部的范围进行处理。

2）全局的 DEMS(Global)

全局性的模型一般包含大量的数据并覆盖一个很大的区域,并且该区域通常具有简单、规则的地形特征,或者为了一些特殊的目的如侦察,只需要使用地形表面最一般的信息。

3）地区的 DEMS(Regional)

介于局部和全局两种模型之间的情况。

（2）按模型的连续性分类

1）不连续的 DEMS(Discontinuous)

一个不连续的模型表面源于这样的思考,即每一个观测点的高程都代表了其邻域范围内的值。基于这样的观点,任何内插点的高程都可以利用最邻近的参考点近似。

2）连续的 DEMS(Continuous)

与不连续的 DEMS 相反,连续的模型表面基于这样的思想,即每个数据点代表的只是连续表面上的一个采样值,而表面的一阶导数可以是连续的也可以是不连续的,但这里定义的还是限定于一阶导数,因为任何一阶导数或更高阶导数连续的表面将被定义为光滑表面。

3）光滑的 DEMS(Smooth)

光滑的 DEMS 指的是一阶导数或更高阶导数连续的表面,通常是在区域或全局的尺度上实现。创建这种模型一般基于以下假设:模型表面不必经过所有原始观测点,待构建的表面应该比原始观测数据所反映的变化要平滑得多。

7.1.1.5　数字高程模型建模的基本方法

DEM 是地形表面的一个数学模型,可以用一个或多个数学函数来表示 DEM,对地形表面进行表达的各种处理可称为表面重建或表面建模,最常用的几种多项式函数如表 7.1-1 所示。

表 7.1-1　　　　　　　　　　　用于表面重建的通用多项式

独立项	项次	表面性质	项数
$Z = a_0$	0 次项	平面	1
$+a_1X + a_2Y$	1 次项	线型	2
$+a_3XY + a_4X^2 + a_5Y^2$	2 次项	二次抛物面	3
$+a_6X^3 + a_7Y^3 + a_8XY^2 + a_9X^2Y$	3 次项	三次曲面	4
$+a_{10}X^4 + a_{11}Y^4 + a_{12}X^3Y + a_{13}X^2Y^2 + a_{14}XY^3$	4 次项	四次曲面	5
$+a_{15}X^5 \cdots$	5 次项	五次曲面	6

在通常情况下,地形表面建模主要为基于点的表面建模、基于三角形的表面建模和基于格网的表面建模三种,下面将分别对它们进行详细介绍。

（1）基于点的表面建模

在建模方法中基于点的表面建模所使用的逼近函数为表 7.1-1 的第一项,即

$$Z = f(x, y) = a_0 \tag{7.1-1}$$

其表示一空间小区域水平面,在这里仅需要一个采样点就能确定一个空间小区域水平面,待定系数 a_0 就是该采样点的高程 Δz 值,即

$$z = a_0 = z_i \tag{7.1-2}$$

整个水平面的高度也就为 a_0。

将建模区域按照采样点来划分子块是因为每个采样点都确定了一个空间水平面,每个子块包含一个采样点,是围绕采样点的一个邻近区域。各个子块拼在一起即可构成一个不连续的数字高程模型。

虽然这种基于点的建模操作起来较为简单,可是其难点却在于无法确定各个子块边界和形状。如果单从理论上来分析,这种方法只针对某些独立的点,在处理数据时对于数据类型是不作限制的。如果采样点是不规则分布的,很难确定各个子块的形状和边界,一般可以采用采样点的泰森(Thiessen)多边形作为子块的边界和形状。如果采样点是规则分布的,

就很容易确定每个子块的边界和形状,而且这些子块可以自然拼接起来。因此,基于点的建模仅适合于规则分布的采样点。而这里所建立的模型不是一个连续的模型,因此基于点的建模方法在实际中并不是一种很好的方法。

(2)基于三角形的表面建模

在建模方法中基于三角形的表面建模所使用的逼近函数为表 7.1-1 的前三项,即

$$Z = f(x,y) = a_0 + a_1 x + a_2 y \qquad (7.1\text{-}3)$$

此函数为一个线性函数,它表达的是一个空间水平面或倾斜面,在数学上,确定空间一个平面只需要空间内不在同一条直线的 3 个点即可。因此,我们只要 3 个采样点,将这 3 个点的平面坐标和高程代入式(7.1-3),得到关于待定系数的 3 个线性方程,解此方程组,可得到三个待定系数 a_0、a_1、a_2,从而唯一地确定一个空间平面。

基于三角形的表面建模是由 3 个采样点确定空间中一个平面,而如果该空间平面的覆盖范围只为此 3 个采样点围成的空间三角平面,那么该建模方法就是将建模区域划分为一系列三角形,每个三角形只由这个三角形的 3 个顶点即采样点唯一确定,每一个三角形连续拼接起来就构成了一个连续的数字高程模型,该模型就称为不规则三角网模型,也可以称为 TIN(Triangulated Irregular Network)模型。

在几何学中,我们都知道三角形在通常情况下是平面图形中最基本的单元,不论是正方形、菱形这样的简单图形还是其他别的形状的多边形归根结底都是由多个三角形以某种形式组合而成的。无论是用哪种采样方式生成,还是由等高线法生成建模数据。用三角形作为最小单元的表面建模在任何数据结构中都能有非常好的表现。三角形不论在整个形状还是在边的大小方面变动都有很大的随意性,因此这种建模方法可以轻松地与陡坎、斜坡、生成线或其他任何较破碎地形数据进行融合,在计算每个空间三角平面时也不复杂,但难点之处在于如何选择 3 个采样点来确定一个空间平面,同时要保证各个平面之间无缝隙、不重叠地拼接起来,形成一个连续的三角网模型,这是建立三角网模型的难点和关键,也是建立 TIN 模型的主要工作。

(3)基于格网的表面建模

基于格网的表面建模所使用的逼近函数为表 7.1-1 的前四项,即

$$Z = f(x,y) = a_0 + a_1 x + a_2 y + a_3 xy \qquad (7.1\text{-}4)$$

此函数并非为一线性函数。当 x 坐标固定时,函数为 y 的线性函数,当 y 坐标保持不变时,函数为 x 的线性函数,所以又称为双线性函数,此函数确定的空间表面也就称为双线性曲面。这里需要 4 个采样点数据即可确定一个双线性曲面,将这 4 个点的平面坐标和高程代入式(7.1-4),得到关于待定系数的 4 个方程,解此方程组,可得到 4 个待定系数 a_0,a_1,a_2,a_3,从而确定一个空间双线性曲面。

基于格网的建模是由 4 个采样点确定一个空间双线性曲面,当此空间曲面的覆盖范围为四个采样点所围成的空间四边形,则该建模方法是将建模区域划分为一系列四边形子块,

各个子块之间能够无缝隙、不重叠地连续拼接起来,就构成了一个连续的数字高程模型,该模型称为格网模型。

从理论的角度来看,此方法适用于任何形式分布的采样点,并且每个空间双线性曲面的计算也不复杂,其难点同三角形方法一样也在于选择哪4个点来确定一个空间双线性曲面,并且各个曲面之间需要无缝隙、不重叠地连接起来形成一个连续的格网模型。对于不规则分布的采样点而言,由采样点直接连接一个连续的四边形网格十分困难,对于规则分布的采样点而言,一个连续的平面四边形网格已经自然形成,也就是说格网模型已经自动建立起来了,这里就称为规则格网模型或GRID模型,因此,在实际应用中格网模型就是这里所说的规则格网模型,即GRID模型。同时,还可以选择更加多项的高次的多项式来作为逼近函数去拟合实际地表,但考虑到对场地面积较大区域使用高次多项式函数在某些情况下会有可能导致构建的DEM并不符合实际,同时也考虑到实际需要,更高次多项式的逼近函数并不常用。

从实用的角度来看,在数据处理过程中格网数据较其他类型数据更加有优势,运用规则格网采样方法和渐进采样方法获取的数据比较适合基于格网的表面建模,而正方形格网数据则更加适合基于格网的表面建模,所以很多软件的DEM模块只接受格网数据。而为了使用这种规则格网数据,首先必须对原始数据进行数据内插,使其成为格网数据来保证输入数据满足软件对数据格式的要求,这种方法用于处理较大范围平缓地区的整体数据,但遇到陡坎和斜坡以及大量断裂线等地表状况极其复杂的情况,如果要想使用这种方法就必须进行增加特征点数量或采集更多外业测量点的处理。

7.1.2　等高线模型

等高线是地形图上使用最广泛的地貌表示方法之一,用等高线来表达地形表面起伏可以追溯到 18 世纪,它的方便性和直观性使得人们认为,在制图学历史中等高线是一项最重要的发明。等高线的表示方法被广泛应用在各种地图和地理信息系统中,它是二维手段表示三维物体的常用方法,是地图学中最常用的地理要素,是地理信息系统最基础的数据。但是用等高线法表示地貌也有很大的局限性,比如二维平面图无法真实地表现地貌的三维景观,读懂等高线地图需要一定的专业知识。

等高线模型表示高程,高程值的集合是已知的,每一条等高线对应一个已知的高程值,这样一系列等高线集合和它们的高程值就一起构成了一种数字高程模型(图 7.1-4)。

图 7.1-4　等高线模型

等高线通常被存储为一个有序的坐标点对序列,可以认为是一条带有高程值属性的简单多边形或多边形弧段。由于等高线模型只表达了区域的部分高程值,往往需要一种插值方法来计算在等高线外的其他点的高程,又因为这些点是落在两条等高线包围的区域内,所以通常只使用外包的两条线的高程进行插值。等高线适合于人为的内插。密集的等高线可以清晰地反映出局部地形的起伏。等高线有明显转角的地方往往表示该处有一条山谷线或一条山脊线。通过阅读等高线图,我们可以获得"土地平面图"的感觉。

然而,通常来讲,等高线不适合作计算机表面模型。即使采集等高线上所有的点也不能形成一个良好的表面数据集。转换等高线通常是建立表面模型的最后一种选择。只有将它们转换成其他数字高程模型后,我们才可以生成等高线的透视图或进行等高线的表面分析。

7.1.2.1 计算原理

因为等高线一定是闭合的,所以对于闭合图形,绝对可以计算其所围成区域的面积。在地形图上用求积仪求得每条等高线所包围的面积。相邻等高线所围成的图形可近似为台体或截锥体(特殊情况下为锥体),其面积可近似为相邻两等高线所围成面积和的平均值。其体积为面积乘以两条等高线间的高差,得到相邻两条等高线间的方量,对所有相邻等高线间的方量进行求和即可得到整个区域内的总方量。

7.1.2.2 等高线模型的构建

(1)通过规则格网重构等高线

规则格网结构是最常用的数字高程模型表示形式,在摄影测量与遥感领域中,一般可通过解析测图仪或影像自动匹配来直接获取规则格网形式的离散高程点,在野外测量中也可以通过离散高程点和不规则格网来间接生成规则格网。根据规则格网形式排列的高程点来跟踪等高线是自动绘制等高线最基本的方法之一。

根据规则格网自动绘制等高线,主要包括以下两个步骤:

①利用规则格网点的高程内插出格网边上的等高线点,并将这些等高线点按顺序排序(即等高线的跟踪);

②利用这些顺序排列的等高线点的平面坐标 X、Y 进行插补,即进一步加密等高线点进行绘制。

在规则格网上跟踪等高线的算法主要包括内插格网上等高线通过点的平面位置和追踪相邻等高线通过的点两个步骤:

a. 内插格网上等高线通过点的平面位置。

当准备绘制等高线时,需要利用网格点的高程值,通过线性内插方法求解出某条等高线上各个等值点的平面位置,即平面坐标 (x,y)。显然,这些等值点均位于网格的横边或纵边上。为了确定等值点是在网格的横边上还是纵边上通过,就要给定等高线通过网格边的条件。当确定了某条网格边上等高线通过后,即可求该边上等值点的平面位置。

b. 追踪相邻等高线通过点。

当所有等高线通过点的平面位置确定以后,就需将这些等高线通过点组织成开曲线或闭曲线上的有序点集。由于一个格网单元上可能有两个或两个以上等高线通过的点,必须对每个格网单元上求出的等高线通过的点位置加以分析,确定正确的相邻等高线通过点的连接方法,以保证跟踪和绘出的等高线不会出现相互交叉的矛盾现象。

由于规则格网中高程采样点的数量较大,一般均能得到较为协调的等高线。但由于格网点一般不能处于山顶、山脊、鞍部等地性特征点上,基于规则格网所绘制的等高线形态在某些特征部位不够逼真,不能完全真实地表达实际地形地貌。

(2)通过不规则三角网重构等高线

不规则三角网是另一种常见的离散高程点的组织形式。与规则格网相比,不规则三角网具有很多优点,首先在野外测量中,高程采样点一般为地形特征点,以较少的采样点即可较好地表达地形信息,根据这些不规则的采样点可以方便地构成不规则三角网;其次,利用不规则三角网可较好地体现地形特征线和断裂线,因此绘出的等高线能更好地表示区域内的地形;另外,不规则三角网中高程点一般都是直接测量获得的,不必经过内插计算,因而保持了原始高程点的精度。所以根据不规则三角网来绘制等高线是数字测图系统中等高线绘制的主要方法。

基于 TIN 的 DEM 构建中,所输入数据的平面位置及其对应的高程值可方便地分析邻域关系以及拓扑关系等。一个良好的 TIN 能忠实于原始的地形变化和高程描述。当地形复杂度增加时,分辨率也应随之增加,以便使更多的细节被表现出来。当计算某个点的高度时,高程值可通过给定附近点的高程值在不规则三角网中内插出来。由于在地形起伏较大的地区,TIN 所包含的三角形比较密集,可以得到精度较高的插值结果。另外,一旦 TIN 的拓扑结构被明确定义,采样点的邻域中的点就可被重建出来。

目前,已有多种 TIN 的拓扑定义方式,比如记录在 TIN 中的一个三角形要明确地指示出它的 3 个顶点、3 条边以及与该三角形共边的另外 3 个三角形。如果不考虑计算的因素,拓扑结构对于实现一些功能,如空间查询是非常有用的。

1)不规则三角网高程数据的表示形式

在研究不规则三角网高程数据的表示方法时,主要应考虑以下 3 个因素:

①完全包含点与点之间的连接信息;

②具有尽可能少的数据存储量;

③便于等高线的跟踪。

一般而言,越要求方便处理,其数据存储量尤其是重复数据量就越大,两者之间是相互矛盾的,这就要求在使用中根据实际情况妥善进行高程数据表示方法的选择。

三角形格网高程数据的表示方法很多,其中以高程点文件加三角形文件的表示方法最常见。高程点文件包括高程点的点号 n、平面坐标 (X,Y) 和高程 Z,三角形文件包括三角形序号 No 和 3 个顶点的点号。

2)不规则三角网等高线跟踪算法

基于 TIN 绘制等高线直接利用原始观测数据,避免了 DEM 内插的精度损失,因而等高线精度较高,对高程注记点附近的较短封闭等高线也能绘制。绘制的等高线分布在采样区域内而并不要求区域有规则格网边界,而同一高程的等高线只穿过一个三角形最多的一次。在不规则三角网建立之后,即可进行等高线的跟踪,因而程序设计也较简单。

但是,由于 TIN 的存储结构不同,等高线的具体跟踪也有所不同,跟踪算法主要包括求取等高线通过点的平面位置和跟踪相邻等高线两个步骤。

①求取等高线通过点的平面位置。

设 (x_1, y_1, z_1) 和 (x_2, y_2, z_2) 是某个不规则三角网中某条边的两个端点,设等高线的高程值为 Z,只有当等高线高程值介于该边两端点高程值之间时,表示等高线通过该条边。

其判断条件为:

$$\Delta Z = (Z - Z_1)(Z - Z_2) \tag{7.1-5}$$

当 $\Delta Z \leqslant 0$ 时,表示等高线通过该边,否则等高线不通过该边;

当 $\Delta Z = 0$ 时,说明等高线正好通过该边的端点。

为了便于处理,对给定的等高线高程 h 与所有网点高程进行比较,在精度允许范围内将端点的高程加上(或减)一个微小量(如 $0.0001\mathrm{m}$),使其值不等于 Z,以使程序设计简单而又不影响等高线的精度。

在上述基础上,则该边上等高线通过点的平面位置为:

$$\begin{cases} X = X_1 + (X_2 - X_1)(Z - Z_1)(Z_2 - Z_1) \\ Y = Y_1 + (Y_2 - Y_1)(Z - Z_1)(Z_2 - Z_1) \end{cases} \tag{7.1-6}$$

②跟踪相邻等高线。

等高线跟踪的目的是从等高线数据中,搜索出同名等高线,最终实现以等高线为单元的数据表示形式。

根据不规则三角网跟踪等高线一般有两种方法:一种是以等高线为索引,连续把一条等高线跟踪完毕;另一种是以三角形为索引,依据每个三角形的所有分段等高线,一次性地对三角形分段等高线进行连接。

对于给定高程的等高线,分为开曲线和闭曲线分别对其进行跟踪,具体跟踪过程如下:

a. 依次检查区域边界,若三角形上某边有等高线通过点,则从该边所在的三角形开始对开曲线进行跟踪。

设立三角形标志数组,每一元素与一个三角形对应,其初始值为 0。将处理过的三角形标志设置为 1,表示以后不再处理,直至等高线高程值改变。

b. 依次检查该三角形的另外两条边,寻找相同的高程值,其中有且仅有一条边上有该等高线通过的点。

c. 在包含该边的另一个三角形中,寻找相同的高程值,继续跟踪等高线通过的下一个点。这样依次进行跟踪,直至到达另一条区域边界为止,从而完成一条开曲线的跟踪。

d. 依次检查其他区域边界,重复上述 a、b、c 步操作过程,直至所有开曲线跟踪完毕为止。

e. 检查区域内部各边,若某边上有等高线通过的点,则从该边所在三角形开始进行闭曲线的跟踪。

f. 检查该三角形的另外两边,求取闭曲线等高线通过的第二个点。

g. 在包含该边的另一个三角形中,跟踪等高线通过的下一个点。这样依次进行跟踪,直至回到起始点为止,从而完成一条闭曲线的跟踪。

h. 依次检查区域内其他各边,重复 e、f、g 步操作过程,直至所有闭曲线跟踪完毕为止。

较之于其他曲面表示方法,基于 TIN 的曲面模型有许多优点。最为重要的就是 TIN 能够根据地形的复杂程度而改变分辨率。在地势变化不大(如地形较为平坦)的地方,只需要存储少量的高程采样数据;而在地形变化较为复杂(如地势起伏的山地)的地方,则需要存储大量的高程采样数据。TIN 的自然结构使得它能方便地应用到三维地形的渲染或三维可视化中。然而,也注意到有时为了表达复杂的地表形态时,数据量较大,数据结构较为复杂,使用和管理也较复杂。

7.1.2.3　计算步骤

等高线法在测量方量时,首先要确定设计标高所在的等高线,然后从设计标高的等高线开始,分别向外和向里计算相邻两条等高线所围成面积和的平均值,向外为填方,向里为挖方,用面积乘以等高距即为体积,也就是相应区域的填方或挖方量。若将相邻两条等高线间所形成的区域作为台体体积,则有:

$$V = \frac{1}{2}(S_1 + S_2)h \tag{7.1-7}$$

式中:S_1、S_2——相邻两条等高线所围成的面积;

h——等高距。

若将相邻两条等高线间所形成的区域规定为截锥体体积,则有:

$$V = \frac{1}{3}(S_1 + S_2 + \sqrt{S_1 S_2})(h_2 - h_1) \tag{7.1-8}$$

式中:S_1——相邻两等高线所围成截锥体的上底面积;

S_2——截锥体的下底面积;

h_1,h_2——相邻两等高线的高程。

在特殊情况,若山顶面积为 0,则体积计算近似为锥体体积:

$$V = \frac{1}{3}Sh \tag{7.1-9}$$

式中：S ——高程最高的等高线所围成的面积；

h ——高程最高的等高线与山顶间的高差。

若要把场地区域通过平整形成一水平面，则设计高程为：

$$h_{设} = h_0 + \frac{V_{总}}{S}\tag{7.1-10}$$

式中：h_0 ——区域内最低高程；

$V_{总}$ ——区域内高于最低高程部分的总方量；

S ——区域总面积。

7.1.3 不规则三角网(TIN)模型

不规则三角网模型根据区域有限个点集，将区域划分为相连的三角面格网，区域中任意点落在三角面的顶点、边上或三角形内。如果点不在顶点上，该点的高程值通常通过线性插值的方法得到。

如图 7.1-5 所示，不规则三角网数字高程由连续的三角面组成，三角面的形成和大小取决于不规则分布的测点，或节点的位置和密度。不规则三角网与高程矩阵方法不同之处是随地形起伏变化的复杂性而改变采样点的密度和决定采样点的位置，因而它能够避免地形平坦时的数据冗余，又能按地形特征点如山脊、山谷线、地形变化线等表示数据高程特征。

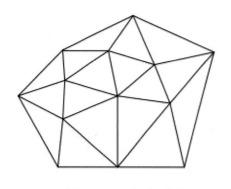

不规则三角网这种表示数字高程模型的方法，既减少了规则格网方法带来的数据冗余，同时在计算(如坡度)效率方面又优于纯粹基于等高线的方法。因此，不规则三角网是地理信息系统中用于空间分析的一种十分重要的数据模型。

在数字高程模型生成等高线方面与规则格网相比，TIN 还具有以下优点：

图 7.1-5　不规则三角网

①三角形的大小和形状依据地形的复杂程度而变化，所有已知的数据点被存储在三角形的顶点中。

②能够将断裂线的信息作为三角形的边加入三角网中。

③由规则格网生成等高线时遇到的鞍点问题在 TIN 结构中不再存在。

④基于三角面的地形参数计算变得更直接和更简单，如坡度、坡向和体积。

7.1.3.1 计算原理

不规则三角网法计算方量的原理比较简单，是将原始地形表面和设计地形表面间所围成的空间不规则体的体积作为此区域内需要填方或者挖方的方量。

7.1.3.2　不规则三角网 TIN 的构建

TIN 是用一系列互不交叉、互补重叠的连接在一起的三角形来表示地形表面。T 即三角化,是离散数据的三角剖分过程,目前的剖分都是在二维平面上进行的,然后在三角形的顶点上叠加对应点的高程值,形成空间三角平面。I 即采样点的分布形式,N 即网络隐含拓扑关系。用来描述 TIN 的基本元素为节点(node)、边(edge)和面(face)3 个。

(1)TIN 的数据结构和体系结构

以约束关系这一参照点,TIN 的原始数据可以分类两种类型:第一种是无约束数据域,第二种是约束数据域。更近一步,约束数据域则是指数据点之间呈现离散状态,物理上相互独立。而约束数据域则存在某种联系。根据约束条件不同又分为两种:一种是边界约束,另一种是内部存在约束条件。由于约束 TIN 很好地顾及了原始地形结构特征和几何特征,应用广泛。

根据前面的结构分类参照,TIN 是矢量数据结构。在这里,表现为通过节点、三角形边和三角形面来建立拓扑关系。不管是显式还是隐式来表达离散点的关系,在表现中不超过6 种组合方式。TIN 的点结构、面结构、边结构、点面结构、边面结构、点边面结构等存储方式与组织结构应该是具体应用中结合实际情况灵活的设计。

在 TIN 中,三角形的几何形状和 TIN 质量之间是息息相关的,因为三角形是构成 TIN 的基本单元。地形自相关性一个重要的表现就是如果地形采样点中,两点之间越接近,其之间的关联程度就越大。同时,规则三角形插值精度的可靠性或者可信度要大于狭长三角形的插值精度。因此,不可避免地对于 TIN 中三角形的几何形状有如下的规范:三角形尽可能地接近正三角形,三角形网络唯一,同时保证是最近的点形成三角形。这个也是三角形划分的原则。

高效的算法和程序才能体现出一个良好的数据结构和三角划分准则的优秀,而程序的好坏与算法的原理也是相互关联的。因此,对于算法本身在理论上就要进行分析论证,求得一种高效的、高精度和使用性强的算法是 TIN 中重要的一个环节。因此。通过前面的分析,5 个相关的因素则构成了 TIN 的基本理论框架(图 7.1-6)。

图 7.1-6　不规则三角网的体系结构

(2)TIN 的三角剖分准则和算法分类

如上所述,三角形划分的原则有 3 个,但是基于此的 TIN 剖分准则目前在 GIS、计算几何和计算机图形学常用的有以下 6 种：①空外接圆准则：在 TIN 中，过每个三角形的外接圆均不包含点集的其他任何点；②最大最小角准则：在相邻三角形形成的凸四边形中，这两个三角形中的最小内角一定大于交换凸四边形对角线后所形成的两个三角形的最小内角；③最短距离和准则；④张角最大准则；⑤面积比准则；⑥对角线准则。同时理论上可以证明，张角最大准则、空外接圆准则、最大最小角准则是等价的，其余则不然。因为 Delaunay 三角化的最小角是最大这一特性，对于给定点集的 Delaunay 三角化总是尽可能避免"瘦长"三角形，自动向等边三角形逼近，同时保证三角形边长之和最小和 TIN 的唯一性。

通常将空外接圆准则、最大最小角准则下进行的三角剖分称为 Delaunay 三角剖分，简称 DT。虽然任何三角剖分准则下得到的 TIN，只要用 LOP 法则·(Local Optimal Procedure,LOP)对其处理就能得到唯一的 DT 三角网络，但是 DT 剖分仍是目前应用最为广泛的方法。

TIN 的三角剖分就是按照三角剖分准则，将地形采样点用互不相交的直线段连接起来，并按一定的结构进行存储。三角化算法发展到今天，出现的不少算法已经很成熟，但是随着时间推移，总会有人在不断完善这些，将来也会有更加优秀的算法出来。就目前而言，依据地形采样数据的分布情况这一标准对于 TIN 的三角化进行归类，总结如表 7.1-2 所示。

表 7.1-2   TIN 三角化算法分类

TIN 算法类型	不规则分布数据	DT 三角剖分	直接 DT	间接 DT
				分割合并算法；空外接圆算法；逐点插入算法；三角形增长算法
		辐射扫描算法；退火模拟算法；数学形态算法		
	规则分布数据	VIPS 算法；循环迭代算法；层次三角形算法		
	沿等高线分布数据	特征线算法；探测优化算法		

（3）经典 Delaulay 三角网生成算法

如上表所述，构建不规则三角网的算法可以按照地形采样数据点的来源分布情况分为三种：第一种是基于采样数据不规则分布的算法，第二种是基于采样数据规则分布的算法，第三种是沿等高线分布数据的算法。但是这么多的算法中有的是 Delaulay 三角网算法，有的不是 Delaulay 三角网算法，体现出不规则三角网构建方法的多种途径(表 7.1-2)。

上述分类方法是一种标准，当然我们也可以按照 Delaulay 三角网生成过程的时态性又可以分为静态三角网和动态三角网两类。在其中有代表性的也是研究应用较多最为经典的有静态方法中的三角网生成算法和增量式动态构网方法的逐点插入算法和分割合并算法（有的资料中也称为分治算法）。

1）静态三角网生成算法

三角网生成算法是一种静态算法，通常有递归生成算法和凸闭包收缩算法两种。其原理相同，操作时候相反，一个是由内向外扩展，另一个是由外向内收敛。

以时间轴为顺序，相关的有贡献者为：Green 和 Sibson（1978）第一次实现了一个生成 Voronoi 多边形图的生成算法，随后的 Brassel 和 Reif（1979）也发表了类似的算法，MaCullagh 和 Ross（1980）则对前面的算法进行了改进，减少了搜索时间，而 Mirante 和 Weigarten（1982）提出的算法也和前面的非常相似。纵观前面所有的结论：

由于前面所述，三角网生成算法构网步骤相对简单，当然和凸闭包收缩算法相反。虽然各自的表述大同小异，但是三角网生成算法的基本步骤表述如下：

①在所有的数据中任意取一点 1（一般从几何中心附近开始），查找距离此点最近的点 2，相连后作为初始基线 1－2；

②在初始基线右边应用 Delaunay 法则搜寻第三点 3，形成第一个 Delaunay 三角形；

③并且以此三角形的两条新边（2－3，3－1）作为新的初始基线；

④重复步骤 2 和步骤 3 直到所有数据点处理完毕。

上述过程表明，三角网生成算法主要的工作是在大量数据点中搜寻给定基线符合要求的邻域点。一种简单的方法是通过计算三角形外接圆的圆心和半径来完成对于领域点的搜索。但是这种算法存在的问题是：在寻找与起始边最近的第三点时，由于不知道点的空间拓扑关系，每一次都必须在所有参与构网的点中寻找。而寻找的依据，判断点与直线的距离需要很大的计算量。该算法的整体效率为 $O(N^{\frac{k+1}{k}})$，k 为空间维数。这种算法生成三角网速度不快，时空效率不高。

2）动态三角网生成算法

①分割合并算法。

分割合并算法（divide and conquer delaunay triangulation algorithm）的思想最早由 Shamos 和 Hoey 提出，并且应用于 V－图的构成。Lewis 和 Robinson 用该方法进行 DT 的三角网剖分，随后 Lee 和 Schachter 又对于其进行了优化和改进。

Lee 和 Schachte 算法的基本步骤和其思想如下：

第一步，把数据集以横坐标为主、纵坐标为辅按升序进行排序。目的是子三角网不相互重叠和交叉。

第二步，如果数据集中且数据个数大于给定的阈值，则把数据域分为个数近似相等的左右两个子集，并且对于每个子集先形成凸壳，然后三角剖分，最后子网合并，这是算法的主体部分。数据点分割、子集凸壳生成、子集三角剖分、子三角网合并四个方面也阐释了分割合并算法的含义。

第三步，如果数据集中且数据个数小于给定的阈值，则直接输出三角剖分的结果。

分割合并算法思路简单，但占用内存多且合并过程比较复杂。不同的实现方法可有不同的点集划分法、子三角网生成法和合并法。

②逐点插入法。

逐点插入法最早由 Lawson 提出，其算法的过程非常简单，而且也很好理解。但是在实际计算过程中有两个思路：

第一个思路的核心是每次插入一个新的数据点 P 以后，则要找到包含这点的三角形 t，然后把新加入的数据点和其所在的三角形 3 个顶点相连接，形成 3 个新的三角形，放弃原来的三角形 t。当然，在特殊情况下新插入有可能在某一条三角形的边上，那么则会形成 2 个三角形，然后通过局部优化过程 LOP(Local Optimization Procedure)进行边交换，使所有形成的三角形都满足条件，调整所有非 Delaunay 为 Delaunay 边。实质上这里的判断是利用了 D 三角网的空外接圆特性，在共边的两个三角形组成的四边形，分别判断两个三角形外接圆与第四点的关系，确定要不要交换公共边。这个过程如图 7.1-7 所示。

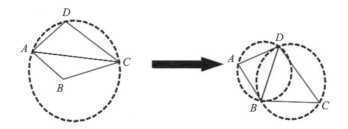

图 7.1-7　空外接圆准则与最小角最大准则的一致性

第二个思路则是涉及影响域、空洞及其局部重连的概念。这个算法由 Bowyer 和 Watson 同时提出。插入一个新的数据点 P 以后，则首先要找到 P 的影响域，然后形成空洞，再局部重连。当然在这个过程中也是同样的需要 LOP 来判断和优化。如图 7.1-8 所示可以清晰直观地表现出其计算的过程。

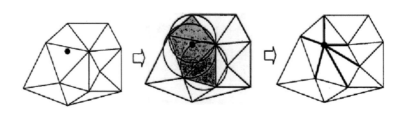

图 7.1-8　Bowyer/Watson 逐点插入法(点—影响域—空腔—重连)

Sloan、Maeedonio、Paresehi、Floriani 和 Puppo 都对该算法有贡献和完善。虽然前面两种思路的计算步骤中间会有区别，但是从 D 网的性质可以得出肯定的结论是：其不管用何种方式来计算,剖分出来的成果具有唯一性。同样由于算法实现简单,内存占用小,速度与点的位置和插入的次序很有关系。在最坏情况下,其时间复杂度为 $O(n^2)$。

7.1.3.3　具体计算步骤

不规则三角网法(图 7.1-9)在计算方量时,需要两个 TIN 模型,将两个 TIN 模型叠加后的 DEM 设为 ΔDEM,则有:

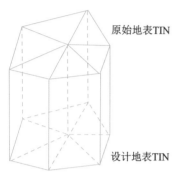

图 7.1-9　不规则三角网法

$$\Delta \text{DEM} = \text{DEM}_t - \text{DEM}_d \qquad (7.1\text{-}11)$$

式中:DEM_t——原始地形表面;

DEM_d——设计地形表面。

若只考虑高程,则有:

$$\Delta h = h_t - h_d \qquad (7.1\text{-}12)$$

式中:h_t——原始地表 TIN 和设计地表 TIN 所围成空间内任意三角形立柱体的原始地表高程;

h_d——原始地表 TIN 和设计地表 TIN 所围成空间内任意三角形立柱体的设计地表高程。

若 $\Delta h > 0$,则此三角形立柱体为挖方;若 $\Delta h < 0$,则为填方。

令三角形面积为 S,则每个三角形立柱体的体积,即方量为:

$$V_i = S \Delta h \qquad (7.1\text{-}13)$$

将计算范围内所有三角形立柱体体积全部相加即可得到整个区域内的方量:

$$V = V_1 + V_2 + V_3 + \cdots + V_i + \cdots + V_n = \sum_{i=1}^{n} V_i \qquad (7.1\text{-}14)$$

7.1.4　规则格网(Grid)模型

规则格网模型是现在人们普遍采用的 DEM 模型之一。世界上第一个被广泛使用的 DEM 数据就是由美国国防部制图局利用规则格网模型开发的。格网模型,通常是正方形,也可以是矩形。规则格网模型将区域空间切分为规则的格网单元,每个格网单元对应一个数。数学上可以表示为一个矩阵,在计算机实现中则是一个二维数组。如图 7.1-10 所示,一个格网单元或数组的一个元素,对应一个高程值。

对于每个格网的数值有两种不同的解释:第一种是格网栅格观点,认为该格网单元的数值是其中所有点的高程值,这种数字高程模型是一个不连续的函数;第二种是点栅格观点,认

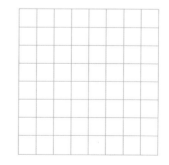

图 7.1-10　规则格网模型

为该网格单元的数值是网格中心点的高程或该网格单元的平均高程值,这样就需要用一种插值方法来计算每个点的高程。计算任意不在网格中心的数据点的高程值,要使用周围

4个中心点的高程值,一般采用反距离加权法或双线性插值法进行计算。

规则格网模型的高程矩阵,可以很容易地用计算机进行处理,而且它还可以很容易地计算等高线、坡度坡向、山地阴影和自动提取流域地形,使得它成为DEM最广泛使用的格式之一,目前许多国家提供的DEM数据都是网格的数据矩阵形式。

规则格网模型的缺点是不能准确地表示地形的结构和细部,为避免这些问题,可采用附加的地形特征数据,如地形特征点、山脊线、谷地线和断裂线,以描述地形结构。格网DEM的另一个缺点是数据量过大,给数据管理带来了不方便,通常要进行压缩存储。

7.1.4.1 计算原理

方格网法计算工程方量的思想来源于数学中微积分的知识。在平面中,一个不规则多边形的面积可以近似为用一组互相垂直的直线相交形成的一系列小方格的面积总和。这个方格网的边长可以根据实际灵活选取。根据现状地形图比例尺以及精度要求,在地形变化大的地方应将边长设置为较小,以最大程度表征实际现状地形;在地形变化较小的地方应将边长设置为较大,以减小计算量。外业实测各方格网角点平面坐标和高程,角点高程缺失的可由邻近高程点内插获得。根据设计地面标高和地面实际现状高程可计算出每个格网的"高度",即为填方深度或挖方高度,根据长方体体积公式可求得各格网所在区域的填挖方方量,将填方量和挖方量分别相加即为总填方量和总挖方量。在通常情况,填方量用"+"表示,挖方量用"−"表示。

在方格网法的使用过程中,影响方量计算相对误差的因素主要为:现有地形图比例尺、地形坡度、施工高度、方格网计算时设定的格网边长以及项目现场场地总面积。当地形图比例尺较大、场地总面积及施工高度较大、地形坡度较缓、选取的方格网边长较短时,方量计算精度较高,反之精度就会较低。

7.1.4.2 规则格网(Grid)的构建

利用等高线上的离散点或各顶点构建规则格网的基本思路就是根据已知高程数据点,选择一合适的数学模型,求解出函数的待定系数,然后将系数带回数学模型,再算出规则格网交点上的高程值。

数据网格化的方法有很多,在此仅分别采用三角平面插值、三角网内按距离平方反比加权插值、按距离加权内插、按方位取点加权插值4种方法将等高线上的离散数据点网格化。

(1)三角平面插值

该方法是基于对三维离散数据的定义域做三角剖分,然后在网格点所在的三角形上做线性插值。

这时,设三角形所在的平面方程为:

$$Ax + By + Cz = D \qquad (7.1\text{-}15)$$

则格网节点高程值为:

$$z = -(Ax + By + D)/C \qquad (7.1\text{-}16)$$

式中：(x,y)——格网节点的坐标。

（2）三角网内按距离平方反比加权插值

该方法是基于对三维离散数据的定义域做三角剖分,然后在网格点所在的三角形上,把距离平方反比作为加权系数平均求网格点的值。

设三角形顶点坐标为 (X_i, Y_i, Z_i)（$i = 1,2,3$）网格点坐标为 (X_0, Y_0, Z_0),且网格点在该三角形内。

则该三角网格点的值为：

$$Z = \frac{\sum\limits_{i=1}^{3} \dfrac{Z_i}{(X_i - X_0)^2 + (Y_i - Y_0)^2}}{\sum\limits_{i=1}^{3} \dfrac{1}{(X_i - X_0)^2 + (Y_i - Y_0)^2}} \qquad (7.1\text{-}17)$$

（3）按距离加权内插

设平面上分布一系列离散点,已知离散点坐标和高程为 $\{V_i = (x_i, y_i, z_i), i = 1,2,\cdots, n\}$,点 $P(x,y)$ 为任一格网点,根据周围离散点的高程,通过距离加权插值求 P 点高程。

周围点与 P 点因分布位置的差异,对 $P(z)$ 影响不同,我们把这种影响称为权函数 W_i。权函数主要与距离有关,有时也与方向有关,若是在 P 点周围 4 个方向上均匀取点,那么可不考虑方向因素,这时：

$$\begin{cases} \sum\limits_{i=1}^{n} W_i \cdot Z_i \Big/ \sum\limits_{i=1}^{n} W_i & (d_i \neq 0) \\ Z_i & (d_i = 0) \end{cases} \qquad (7.1\text{-}18)$$

实践证明,$W_i = 1/d_i^2$ 是较优的选择,d_i 为离散点至 P 点的距离。这样,在每一格网点周围搜索若干个距离最近的离散点,用以逐一内插网格点高程,建立一个规则格网 DEM,此算法的前提是离散点均匀分布,且每一离散点具有同等的意义。

（4）按方位取点加权插值

该方法的基本原理:欲求某个网格点 $A(i,j)$ 的高程值时,则以 $A(i,j)$ 为原点将平面分成 4 个基本象限,再把每个象限分成 n_0 份,这样就把平面分成 $4n_0$ 等份,然后在每个等分角内寻找一个距点 $A(i,j)$ 最近的数据点,其高程值为 Z_{il},它到点 $A(i,j)$ 的距离为 r_{il}。

则网格点 $A(i,j)$ 上的高程值为：

$$Z(i,j) = \sum\limits_{il=1}^{4n_0} C_{il} Z_{il} \qquad (7.1\text{-}19)$$

其中,参数：

$$C_{il} = \frac{\prod\limits_{j=1, j \neq il}^{4n_0} r_j^2}{\sum\limits_{k=1}^{4n_0} \prod\limits_{l=1, l \neq k}^{4n_0} r_l^2} \qquad (7.1\text{-}20)$$

由上式可以看出，$4n_0$ 与 C_{il} 之和即

$$\sum_{il=1}^{4n_0} C_{il} = \frac{\sum\limits_{il=1}^{4n_0} \prod\limits_{j=1,j\neq il}^{4n_0} r_j^2}{\sum\limits_{k=1}^{4n_0} \prod\limits_{l=1,l\neq k}^{4nl} r_l^2} = 1 \tag{7.1-21}$$

当 $r_{il} = 0$ 时，即 Z_{il} 就在网格点 $A(i,j)$ 上时，由于 $\prod\limits_{l=1,l\neq k}^{4n_0} r_l^2$ 中 $k \neq il$，$\prod\limits_{l=1,l\neq k}^{4n_0} r_l^2 = 0$，因此有：

$$C_{il} = \frac{\prod\limits_{j=1,j\neq il}^{4n_0} r_j^2}{\prod\limits_{l=1,l\neq il}^{4n_0} r_l^2} = 1 \tag{7.1-22}$$

且其他的 $C_{il}(j \neq il)$ 都为零，因此网格点 $A(i,j)$ 上的高程值就是数据点的高程值 Z_{il}。

实际地形采用不同网格化方法：三角平面插值，三角网内按距离平方反比加权插值，按距离加权内插，按方位取点加权插值等。因网格化方法不同，对于同一平面点，所求取该点的高程值有所差异。

7.1.4.3 计算步骤

方格网法在实际工作中应用非常广泛，其主要步骤有：

(1)确定方格网零点及零线

零线就是现场实地填方与挖方区域的边界线，该线的高就是施工中所谓的正负零处。在相邻角点间既有填方又有挖方的方格边线上，用插入法求得零点位置并标注于方格网上，将各个相邻的零点依次连接即为零线。

零点的计算公式为：

$$x_1 = \frac{h_1}{h_1 + h_2} \times a \; ; x_2 = \frac{h_2}{h_1 + h_2} \times a \tag{7.1-23}$$

式中：x_1，x_2——方格网角点至零点距离(m)；

h_1，h_2——方格网两端点的施工高度(m)，此处均取绝对值；

a——方格网的边长(m)。

在项目现场实际作业中，为了使填挖平衡，设计高程采用整个区域平均值(图 7.1-11)，即

$$H_d = \frac{1}{4n}\left(\sum H_{角} + 2\sum H_{边} + 3\sum H_{拐} + 4\sum H_{中}\right) \tag{7.1-24}$$

式中：$\sum H_{角}$，$\sum H_{边}$，$\sum H_{拐}$，$\sum H_{中}$——角点、边点、拐点和中点的高程值；

n ——方格总数。

据此公式求得场地设计标高,在地形图中用内插的方法绘出设计标高的等高线,而这条等高线就是将填挖方区域划分开的分界线,又称零线。

在项目实际作业中用相同比例在相邻角点标出 h_1、h_2 的值,两端点的连线与方格边线的交点就是零点。这种直接绘出零线的方法叫零点图解法(图 7.1-12)。

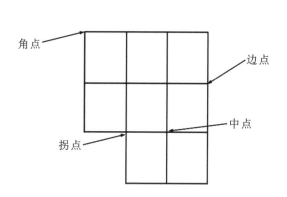

图 7.1-11　规则格网法计算示意图

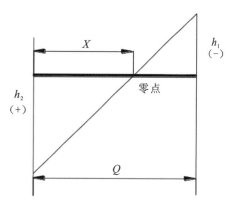

图 7.1-12　零点图解法

(2)计算工程方量

方量计算有四方棱柱体法和三角棱柱体法两种方法。四方棱柱体法计算有 4 种情况(表 7.1-3)。

表 7.1-3 　　　　　　　　　　　　格网计算公式

类型	图例	计算公式
四点 全挖(填)	 	$V = \dfrac{a^2}{4}(h_1 + h_2 + h_3 + h_4)$ $= \dfrac{a^2}{4}\sum h$
二挖 二填	 	$V_+ = \dfrac{b+c}{2}a\dfrac{\sum h}{4} \qquad V_- = \dfrac{d+e}{2}a\dfrac{\sum h}{4}$ $= \dfrac{a}{8}(b+c)(h_1+h_3) = \dfrac{a}{8}(d+e)(h_2+h_4)$

类型	图例	计算公式
一点填(挖)方，三点挖(填)方		$V_- = (a^2 - \dfrac{bc}{2})\dfrac{\sum h}{5}$ $= (a^2 - \dfrac{bc}{2})\dfrac{h_1 + h_2 + h_4}{5}$
一点填(挖)方		$V_+ = \dfrac{1}{2}bc\dfrac{\sum h}{3} = \dfrac{bch_3}{6}$ 当 $b = c = a$ 时，$V = \dfrac{a^2 h_3}{6}$

以上公式计算中：h_1、h_2、h_3、h_4 为各角点施工高度，此处均取绝对值。V_+ 为填方，V_- 为挖方。

三角棱柱体法与四方棱柱体法类似，它是将正方形格网对角线相连，形成两个全等的直角三角形。三角棱柱体法提高了方量计算精度，但同时也增大了计算量。

三角棱柱体法计算有两种情况(表 7.1-4)。

表 7.1-4   **三角棱柱体法公式**

类型	图例	计算公式
全挖(填)		$V = \dfrac{a^2}{6}(h_1 + h_2 + h_3)$
有挖有填		$V_{锥} = \dfrac{a^2}{6}\dfrac{h_3^3}{(h_1 + h_3)(h_2 + h_3)}$ $V_{楔} = \dfrac{a^2}{6}\left[\dfrac{h_3^3}{(h_1 + h_3)(h_2 + h_3)} + h_1 + h_2 - h_3\right]$

以上公式计算中：h_1、h_2、h_3 为各角点施工高度，均取绝对值。$V_{锥}$ 为三棱锥体积，在图中为填方；$V_{楔}$ 为底面为四边形的楔形体体积，在图中为挖方。

7.1.5　其他常用湖容量算模型

7.1.5.1　断面模型

断面模型,又称为断面法、截面法,是最传统的算法,断面法计算方法较为简单方便,便于检核,是一种容积计算的常用方法。

(1)计算原理

断面法的工作原理是在地形图上或碎部测量的平面图上,按一定的间距等分场地,将场地划分为若干个相互平行的横截面(图 7.1-13),量出各横断面之间的距离,按照设计高程与地面线所组成的断面图,计算每条断面线所围成的面积,再由相邻两横断面面积的平均值乘以等分的距离,得到每相邻两断面间的体积,再将各相邻断面的体积加起来,就可以得到总体积。用公式表示为:

$$V = \frac{S_1 + S_2}{2} \times d \tag{7.1-25}$$

式中:V——相邻两截面间的方量(m^3);

S_1、S_2——相邻两断面的断面面积(m^2);

d——相邻两横断面之间的距离(m)。

上述公式的运用条件是 S_1、S_2 的性质必须是相同的,即都为填方或挖方。若 S_1、S_2 性质不同,即一端为挖方,另一端为填方,计算的结果就会失真。

另外,应用断面法时还应注意所取两横断面尽可能平行,若两断面不平行,计算的结果就会产生较大的误差,因此在划分断面时应考虑平行性。

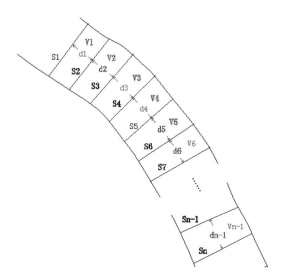

图 7.1-13　断面法容积量算图

（2）断面构建

断面数据多以实测数据为主，少数运用地形数据或者 DEM 数据生成。

运用先进的测绘仪器，如 GNSS、全站仪、测深仪等，观测断面线上目标点的方向、距离和高差或者直接测量三维坐标，通过计算机软件内业处理、整理即可得到断面上目标点的 x,y,z 坐标。实地现场测量可以获取高精度的高程数据，一般用于大比例尺测图，同时对断面点高程精度要求较高，也可作为地形测量的一种简化补充方式。

（3）计算步骤

断面法是带状地形（如河道、沟渠、道路路基修筑等）槽蓄量、方量计算的常用方法。断面法计算方量的具体步骤可以归纳成以下几步：

1）断面的划分

典型横断面一般选择若干相互平行且垂直于主要建筑物的长度方向的断面。通常都是根据地形图或者到现场勘测，根据现场的实际情况，把要计算的场地或者道路路基划分为若干个横截面，使截面尽量垂直等高线或者道路中线；断面之间的间距可以不相等，这个距离往往根据现场的实际情况来确定。为了同时满足计算简便和准确性的要求，通常在断面变化较小的地方，可用较大的间距；而在断面变化较大的地方，则应该选用较小的间距。

2）推算断面水位

根据沿程水位站实测水位确定计算水位，为了反映河道冲淤量沿河床不同高程分布，可确定不同特征水位，如主槽、平滩、高水河槽等，利用基面差将计算水位换算成断面地形基面。

3）计算各典型断面的面积

地面线将典型断面划分为多个区域，其中在地面线以上的区域为填方区，在地面线以下的区域为挖方区，和地面线重合的断面设计线为零线。由于地面线是一条不规则的曲线，因而可以先将其近似为由若干线段组成的折线。经过近似处理后的地面线与设计断面构成一个或多个复杂的多边形。

常用的求断面挖填方区域面积的方法主要为积距法、求积仪法及解析法。其中，积距法是用三角形或梯形面积公式直接计算挖填方区域的面积；求积仪法是用方格纸绘出横断面图后，用求积仪量出挖填方区域的面积。一般采用积距法或者解析法直接计算。解析法计算公式为：

$$S = \frac{1}{2}\sum_{i=1}^{n} x_i(y_{i+1} - y_{i-1}) \tag{7.1-26}$$

或者：

$$S = \frac{1}{2}\sum_{i=1}^{n} y_i(x_{i-1} - x_{i+1}) \tag{7.1-27}$$

$$S = \frac{1}{2} \sum_{i=1}^{n} (x_i + x_{i+1})(y_{i-1} - y_i) \tag{7.1-28}$$

$$S = \frac{1}{2} \sum_{i=1}^{n} (x_i y_{i+1} - x_{i+1} y_i) \tag{7.1-29}$$

式中：(x_i, y_i)——断面顶点坐标。

在以上 4 种公式中，式(7.1-26)、式(7.1-27)同时也适合于手工计算。上述 4 种公式计算同一面积，其结果应相同，可用来检核。计算时从输入第一点坐标开始，按顺时针方向，依次输入各点坐标值，直至最后一点。公式中的循环参数 $i = 1 \sim n$，当用 $i = 1$ 或 $i = n$ 时，公式中会出现 x_0，y_0 或 x_{n+1}，y_{n+1}，这些坐标值按下式计算：

$$\begin{cases} x_0 = x_n, x_{n+1} = x_1 \\ y_0 = y_n, y_{n+1} = y_1 \end{cases} \tag{7.1-30}$$

4)确定相邻断面间的距离 Δd

可根据实测地形图或断面布置图，采用河中心线或河道深泓线方法量算。对于顺直河段，两种方法结果相近，对于弯曲河段、分汊河段和蜿蜒型河道两者差异较大。

5)采用梯形法或锥形法计算相邻断面间的方量 V_i

梯形法：

$$V_i = \frac{1}{2}(S_i + S_{i+1})d_i \tag{7.1-31}$$

锥形法：

$$V_i = \frac{1}{3}(S_i + S_{i+1} + \sqrt{S_i \cdot S_{i+1}})d_i \tag{7.1-32}$$

式中：V_i——第 $i \sim i+1$ 断面之间的槽蓄量；

S_i——第 i 个断面面积；

d_i——第 $i \sim i+1$ 断面之间的间距。

6)相邻两测次间相邻断面间槽蓄量差值(相邻断面间冲淤量)

整个河段累积值即河道冲淤量。不同计算水位下的冲淤量即为不同河床高程冲淤量分布。

梯形法：

$$V = \sum_{i=1}^{n} \frac{1}{2}(S_i + S_{i+1})d_i \tag{7.1-33}$$

锥形法：

$$V = \sum_{i=1}^{n} \frac{1}{3}(S_i + S_{i+1} + \sqrt{S_i \cdot S_{i+1}})d_i \tag{7.1-34}$$

式中：V——第 $1 \sim n$ 个断面之间的槽蓄量，即河段槽蓄量。

7.1.5.2 复杂水网地区楔形体容积的计算方法

（1）技术背景

有支流入汇的湖泊水面不是水平的，湖泊容积包括水平面以下的静容积和实际水面线与水平面之间的楔形体容积，两部分容积都参与了湖泊调蓄的整个过程，在考虑湖泊影响的洪水调度中仅考虑静湖容存在的偏差，应使用动湖容进行调度。对于河网地区湖泊，水流纵横交错，汊道众多，岸线漫长，河道收、放现象突出，水流流向散乱不定、流态紊乱多变且互相干扰顶托。因此，河网地区湖泊容积计算与河道型水库不同，其水面不是平面，也不是一个规则的倾斜面，而是一个横向、纵向均可能存在扭曲的不规则曲面。

传统的湖泊静容积算法实际上是假定湖泊水面线是水平的，计算所得实际上是静容积。而回水曲线法是假定在恒定流条件下，依托现有水文测站，自湖泊出口至最上游支流尾闾控制站的水位，或分段控制水位，控制站之间一般采用内插的方式确定水面高程，即回水曲线法计算的是水面线为倾斜直线或折线情况下的湖泊容积。显然，通过恒定流的方法推算出的水面线与实际差别很大，利用这种方法计算湖泊容积存在较大误差，不能满足湖泊调洪计算、水利规划及洪水预报等方面的要求。

动湖容的计算必须首先计算天然来水情况下的楔形体水面线，河网地区湖泊楔形体水面线计算存在以下难点：

①由于附加比降存在，在不同来水情况下楔形体水面比降不同，楔形体水面线计算需要考虑上游不同来水的影响，如何确定在不同来水情况下的上下游水位关系存在难度。

②在洪水演进过程中，属于非恒定流，且水文站水位—流量关系为非单值关系，不同河段或区域楔形体水面比降不同，楔形体形态不同，如何确定洪水演进过程中不同区段的水位存在较大难度。

③河网地区支流间存在洪水遭遇现象，另外由于串河存在，河道间存在水量交换。在不同地区来水组合及串河连通条件下确定不同区域的水位十分复杂。

④支流尾闾存在流向不定现象，不同洪水组合条件下确定支流尾闾水位存在较大难度。

⑤干流洪水顶托对湖泊水位影响显著，在不同干流来水条件下确定湖泊不同区域及支流水位存在较大困难。

⑥湖区洲滩发育，水下地形变化较大，正坡、倒坡、平坡相间，给常规水面线计算带来了极大的难度。

⑦人类活动对水面计算造成影响。湖泊及河道疏浚、围湖造田、航道建设以及大型涉水工程建设改变了天然条件下的水面线。

（2）计算方法

复杂水网地区楔形体容积的计算方法提供一种复杂水网地区楔形体容积的计算方法，能够有效解决复杂水网湖泊水面为不规则曲面对容积计算的影响，针对水网地区湖泊扭曲水面问题,提出了基于平面二维水动力模型与水位 DEM 的复杂河网湖泊容积计算方法。

　　基于平面二维水动力模型与水位 DEM 的复杂河网湖泊容积计算方法是在实测湖泊地形的基础上,通过网格生成技术建立平面二维水动力模型,经率定、验证确定相关参数,采用数值模拟的方法计算给定的湖泊出口控制水位条件下全湖范围内水面高程分布,并形成湖泊水面 DEM 数据,在此基础上结合湖床高程 DEM 数据,采用积分法计算湖泊总容积。此方法有效地解决了复杂河网湖泊水面是不规则曲面对容积计算的影响。其主要步骤包括:计算水面高程,划分河网网格,计算投影面积,计算水体容积。

　　1)计算水面高程

　　采用基于水深平均的平面二维数学模型来描述水流运动,直角坐标系下水流运动的控制方程为:

　　①水流连续方程。

$$\frac{\partial Z}{\partial t} + \frac{\partial uH}{\partial x} + \frac{\partial vH}{\partial y} = q \tag{7.1-35}$$

　　②水流运动方程。

x 方向:

$$\frac{\partial uH}{\partial t} + \frac{\partial uuH}{\partial x} + \frac{\partial vuH}{\partial y} = -g\frac{n^2\sqrt{(u^2+v^2)}}{H^{\frac{1}{3}}}u - gH\frac{\partial Z}{\partial x} + \nu_T H\left(\frac{\partial^2 u}{\partial x^2} + \frac{\partial^2 u}{\partial y^2}\right) \tag{7.1-36}$$

y 方向:

$$\frac{\partial vH}{\partial t} + \frac{\partial uvH}{\partial x} + \frac{\partial vvH}{\partial y} = -g\frac{n^2\sqrt{(u^2+v^2)}}{H^{\frac{1}{3}}}v - gH\frac{\partial Z}{\partial y} + \nu_T H\left(\frac{\partial^2 v}{\partial x^2} + \frac{\partial^2 v}{\partial y^2}\right) \tag{7.1-37}$$

式中: Z ——水位;

　　　 H ——水深;

　　　 u、v —— x、y 方向的流速;

　　　 n ——糙率系数;

　　　 g ——重力加速度;

　　　 ν_T ——水流紊动扩散系数,其中: $\nu_T = \alpha_0 u_* H$, $\alpha_0 = 0.2$;

　　　 u_* ——摩阻流速,其中 $u_* = \sqrt{c_f(u^2+v^2)}$;

　　　 c_f ——阻力系数,其中 $c_f = 0.003$;

　　　 q ——单位面积上水流源汇强度。

　　在平面二维计算中,糙率系数 n 实际上是一个综合系数,它反映水流和河床形态条件,其影响因素主要有河势形态、河床与河岸、主槽与滩地、沙粒与沙波以及人工建筑物等。冲积河道阻力一般由床面阻力、滩地阻力、各种附加阻力(包括岸壁阻力、冰凌阻力和河势阻力等)组成。河道糙率系数 n 的确定一般通过实测资料率定得到,平面分布可考虑分河段、分滩槽进行率定。率定水文条件与水面高程计算的水文条件相当,地形条件一致。

水流综合扩散黏性系数 v_T 主要与水流内部的湍流应力有关,在实际工程数模计算中,一般均简化处理,采用经验式 $\nu_T = \alpha_0 u_* H$ 计算。其中,v_T 为水流紊动扩散系数,α_0 为系数,u_* 为摩阻流速,h 为水深。

在直角坐标系下,水流运动的控制方程可用如下通用形式表示:

$$\frac{\partial(H\varphi)}{\partial t} + \frac{\partial(uH\varphi)}{\partial x} + \frac{\partial(vH\varphi)}{\partial y} = \frac{\partial}{\partial x}(\Gamma\frac{\partial H\varphi}{\partial x}) + \frac{\partial}{\partial y}(\Gamma\frac{\partial H\varphi}{\partial y}) + S \tag{7.1-38}$$

式中:φ——通用变量;

Γ——广义扩散系数;

S——源项;

其余各量意义同前。

根据非结构网格上控制方程的离散思想,采用有限体积法将直角坐标系上的控制方程直接在曲线网格上进行离散求解,用基于同位网格的 SIMPLE 算法处理水流运动方程中水位和速度的耦合关系。离散后的代数方程组可以写成如下形式:

$$A_p\varphi_p = A_E\varphi_E + A_w\varphi_w + A_N\varphi_N + A_S\varphi_S + b_0 \tag{7.1-39}$$

离散方程由 x 方向动量方程、y 方向动量方程和水位修正方程构成,用 Gauss 迭代法求解线性方程组。求解该方程组的迭代步骤如下:

①给全场赋以初始的猜测水位;

②计算动量方程系数,求解动量方程;

③计算水位修正方程的系数,求解水位修正值,更新水位和流速;

④根据单元残余质量流量和全场残余质量流量判断是否收敛,如单元质量流量达到全局质量流量的 0.01%,全场残余质量流量达到进口流量的 0.5% 即认为迭代收敛。

为保证河网系统的整体性和一致性,二维模型计算范围为整个湖泊范围,包括了各水系的尾闾及湖泊的出口区域。水面高程计算的水文条件则根据湖泊容积计算需要确定,一般给定湖泊出口的控制水位,各入汇支流给定同步的流量条件。

2)划分河网网格

采用数值模拟方法计算复杂河网水面高程需要进行网格的划分,常见的计算网格可以分为结构网格和非结构网格,而非结构网格又可分为非结构三角形网格、非结构四边形网格和非结构混合网格。非结构三角形网格对复杂区域边界适应性较强,但其对正则性要求较高(要求三边长长度相当),在对狭长河道、串沟进行网格划分时,在河道横向上计算单元可能不够。

目前,常用的方法采用混合网格对湖区水网进行网格划分。采用四边形结构网格对狭长河道和串沟进行网格划分,然后与非结构三角形网格拼接,组成整个计算域的混合网格,并对其进行统一的无结构编码。

由于湖泊地形测图时水下和岸上测量方法可能不同,需要进行统一和标准化处理。以图幅为单元,逐幅进行处理,并确定 DEM 网格间距。考虑到湖泊水网支汊交错,网格间距不宜过大,一般以 10~20m 为宜。

水面高程的 DEM 集成与地形高程方法一致,只是前者为水面高程,后者为湖床高程。

3)计算投影面积

投影面积指的是任意多边形在水平面上的面积,根据梯形法则,如果一个多边形由顺序排列的 N 个点 $(X_i, Y_i)(i=1,2,3\cdots,N)$ 组成,并且第 N 点与第 1 点相同,则水平投影面积计算公式为:

$$S = \frac{1}{2} \sum_{i=1}^{N-1} (X_i \times Y_{i+1} - X_{i+1} \times Y_i) \tag{7.1-40}$$

如果多边形顶点按顺时针方向排列,则计算的面积值为负;反之,为正。

4)计算水体容积

DEM 体积可由四棱柱和三棱柱的体积进行累加得到。四棱柱上表面可用抛物双曲面拟合,三棱柱上表面可用斜平面拟合,下表面均为水平面或参考平面,计算公式分别为:

$$V_{3\text{水底}} = \frac{Z_1 + Z_2 + Z_3}{3} \cdot S_3 \tag{7.1-41}$$

$$V_{4\text{水底}} = \frac{Z_1 + Z_2 + Z_3 + Z_4}{4} \cdot S_4 \tag{7.1-42}$$

$$V_{3\text{水面}} = \frac{H_1 + H_2 + H_3}{3} \cdot S_3 \tag{7.1-43}$$

$$V_{4\text{水面}} = \frac{H_1 + H_2 + H_3 + H_4}{4} \cdot S_4 \tag{7.1-44}$$

$$V_3 = V_{3\text{水面}} - V_{3\text{水底}} \tag{7.1-45}$$

$$V_4 = V_{4\text{水面}} - V_{4\text{水底}} \tag{7.1-46}$$

式中:S_3 与 S_4——三棱柱与四棱柱的底面积;

$V_{3\text{水面}}$、$V_{3\text{水底}}$——三棱柱湖泊水面高程、河底相对于水平面或参考平面的体积;

$V_{4\text{水面}}$、$V_{4\text{水底}}$——四棱柱湖泊水面高程、河底相对于水平面或参考平面的体积;

Z_1、Z_2、Z_3——三棱柱 3 个顶点的湖床高程;

Z_1、Z_2、Z_3、Z_4——四棱柱 4 个顶点的湖床高程;

H_1、H_2、H_3——三棱柱 3 个顶点的湖泊水面高程;

H_1、H_2、H_3、H_4——四棱柱 4 个顶点的湖泊水面高程。

最后,将三棱柱和四棱柱的体积进行积分即可得到水体体积。

基于平面二维水动力模型与水位 DEM 的复杂河网湖泊容积计算方法是在实测湖泊地

形的基础上,通过网格生成技术建立平面二维水动力模型,经率定、验证确定相关参数,采用数值模拟的方法计算给定的湖泊出口控制水位条件下全湖范围内水面高程分布,并形成湖泊水面 DEM 数据,在此基础上结合湖床高程 DEM 数据,采用积分法计算湖泊总容积,有效解决了复杂水网湖泊水面不规则曲面对容积计算的影响。

7.2 主要软件容积计算及比较

7.2.1 常规计算方法比较

等高线法仅适用于模拟地形测图时代的纸质地形图,如今已经逐渐被淘汰。在地形复杂区域只能用于对工程方量的粗略估算。其优点是计算原理较简单同时计算过程也较方便;其缺点是计算需要地形图,还要考虑到外业补测,外业工作量会比较大且计算结果精度较低。

断面法主要运用于带状工程,如沟渠、河道、公路铁路路基、地下管道等。一般采用激光扫描仪或者断面仪进行断面测量,广泛应用在隧道和地铁工程项目中。其优点是测量容易且计算方法和原理简单;缺点是计算效率较低且内外业工作量大,应用容易受到限制且精度较低。

与断面法相比,辛普森(Simpson)法(抛物线法),把空间体积转化为在平面上,依据离散值求取面积近似定积分,以特征点坐标直接代入公式求出面积,不用展绘断面图,减少了工作量,提高了速度,同时又减少了展绘断面图的误差和求积误差,提高了精度。断面法和辛普森法的误差,主要来源于特征点的量测误差,断面法计算方量时,是把地表看做是直纹,而辛普森法把表面看做是抛物线变化,实际上地形是连续变化的,用辛普森法计算更接近于实际,计算精度比断面法高。若用断面法计算时,选择的特征点越接近抛物线,其计算的容积与辛普森法越接近。

方格网法适用于大范围起伏变化不大的区域计算。其优点是方法直观且操作简单,同时又能保证较高的精度;缺点是提高精度需要大大增加外业工作量,成本太大。从数学上看,方格网法和断面法都是基于一次插值的原理,计算量较大。断面法和方格网法的几何原理相同,断面法是纵向分段,用断面面积乘以水平距离计算体积;而方格网法是纵横分格,用平面面积乘以垂直距离计算体积。断面法适用于地形起伏较大或形状狭长地带;方格网法适用于地形比较平坦或面积比较大的区域。

从实际地形变化考虑,方格网法没有充分考虑方格网点间的地形变化,不论是用四棱柱体法还是用三棱柱体法计算方量时,均认为方格网点间的地形为直线变化,计算的精确程度主要取决于格网的尺寸、方格网点高程测量值的准确程度,以及方量的计算公式等。若方格网点间地形非直线变化或方格内地形非平面形状,则与实际情况误差较大。方格网法计算方量的误差主要来源还包括面积的求积误差及格网点高程的计算。影响格网点高程计算精度的一个因素就是内插法的选取,常用的内插方法有 Kriging 法、反距离加权插值、线性插值三角网法、移动平均值插值、局部多项式插值、改进谢别德法、径向基函数插值法等,任何一种内插方法都是基于原始函数的连续光滑性,或者说邻近的数据点之间存在很大的相关性,这才有可能由邻近的数据点内插出待定点的数据。

不规则三角网(TIN)法能适用于各种不规则的复杂地形中。其优点是精度非常高且适用于多种地形和地貌;其缺点是模型较为复杂,计算机在计算过程中会占用太多内存空间。

不规则三角网(TIN)模型与规则格网(Grid)模型相比,虽然在数据结构、数据存储方面较复杂,但是 TIN 模型却有很多的优点:①在某一特定分辨率下能够使用较少的空间和时间,更加精确地表示复杂表面。②采样点根据地形起伏变化的复杂性而改变密度和位置,这样就避免了在地形平坦时的数据冗余,也能够很好地顾及地形特征如山脊线、山谷线、地形变化线等。③很方便进行地形分析和绘制立体图。

7.2.2 GeoHydrology 容积计算方法

7.2.2.1 GeoHydrology 简介

GeoHydrology 是由长江委水文局和中国地质大学(武汉)联合开发的水文泥沙信息分析管理系统。该系统应用数据库、GIS、遥感和网络等"多 S"结合与集成化技术,实现了在网络环境中完成大量水文泥沙相关的计算与数据管理,实现了水沙信息、河道形态以及各种计算结果的图形可视化。

长江水文泥沙信息分析管理系统总体上划分为数据转换与接收子系统、对象关系数据库管理子系统、水文泥沙专业计算子系统、水文泥沙信息可视化分析子系统、长江水沙信息综合查询子系统、长江河道演变分析子系统、长江三维可视化子系统、水文泥沙信息网络发布子系统等共 8 个子系统。其中水文泥沙专业计算子系统、水文泥沙信息可视化分析子系统、长江水沙信息综合查询子系统、长江河道演变分析子系统、长江三维可视化子系统、水文泥沙信息网络发布子系统属于信息服务部分。

长江河道演变分析子系统之河道槽蓄量计算模块提供分级槽蓄量计算。河道槽蓄量采用断面法和地形法(或称 DEM 数字高程模型法)计算方法,其中地形法槽蓄量计算提供了多种量算区域的确定方法,可在图上选取已有边界,如某封闭等高线,也可通过选定上下断面和岸线来确定比降边界,用户也可手工绘制边界;计算槽蓄量(湖泊容积),用户只需要调入需要计算的矢量地形图,确定边界,设置计算高程、DEM 网格间距即可获得计算结果。

7.2.2.2 DEM 模型构建

GeoHydrology 软件中 DEM 由规则的格网阵列数据组成,通过对所获取的地形点、等高线等数据组建三角形网,按 Kriging 空间插值方法获取网格点的高程。DEM 能够较好地反映整个观测区域地形的起伏和变化(图 7.2-1)。

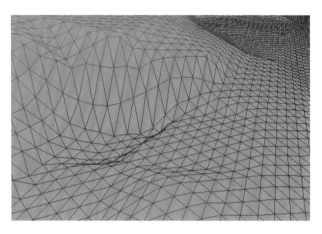

图 7.2-1　DEM 模型构建示例

7.2.2.3　DEM 模型计算原理

在图 7.2-2 中,设三角形的 3 个顶点为 A、B、C,顶点三维坐标为 (x_a, y_a, z_a)、(x_b, y_b, z_b)、(x_c, y_c, z_c),且 $z_a \geqslant z_b \geqslant z_c$,可以通过排序得到假设,计算高程面为 z,三角形内角 A、C 的正弦值分别为 $\sin A$、$\sin C$;AB、BC、CA 边长分别为 c、a、b;设 $S_\triangle$,S 分别为 $\triangle ABC$ 及其投影面积,则有下列计算关系:

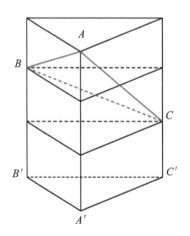 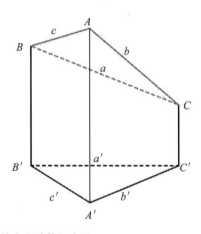

图 7.2-2　三角形区域上的容积计算示意图

$$S_\triangle = \sqrt{p(p-a)(p-b)(p-c)} \qquad (7.2\text{-}1)$$

其中:

$$p = \frac{a+b+c}{2}$$

$$S = \sqrt{p'(p'-a')(p'-b')(p'-c')}$$

其中：

$$p' = \frac{a' + b' + c'}{2}$$

a 的投影长：

$$a' = \sqrt{a^2 - (z_b - z_c)^2}$$

b 的投影长：

$$b' = \sqrt{b^2 - (z_a - z_c)^2} \tag{7.2-2}$$

c 的投影长：

$$c' = \sqrt{c^2 - (z_a - z_b)^2}$$

则△ABC 所在平面的倾角 θ 有：

$$\cos\theta = S/S_{\triangle} \tag{7.2-3}$$

对于一般的类三棱柱的体积计算公式如下：

$$V = \frac{S \cdot (z_a + z_b + z_c)}{3} \tag{7.2-4}$$

此处的 z_a，z_b，z_c 指的是顶点到投影点的距离。

据此，若设该区域湖容 vol、接触表面积 $area$ 及其水平投影面积 $area_0$，则三角形区域上的湖容计算公式可为：

①如果 $z \leqslant z_c$，则：$area = 0$，$area_0 = 0$，$vol = 0$。

②如果 $z_c < z \leqslant z_b$，则：

$$area = S_{\triangle} \times \frac{(z - z_c)(z - z_c)}{(z_b - z_c)(z_a - z_c)} \tag{7.2-5}$$

$$area_0 = area \cdot \cos\theta \tag{7.2-6}$$

$$vol = \frac{area_0 \times (z - z_c)}{3} \tag{7.2-7}$$

③如果 $z_b < z < z_a$，则：

$$area = S_{\triangle} \cdot \left[1 - \frac{(z_a - z) \times (z_a - z)}{(z_a - z_b) \times (z_a - z_c)} \right] \tag{7.2-8}$$

$$area_0 = area \cdot \cos\theta \tag{7.2-9}$$

$$vol = \frac{S}{3} \cdot \left\{ (z - z_b) \times \frac{(z_a - z) \times (z - z_b)}{(z_a - z_c) \times (z_a - z_b)} + [(z - z_b) + (z - z_c)] \times \frac{z - z_c}{z_a - z_c} \right\} \tag{7.2-10}$$

④如果 $z \geqslant z_a$，则：

$$area = S_{\triangle} \tag{7.2-11}$$

$$area_0 = S \tag{7.2-12}$$

$$vol = \frac{S \cdot [(z - z_a) + (z - z_b) + (z - z_c)]}{3} \qquad (7.2\text{-}13)$$

把每个规则格网沿对角线划分为两个三角形,采用上述计算公式分别计算一定水平面下的面积、容积,参与计算的所有网格的面积之和、容积之和分别指定高程之下的湖泊面积、容积。

7.2.2.4 GeoHydrology 容积计算

(1)数据检查

高程属性检查,特征点、线添加等。

(2)新建工程

菜单工具栏,工程—>新建工程,工程属性如地图比例尺、椭球参数、投影类型、中央经线等需根据实际项目参数设置或更改(图 7.2-3)。

(3)数据导入

图 7.2-4 右侧图幅导入 DXF 格式(AutoCAD2000 版),导入需要几分钟,导入后会出现图层。

图 7.2-3 GeoHydrology 新建工程

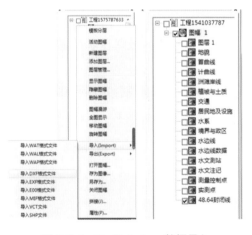

图 7.2-4 GeoHydrology 数据导入

(4)图幅属性修改

右击图幅名—>属性,重命名图幅名称如 201999,确定(图 7.2-5)。

(5)图幅分层模板编辑

右击图幅名—>模板分层,出现图层模板编辑器,一般可采用默认模板,直接确定;如对分层模板有需要更改可在此编辑。

(6)分层对照

模板分层图层对话框,确定导入数据层及对应图层(图 7.2-6)。

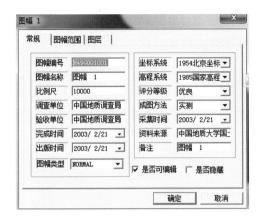

图 7.2-5　重命名图幅名称　　　　　　　　图 7.2-6　图层导入

导入的图层:测量控制点层、首曲线层、计曲线层、实测点层、水边线数据层,其他图层一般不需要导入。

(7)槽蓄量计算(容积计算)

菜单工具栏,水沙计算->河道槽蓄量计算->地形法->选择边界(边界必须为封闭,不封闭计算结果为错)->左击选择,再右击(尽量放大选准线)->出现对话框"槽蓄量计算(地形法)"(图 7.2-7)。

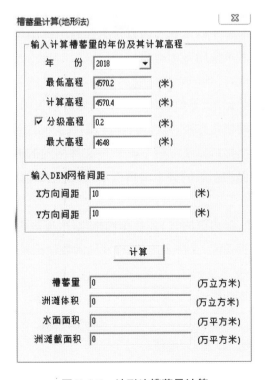

图 7.2-7　地形法槽蓄量计算

填写相应的最低高程、计算高程、分级高程、最大高程、DEM 网格间距等,一般最低高程为默认值,计算高程略高于最低高程,最大高程填写终止计算高程,分级高程根据实际需要填写 0.2m、0.5m、1m 等。

待出现计算报告保存对话框,选择路径,输入文件名,点击保存。

保存的容积计算报告为文本格式,含计算方法、主要参数设置以及各级水位对应的容积(万立方米)和水面面积(万平方米)。

7.2.3 Surfer 软件容积计算方法

7.2.3.1 Surfer 软件简介

Surfer 是美国 Golden 软件公司开发的产品,主要用于 DTM 计算分析、制图,是工程技术人员个人电脑常备的工具软件,应用非常广泛。

Golden 软件公司是由 Dan Smith 和 Patrick Madison 于 1983 年在美国创立的。该公司一直致力于图形软件的开发,于 1985 年推出 Surfer,后又于 1986 年推出 Grapher,1990 年推出 Map Viewer 和 1996 年推出 Didger。现在 Golden 软件公司在科学图形软件领域已处于领先地位,上述的 4 个软件已在全世界得到广泛应用,用户包括矿业、工程、医药、地学、生物等领域的研究人员、工程师和科学家。

Surfer 是在 Windows 操作系统下强大的、灵活的和较容易使用的绘制等值线图及三维立体透视图的软件包,自 1984 年以来在各国科技工作者中使用越来越普遍,当前全世界有几十万科学家和工程技术人员使用 Surfer 软件。

Surfer 有多个历史版本,自 Surfer 8.0 版发布后,功能得到了大大加强,可以轻松制作基面图、数据点位图、分类数据图、等值线图、线框图、地形地貌图、趋势图、矢量图以及三维表面图等,提供 12 种数据网格化方法,包含多种流行的数据统计计算方法;提供各种流行图形图像文件格式的输入输出接口以及常用 GIS 软件文件格式的输入输出接口,大大方便了文件和数据的交流、交换;提供新版的脚本编辑引擎,自动化功能得到极大加强。主要功能包括:

①支持 12 种内插方法,对离散的 XYZ 数据网格化,生成规则格网数据;

②强大的地学数据分析功能,支持多达 12 种变异函数理论模型,可计算残差,进行地形分析和体积、面积计算等;

③具有各种函数的运算功能;

④绘制等值线图;

⑤可输入底图以便搭配 3D 图形/底图;

⑥可做文字标志和粘贴图;

⑦图形可做影像处理/影像图;

⑧可产生相片品质的图片/地貌晕渲图;

⑨绘制矢量地图;

⑩绘制线框图;

⑪绘制曲面图;

⑫对所选两个以上的地图进行堆叠生成堆叠图;

⑬在相同的坐标系统下合并所选择的地图生成叠置图;

⑭图形输出可选 EMF、WMF、CLP、CGM、BMP、TIF、JPG、GIF、AutoCAD DXF 以及 Golden 软件的 GSI、GSB、BLN, Atlas Boundary BNA, MapInfo Interchange FormatMIF, ESRI Shapefile SHP 等;

⑮图形输入可选 EMF、WMF、CLP、BMP、TIF、JPG、GIF 以及 Golden 软件的 GSI、GSB、BLN、PLT, Atlas Boundary-BNA, USGS DLG、LGO、LGS, AutoCAD-DXF, SDTS Topological Vector Profile DDF, MapInfo Interchange Format MIF, ESRI Shapefile SHP. ESRI ArcInfo Export Format E00;

⑯在工作表里输入资料可用 Lotus、Excel、ASCⅡ等格式;

⑰文本文字上下标、数字符号、线型符号、颜色都可自定义;

⑱工作表可读 10 亿个 XYZ 数据点;

⑲用户可以利用脚本文件(CS Scripter)通过编程方便控制 Surfer 8.0 的绘图,或者在其他应用程序中调用 Surfer 绘制的图件。

7.2.3.2 Surfer 网格化

网格化是把以 XYZ 数据文件格式表示的、通常呈不规则分布的原始离散数据点,经过插值计算,构筑一个规则的空间矩形网格的过程。原始数据的不规则分布,造成缺失数据的"空洞"。网格化则用外推或内插的算法填补这些"空洞"。

在大多数情况下,采用加权平均插值算法,即所有其他参数相等的条件下,愈靠近结点(计算出的规则点)的数据(原始数据点),对计算该结点的 Z 值贡献愈大。

插值方法分为精确插值(Exact Interpolation)和平滑插值(Smoothing Interpolation)两种。如果网格化所用的数学模型和设定参数不同,一种网格化方法可以属于两种插值方法中的一种或另一种。

精确插值指当网格结点正好位于原始数据点时,该结点的 Z 值等于此原始数据点的 Z 值。对于加权平均内插算法,这就意味着此原始数据点的权重为 1,而其他数据点对于该结点的权重为 0。增加网格密度,就增大了网格结点正好位于原始数据点的可能性。平滑插值适用于原始数据较少或存在噪声的情况,通过分析数据点的 Z 值分布与总体变化趋势来完成插值。平滑插值不会给任何原始数据点赋予权重 1,即使某网格结点正好位于原始数据点。每一种网格化的方法都有各自的参数设置。对于每种方法来说,数据处理和方向性都是类似的。

7.2.3.3 Surfer 插值方法

Surfer8.0 以版本提供 12 种规则格网插值方法,包括反距离加权法、最小曲率法、多元回归法、三角形线性插值法、改进谢别德法、克里金法、径向基函数法、最邻近点法、自然邻近点法、移动平均法、数据度量法、局部多项式插值法。

(1)反距离加权法

反距离加权法也称距离反比法或谢别德法,是一种加权平均插值的网格化方法。在计算一个网格结点的 Z 值时,一定范围内所有数据点的权重的和为 1,权重与某数据点到该结点距离成反比,愈靠近该结点的原始数据点,其权重愈大。如果网格结点正好位于某原始数据点,该结点的 Z 值就等于此原始数据点的 Z 值,即此原始数据点对于该结点的权重为 1,而其他数据点对于该结点的权重为 0。可见,距离反比法是一种准确插值方法。其主要参数包括:

1)权重系数(Power)

权重系数的值反映随着数据点到网格结点距离的增加,其权重降低的程度。当权重系数为 0 时,所计算出的网格面是一个接近水平的平面,其 Z 值为所有原始数据点的平均值。随着权重系数的增加,形成最邻近点插值,导致表面变成多边形。

2)平滑参数(Smoothing)

把不确定性与用户输入的数据联系起来,平滑参数愈大,相邻网格的影响愈小。平滑参数大于 0,则没有任何一个数据点对于某个结点的权重为 1,即使该数据点正好位于网格结点上。

3)各向异性(Anisotropy)

各向异性指在用原始数据点计算网格点 Z 值时,对沿某一个坐标轴方向的数据点比其他方向的数据点给予更多的权重。在多数情况下,在构筑网格时,不需要考虑方向性,因为大多数等值线图或线网图的 X、Y 坐标是同一比例尺。这时,1X 单位=1Y 单位。当确实需要考虑各向异性时,Ratio 对话框内为 1 个 X 单位相对与一个 Y 单位的比例。如选 Ratio 为 2,则意味 1X 单位=2Y 单位。

距离反比法的特点之一就是在网格区内围绕着某些数据点可能产生牛眼状等值线(Bull's-eyes)。

距离反比法是一种快速网格化的方法,在小于 500 数据点时,可以用全部数据点来生成网格。

(2)最小曲率法

这是一种在地学中广泛应用的网格化方法。

由最小曲率法构成的插值表面像一个线性弹性薄板,是一个尽可能与原始数据点吻合的最平滑的曲面。最小曲率法不是准确插值,是典型的平滑插值。

最小曲率法的主要参数包括以下内容:

1)最大残差(Max Reciduals)

单位与数据的相同,比较合适的值是数据精度的 10%。缺省的最大残差为 0.001

$(Z_{\max}-Z_{\min})$。

2）最大重复参数（Max Iterations）

通常设为网格结点数的 $1\sim2$ 倍。例如，对于 50×50 的网格，最大重复参数为 $2500\sim5000$。

3）内部和边缘张性系数（Internal and Boundary Tension）

设定弹性薄板内部和边缘弯曲度的参数。该值愈大，弯曲愈小。缺省值均为 0。

4）松弛系数（Relaxation Factor）

算法参数，在通常情况下，该值愈大，迭代算法汇聚愈快。缺省值为1，一般不用另设定。

（3）多元回归法

多元回归法又称多项式回归法，它是用来确定用户数据整体趋势或构造的一种模型。多项式回归法实际上并不是一种插值，因为它并不试图预测未知的 Z 值。

用户可以在表面选定（Surface Difination）框内选择以下 4 种曲面中的任一种。

1）简单平面（Simple Planer Surface）

$$Z(x,y)=A+Bx+Cy \tag{7.2-14}$$

2）双线性鞍形（Bi－linear Saddle）

$$Z(x,y)=A+Bx+Cy+Dxy \tag{7.2-15}$$

3）二次表面（Quadratic Surface）

$$Z(x,y)=A+Bx+Cy+Dx^2+Exy+Fy^2 \tag{7.2-16}$$

4）三次表面（Cubic Surface）

$$Z(x,y)=A+Bx+Cy+Dx^2+Exy+Fy^2+Gx^3+Hx^2y+Ixy^2+Jy^3$$
$$\tag{7.2-17}$$

或由用户自定义。

选定的曲面方程相应显示在下面；右面的参数框内则显示 X、Y 和总的最高项次。

用户也可以利用 Parameters 框自定义多项式方程。

（4）三角形线性插值法

三角形线性插值法，是一种准确插值，方法是在相邻点之间连线构成三角形，并且保持任一三角形的边都不与其他三角形的边相交，这样在网格范围内由一系列三角形平面构成拼接图。

由于数据点平均分布，在通过地形变化显示断层线时三角形法非常有效。

因为每一个三角形都构成一个平面，所有的结点都在三角形中，其坐标被三角形平面方程唯一地确定。

对于有 $200\sim1000$ 个数据点且平均地分配在网格区域里时，用三角形线性插值法最好。

（5）改进谢别德法

改进谢别德法也称修订 Shepard's 法，它是一种距离反比加权的最小二乘法。与距离反比法插值法相似，但由于使用局部最小二乘法，消除或减少了绘制等值线时的"牛眼"效应。Shepard's 法可以是准确插值或者是平滑插值。

可以设置网格化的平滑参数，允许进行平滑插值。随平滑参数值的增加，平滑效果愈明显。在通常情况下，该值为 0～1 最合适。

Quadratic Neighbors 指定进行最小二乘法的范围，即计算半径内的原始数据点数。

Weighting Neighbors 指定进行加权平均的范围，即计算半径内的原始数据点数。

缺省值为 Renka 推荐值。

（6）克里金法（Kriging 法）

克里金法也称克里格法。Kriging 法是用南美采矿工程师 D. G. Krige 的名字命名的一种地学统计内插方法，原来是试图比较准确地预测矿石储量，已经发现在许多领域非常有用。Kriging 法描述数据中隐含的趋势。比如孤立的高值点"牛眼"，在使用 Kriging 法网格化时可连成"山脊"。

变异图模型（Variogram Model）：用来确定插值每一个结点时所用数据点的邻域，以及在计算结点时给予数据点的权重。

Surfer 提供了多种最常用的变异图模型，它们是指数、高斯模型、线性、对数、矿块效应、幂、二次模型、有理数二次模型、球面模型和波（空洞效应）。如果不确定采用哪一种变异图，可选用线性变异图，大多数情况下效果较好。

每一种模型都有 Slope、Scale、Length 等参数要求设定。其他插值参数还包括：

比例系数（变异图方程中的 C）用来确定所选择的变异图模型的 Sill，除了线性变异图以外（没有 Sill），Sill 等于矿块效应加变异图比例。当你没有设定任何矿块效应值时，Sill 等于比例值。

偏移类型（Drift Type）：当对原始数据点分布的"空洞"和边界之外的点进行插值计算时，偏移类型功能将有明显影响。Surfer 提供了无偏移、线性偏移和二次偏移 3 种偏移类型。不确定时最好选无偏移，即采用普通 Kriging 法插值。线性偏移和二次偏移被用于实施普通 Kriging 插值。如果数据的变化趋势围绕着一种线性趋势，则采用线性偏移；如果数据的变化趋势围绕着二次趋势（即抛物线型），则采用二次偏移。

矿块效应（Nugget Effect）用于在收集数据时存在潜在错误的情况下。指定矿块效应会导致 Kriging 产生更为光滑的插值，即个别数据点吻合较差但反映了全体数据的整体趋势。矿块效应愈高，产生的网格愈光滑。矿块效应有两部分构成：矿块效应＝误差方差＋微方差。

误差方差编辑框允许用户设定测量误差的方差；微方差编辑框允许用户设定小规模结构的方差。当误差方差为 0 时，非 0 的矿块效应具有一般光滑的效果，但产生的网格仍然与每个观察点吻合（可视为一种准确插值）。一个非 0 的误差方差允许网格不同于观察点（是一种平滑插值）。

（7）径向基函数法

径向基函数法也称径向基本函数法，它是一种准确插值的方法。它是多个数据插值方法的组合，包括一系列精确的插值方法。该法中的多重二次曲面法被许多人认为是最好的方法。在插值生成一个网格结点时，这些函数确定了使用数据点的最优权重组。

径向基本函数法的函数类型包括：反比多重二次曲面法，多重对数，多重二次曲面法，自然三次样条和薄板样条。

径向基本函数法类似 Kriging 法中的变异图。在大多数情况下，多重二次曲面函数是最合乎要求的。

插值时，$R2$ 参数是一个决定锐化或平滑的参数。$R2$ 值愈大，山顶愈圆滑，等值线愈平滑。$R2$ 合理的实验值是在一个平均样本间距和半个平均样本间距之间。

（8）最近邻点法

最近邻点法用最邻近的数据点来计算每个网格结点的值。这种方法通常用于已有规则网格只需要转换为 Surfer 网格文件时，或数据点几乎构成网格，只有个别点缺失，该方法可以有效地填充"空洞"。

通过设置搜寻椭圆半径的值小于数据点之间距离的方法，给缺少数据点的结点赋值为空白。

（9）自然邻近点法

自然邻近点法也称普通邻近点法，是从 Surfer7.0 后新增加的算法。一种相邻点加权平均的内插算法，权重与 borrowed 区成正比，不能外推。该法比较广泛应用于地学研究领域。

（10）移动平均法

该法是从 Surfer 8.0 后推出的一种插值方法，它是在格网节点搜索椭圆内，通过取指定格网节点的平均值作为待定点上的属性值。

插值参数设置时，有时需要排除格网文件中无值数据的区域，可以在"搜索椭圆"参数上设置一个值，对无数据区域赋予该格网为空白值。

（11）数据度量法

该法是 Surfer 8.0 后推出的一种插值方法，它生成的格网是周围的数据节点到基准节点的信息聚集。一般来说，数据度量插值法不是 Z 值的权重平均插值。

（12）局部多项式插值法

该法是 Surfer 8.0 后推出的一种插值方法，它是指在格网节点搜索椭圆内通过对数据进行最小二乘拟合来指定格网节点的值。在"高级选项"对话框的"搜索"选项卡中可以进一步指定在网格化过程中要考虑的数据点邻域搜索范围，设定搜索邻域的形状、使用的样点的数量的最大值和最小值以及搜索分区。

该方法不是一个精确的插值方法，但是它能得到一个平滑的表面。

不同的网格化插值方法可以得到不同的网格模型,各有优缺点,用户应选用最能代表数据特点的方法,选择网格化方法时还应当考虑原始数据点数量的多寡。数据点较少时,具有线性变异图的 Kriging 法,多重二次曲面法的径向基本函数法都可以产生较好代表原始数据特点的网格。中等数据量,线性内插三角形法网格化很快,并生成很好代表原始数据特点的网格。Kriging 法和径向基本函数法较慢,也可以产生高质量的网格。大的数据量,最小曲率法最快,网格足以代表原始数据特点。线性内插三角形法网格化较慢,网格有足够的代表性。

在 12 种插值算法中,距离反比法插值速度仅次于邻近点法,但是围绕数据点,有产生"牛眼"效应的趋势。在大部分情况下,具有线性变异图的 Kriging 法是十分有效的,应首先予以推荐。但对于大量数据的网格化,Kriging 法速度比较慢。此时,可选择径向基函数法中的多重二次曲面法,与 Kriging 法效果接近这两种方法都能产生较好地代表原始数据的网格。最小曲率法构成平滑的曲面,且多数情况下,网格化速度也快。多项式回归是一种趋势面分析法,反映整体趋势,对于任何数量的数据点,网格化的速度都非常快,但构成的网格缺少数据的局部细节。Shepard's 法与距离反比法相似,但克服了产生等值线"牛眼"效应的缺点。

三角形线性内插法对于中等数量的数据点,网格化速度很快。其优点是,当有足够的数据点时,三角形法可以反映出表面细节和不连续性,如地质断层。

7.2.3.4　Surfer 容积计算

体积计算方法通常用于确定两个格网文件之间的实体体积。所谓体积通常是指空间曲面与基准面之间的空间体积,在绝大多数情况下,基准面是一个设定高程的水平面。基准面的高度不同,尤其是当高度上升时,空间曲面局部的高度可能会低于基准面,此时出现负的体积。在对地形数据的处理中,当体积为正时称之为"挖方",体积为负时称之为"填方"。

通常采用近似的方法计算体积,由于空间曲面表示方法的差异,近似的计算方法也不一样,Surfer 8.0 同时采用 3 种方法计算体积:Trapezoidal Rule(梯形法)、Simpson's Rule(辛普森法)和 Simpson's 3/8 Rule(辛普森 3/8 法)。

Surfer 计算方量的一般步骤如下:

(1)数据检查

高程属性检查,特征点、线添加。

(2)离散 XYZ 数据提取

从 XYZ 文本文件或者 DXF 文件中提取原始数据,需删除其他无关数据。

(3)网格化

打开软件,选择"网格"—>"数据",选择数据文件,注意北、东方向(图 7.2-8)。

图 7.2-8　网格化

选择网格化方法。以 Kriging 法为例，单击"高级选项"—>"搜索"—>"搜索椭圆"—>"半径"，根据断面间距，测点点距适当选择，若选择过大，插值可能不准；若选择过小，则单元网格内原始数据点过少，插值后将出现白化区域多（图 7.2-9）。

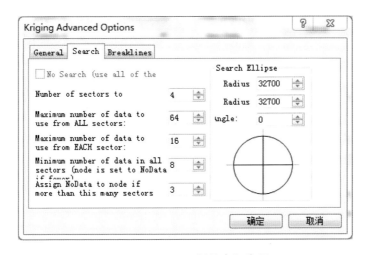

图 7.2-9　Kriging 插值高级选项

《水道观测规范》（SL 257—2017）规定：网格插值方法可采用 Kriging 法、反距离加权法、三角形线性插值法、样条插值法等。

格网生成完毕后，将显示格网报告。

(4)格网检查

内插生成的格网质量可采用统计检查点残差进行评价。

依次单击"格网"—>"计算"—>"残差"可以计算检查点与格网之间的高程差异,统计插值残差与精度(图 7.2-10)。

$$Z_{res} = Z_{dat} - Z_{grd} \qquad (7.2\text{-}18)$$

式中：Z_{res} ——残差值；

Z_{dat} ——检测点高程值；

Z_{grd} ——格网文件中根据 XY 确定的高程值。

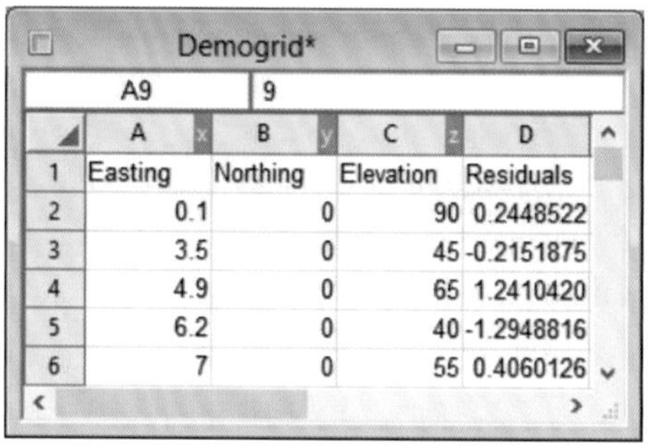

图 7.2-10　插值残差统计报告

(5)白化格网

由离散的 XYZ 数据文件生成网格文件时,Surfer 将根据原始 (X,Y) 的取值范围和所选用的数学模型,自动生成一个矩形网格。但在实际工作中,由于某些区域缺少原始数据或其他原因,有必要由规则的网格中剔除一个或多个由封闭多边形定义的区域,被剔除的区域形成空白。在画图时,等值线图上空白部分的等值线被消除;在三维透视图中,空白部分表示为平行于基点的平面区域。空白区域由 Blank 数据文件定义,一个数据文件可以定义一个或多个空白区域。Blank 数据文件(Golden Software Blanking [.BLN])为包含面、线、点信息的 ASCⅡ码文件。格式如下：

length,flag "Pname 1"

x1,y1

x2,y2

…

xn,yn

length,flag "Pname 2"

x1,y1

x2,y2

…

xn,yn

＊.Bln 多段文件，每段表示一个实体（点、线或面）。每段文件由 A,B 两列数据组成，首行为标志行，标志行 A 列值为 1 时，为点数据，大于 1 为线数据，大于 3 为线或多边形数据。标志行 B 列值为 1 时，表示多边形内部的区域被空白；标志行 B 列值为 0 时，表示多边形外部的区域被空白。由第 2 行开始依次为各顶点的(X,Y) 坐标。每段第二行与最后一行的(X,Y) 坐标相等时，为封闭多边形。

依次单击"格网"—>"编辑"—>"白化"，指定输入的格网图层或者数据文件，以及输出格网文件，并且在白化对话框中可选输出地图图层（图 7.2-11）。

(6)体积计算

打开软件—>"网格"—>"体积"，生成网格体积报告。

"上表面"选择计算水位，"下表面"选择格网文件。点击"确定"，将完成容积计算并生成计算报告。报告中"正体积［挖方］"即为计算水位下的容积，"正平面面积［挖方］"即为计算水位下的面积（图 7.2-12）。

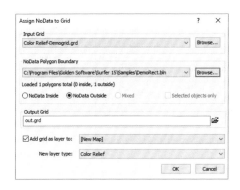

图 7.2-11　白化格网

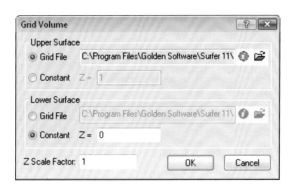

图 7.2-12　Surfer 软件容积计算

7.2.4　ArcGIS 软件容积计算方法

在 ArcGIS 中，可以使用一种或多种输入数据直接一步创建 TIN 模型，也可以分步创建，并可以通过向已有 TIN 模型中添加要素实现对已有模型的改进。TIN 表面模型可以从网格点、等高线与多边形中生成。网格点用来提供高程，作为生成的三角网络中的结点。

ArcGIS 容积量算采用 TIN 模型计算，主要方法如下：

(1)准备工作

进行数据检查、格式转换等。

数据检查包括无关数据点、图层删除、添加数据（支持 XYZ、DXF 等多种格式），并将数据文件转为 SHP 文件格式。数据文件在添加时注意选择正确的地理坐标系。

(2)准备用于 TIN 裁剪的边界文件(多边形 Boundary)

通过 Features to Polgen(Data Management Tool—>Features—>Features to Polgen)工具实现(图 7.2-13)。

(3)构建容积计算的表面模型

利用 ArcGIS 的 Creat TIN 工具(3D Analyst Tool—>Data Management—>TIN—>Create TIN),选择实测点图层、首曲线层、计曲线层、水边线数据层(水边线高程点)以及所需要计算的边界面图层(加入构建 TIN 的原始数据可以用于实现剪切 TIN,此时 height_field 参数的选取为 none),共同构建 TIN(图 7.2-14)。

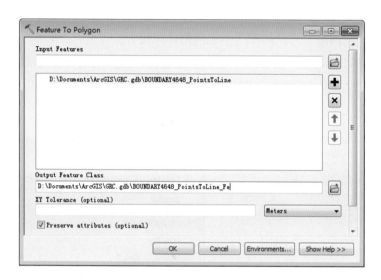

图 7.2-13 创建边界文件

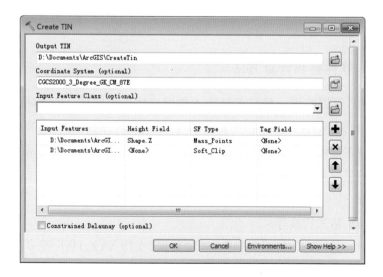

图 7.2-14 创建 TIN

（4）计算各高程值对应的面积和体积

利用 ArcGIS 的 Surface Volume(3D Analyst Tool－＞Functional Surface－＞Surface Volume)工具进行计算。主要设置计算结果保存路径、Reference Plan 参数选择为 BELOW,并输入参数 Reference Plane(计算高程面)。

计算结果为指定保存的文本文件,含主要计算参数、面积、容积等(图 7.2-15)。

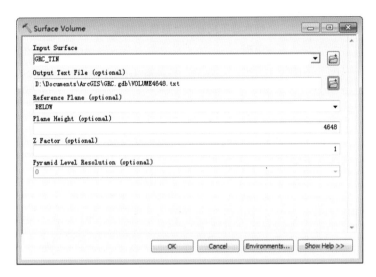

图 7.2-15　ArcGIS 软件计算容积

7.2.5　计算结果对比分析

7.2.5.1　纳木错计算结果比较

（1）等高线法对比

采用直接通过数字地形图量算等高线面积的方式,求得纳木错海拔 4700m 以上水下地形各条等高线的面积及容积计算结果如表 7.2-1 所示,表中容积增量采用截锥公式计算得到。将 DEM 法计算结果作为验证数据,经统计,各等高线间面积及容积增量的量算相对较差均小于 0.3%。

表 7.2-1　　　　　　　　　纳木错等高线面积法容积计算成果精度统计表

| 序号 | 水位 | DEM 法 | | 等高线面积法 | | 相对较差(%) | |
---	（黄海高程,m）	面积（km²）	容积增量（亿 m³）	面积（km²）	容积增量（亿 m³）	面积（%）	容积增量（%）
1	＊＊＊0	＊＊＊4.0	＊＊＊6.01	＊＊＊5.6	＊＊＊6.03	－0.08	－0.02
2	＊＊＊5	＊＊＊7.5	＊＊＊1.66	＊＊＊2.5	＊＊＊1.75	－0.26	－0.10
3	＊＊＊0	＊＊＊3.0	＊＊＊7.86	＊＊＊5.1	＊＊＊7.87	－0.12	0.00
4	＊＊＊5	＊＊＊1.2	＊＊＊4.20	＊＊＊5.0	＊＊＊4.15	－0.18	0.06
5	＊＊＊0	＊＊＊4.2		＊＊＊8.2			

（2）断面法容积校核

等高线法纳木错容积量算成果与断面法容积量算成果相对较差为 0.3%。

（3）不同 DEM 软件对比

长江委水文局的 GeoHydrology 4.0 软件和南方公司的 CASS7.1 软件都有 DEM 面积与容积量算功能。经量算，两者的计算结果如表 7.2-2 所示。

表 7.2-2　　　　　　　　　　纳木错不同软件计算结果对比

序号	水位（m）	面积				容积			
		GeoHydrology（km²）	CASS（km²）	较差（km²）	相对差（%）	GeoHydrology（亿 m²）	CASS（亿 m³）	较差（亿 m³）	相对差（%）
1	＊＊＊5.00	＊＊＊8.7	＊＊＊6.5	7.8	−0.38	＊＊＊6.93	＊＊＊2.30	4.63	0.41
2	＊＊＊2.84	＊＊＊5.9	＊＊＊5.0	−9.1	−0.45	＊＊＊2.47	＊＊＊8.07	4.39	0.40
3	＊＊＊0.00	＊＊＊6.5	＊＊＊1.6	4.9	0.25	＊＊＊5.77	＊＊＊1.49	4.28	0.41
4	＊＊＊5.00	＊＊＊1.8	＊＊＊3.2	8.6	0.46	＊＊＊9.59	＊＊＊5.64	3.95	0.42
5	＊＊＊0.00	＊＊＊5.2	＊＊＊0.8	4.4	0.25	＊＊＊7.78	＊＊＊4.13	3.66	0.43
6	＊＊＊5.00	＊＊＊5.0	＊＊＊9.0	5.9	0.35	＊＊＊9.80	＊＊＊6.38	3.43	0.45
7	＊＊＊0.00	＊＊＊7.6	＊＊＊0.8	6.8	0.42	＊＊＊5.46	＊＊＊2.32	3.14	0.47

由表 7.2-2 中数据可见，两种软件的面积、容积量算较差均小于 0.5%。纳木错面积、容积量算最终成果采用 GeoHydrology 4.0 和 CASS7.1 软件计算的平均值。另外，将纳木错面积容积计算结果与 Surfer 软件计算结果对比如表 7.2-3 所示。

表 7.2-3　　　　　　　纳木错面积容积计算结果与 Surfer 软件计算结果对比表

水位	计算结果		Surfer 计算结果		相对较差	
	面积（km²）	容积（亿 m³）	面积（km²）	容积（亿 m³）	面积（%）	容积（%）
＊＊＊2.84	＊＊＊0	＊＊＊0.0	＊＊＊1	＊＊＊3.0	−0.07	−0.32
＊＊＊0.00	＊＊＊4	＊＊＊4.0	＊＊＊7	＊＊＊7.0	−0.13	−0.28
＊＊＊5.00	＊＊＊8	＊＊＊7.6	＊＊＊2	＊＊＊0.7	−0.22	−0.33
＊＊＊0.00	＊＊＊3	＊＊＊6.0	＊＊＊6	＊＊＊8.8	−0.16	−0.33
＊＊＊5.00	＊＊＊2	＊＊＊8.1	＊＊＊5	＊＊＊0.8	−0.19	−0.36
＊＊0.00	＊＊＊4	＊＊＊3.9	＊＊＊8	＊＊＊6.4	−0.25	−0.37

7.2.5.2　羊卓雍错计算结果比较

为保证计算成果的正确性，采用南方 CASS 软件计算结果对 GeoHydrology 软件计算结果进行了校核（表 7.2-4）。南方 CASS 软件采用不规则三角网法计算面积与体积。

表 7.2-4 中计算结果表明，采用 GeoHydrology 软件与南方 CASS 软件量算结果相比，相对较差优于 0.3%，计算结果可靠。

表 7.2-4　　　　　　　　　　　羊卓雍错不同软件量算结果对比表

水位	GeoHydrology		南方 CASS		相对较差	
	面积 （km²）	容积 （亿 m³）	校核面积 （km²）	校核容积 （亿 m³）	面积 （%）	容积 （%）
＊＊＊5.00	＊＊＊0.9	＊＊＊7.7	＊＊＊1.1	＊＊＊7.9	0.03	0.13
＊＊＊0.00	＊＊＊6.2	＊＊＊1.0	＊＊＊6.3	＊＊＊1.1	0.01	0.14
＊＊＊5.00	＊＊＊2.6	＊＊＊6.25	＊＊＊2.7	＊＊＊6.37	0.00	0.15
＊＊＊0.00	＊＊＊6.6	＊＊＊3.79	＊＊＊6.6	＊＊＊3.88	0.00	0.17
＊＊＊5.00	＊＊＊9.6	＊＊＊3.91	＊＊＊9.6	＊＊＊3.98	0.00	0.18
＊＊＊7.6	＊＊＊7.6	＊＊＊7.68	＊＊＊7.6	＊＊＊7.71	0.00	0.18
＊＊＊5.00	＊＊＊2.8	＊＊＊7.54	＊＊＊2.8	＊＊＊7.55	−0.02	0.17
＊＊0.00	＊＊＊4.8	＊＊＊2.18	＊＊＊4.9	＊＊＊2.19	0.03	0.27

7.2.5.3　扎日南木错等湖泊计算结果比较

为验证计算结果的正确性，对青海湖、扎日南木错、塔若错、当惹雍错、色林错、格仁错和普莫雍错等 7 个湖泊的 GeoHydrology 软件量算结果，采用 Surfer 软件和 ArcGIS 软件进行校核。Surfer 软件 DEM 插值时采用 Kriging 算法，容积计算时网格尺度与 GeoHydrology 量算尺度相同；ArcGIS 软件容积计算采用 TIN 三角网法，各软件量算结果如表 7.2-5 所示。

表 7.2-5　　　　　　　　　　　青海湖等 7 个湖泊计算结果比较表

湖泊	量算结果				与 GeoHydrology 量算差	
	计算软件	计算高程 （m）	湖泊面积 （km²）	容积 （亿 m³）	面积 （%）	容积 （%）
青海湖	Surfer 8.0	＊＊＊5	＊＊＊2.6	＊＊＊3.1	−0.97	−0.27
扎日南木错	Surfer 8.0	＊＊＊0	＊＊＊7.0	＊＊＊3.5	0.70	0.08
塔若错	Surfer 8.0	＊＊＊0	＊＊＊3.2	＊＊＊8.2	1.24	0.39
当惹雍错	Surfer 8.0	＊＊＊0	＊＊＊4.0	＊＊＊6.1	1.93	2.23
色林错	Surfer 8.0	＊＊＊0	＊＊＊3.1	＊＊＊8.1	0.79	1.66
格仁错	Surfer 11.0	＊＊＊8	＊＊＊6.8	＊＊＊0.6	0.10	−0.05
普莫雍错	ArcGIS 10.2	＊＊＊0	＊＊＊9.2	＊＊＊0.9	0.05	0.06

从表 7.2-5 可以看出，GeoHydrology 软件计算结果与两种不同软件计算结果差别较小，说明 GeoHydrology 软件计算方法正确，结果不存在大的偏差，成果可靠。

7.3 DEM 精度评价及其质量控制

数字高程模型在各种科研项目和工程实践中有着越来越广泛的应用,因而其精度和质量也是人们十分关注和不断进行研究的课题。DEM 精度与质量,直接影响着 DEM 应用分析结果的可靠性及应用目标的真正实现,而 DEM 精度的好坏事实上取决于 DEM 的质量控制的好坏。因此,DEM 质量控制是 DEM 生产中的关键环节之一,研究 DEM 精度的各种影响因素,尤其是原始数据对 DEM 精度的影响,具有特别重要的意义。

7.3.1 DEM 精度评估概述

DEM 的精度是指误差分布的密集或离散的程度,即误差的统计分布特征。DEM 精度受其空间分辨率和地形复杂度的影响。关于精度,李德仁院士指出"近年来,随着诸多高新技术的应用,在数据采集方法与数据精度上有了长足的进步,然而,人们在对数据不确定性问题的研究却相对落后于应用的要求。各类误差的存在,不同程度地降低了分析与应用结果的精确性。加强不确定性的理论研究,为各类分析结果提供科学、合理的质量标准,是十分必要而迫切的任务"。因此,研究各类误差和精度理论模型,有着重要的现实意义。

7.3.1.1 DEM 误差源

作为 GIS 空间数据库中最重要的组成部分之一,DEM 是通过对自然界中空间实体的各种直接或间接观测得到的。对确定性的客观实体,所获取的空间数据却往往是不确定的,即含有误差。因此,任何建立的 DEM 实际上只能是对地面实际形态的近似模拟,不可能真实模拟实际地面,也就是说 DEM 数据中必然含有一些与实际地形特征不相符的地方,用统计学来描述 DEM 与实际地形之间的偏差或错误,就是 DEM 误差,表示给定值与真实值的差别。

DEM 误差主要有两种:一种是对实际地形表面采样所引起的误差,即原始数据的误差。例如,利用地形图上的等高线数字化获取 DEM 数据时,原始地形图本身的坐标转换误差、地图综合误差以及地形图数字化时的扫描误差和采点误差等。另一种是数据重采样引起的误差,即由 DEM 内插算法引起的误差,这是 DEM 误差的主要来源。DEM 内插的误差,一方面与内插时选用的数学模型有关,另一方面与已知高程点(地形图中等高线上的点和独立高程点)的密度和分布有关。

因为原始数据的误差已有相应的检查软件进行检查和评估,所以本书只讨论由内插算法引起的误差。为了检查与评估内插算法所引起的误差,假定内插生成的地形图数据为真值。

7.3.1.2 DEM 精度评估内容

精度是评价模型好坏的重要指标,同时 DEM 精度也是数字地形建模、数字地形分析和各种地学过程模拟最为关心的问题,进一步分析和研究数字高程模型精度及其对应用的影响在理论和实践上都是非常重要的。

基于地形图生成 DEM,尽管在地形图数字化的方法、DEM 内插的方法上有所不同,但总体来说,DEM 的精度检查主要包括以下内容:检查 DEM 原始的数学基础、检查 DEM 数据起止点坐标的正确性、检查 DEM 原始数据的精度、检查 DEM 的高程值有效范围区是否正确、检查生成 DEM 的内插模型、检查生成的 DEM 产品的精度、检查 DEM 的元数据文件是否正确等。

在上述内容中,对 DEM 原始数据的精度、生成 DEM 的内插模型以及生成的 DEM 产品的精度检查是比较困难的,但是却比较关键,即 DEM 很大程度上依赖于数据源和插值技术。对 DEM 原始数据的精度检查的实质是检查数据中是否含有误差,如系统误差、偶然误差和粗差。对生成的 DEM 产品的精度检查主要是检查 DEM 产品是否含有误差、整体精度如何、是否准确反映了地形等。而对 DEM 的内插模型的检查则要复杂一些,从数学的角度而言,可从逼近程度、外推能力、平滑效果、唯一性和计算时间等方面进行比较、检查和评价,但在实际应用中无法对内插模型的这些特性进行检查。更为主要的是,大量的实践表明,影响 DEM 精度的主要因素取决于原始数据的精度和内插模型顾及地形特征与否,而与内插的其他因素并无明显的关系。

7.3.1.3　DEM 精度评估方法与途径

早期的近景摄影测量专家研究的重点是摄影测量方法与内插算法,并对此产生的精度评估方法进行深入的探讨,提出了一些度量指标和数学模型,并认为有关 DEM 精度评估的基本问题已经解决。但这些研究主要侧重于 DEM 数据的位置精度方面,而 DEM 对地形表面描述误差方面则很少涉及,显然这些已不能满足 DEM 中各种形式的数据误差处理。因此,研究用于 DEM 中更广义的数据精度的理论和方法体系已成为当前及今后的研究热点,是 GIS 学科的前沿领域之一。

DEM 精度评估可通过两种不同的方式来进行:一种是平面精度和高程精度分开评定,另一种是两种精度同时评定。对前者,平面的精度结果可独立于垂直方向的精度结果而获得,但对后者,两种精度的获取必须同时进行。在实际应用中,一般只讨论 DEM 的高程精度评定问题。

DEM 的精度评定有三种途径:一是理论分析,二是试验检测,三是理论与试验相结合。理论分析方法和理论与试验相结合的方法的共同特点都是试图寻求对地表起伏复杂变化的统一量度和各种内插数学模型的通用表达方式,使评定方法、评定所得的精度和某些带规律性的结论有比较普遍的理论意义。所不同的是前者纯粹是理论研究,而后者要通过大量的实验来建立数学模型。在实际应用中,常用的 DEM 精度评定模型有检查点法和剖面法等。

7.3.1.4 DEM 精度评估指标

为了对 DEM 精度进行评估,首先需确定精度指标、精度规定和精度评估等问题。

对于精度的评估很难提出一个通用的评估标准,一般都采用中误差和最大误差来评估,这两个指标反映了格网点的高程值不符合真值的程度。

①中误差的公式为:

$$\delta = \sqrt{\frac{1}{n}\sum_{k=1}^{n}(R_k - Z_k)^2} \qquad (7.3-1)$$

式中:δ——DEM 的中误差;

n——抽样检查点数;

Z_k——检查点的高程真值;

R_k——内插出的 DEM 高程。

高程真值是一个客观存在的值,但它又是不可知的,一般把多次观测值的平均值即数学期望近似地看做真值。这时中误差是内插生成的 DEM 数据格网点相对于真值的偏离程度。

②最大误差就是格网点的高程值不符合真值的最大偏离程度。

我国现行 1:50000 数字高程模型生产技术规定对格网点的附近野外控制点的高程中误差的要求分别如表 7.3-1 所示。

表 7.3-1　　　　　　　　　　　　　1:50000DEM 精度标准

地形类型	地形图基本等高距(m)	地面坡度(°)	格网间距(m)	格网点高程中误差(m)
平地	1	2 以下	25	4
丘陵	2.5	2~6	25	7
山地	5	6~25	25	11
高山地	10	25 以上	25	19

在 DEM 精度评估指标中,有效的精度指标十分重要。目前,DEM 精度在数值上通常用点位的均值、方差或中误差来度量。但是,基于点位的精度取决于评估点的位置,对同样的 DEM,取不同点可能得到不同的精度结果,从而导致精度的可信度差。因此,研究可靠的精度指标,以及如何正确而且较为全面地对 DEM 精度进行评估,具有重要的理论和应用价值。

7.3.2　DEM 精度评价的理论模型

7.3.2.1　DEM 精度的主要影响因素

DEM 表面上点的误差是数字地面建模过程中所传播的各种误差的综合,它主要受以下几个因素的影响:地形表面的特征,DEM 原始数据的三个属性(精度、密度和分布),DEM 表面建模的方法,DEM 表面自身的特性。

地形表面的特征决定了地形表面表达的难度,因而在影响最终 DEM 表面精度的各种因素中扮演了重要的角色。在地形表面的各种特征中,坡度被认为是最重要的描述因子,在测绘实践中具有广泛的用途。因此,在推导理论模型的过程中,将坡度与波长(地表在水平方向的变化)结合起来以描述地形表面。

很明显,原始数据(此处为格网数据中的格网结点)的误差会通过建模过程传递到最终的 DEM 表面。格网结点的误差可以以方差 σ_{node}^2 和协方差的形式来表达,如果每个格网结点的量测被认为是独立的话,则协方差可以忽略。实际上,量测数据之间的协方差是很难确定的,因此在实践中通常不予考虑。

原始数据的分布是影响 DEM 表面精度的另一个主要因素。数据的分布可以以结构、位置和方位来描述。对数据结构而言,这里只考虑一种特殊结构的数据即正方形格网数据,因为这种数据仍是使用最为普遍的数据。另外,特征点、线加入正方形格网数据后可形成混合数据,对这种数据在此次推导中也将予以考虑,但将忽略数据分布中的另外两个因素,即位置和方位。

与前几种因素相比,原始数据的密度可能最为重要。数据密度可根据点的平均间距、单位面积内点的数量及数据在空间变化上的截止频率等形式来确定。在正方形格网数据的情况下,格网间距(以 d 表示)显然是一个合适的选择,即使在混合数据的情况下,它仍然具有代表性。因此在研究数据密度对表面精度的作用时将具体考虑格网间距的影响。

最终 DEM 表面的特性代表了决定 DEM 表面与地形表面相互吻合程度的因素,因而也就决定了 DEM 表面的精度。注意到 DEM 表面既可以是连续的,也可以是不连续的,还可以是光滑的(使用高次多项式)或不光滑的(线性表面)。许多研究者已认识到,线性表面具有最小的歧义性,它们通常是连续表面,由双线性表面、三角形面元或者两者的混合体组成,因此这种表面被作为典型的表面类型在此次模型推导中使用。

综上所述,对 DEM 表面精度的研究中将考虑:使用直接线性建模方法从格网量测数据传递过来的误差,地形表面的线性表达导致的精度损失。

7.3.2.2　线性建模过程中的误差传播

正方形格网的线性建模方式意味着以连续的双线性面元来表达地形表面,此后取线性表面上某一点的高程便可通过内插计算出来。

(1)剖面的误差传播

讨论线性建模方法的误差传播时,首先考虑的是剖面上的误差传播。如图 7.3-1 所示,设点 A 和点 B 是间距为 d 的两格网结点,点 I 是 AB 之间需内插的点。如果从点 I 到点 A 的水平距离是 Δd ,则:

$$H_i = \frac{d - \Delta d}{d} H_a + \frac{\Delta d}{d} H_b \qquad (7.3\text{-}2)$$

式中:H_a 和 H_b ——点 A 和 B 的高程,

H_i ——点 I 经内插计算后的高程。

如果点 A 和 B 的量测精度以方差 σ^2_{node} 表示,则点 I 从两格网点传递过来误差可表示为:

$$\sigma^2_i = \left(\frac{d-\Delta d}{d}\right)^2 \sigma^2_{node} + \left(\frac{\Delta d}{d}\right)^2 \sigma^2_{node} \tag{7.3-3}$$

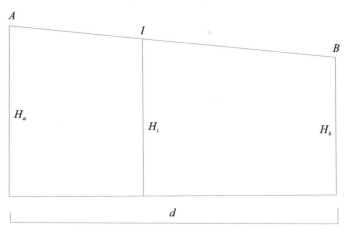

图 7.3-1　点之间的线性内插

式(7.3-3)是在双线性表面某一边特定位置上点的精度表达式(以方差的形式表示),而更令人感兴趣的是作为此 DEM 剖面表征值的沿线段 AB 所有可能点的总体平均值。此时这些点到图 7.3-1 中 A 点的水平距离应被看做一变量,其变化范围从 0(在点 A 处)到 d(在点 B 处)。因此,在点 A 和点 B 之间所有点的平均方差为:

$$\sigma^2_S = \frac{1}{d}\int_0^d \left(\left(\frac{d-\Delta d}{d}\right)^2 \sigma^2_{node} + \left(\frac{\Delta d}{d}\right)^2 \sigma^2_{node}\right) d\Delta d = \frac{2}{3}\sigma^2_{node} \tag{7.3-4}$$

式中:σ^2_S ——格网间距为 d 的剖面上的所有点从原始数据(格网结点)所传播过来的总体平均误差。

考虑由线性表达地形表面而导致的精度损失,剖面上点的总体精度为:

$$\sigma^2_{Pr} = \sigma^2_S + \sigma^2_T = \frac{2}{3}\sigma^2_{node} + \sigma^2_T \tag{7.3-5}$$

式中:σ^2_T ——以方差形式表示的由线性表达地形表面而导致的精度损失;

σ^2_{node} ——格网点的精度;

σ^2_{Pr} ——在间距为 d 的剖面上的 DEM 点的总体精度。

(2)线性表面上的误差传播

用双线性函数表示的表面,点的内插在两个相互垂直的方向上进行。每个方向的内插与线性内插一样,只是考虑到实际的精度受到内插点的位置及地形表面特征的影响,因而将

式(7.3-4)所表示的平均值作为内插点的精度值。同时顾及内插点剖面也存在因线性表达
所带来的精度损失，因而可得到与式(7.3-5)对应的从线性表面获取的内插点的精度为：

$$\sigma_{Surf}^2 = \frac{2}{3}\sigma_{Pr}^2 + \sigma_T^2 \qquad (7.3\text{-}6)$$

将式(7.3-5)代入式(7.3-6)中，可得到双线性表面上点的精度平均值为：

$$\sigma_{Surf}^2 = \frac{2}{3} \times (\frac{2}{3}\sigma_{node}^2 + \sigma_T^2) + \sigma_T^2 = \frac{4}{9}\sigma_{node}^2 + \frac{5}{3}\sigma_T^2 \qquad (7.3\text{-}7)$$

式中：σ_{Surf}^2 ——双线性表面上点的精度平均值；

σ_{node}^2 ——结点的精度；

σ_T^2 ——由线性表达地形剖面而导致的精度损失，精度均以方差形式表示。

通过比较式(7.3-5)与式(7.3-7)可以看出，式(7.3-7)中 σ_{node}^2 的系数要比式(7.3-5)中的
对应值小，这是因为与剖面内插相比，双线性内插使用了更多的格网结点。

(3)网结点精度 σ_{node}^2 和由地表的线性表达导致的精度损失 σ_T^2 的确定

式(7.3-7)是 DEM 表面的精度模型的一般形式。但还需要确定格网结点的精度 σ_{node}^2 和
由地形表面的线性表达导致的精度损失 σ_T^2 。

σ_{node}^2 的估计并不困难，如在摄影测量的静态量测模式下，解析测图仪的精度为
$0.07H‰\sim0.1H‰$（每千米航高，Hpermil），精密模拟测图仪的精度为 $0.1H‰\sim0.2H‰$，
而动态量测模式下的精度期望值为 $0.3H‰$，因此关键的问题是如何取得 σ_T^2 的合适估值。

σ_T^2 的数学函数模型为：

$$\sigma_T = \frac{P_r E_r + P_c E_{c,\max} + P_b E_{b,\max}}{K} \qquad (7.3\text{-}8)$$

式中：$E_{r,\max}$ 、$E_{c,\max}$ 和 $E_{b,\max}$ ——不同的 3 种地形状况下的线性表示的误差；

P_r 、P_c 和 P_b ——对应的地形误差出现的概率。

$$P_r + P_b + P_c = 1 \qquad (7.3\text{-}9)$$

考虑到 Eb 出现的概率较小，将式(7.3-8)简化为：

$$\sigma_T = \frac{P_r E_r + P_c E_{c,\max}}{K} = \frac{P_r E_{r,\max} + (1-P_r)E_{c,\max}}{K} \qquad (7.3\text{-}10)$$

7.3.2.3　DEM 精度评价的数学模型

在前面讨论的基础上，不含特征数据的格网以线性方式建立数字地面模型导致的精度
损失可写为式(7.3-11)和式(7.3-12)：

$$\sigma_{T,r} = \frac{d\tan\alpha}{4K}(1 + \frac{4d}{\lambda}) \qquad (7.3\text{-}11)$$

$$\sigma_{T,c} = \frac{d\tan\alpha}{4K} \qquad (7.3\text{-}12)$$

式中: d—— 构网间距;

a—— 地表平均坡度角;

λ—— 地形的平均波长。

将式(7.3-11)和式(7.3-12)分别代入式(7.3-7)中,得到混合数据与构网数据线性建立的 DEM 的精度损失分别为:

$$\sigma_{Surf/c}^2 = \frac{4}{9}\sigma_{nod}^2 + \frac{5}{48K^2}(d\tan\alpha)^2 \tag{7.3-13}$$

$$\sigma_{Surf/r}^2 = \frac{4}{9}\sigma_{nod}^2 + \frac{5}{48K^2}(1+P_r)^2(d\tan\alpha)^2 \tag{7.3-14}$$

式中: $\sigma_{Surf/c}^2$ 和 $\sigma_{Surf/r}^2$ ——混合数据与格网数据建立的数字高程模型的精度;

σ_{node}^2 ——格网结点的量测误差;

K ——常数(取决于地形表面的特性,大约为 4);

P_r ——包含 E_r 的格网结点所占的比率。

式(7.3-13)和式(7.3-14)可继续写为:

$$\sigma_{Surf/c} = \frac{2}{3}\sigma_{nod} + \frac{\sqrt{5}}{\sqrt{48}K}(d\tan\alpha) \tag{7.3-15}$$

$$\sigma_{Surf/r} = \frac{2}{3}\sigma_{nod} + \frac{\sqrt{5}}{\sqrt{48}K}(1+P_r)(d\tan\alpha) \tag{7.3-16}$$

在格网间距较小时,式(7.3-15)和式(7.3-16)分别是式(7.3-13)和式(7.3-14)的很好的近似式,在实际应用中更为方便。

7.3.3 GeoHydrology 软件计算精度评估

7.3.3.1 计算结果与理论值比较

在 1:50000 比例尺地形图上以同心不规则圆台模拟真实地形,如图 7.3-2 所示,图中每个圆赋以高程。圆台半径由内及外为 500~1800m,高程为 4550~4640m,相邻两圆高程差为 5~20m。

GeoHydrology2.0 采用不同格网宽度计算得到的计算值与理论值对比成果如表 7.3-2 所示。统计结果显示,采用 100m 网格面积相对误差绝对值为 0.51%,体积相对误差绝对值为 0.52%;采用 50m 网格面积相对误差绝对值为 0.23%,体积相对误差绝对值为 0.17%。两种尺度精度误差都可控制在 1% 以内,50m 网格误差相对更小。即采用 50m 格网宽度,以DEM 地形法计算,可以取得较高的湖泊容积的计算精度。

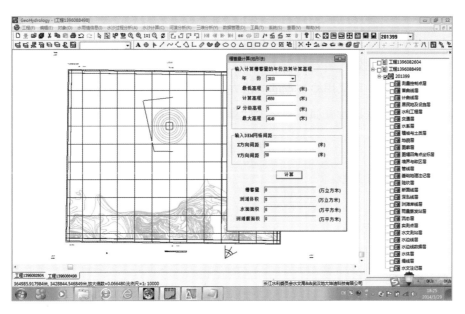

图 7.3-2　GeoHydrology 的 DEM 地形法验算

表 7.3-2　　　　　　　GeoHydrology 采用不同格网宽度计算值与理论值对比成果表

计算高程（m）	理论体积（万 m³）	理论面积（万 m²）	100m格网体积（万 m³）	相对误差（%）	100m格网面积（万 m²）	相对误差（%）	50m格网体积（万 m³）	相对误差（%）	50m格网面积（万 m²）	相对误差（%）
4570	2961.5	200.85	2929.15	−1.09	199.37	−0.74	2951.99	−0.32	200.26	−0.29
4590	8611.23	415.48	8586.13	−0.29	414.82	−0.16	8601.96	−0.11	415.19	−0.07
4595	10971.18	530.72	10946.02	−0.23	534.09	0.63	10961.35	−0.09	532.48	0.33
4600	14054.83	706.65	14026.04	−0.2	701.68	−0.7	14043.73	−0.08	704.28	−0.34
4605	17954.16	855.3	17918.31	−0.2	854.61	−0.08	17940.81	−0.07	855	−0.04
4620	33190.71	1094.36	33036.25	−0.47	1093.09	−0.12	33146.6	−0.13	1094.38	0.00

7.3.3.2　检测点检验湖容计算精度

采用网格法计算湖泊容积,理论上网格越密,计算精度越高,但是湖区地形图水域部分的测点与测线的间距分别为 400m、800m 左右,陆上测点更稀少,以实测的地形散点、等高线和检测线为基础,对格网区域进行空间插值过程中不可避免会带来误差。

根据《1∶50000 数字高程模型(DEM)生产技术规定》,明确每幅图 DEM 至少要有 28 个高程检测点用于计算 DEM 内插高程中的计算误差(相对于高程点),即每幅图选取 28 个高程点不参与 DEM 建模,然后再根据所选点的坐标内插出这些点的高程 Z_k,设原图高程为 Z_{k0},则 DEM 相对于高程点的内插精度按下式评定:

$$\sigma_{dem} = \frac{1}{n} \sum_{k=1}^{n} (Z_{k0} - Z_k)^2 \tag{7.3-17}$$

式中：n——选样点个数。

在体积计算过程中可采用检查点的方法先统计出计算区域内 DEM 高程误差，然后将每个格网造成的体积误差进行叠加得到整个计算区域的体积误差，具体计算见下式：

$$\delta_v = d^2 \sum_{i=1}^{N} \delta_h = Nd^2 \delta_h \tag{7.3-18}$$

式中：δ_v——容积计算误差；

d——网格边长；

δ_h——网格高程误差；

N——参与体积计算的网格个数。

(1)扎日南木错

采用检查点评价扎日南木错水下地形 50m×50m 规则格网 DEM 高程误差。选取高程检查点 120 个，试验数据最大高程 4653.00m，最小高程 4543.21m。经计算：$\sigma_{dem} = 0.14m$，$\sigma_h = 0.02m$。

参与体积计算的网格个数 $N = 587335$，$d = 50m$，容积计算误差为 $\delta_v = -0.29$ 亿 m^3。

(2)塔若错

采用检查点评价塔若错水下地形 50m×50m 规则格网 DEM 高程误差。选取检查点 180 点，试验数据最大高程 4597.00m，最小高程 4444.10m。经计算：$\sigma_{dem} = 0.02m$，$\sigma_h = 0.03m$。

参与体积计算的网格个数 $N = 210660$，$d = 50m$，容积计算误差为 $\delta_v = 0.16$ 亿 m^3。

(3)当惹雍错

采用检查点评价惹雍错水下地形 50m×50m 规则格网 DEM 高程误差。选取高程检查点 171 个，试验数据最大高程 4316.80m，最小高程 4526.20m。经计算：$\sigma_{dem} = 0.02m$，$\sigma_h = 0.07m$。

参与体积计算的网格个数 $N = 312886$，$d = 50m$，容积计算误差为 $\delta_v = 0.19$ 亿 m^3。

(4)色林错

采用检查点评价色林错水下地形 50m×50m 规则格网 DEM 高程误差。选取高程检查点 421 个，试验数据最大高程 4541.6m，最小高程 4492.7m。经计算：$\sigma_{dem} = 0.02m$，$\sigma_h = 0.06m$。

参与体积计算的网格个数 $N = 1051736$，$d = 50m$，容积计算误差为 $\delta_v = 0.61$ 亿 m^3。

以扎日南木错、塔若错、当惹雍错和色林错 4 个湖泊为例检测湖容计算精度表明，GeoHydrology 软件内插得到的 DEM 精度满足湖泊容积计算精度要求。

7.3.4　湖容计算精度关键影响因子及提高方法

7.3.4.1　1∶50000 栅格 DEM 建立的基本流程

（1）1∶50000 地形矢量数据的采集

在对各地区现有的地形图资料进行分析后，选取合适的地形图资料，然后对其扫描得到图像（对于部分等高线密集的地形图，扫描薄膜二底图或彩图，以提高生产的效率），经几何纠正、色彩纠正后得到 DRG 数据。

利用已完成的 DRG 产品进行跟踪矢量化，经过编辑处理得到数字线化图 DLG，提取出以矢量格式存储的高程信息、特征信息、辅助要素的地形矢量数据。作为 DEM 内插的数据源。矢量要素分 4 层存储：第一层为高程信息层，存储全部等高线和高程点，其中 1∶50000等高线数据，一般情况下与原始地形图资料一致，但对于某些山区，原图的等高距为 10m，在等高线特别密集的情况下，相关规范规定这些图可以按照 20m 等高距采集；第二层为特征信息层，存储大型湖泊、水库、海域的水涯线等；第三层为保存软件自动生成的地形点数据层；第四层为辅助要素层，存储陡石山、沼泽、密林区等。

用于内插 DEM 的地形要素数据，主要为等高线、高程点和少量的地形特征信息，如果要获得高质量的 DEM 数据，则需要更多的地形特征信息数据。合理利用各类地形特征信息，可以大大提高 DEM 数据对真实地形的模拟仿真度，同时也可以优化 DEM 数据的相对高程精度。

特征信息，特别是三维的特征信息，无法靠人工采集完成，因此需要进行自动化提取。

（2）格网 DEM 的内插生成

规则格网 DEM 因为数据结构简单、便于管理和应用等优点，在实际中有着更加广泛的应用。DEM 采集的原始数据是等高线，则可以有三种方法内插生成格网 DEM：等高线离散化法、等高线直接内插法、等高线构建 TIN 法。

1）等高线离散化法

将等高线离散化后可形成格网 DEM，这种方式很简单，思路直观，但是由于没有考虑等高线自身的特性，生成的 DEM 格网可能会出现一些异常情况，比如一些格网值会偏离实际地形情况。

2）等高线直接内插法

实际应用中通常使用两种方法。其中，一种是沿着预定轴方向的等高线直接内插方法，在这种方法中使用的预定轴数目可能有一条、两条或四条。先计算这些轴与相邻两等高线的交点，然后利用这些交点通过基于点的内插方法完成内插过程。另一种方法称为沿着内插点最陡坡度的内插，它与人工内插过程相似，但不同于前一种方法。在这种方法中，相邻等高线上沿最坡度上的两点被首先搜索出来，然后根据这两点线性内插出格网结点的高程值。

实际上,所有涉及等高线内插方法的问题都在于如何确定用于内插的点。等高线内插方法的一个主要缺点是有时由于等高线信息的缺乏(如等高线不连续的情况),在确定内插所需要的点时会出现一些问题,此时由于等高线不连续可能会导致所使用的预定轴穿过另外的一条等高线,这时如果不做特殊处理,则内插的结果是不可靠的。另外,究竟选择哪些点实际是一个不定解的问题。如果要产生大量的规则格网点,该方法的计算效率也很低。

3)等高线构建 TIN 法

这种方法的首要步骤是由等高线生成 TIN,然后由 TIN 进行内插快速生成格网 DEM。

由等高线生成 TIN 一般有三种方法:等高线离散点直接生成 TIN 的方法、等高线作为特征线的方法、自动增加特征点及优化 TIN 的方法。

①等高线离散点直接生成 TIN 的方法。

这种方法直接将等高线上的点离散化,然后采用从不规则点生成 TIN 的方法。因为这种算法只独立地考虑了数据中的每一个点,并未考虑等高线数据的特殊结构,所以会导致很坏的结果,如出现三角形的 3 个顶点都位于同一条等高线上(即所谓的"平三角形")或者三角形某一边穿过了等高线这样的情况(图 7.3-3)。这些情形按 TIN 的特性都是不允许的。因此,在实际应用中,这种方法很少直接使用。

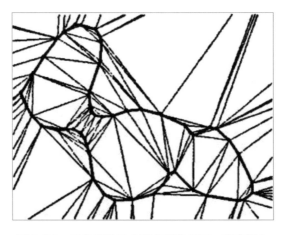

图 7.3-3 三角形的三个顶点都位于同一等高线上

②等高线作为特征线的方法。

这种方法依据的主要原则是将每一条等高线当作断裂线或结构线,并且规定在这些线上不能有三角形生成。许多研究者基于这种思想提出了一些算法,如 Gannapathy 和 Dennehy、Christensen 等。

③自动增加特征点及优化 TIN 的方法。

这种方法的实质是仍将等高线离散化建立 TIN,但采用增加特征点的方式来消除 TIN

中的"平三角形",并使用优化 TIN 的方式来消除不合理的三角化,比如三角形与等高线相交等,另外对 TIN 中的三角形进行处理以使得 TIN 更接近理想化的情况。使用手工方式增加特征点线,无论在效率方面,还是在完整性、合理性等方面都是很有限的。因此,需要设计一定的算法来自动提取特征点。这些算法的原理大多基于原始等高线的拓扑关系。对 TIN进行优化则需要对三角形进行扫描判断并以一定的准则进行合理化处理。

基于 TIN 的 DEM 生成算法,可以综合利用高程信息、地形特征信息、水文信息等多种信息源,可以采用线性内插、曲面多项式内插,以及直接最邻近内插等多种数学内插方式,内插结果的数据冗余少,对各种不同地形的高程拟合精度也较高,同时可以充分考虑等高线自身的特性,还能顾及地形特征,以及考虑到不同栅格 DEM 的研究需要。采用 TIN 的内插生成法,即先由等高线数据生成 TIN,再进行数学内插生成 DEM 数据。

7.3.4.2　湖容计算关键影响因子

数字高程模型可直接由实测数据建立,也可间接从随机点到格网点进行内插处理建立。如果采取一种能够高度描述真实地表变化特征的数据采集技术,则不必进行从随机点到格网点的内插处理,从而可一定程度避免内插处理引起的地貌表达可信度的损失。

李志林和汤国安等在研究 DEM 的过程中,将原始数据总结有三大属性,即点密度(或间距)、点分布和点精度。点分布即数据的分布形态,在地形变化复杂处分布点较多,地形变化平缓处分布点较少;点密度指满足描述一定区域地表形态必需的最少点数量。点分布和点密度在施测前决定,主要影响 DEM 对地形形态的宏观结构。点精度是数据获取过程的累积误差,反映对地形表达的光滑程度。点精度可采取一定的措施进行削减,如引入 TLS(地面三维激光扫描)技术进行计算前的地形测绘,并按规范要求进行误差和精度控制。

方格网法作为最基本的方量计算方法,其格网间距指标可进行人为控制,进而可调整对方量计算结果的影响。另外,地形特征决定了地形表面描述的难易程度,其中坡度因子被认为是最重要的描述因子。因此,进行工程方量计算精度分析,可从碎部点间距、格网间距和地面坡度三个关键因子入手。

(1)碎部点间距对方量计算精度的影响

碎部点的间距,或者碎部点的密度,对方量精度有很大影响。一方面,碎部点的缺少,无法充分概括出地形地貌复杂程度。另一方面,在 DEM 建立的过程中,无论采用何种插值法,都无法在没有足够的碎部点密度下取得理想的结果,通过增加 DEM 的误差来源间接地影响方量计算精度。

(2)格网间距对方量计算精度的影响

格网间距不仅影响数据源精度,对地形地貌的表征也比较敏感。研究表明,当建立包含地形特征数据(山顶点、山谷点、山脊线、山谷线等)的网格 DEM 时,DEM 的精度与格网间距呈现线性关系。在不同的地貌形态下,为保持相同的数据精度,宜采用不同的格网间距。

（3）地面平均坡度对方量计算精度的影响

地面上任意一点的坡度，数学意义是经过该点的切平面同水平面之间的夹角，坡度可用来表示局部地面的倾斜程度，坡度越大说明局部地形变化越大、越复杂，将直接影响到碎部点采集精度。

7.3.4.3 湖容计算精度提高方法研究

根据上节可知碎部点间距、格网间距和地面平均坡度为影响湖容计算的关键因子。碎部点间距越小，建立的 DEM 模型可以越逼真、越接近真实地表，但是在测量比例尺已经确定的前提下，本书不再讨论通过改变原始测点间距的方式提高湖容计算精度，决定采用 Hutchinson 提出的基于坡度中误差的 DEM 最佳格网间距的确定方法，探讨湖容计算精度提高方法。

（1）基本原理

Hutchinson 提出的基于坡度中误差的 DEM 最佳格网间距的确定方法，其基本原理是：首先以较大格网间距建立 DEM 并计算该格网间距的 DEM 的坡度中误差，然后将格网间距逐步对半递减，每递减一次，计算一次 DEM 坡度中误差，最后以 DEM 格网间距为横轴，坡度中误差为纵轴，做出坡度中误差随 DEM 格网间距的变化趋势图，根据趋势图选择 DEM 的最佳格网间距。

（2）坡度中误差的定义

坡度反映曲面的倾斜程度，定义为曲面上一点 P 的法线方向与垂直方向（即天顶）Z 之间的夹角（图 7.3-4）。

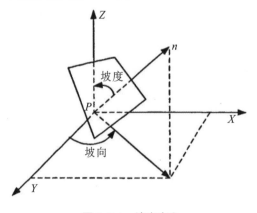

图 7.3-4 坡度定义

由数学分析可知，任意一空间曲面 $z = f(x,y)$ 在平面上表示一等值线簇 $f(x,y) = c$（c 为任意常数），当 z 为高程时则为等高线。对任意点 $p(x,y)$，沿 P 的梯度反方向，$f(x,y)$ 取得其下降最快值。在数字地形分析中，该值即为 P 的坡度。对于函数 $f(x,y)$，P 点的梯度表示为：

$$\text{grad}(x,y) = f_x i + f_y j \qquad (7.3\text{-}19)$$

式中：i，j——单位方向，其模（norm）即为坡度（或梯度），表示为单位长度上的高程升降，通常以百分数表示。

$$\tan\beta = \sqrt{f_x^2 + f_y^2} \qquad (7.3\text{-}20)$$

当需要计算斜坡角度时（即 P 的法线方向与天顶 Z 之间的夹角），由式（7.3-20）可得：

$$\beta = \arctan\sqrt{f_x^2 + f_y^2} \qquad (7.3\text{-}21)$$

从式(7.3-21)可以看出,坡度的精度与X、Y方向的偏导数f_x、f_y相关,而不同的算法有着不同的f_x和f_y的求解公式,但无论何种算法,最终都可归结为偏导数计算,因此可从差分形式的f_x和f_y的求解公式入手分析讨论各种坡度算法的精度。下面以二阶差分为例进行分析,其他各种算法误差精度估算公式可用类似方法导出。

由数值微分理论可知,二阶差分是以二阶精度逼近其真值的,其逼近总误差可表示为:

$$\mathrm{d}f_x = \frac{g^2}{6}\Big[\frac{f''_x(\xi_x,y)+f''_x(\gamma_x,y)}{2}\Big]+\frac{\mathrm{d}z_6-\mathrm{d}z_4}{2g}$$

$$\mathrm{d}f_y = \frac{g^2}{6}\Big[\frac{f''_y(x,\xi_y)+f''_y(x,\gamma_y)}{2}\Big]+\frac{\mathrm{d}z_8-\mathrm{d}z_2}{2g} \qquad (7.3\text{-}22)$$

在式中,第一项是由连续数据的离散结果和公式的截断所引起的误差,可归结为有数学模型不精确引起。其中ξ_x,ξ_y,γ_x和γ_y是依f''变化的量,$\xi_x\in(x,x+g)$,$\xi_y\in(y,y+g)$,$\gamma_x\in(x-g,x)$,$\gamma_y\in(y-g,y)$。由于这些变量与x,y的相关关系一般并不清楚,具体数值难以确定,通常是给其一个上界。设M_x,M_y分别是f''关于x和关于y的上界,则式(7.3-22)可改写成式(7.3-23)。式中第二项是由数据误差产生的,即DEM误差。

$$\mathrm{d}f_x = \frac{g^2}{6}M_x+\frac{\mathrm{d}z_6-\mathrm{d}z_4}{2g}$$

$$\mathrm{d}f_y = \frac{g^2}{6}M_y+\frac{\mathrm{d}z_8-\mathrm{d}z_2}{2g} \qquad (7.3\text{-}23)$$

式中:M_x,M_y——f''关于x和关于y在某一格网点上的上界,是按最坏情况估计误差限,一般比实际误差大得多。

这种保守的误差估计不反映实际误差的积累,考虑到误差分布特性,此类误差也具有一定的随机性,可视为服从某种分布的随机变量。这对在3×3移动窗口中的操作是适宜的,由于在每点处的M_x,M_y的大小、符号并不相同,而且不可知,因此,M_x,M_y具有随机性。设M_x,M_y中误差相等且同为M,并设DEM误差为m,通过误差传播定律得出f_x和f_y的中误差:

$$m^2_{f_x}=m^2_{f_y}=\Big(\frac{g^2}{6}\Big)^2 M^2+\frac{m^2}{2g^2} \qquad (7.3\text{-}24)$$

对坡度公式微分,并考虑到$\beta=\arctan\sqrt{f_x^2+f_y^2}$,即$\tan^2\beta=f_x^2+f_y^2$,有:

$$\mathrm{d}\beta=\frac{f_x\mathrm{d}f_x+f_y\mathrm{d}f_y}{(1+\tan^2\beta)\tan\beta} \qquad (7.3\text{-}25)$$

顾及式(7.3-24),可得坡度中误差m_β为:

$$m^2_\beta=\Big[\Big(\frac{g^2}{6}\Big)^2 M^2+\frac{m^2}{2g^2}\Big]\cos^4\beta \qquad (7.3\text{-}26)$$

式(7.3-26)为二阶差分的坡度中误差,令$a=\frac{1}{6}g^2$,$b=\frac{1}{\sqrt{2}}g^{-1}$,则式(7.3-26)可表示为

一般公式：

$$m_\beta = \sqrt{a^2 M^2 + b^2 m^2 \cos^2\beta} \tag{7.3-27}$$

仿上述过程，可推算其余算法的坡度中误差（表 7.3-3）：

表 7.3-3 坡度计算中误差

坡度中误差	$m_\beta = \sqrt{a^2 M^2 + b^2 m^2 \cos^2\beta}$	
算法	计算模型误差 M 系数 a	数据误差 m 系数 b
二阶差分	$\frac{1}{6}g^2$	$\frac{1}{\sqrt{2}}g^{-1}$
三阶不带权差分	$\frac{1}{6}g^2$	$\frac{1}{\sqrt{6}}g^{-1}$
三阶反距离平方权差分	$\frac{1}{6}g^2$	$\frac{1}{\sqrt{5.33}}g^{-1}$
三阶反距离权差分	$\frac{1}{6}g^2$	$\frac{1}{\sqrt{5.83}}g^{-1}$
Frame差分	$\frac{1}{6}g^2$	$\frac{1}{2}g^{-1}$
简单差分	$\frac{1}{2}g^2$	$2g^{-1}$

从坡度中误差的计算公式可以看出，若要计算坡度中误差，首先需要计算模型误差 M 和数据误差 m。模型误差 M 的计算依赖于点的具体位置和曲面函数的高次导数，一般从理论上很难进行计算，因此，我们需要采用其他的办法来计算坡度中误差。

（3）坡度中误差的计算

坡度是点函数，坡度中误差可以看做是点位的坡度精度，因此，我们可以仿照 DEM 中误差的计算方法来计算坡度中误差。其基本思想是：首先在研究区域布设一些检验点，并观测检验点的实际坡度，然后在所建立的 DEM 的相应位置上，将 DEM 模型表示的坡度值与实际观测坡度值比较，得到各个检验点的坡度中误差。在有足够的检验点的前提下，计算检验点的坡度中误差，并将其作为 DEM 的坡度中误差，即用子样方差来表示母体方差。

假设检验点的坡度为 $\beta_i(i=1,2,3\cdots,n)$，在建立的 DEM 上对应这些点的坡度为 γ_i，则坡度中误差为：

$$m_\beta = \sqrt{\frac{1}{n}\sum_{i=1}^{n}(\beta_i - \gamma_i)^2} \tag{7.3-28}$$

由于是考察分辨率对坡度中误差的影响，若采用实地观测的坡度值作为理论值，则计算的坡度中误差时，数据误差将起主导作用，从而忽略了分辨率对坡度中误差的影响，同时考虑到 DEM 的建立过程中出现的各种误差，采用检验点在 TIN 上的坡度值作为坡度中误差计算中的理论坡度值，将建立的不同分辨率 DEM 上对应这些点的坡度值作为实际值，利用式(7.3-28)即可计算出不同分辨率 DEM 的坡度中误差。

基于 TIN 模型的坡度计算比较简单,因为给定的三角形本身定义唯一平面,而平面上的坡度是恒定的,就单一三角形而言,其坡度计算的结果是唯一而精确的。

对于任意三角形,可得到平面方程式(7.3-29)。

$$H = f(x, y) = ax + by + c \tag{7.3-29}$$

在三角形 3 个顶点已知的条件下,可得到 f_x 和 f_y 的计算式:

$$f_x = a; f_y = b \tag{7.3-30}$$

则任意三角形的坡度为:

$$\beta = \arctan\sqrt{a^2 + b^2} \tag{7.3-31}$$

在 ArcGIS 软件的支持下,以 TIN 模型上检验点的坡度值作为坡度中误差计算的理论值,编写程序内插出不同格网间距 DEM 上检验的坡度值并计算出坡度中误差。

7.4　湖容量算成果应用

(1)填补基础地理信息空白

1∶50000 地形图的精度很高,可以反映出地面 50m^2 大小物体,是国家经济建设、社会发展不可缺少的基础地理信息资料。然而,世界大部分国家基本比例尺地形图都存在空白区,有的发达国家空白区所占比例非常大,我们国家也不例外。

我国地域辽阔,有世界最高峰,有举世闻名的大峡谷,还有像可可西里这样的无人区,特别是西部高寒地区,很多区域被视为生命禁区。长期以来,我国西部无图区包括南疆沙漠、青藏高原和横断山脉地区约 200 万 km^2 国土,自新中国成立 70 多年以来,西部恶劣的自然环境、测绘投资能力以及技术等原因,一直没有测制过 1∶50000 比例尺地形图,各有关部门迫切需要尽快完成西部 1∶50000 比例尺地形图空白区测图任务,为国家可持续发展战略和以信息化带动工业化战略的实施提供基础支持。

(2)利于湖泊保护、科学研究

湖泊作为陆地水圈的组成部分,参与自然界的水循环。湖泊对气候的波动变化最为敏感,同时又是流域陆源物资的储存库,具有较高的沉积速率,能真实地记录湖区在较长的地质历史时期各种气候和其他环境变化的信息。湖泊沉积的连续性及其剖面保存的完整性,使它成为揭示湖区古气候和环境变化的指示器。从生态学的角度而言,湖泊又是一个完整的生态系统。因而,湖泊具有多种功能,并储存着丰富的自然资源。它能调节河川径流、改善湖区生态环境;湖水可以灌溉、提供农牧业和饮用水水源,还能繁衍水生动植物,以及有旅游观光之利等。

湖泊的科学研究是与生产力的发展和国民经济建设需要密切相关的。早在 20 世纪 50 年代,我国建立了湖泊科学研究机构,相继组织起湖泊水文气象、地质地貌、生物化学及环保等各专业的科技队伍。通过广大湖泊科技工作者几十年的努力工作,取得了丰硕的科研成果,但无可否认也存在着一些比较突出的薄弱环节,主要表现在过去已从事调查研究的湖泊,大多是分布在东部经济比较发达的地区,西部湖泊的调查研究缺乏,部分领域为空白,也缺少系统的、综合性的基础性研究工作。

高原湖泊测量系统地对部分重要湖泊进行测量,并量算湖泊容积,其成果充实了重要的地理国情,填补了资料空白,对高原湖泊的生态保护、科学研究等提供了基础的数据支撑。

7.5 小结

高原湖泊的湖容作为基本的国情信息,其准确计算对填补高原地区基础地理信息空白,满足湖泊水资源保护、生态环境保护与科学研究等工作的需要,具有重要意义。

本章剖析了基于断面模型、等高线模型、不规则三角网模型和规则格网模型的湖容计算方法与基本原理,重点研究了基于 DEM 模型的湖泊容积量算方法,包括 DEM 各插值算法、基于 DEM 的湖容计算方法、DEM 精度评价理论模型及其质量控制方法,论述了湖容计算精度关键影响因子及提高方法,提出了基于坡度中误差的 DEM 最佳格网间距确定方法,提高了湖泊容积计算精度,探讨了湖泊容积测量过程中复杂水网地区楔形体容积的计算方法。

根据实测地形数据建立高精度湖区 DEM 模型,采用长江委水文局研发的 GeoHydrology 软件完成不同高程下湖区对应面积、容积计算。并将计算结果与 Surfer、ArcGIS 等专业软件的湖容计算结果进行对比分析和误差统计,此外,按照相关规范要求,采用验证点法定量评价了本次各大湖泊湖容量算的精度。验证结果表明,根据实测数据建立的 DEM 精度可靠,采用自主研发的 GeoHydrology 软件得到的湖容计算结果正确,精度满足规范要求。

参考文献

[1] 水利部水文局. 西部部分重要湖泊测量报告[R]. 2015.

[2] 王俊,熊明,等. 内陆水体边界测量原理与方法[M]. 北京:中国水利水电出版社,2019.

[3] 水道观测规范:SL 257—2007[S]. 北京:中国水利水电出版社,2017.

[4] 质量管理体要求 ISO 9001:2008[S]. 国家质量监督检验检疫总局,2008.

[5] 长江水利委员会水文局(一方公司),质量手册[M]. 2013.

[6] 欧应均,杜亚男. GB/T 19001—2008 在水文质量管理中的实践[J]. 水利经济,2014,32(6):54-58.

[7] 宋志宏,欧应均. 推行 GB/T 19001—2008 质量管理体系标准 发展长江水文事业[J]. 人民长江,2015(12).

[8] 欧应均,杜亚男. ISO 质量管理体系在水文领域的创新性应用[J]. 中国水利,2014(17).

[9] 周萌萌,黄鑫雄. 谈测绘项目管理[J]. 现代测绘,2008(4).

[10] 王志平. 测绘项目的风险管理[J]. 地理空间信息,2008(6).

[11] 万宏德,李军吉. 浅析基础测绘项目实施过程中的管理工作[J]. 地理空间信息,2012(3).

[12] 陈松生,郑亚慧. 西部部分重要湖泊测量项目质量控制方法[J]. 水利技术监督,2018(1).

[13] 史富贵. 水下地形测量成果质量检验若干问题探讨[J]. 测绘科学,2015,40(7):109-112.

[14] 柯灏,李斐,赵建虎,等. 利用潮汐性质相似性的长江口水域深度基准面传递精度研究[J]. 武汉大学学报(信息科学版),2015,40(6):767-771.

[15] 何广源,吴迪军,李剑坤. GPS 无验潮多波束水下地形测量技术的分析与应用[J]. 地理空间信息,2013,11(2):155-156,159,13.

[16] 桂新,秦海波,王胜平,等. 基于相关系数迭代法的水下地形测量时间延迟探测方法研究[J]. 测绘通报,2015(5):57-59,62.

[17] 刘贞文,杨燕明,许德伟,等. 海水声速直接测量和间接测量结果分析[J]. 海洋技术,2007,26(4).

［18］ 孙福玖,王续宇．水中声速与水温关系探讨［A］//数学·力学·物理学·高新技术研究进展,中国数学力学物理学高新技术交叉研究会第 11 届学术研讨会论文集［C］.2006(11).

［19］ 赵建虎．现代海洋测绘［M］.武汉:武汉大学出版社,2007:84-87,90-92,96.

［20］ 魏猛,冯传勇,徐大安．无验潮测深技术中影响测深精度的几种因素及控制方法［J］.测绘与空间地理信息,2014,37(9):199-200,203.

［21］ 肖付民,刘雁春,夏伟,等．海洋测深中的船移效应研究［J］.测绘科学技术学报,2011,28(1).

［22］ 赵建虎,刘经南,周丰年．GPS 测定船体姿态方法研究［J］.武汉测绘科技大学学报,2000(4).

［23］ 徐晓晗,刘雁春,肖付民,等．海底地形测量波束角效应改进模型［J］.海洋测绘,2005,25(1).

［24］ 肖付民,刘经南,刘雁春,等．海洋测深波束角效应改正的海底倾斜角求解差分算法［J］.武汉大学学报(信息科学版),2007,32(3).

［25］ 徐晓晗,刘雁春,肖付民,等．海洋测深波束角效应和波浪效应的耦合作用与改正［J］.海洋测绘,2003,23(6).

［26］ 孙革．多波束测深系统声速校正方法研究及其应用［D］.青岛,中国海洋大学,2007.

［27］ 恽才兴,长江河口近期演变基本规律［M］.青岛,海洋出版社,2004.

［28］ 吴敬文,水深测量中的质量控制与数据检查软件的开发［J］.海洋测绘,2016,36(5).

［29］ 吴敬文,RTK 三维水深测量的实施与精度控制［J］.现代测绘,2016(4).

［30］ 李征航,黄劲松．GPS 测量与数据处理［M］.武汉:武汉大学出版社,2005.

［31］ 徐绍铨,张华海,杨志强,等．GPS 测量原理及应用［M］.武汉:武汉大学出版社,2006.

［32］ 王虎,任营营,连丽珍,等．大规模 GNSS 网数据处理一体化方案与中国大陆水平格网速度场模型构建研究［J］.大地测量与地球动力学,2020(9):881-887,897.

［33］ 孙张振．高精度地球自转参数预报模型与算法研究［D］.济南:山东大学,2020.

［34］ 管健安,张涛,刘站科．GNSS 卫星钟差实时估计与分析［J］.测绘工程,2020(1):10-14,22.

［35］ 卢立果,吴彬,赵宝贵,等．TEQC 数据质量可视化分析软件设计与应用［J］.全球定位系统,2019(6):104-109.

［36］ 师芸,申靖宇,邬康康,等．不同精密星历对震时高频 GNSS 解算结果精度分析［J］.全球定位系统,2019(6):81-85.

[37] 叶险峰．基于 GNSS 信噪比数据的测站环境误差处理方法及其应用研究[D]．武汉：中国地质大学,2016.

[38] 李盼．GNSS 精密单点定位模糊度快速固定技术和方法研究[D]．武汉：武汉大学,2016.

[39] 万军．GNSS 周跳探测与修复融合算法研究[D]．北京：中国测绘科学研究院,2016.

[40] 臧楠．BDS/GNSS 精密单点定位算法研究[D]．西安：长安大学,2015.

[41] 吴丹．GNSS 观测数据预处理及质量评估[D]．西安：长安大学,2015.

[42] 耿涛,苏醒,许小龙,等．北斗卫星导航系统精密定轨和广播星历轨道精度分析[J]．中国科技,2015(9):1023-1026,1032.

[43] 陈正生,吕志平,崔阳,等．大规模 GNSS 数据的分布式处理与实现[J]．武汉大学学报（信息科学版）,2015(3):384-389.

[44] 苏明晓,喻卫华,李彦敏,等．专用工程 GNSS 控制网的建立与优化[J]．全球定位系统,2014(3):37-40.

[45] 魏传军．基于地基 GNSS 观测数据的电离层延迟改正研究[D]．西安：长安大学,2014.

[46] 龙嘉露．GNSS 实时动态周跳探测与修复方法研究[D]．成都：西南交通大学,2014.

[47] 胡洪．GNSS 精密单点定位算法研究与实现[D]．徐州：中国矿业大学,2014.

[48] 张瑞．多模 GNSS 实时电离层精化建模及其应用研究[D]．武汉：武汉大学,2013.

[49] 曹海洋．GNSS 完好性监测理论与方法研究[D]．西安：长安大学,2013.

[50] 郑艳丽．GPS 非差精密单点定位模糊度固定理论与方法研究[D]．武汉：武汉大学,2013.

[51] 于兴旺．多频 GNSS 精密定位理论与方法研究[D]．武汉：武汉大学,2011.

[52] 郭承军．GNSS 全球导航卫星系统完备性监测体系研究与设计[D]．成都：电子科技大学,2011.

[53] 蔡华．GNSS 大网实时数据快速解算方法应用研究[D]．武汉：武汉大学,2010.

[54] 雷鸣．GNSS 组合定位算法研究及实现[D]．成都：电子科技大学,2009.

[55] 王军．GNSS 区域电离层 TEC 监测及应用[D]．北京：中国测绘科学研究院,2008.

[56] 张振军,孙锴,冯传勇,等．利用 GPS 测高的水准测量粗差检测方法探讨[J]．测绘通报,2014(9):73-75.

[57] 李建成,褚永海,徐新禹．区域与全球高程基准差异的确定[J]．测绘学报,2017,46

(10):1262-1273.

[58] 李建成,褚永海,姜卫平,等. 利用卫星测高资料监测长江中下游湖泊水位变化[J]. 武汉大学学报(信息科学版),2007(2):144-147.

[59] 李建成,宁津生,晁定波,等. 卫星测高在大地测量学中的应用及进展[J]. 测绘科学,2006(6):19-23,3.

[60] 暴景阳,翟国君,许军. 海洋垂直基准及转换的技术途径分析[J]. 武汉大学学报(信息科学版),2016,41(1):52-57.

[61] 谭衍涛. 区域数字高程基准模型的构建方法研究及其应用[D]. 广州:广东工业大学,2015.

[62] 强明. 确定高精度似大地水准面的若干问题研究[D]. 西安:西安科技大学,2012.

[63] 成亚宣. 构建现代化国家高程基准框架建设若干问题的探讨[J]. 测绘科学,2012,37(3):18-20.

[64] 柯灏. 海洋无缝垂直基准构建理论和方法研究[D]. 武汉:武汉大学,2012.

[65] 申家双. 海岸带等水位线信息提取与垂直基准转换技术研究[D]. 郑州:中国人民解放军信息工程大学,2011.

[66] 陈俊勇,党亚民,张鹏. 建设我国现代化测绘基准体系的思考[J]. 测绘通报,2009(7):1-5.

[67] 宁津生,罗佳. 数字城市中大地水准面的功能与精化技术[J]. 地理空间信息,2006(1):1-5.

[68] 陈俊勇. 面向数字中国建设中国的现代大地测量基准[J]. 地理空间信息,2005(5):1-3.

[69] 罗志才. GPS水准和重力数据的密度对精化局部大地水准面的影响[A]//中国地球物理学会. 中国地球物理学会第二十届年会论文集[C]. 中国地球物理学会,2004.

[70] 陈俊勇. 面向数字中国建设中国的现代测绘基准——对我国"十五"大地测量工作的思考和建议[J]. 测绘通报,2001(3):1-3.

[71] 罗志才,宁津生,徐菊生. 区域性高程基准的统一[J]. 测绘科学,2004(2):13-15,87.

[72] 史先琳,张博,杨武年. 一种Android智能移动终端的水准测量系统实现[J]. 测绘科学,2014,39(8):167-170.

[73] 朱君俊. 基于重力场模型EGM2008的高程拟合方法研究[D]. 包头:内蒙古农业大学,2012.

[74] 罗海滨,赵显富 . 电子手簿在水准测量实践教学中的应用研究[J]. 测绘科学,2012,37
(6):187-188.

[75] 王海城 . 南水北调工程测量一体化系统实现关键技术研究[D]. 武汉:武汉大
学,2016.

[76] 冯毅 . 基于 Android 系统的野外测量记录计算系统的设计与实现[D]. 北京:北京建
筑大学,2014.

[77] 张振军,杨建,胡祖平,等 . 基于 Windows Mobile 的水准测量记录软件的开发与应
用[J].地理空间信息,2014,12(5):140-141.

[78] 李光耀,胡阳 . 高分辨率遥感影像道路提取技术研究与展望[J]. 遥感信息,2008(1):
91-95.

[79] 胡进刚,张晓东,沈欣,等 . 一种面向对象的高分辨率影像道路提取方法[J]. 遥感技术
与应用,2006(3):184-188.

[80] 覃先林,李增元,易浩若 . 高空间分辨率卫星遥感影像树冠信息提取方法研究[J]. 遥
感技术与应用,2005(2):228-232.

[81] 张永生,刘军 . 高分辨率遥感卫星立体影像 RPC 模型定位的算法及其优化[J]. 测绘
工程,2004(1):1-4.

[82] 许妙忠,余志惠 . 高分辨率卫星影像中阴影的自动提取与处理[J]. 测绘信息与工程,
2003(1):20-22.

[83] 陈俊勇,李建成,宁津生,等 . 中国新一代高精度、高分辨率大地水准面的研究和实
施[J].武汉大学学报(信息科学版),2001(4):283-289,302.

[84] 杨必胜,梁福逊,黄荣刚 . 三维激光扫描点云数据处理研究进展、挑战与趋势[J]. 测绘
学报,2017(10):1509-1516.

[85] 徐源强,高井祥,王坚 . 三维激光扫描技术[J]. 测绘信息与工程,2010(4):5-6.

[86] 梅文胜,周燕芳,周俊 . 基于地面三维激光扫描的精细地形测绘[J]. 测绘通报,2010
(1):53-56.

[87] 董秀军 . 三维激光扫描技术及其工程应用研究[D]. 成都:成都理工大学,2007.

[88] 潘建刚 . 基于激光扫描数据的三维重建关键技术研究[D]. 北京:首都师范大
学,2005.

[89] 马立广 . 地面三维激光扫描测量技术研究[D]. 武汉:武汉大学,2005.

[90] 马龙 . 基于 DEM 内插的工程土方量计算方法研究[D]. 兰州:兰州交通大学,2015.

[91] 段光磊. 冲积河流冲淤量计算模式研究[D]. 武汉:武汉大学,2012.

[92] 江帆. DEM 表面建模与精度评估方法研究[D]. 郑州:中国人民解放军信息工程大学,2006.

[93] 许多文. 不规则三角网(TIN)的构建及应用[D]. 南昌:江西理工大学,2010.

[94] 吴志勤. 基于 Surfer 的土方自动批量计算的研究[D]. 上海:同济大学,2009.

[95] 李志林,朱庆. 数字高程模型[M]. 武汉:武汉大学出版社,2001.

[96] 何辉明. 数字高程模型 DEM 的建模及其三维可视化研究[D]. 南京:东南大学,2004.

[97] 朱伟. 1:50000DEM 最佳格网间距的确定[D]. 长沙:中南大学,2009.

[98] 阮晓光. 工程土方量计算精度关键影响因子研究[D]. 银川:宁夏大学,2016.

[99] 席靖智. 基于 DEM 的工程土方计算方法优化分析及应用研究[D]. 重庆:重庆交通大学,2013.

[100] 孟恺,石许华,王二七,等. 青藏高原中部色林错湖近 10 年来湖面急剧上涨与冰川消融[J]. 科学通报,2012,57(7):668-676.

[101] 金炎平,邵永生,罗兴,等. 青海湖容积测量中关键技术的应用[J]. 水利水电快报,2016(7):22-26.

[102] 齐锋. 鸭河口水库库容 DEM 量算的适应性与精度分析[J]. 人民长江,2014(15):36-38,62.

[103] 郎理民,林云发,杨波,等. Geohydrology 系统在鸭河口库容计算中的应用[J]. 长江工程职业技术学院学报,2009(3):41-43.

[104] 王耀革. DEM 建模与不确定性分析[D]. 郑州:中国人民解放军信息工程大学,2009.

[105] 范青松,汤翠莲,胡鹏. DEM 精度检查中等高线回放的量化方法[J]. 测绘科学,2008(3):118-120.

[106] 张云端,禄丰年. 数字高程模型 DEM 精度研究[J]. 测绘与空间地理信息,2007(3):120-123.